“十三五”职业教育规划教材
高职高专土建专业“互联网+”创新规划教材

建筑工程计量与计价

（附案例图纸）

主　编　吴育萍　王艳红　刘国平
副主编　胡群英　蒋金良　张弦波
参　编　郑铁平　王建军　孔志进

内容简介

本书内容共分两篇，系统讲述了建筑工程计量与计价基础知识及建筑工程的工程量清单、清单计价文件的编制。第一篇主要介绍工程造价和基本建设概述、建筑安装工程造价的组成、建筑工程造价的计价依据和计价方法，以及建筑面积的计算；第二篇主要介绍房屋建筑工程、装饰工程和措施项目的计量与计价。本书每个单元又细分了教学任务，每个任务根据学习内容设置了丰富的案例，在任务后还设置了同步测试，以加深学生对知识点的掌握。此外，书后还附有案例图纸及实际工程案例。全书从实用性出发，通俗易懂，难度适宜，便于学习。

本书可作为高职高专院校建筑工程技术专业、工程造价专业、工程监理等相关专业的教学用书，也可作为本科、中专、函大、成人学院等相关专业的教学用书，以及工程技术人员的自学用书。

图书在版编目(CIP)数据

建筑工程计量与计价/吴育萍，王艳红，刘国平主编. —北京：北京大学出版社，2017.1
（高职高专土建专业“互联网＋”创新规划教材）
ISBN 978-7-301-27866-6

Ⅰ. ①建… Ⅱ. ①吴…②王…③刘… Ⅲ. ①建筑工程—计量—高等职业教育—教材②建筑造价—高等职业教育—教材 Ⅳ. ①TU723.3

中国版本图书馆CIP数据核字（2016）第320478号

书　　名　建筑工程计量与计价
　　　　　JIANZHU GONGCHENG JILIANG YU JIJIA
著作责任者　吴育萍　王艳红　刘国平　主编
策划编辑　杨星璐　刘健军
责任编辑　伍大维
数字编辑　孟　雅
标准书号　ISBN 978-7-301-27866-6
出版发行　北京大学出版社
地　　址　北京市海淀区成府路205号　100871
网　　址　http://www.pup.cn　新浪微博：@北京大学出版社
电子信箱　pup_6@163.com
电　　话　邮购部62752015　发行部62750672　编辑部62750667
印 刷 者　北京鑫海金澳胶印有限公司
经 销 者　新华书店
　　　　　787毫米×1092毫米　16开本　22印张　500千字
　　　　　2017年1月第1版　2017年1月第1次印刷
定　　价　49.00元（附案例图纸）

前　言

本书以造价岗位职业标准和职业能力为依据，按照实际工作任务、工作过程和教学情境来组织编写，主要适合浙江省的情况。全书以建筑工程计价的工作过程作为主线，围绕计价过程所需的能力，按学生们的学习习惯设置教学模块；在每个教学单元里，按基础知识、必须掌握的内容和知识拓展内容来层层展开、步步深入，同时在教学单元后设置了同步测试，以强化培养学生的职业能力和素养。

本书主要根据《建设工程工程量清单计价规范》(GB 50500—2013)、《房屋建筑与装饰工程工程量计算规范》(GB 50854—2013)、《建筑工程建筑面积计算规范》(GB/T 50353—2013)、《浙江省建筑工程预算定额(2010 版)》《浙江省建设工程计价规则(2010 版)》《浙江省建设工程施工费用定额(2010 版)》《建设工程工程量清单计算规范(2013 版)浙江省补充规定(二)》及《关于规范建设工程安全文明施工费计取的通知》(建建发[2015]517 号)等相关文件进行编写。

为了使学生更加直观、形象地学习建筑工程计量与计价课程，也为了方便教师教学，我们以“互联网+”教材的模式设计了本书，在书中相关的知识点旁边，以二维码的形式添加了作者多年来积累和整理的视频、动画、图片等案例资源，学生可以在课堂内外通过扫描二维码来阅读更多的学习资源，节约了读者的搜集、整理时间。同时，在书中所附案例图纸封面处附有实际工程案例对应的计量与计价表格的二维码，学生可以通过手机扫描下载使用。此外，作者也会根据行业发展情况，不定期更新二维码所链接资源，以便教材内容与行业发展结合更为紧密。

本书由吴育萍、王艳红、刘国平担任主编，由胡群英、蒋金良、张弦波担任副主编，郑铁平、王建军、孔志进参编。本书具体编写分工如下：单元 1、单元 2 由吴育萍编写，单元 3 由吴育萍（任务 3.1～任务 3.5）、刘国平（任务 3.6～任务 3.9）、胡群英（任务 3.10）共同编写，单元 4 由王艳红（任务 4.1～任务 4.4）、孔志进（任务 4.5）共同编写，单元 5 由蒋金良（任务 5.1、任务 5.2）、王建军（任务 5.3、任务 5.4）共同编写，案例图纸由张弦波提供，实际工程案例由郑铁平编写。全书由吴育萍、王艳红、刘国平统稿和修改。

本书在编写、修订过程中得到了金华职业技术学院领导和有关同仁的大力支持，在此深表感谢。

编　者

2016 年 7 月

【资源索引】

CONTENTS

目录

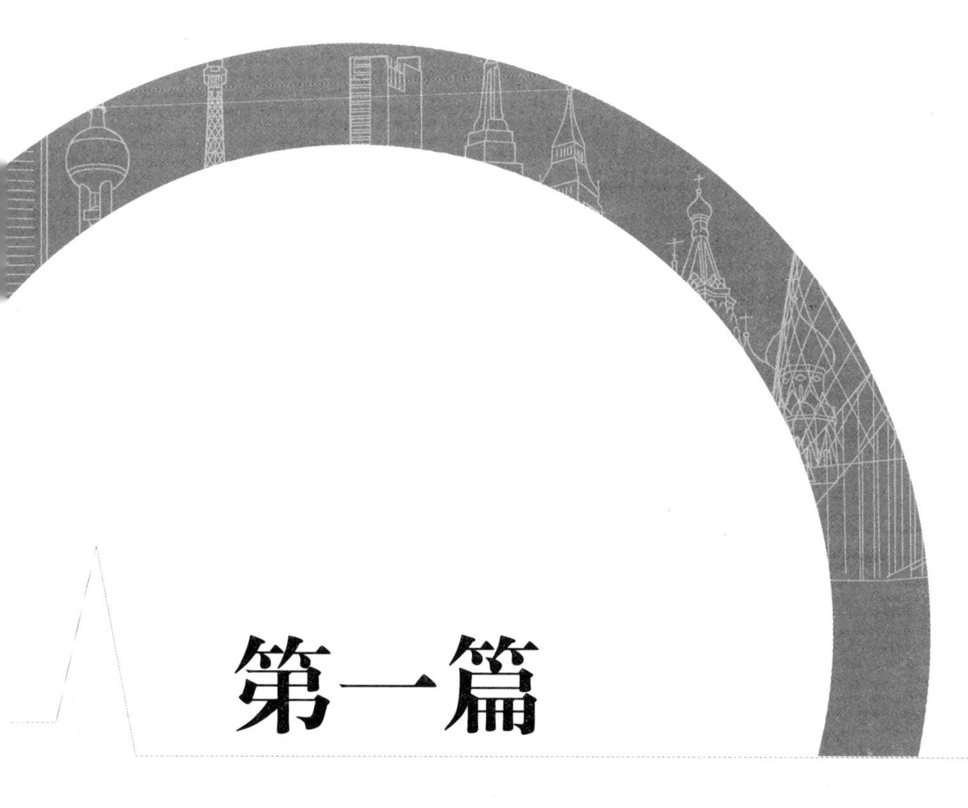

第一篇

建筑工程计量与计价基础知识

单元1

绪　论

知识目标

1. 了解工程造价含义及概念，理解课程研究的对象和任务；
2. 了解基本建设的概念和内容，掌握基本建设程序项目的划分；
3. 掌握建筑安装工程造价的组成；
4. 熟悉建筑工程计价依据；
5. 掌握建筑工程造价的计价方法，了解建筑工程计量的概念和工程量计算方法。

能力目标

1. 能熟练应用基本建设程序和基本建设程序项目划分；
2. 能解释建筑工程造价的组成及包含的内容；
3. 能应用建筑工程计价依据；
4. 能够写出建筑工程计价方法及其基本思路；
5. 能应用工程量计算方法。

引入案例

2016 年房价会不会暴跌？2015 年下半年究竟该不该买房？未来房价走势会如何？对这些问题，一千个人有一千种看法。中国指数研究院发布 2015 年 10 月百城价格指数报告显示，10 月份，全国 100 个城市(新建)住宅平均价格为 10849 元/m^2，环比上涨 0.30%，涨幅较上月扩大 0.02 个百分点；同比上涨 2.07%，涨幅继续扩大。主要城市住宅均价见表 1-1。

表 1-1　主要城市住宅均价表

房价	城市								
	北京	上海	深圳	厦门	温州	三亚	杭州	广州	南京
住宅均价/(元/m^2)	29418	27024	25942	25538	20755	20017	20753	19265	15925

请思考：房价是怎样形成的？其主要组成是什么？为什么不同的地方会出现不同的价格？房价与工程造价之间有什么关系呢？

任务 1.1　工程造价概述

1.1.1　工程造价的含义

建筑业是国民经济中一个独立的生产部门，建筑工程项目是建筑业生产的产品，其本身具有固定性、体积庞大性、建设周期长等一些特点，使得完成一项建设工程项目涉及主体多，因此工程造价从不同角度看有不同的含义，通常包括如下两种。

(1) 从投资者即业主角度，工程造价是指建设一项工程预期开支或实际开支的全部固定资产投资费用。从这个意义上讲，工程造价就是工程投资费用，建设项目工程造价就是建设项目固定资产投资，其内容包括建筑安装工程费、设备及工器具购置费、工程建设其他费用、预备费、建设期贷款利息等。

(2) 从市场的角度，工程造价是指工程价格。即为建成一项工程，预计或实际在土地市场、设备市场、技术劳务市场以及承包市场的交易活动中所形成的建筑安装工程的价格和建设工程总价格。建筑安装工程费用是指承建建筑安装工程所发生的全部费用，即通常所说的工程造价。

工程造价的两种含义，是从不同角度把握同一事物的本质。对建设工程的投资者来说，面对市场经济条件下的工程造价就是项目投资，是“购买”项目要付出的价格，同时也是投资者在作为市场供给主体“出售”项目时定价的基础；对于承包商、供应商和规划、设计等机构来说，工程造价是他们作为市场供给主体出售商品和劳务价格的总和，或是特指范围内的工程造价，如建筑安装工程造价。

建筑安装工程费用是指承建建筑安装工程所发生的全部费用，也就是通常所说的工程造价。

1.1.2 本课程研究的对象

“建筑工程计量与计价”是建筑工程技术、工程造价及经济管理的主要专业课程之一，是建筑企业进行现代化管理的基础，它从研究建筑安装产品的生产成果与生产消耗之间的数量关系着手，合理地确定完成单位产品的消耗数量标准，从而达到合理确定建筑工程造价的目的。

建筑产品的生产需要消耗一定的人力、物力、财力，其生产过程受到管理体制、管理水平、社会生产力、上层建筑等诸多因素的影响。在一定生产力水平的条件下，完成一定合格建筑安装产品与所消耗的人力、物力、财力之间存在着一种比例关系，这是本课程中工程造价计价依据的定额部分所研究的主要内容。

1.1.3 本课程研究的任务

建筑工程计价课程的任务就是运用马克思主义的再生产理论，遵循经济规律，研究建筑产品生产过程中其数量和资源消耗之间的关系，积极探索提高劳动生产率、减少物资消耗的途径，合理地确定和控制工程造价；同时通过这种研究，达到减少资源消耗，降低工程成本，提高投资效益、企业经济效益和社会效益的目的。

本课程涉及的知识面很广，是一门技术性、综合性、实践性和专业性都很强的课程。它是以宏观经济学、微观经济学、投资管理学等作为理论基础，以建筑构造与识图、建筑材料、建筑力学与结构、施工技术、建筑施工组织与管理、建筑企业经营管理、项目管理、工程招投标与合同管理等作为专业基础，同时又与国家的方针政策、分配制度、工资制度等有着密切的联系。

本课程的学习内容很多，在学习过程中应把重点放在掌握建筑工程造价计价依据的概念和计价方法上，熟悉并能使用计价依据的各类定额，最终熟练使用计价方法编制施工图预算和工程量清单。在学习过程中应坚持理论联系实际，以应用为重点，注重培养动手能力，勤学勤练，达到独立完成工程量清单编制与工程量清单计价任务的目的。

任务1.2 基本建设概述

1.2.1 基本建设的概念

基本建设是指固定资产为扩大生产能力和工程效益而进行的新建、扩建、改建、恢复工程及与之相关的其他工作，如工厂、矿井、铁路、公路、水利、商店、住宅、医院、学校等工程的建设和各种设备的购置。基本建设是再生产的重要手段，是国民经济发展的重要物质基础。

基本建设是一个物质资料生产的动态过程，这个过程概括起来，就是将一定的建设材料、机器设备等通过购置、建造和安装等活动而转化为固定资产，形成新的生产能力或使用效益的建设工作。与此相关的其他工作，如征用土地、勘察设计、筹建机构和生产职工的培训等，也都属于基本建设工作的组成部分。

1.2.2 基本建设的内容及其与建筑业的关系

1. 基本建设的内容

基本建设的内容包括以下五方面。

(1) 建筑工程：包括永久性和临时性的建筑物、构筑物以及基础设备的建造，给排水、电器照明、暖通等设备的安装，建筑场地的清理、平整、排水，竣工后的园林、绿化等，以及水利、铁道、公路、桥梁、电力线路、防空设施等工程的建设。

(2) 设备安装工程：包括动力、电信、运输、医疗等机械设备和电气设备的安装工程，与设备相连的工作台、梯子等的装设工程，附属于被安装设备的管线敷设，被安装设备的绝缘、保温、油漆，以及为测定安装质量对单个设备进行各种试运行的工作。

(3) 设备、工具、器具的购置：包括各种机械设备、电器设备和工具、器具的购置，即一切需要安装与不需要安装设备的购置。

(4) 勘察与设计：包括地质勘察、地形测量和工程设计方面的工作。

(5) 其他基本建设工作：除上述内容以外的其他基本建设工作及生产准备工作，如征用土地、培训工人、生产准备等。

2. 建筑业和基本建设的区别与联系

建筑业是国民经济的一个重要物质生产部门，从事建筑物和构筑物的建造等生产经营活动，包括与之相关的勘察、设计、施工、安装、维修等若干环节。其与基本建设的区别在于：建筑业是一个物质生产部门，是工程项目的承包方(乙方)，而基本建设是一项投资活动，基本建设部门是工程项目的建设方(业主或甲方)；建筑业的任务是为业主提供建筑产品，而基本建设的任务是控制工程投资，进行工程项目可行性研究，组织勘察、设计、施工和监理的发包等工作。

当然除无须安装的设备购置工作外，任何基本建设都离不开建筑业；反之，建筑业的生产活动也都是为了进行基本建设。因此，两者是相互依存、相互制约和相互影响的关系。

1.2.3 基本建设的程序

基本建设的程序是指基本建设的整个过程中，包括了从项目策划、评估、决策、设计、施工到竣工验收直至投入生产或交付使用的各项工作，而这些工作有严格的先后次序，可以进行合理的交叉，但决不能任意颠倒，如图 1.1 所示。

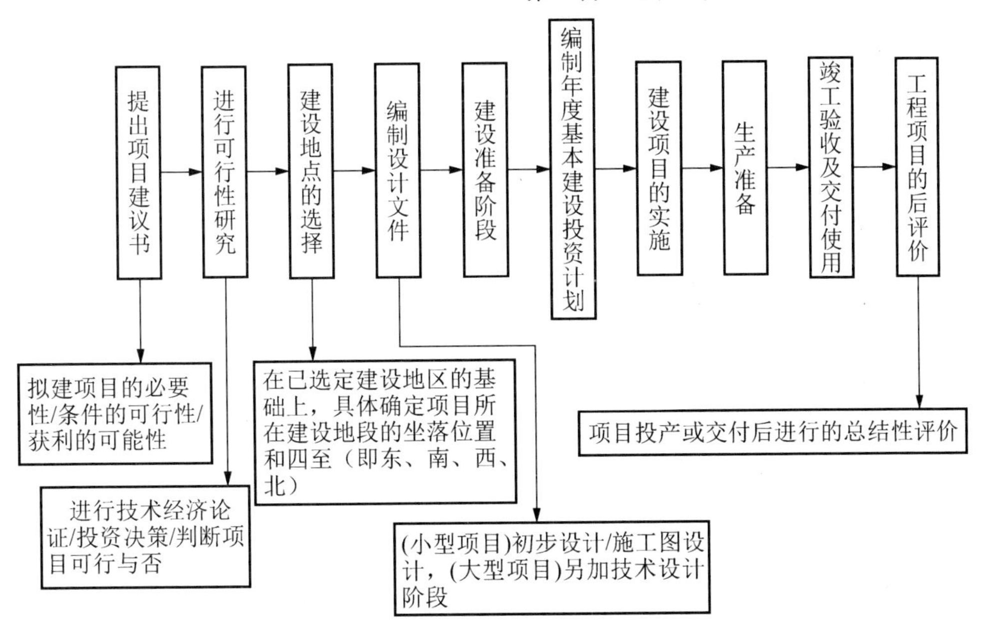

图 1.1 基本建设程序

1.2.4 基本建设项目的划分

基本建设项目按照合理确定工程造价和管理工作的需要，划分为以下五个层次。

1. 建设项目

建设项目指在一个或几个场地上，按一个设计意图，在一个总体设计或初步设计范围内进行施工的各个项目的总和，或形成一个在经济上实行独立核算、行政上实行独立管理并且具有法人资格的建设单位。

在我国，通常把建设一个企业、事业单位或一个独立工程项目作为一个建设项目。凡属于一个总体设计中分期分批建设的主体工程、水电供应工程、配套或综合利用工程都应合并为一个建设项目。不能把不属于一个总体设计的几个工程归算为一个建设项目，也不能把同一总体设计内的工程，按地区或施工单位分为几个建设项目。

2. 单项工程

单项工程又称工程项目，是指一个建设项目中，具有独立设计文件，竣工后可独立发挥生产能力或效益的工程，如一所学校的教学楼、办公楼等。

3. 单位工程

单位工程是单项工程的组成部分，指具有独立设计文件，可以独立组织施工，但竣工后不能独立发挥生产能力或使用效益的工程。如一幢办公楼的土建工程、给排水工程、电器照明工程等，均各属一个单位工程。

4. 分部工程

分部工程指在一个单位工程中，按照工程部位、工种以及使用的材料来进一步划分的工程。如一般土建工程又可分为土石方工程、桩基础与地基加固工程、砌筑工程、混凝土和钢筋混凝土工程、金属结构工程、屋面及防水工程、楼地面工程、墙柱面工程、天棚工程等。

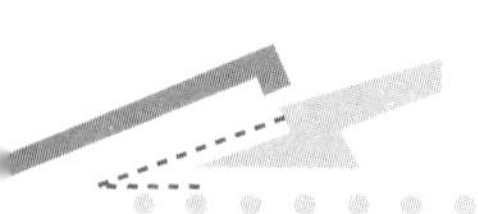

5. 分项工程

分项工程指在一个分部工程中，按照不同的施工方法、不同的材料和规格来进一步划分的工程，如砌筑工程又分为砖基础、空斗墙、空心砖墙等分项工程。分项工程没有独立存在的意义，它只是为了便于计算建筑工程造价而分解出来的“假定产品”。

基本建设的层次划分如图 1.2 所示。

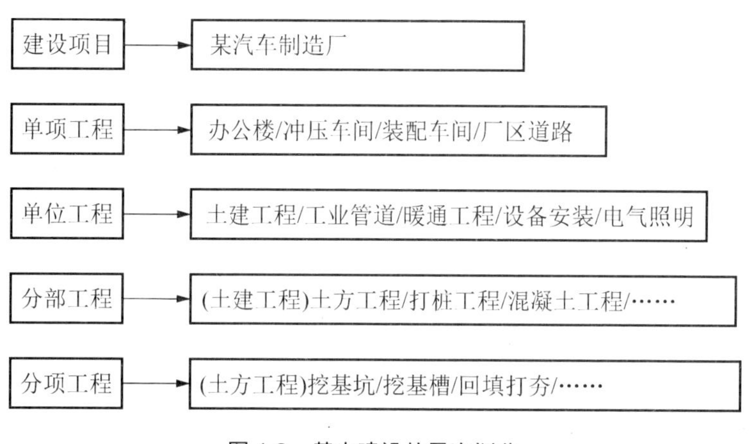

图 1.2　基本建设的层次划分

上述五个层次是由局部到整体的组合过程，而工程量和造价也是由局部到整体的一个分部组合计算的过程，即分项工程计算的组合为分部工程，分部工程的组合为单位工程，最终得到整个建设项目的造价。因此，理解建设项目的划分，对研究工程计量和确定与控制工程造价具有十分重要的作用。

1.2.5　基本建设费用组成

我国的基本建设费用，主要包括建筑安装工程费、设备及工器具购置费、工程建设其他费、预备费、建设期间贷款利息等，如图 1.3 所示。

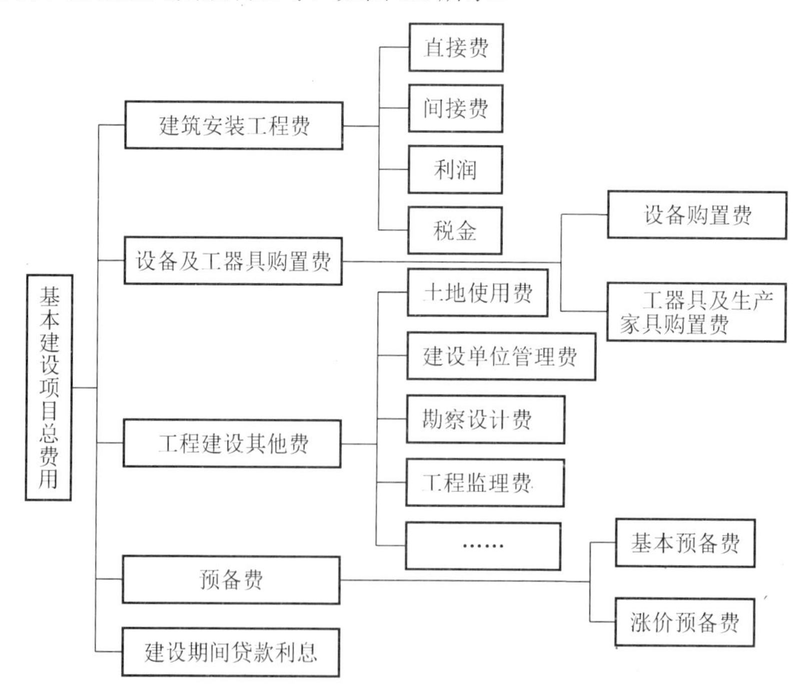

图 1.3　基本建设费用组成

任务1.3 建筑安装工程造价的组成

1.3.1 建筑工程费用的构成

我国现行建筑安装工程费按照费用构成要素划分，由人工费、材料费(包含工程设备费，下同)、施工机具使用费、企业管理费、利润、规费和税金等组成。其中人工费、材料费、施工机具使用费、企业管理费和利润包含在分部分项工程费、措施项目费、其他项目费中，具体构成如图1.4所示。

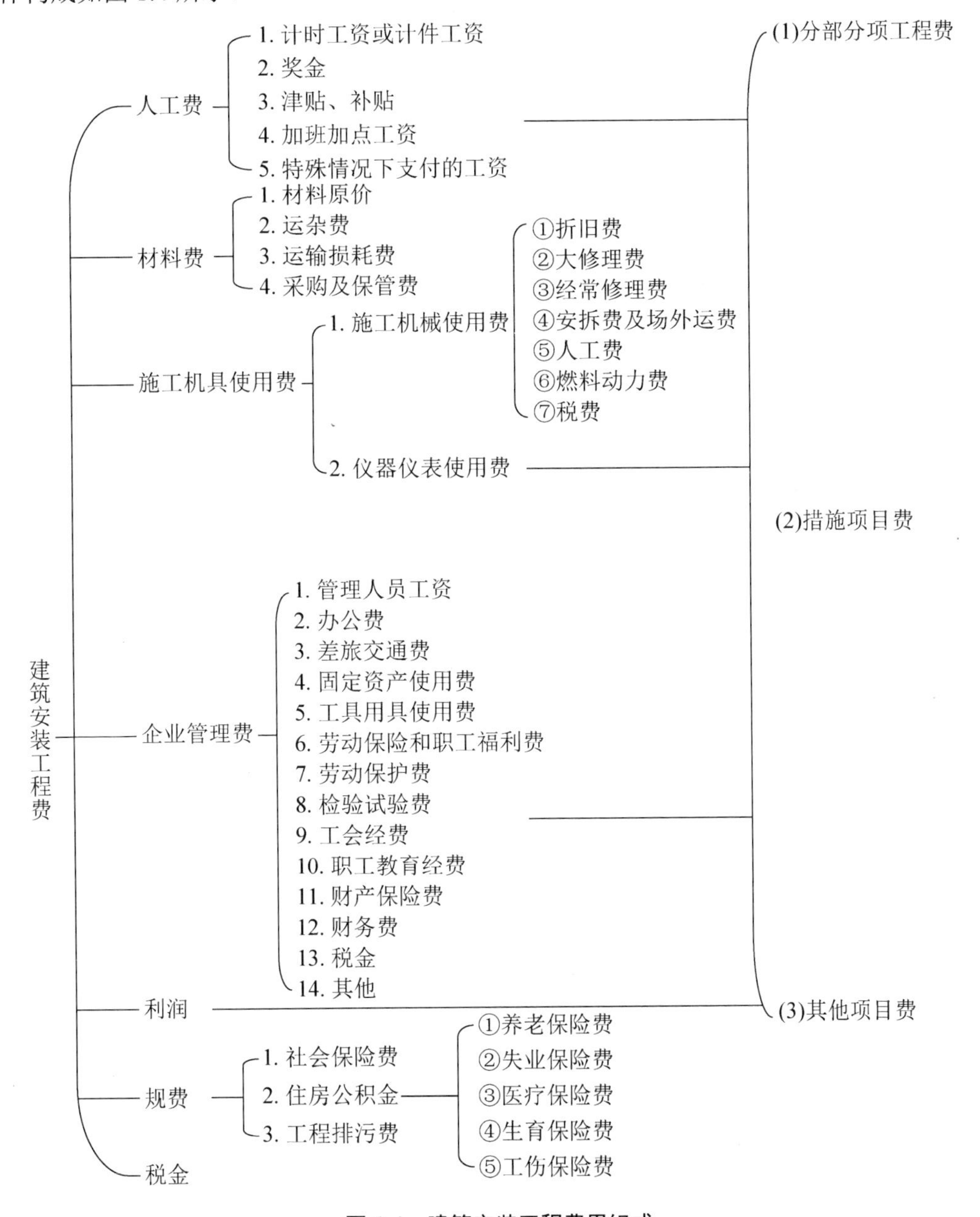

图1.4 建筑安装工程费用组成

1.3.2 建筑安装工程费用的内容

1. 人工费

人工费是指按工资总额构成规定，支付给从事建筑安装工程施工的生产工人和附属生产单位工人的各项费用。它具体包括以下几部分。

(1) 计时工资或计件工资：指按计时工资标准和工作时间或对已做工作按计件单价支付给个人的劳动报酬。

(2) 奖金：指对超额劳动和增收节支所支付给个人的劳动报酬，如节约奖、劳动竞赛奖等。

(3) 津贴补贴：指为了补偿职工特殊或额外的劳动消耗和因其他特殊原因支付给个人的津贴，以及为了保证职工工资水平不受物价影响而支付给个人的物价补贴，如流动施工津贴、特殊地区施工津贴、高温(寒)作业临时津贴、高空津贴等。

(4) 加班加点工资：指按规定支付的在法定节假日工作的加班工资，和在法定日工作时间外延时工作的加点工资。

(5) 特殊情况下支付的工资：指根据国家法律、法规和政策规定，由于生病、工伤、产假、计划生育假、婚丧假、事假、探亲假、定期休假、停工学习、执行国家或社会义务等原因，按计时工资标准或其一定比例支付的工资。

人工费的基本计算公式为

$$\text{人工费}=\sum(\text{人工工日消耗量}\times\text{人工日工资单价})$$

2. 材料费

材料费是指施工过程中耗费的原材料、辅助材料、构配件、零件、半成品或成品、工程设备的费用。它具体包括以下几部分。

(1) 材料原价：指材料、工程设备的出厂价格或商家供应价格。

(2) 运杂费：指材料、工程设备自来源地运至工地仓库或指定堆放地点所发生的全部费用。

(3) 运输损耗费：指材料在运输装卸过程中不可避免的损耗。

(4) 采购及保管费：指为组织采购、供应和在保管材料、工程设备的过程中所需要的各项费用，包括采购费、仓储费、工地保管费、仓储损耗等。

工程设备是指构成或计划构成永久工程一部分的机电设备、金属结构设备、仪器装置及其他类似的设备和装置。

相关费用的基本计算公式如下。

① 材料费：

$$\text{材料费}=\sum(\text{材料消耗量}\times\text{材料单价})$$

$$\text{材料单价}=(\text{材料原价}+\text{运杂费})\times(1+\text{运输损耗率})\times(1+\text{采购保管费率})$$

② 工程设备费：

$$\text{工程设备费}=\sum(\text{工程设备量}\times\text{工程设备单价})$$

$$\text{工程设备单价}=(\text{设备原价}+\text{运杂费})\times(1+\text{采购保管费率})$$

3. 施工机具使用费

施工机具使用费是指施工作业所发生的施工机械、仪器仪表的使用费或其租赁费。

施工机械使用费以施工机械台班消耗量乘以施工机械台班单价表示，施工机械台班单价应由下列七项费用组成。

(1) 折旧费：指施工机械在规定的使用年限内，陆续收回其原值的费用。

(2) 大修理费：指施工机械按规定的大修理间隔台班进行必要的大修，以恢复其正常功能所需的费用。

(3) 经常修理费：指施工机械除大修外的各级保养和临时故障排除所需的费用，包括为保障机械正常运转所需替换设备与随机配备工具附具的摊销和维护费用、机械运转中日常保养所需润滑与擦拭的材料费用及机械停滞期间的维护和保养费用等。

(4) 安拆费及场外运费：安拆费指施工机械(大型机械除外)在现场进行安装与拆卸所需的人工、材料、机械和试运转费用，以及机械辅助设施的折旧、搭设、拆除等费用；场外运费指施工机械整体或分体自停放地点运至施工现场或由一施工地点运至另一施工地点的运输、装卸、辅助材料及架线等费用。

(5) 人工费：指机上司机(司炉)和其他操作人员的人工费。

(6) 燃料动力费：指施工机械在运转作业中所消耗的各种燃料及水、电等费用。

(7) 税费：指施工机械按照国家规定应缴纳的车船使用税、保险费及年检费等。

相关费用的基本计算公式如下。

(1) 施工机械使用费：

$$施工机械使用费=\sum(施工机械台班消耗量\times机械台班单价)$$

$$机械台班单价=台班折旧费+台班大修费+台班经常修理费+台班安拆费及场外运费+台班人工费+台班燃料动力费+台班车船税费$$

工程造价管理机构在确定计价定额中的施工机械使用费时，应根据《建筑施工机械台班费用计算规则》结合市场调查编制施工机械台班单价。施工企业可以参考工程造价管理机构发布的台班单价，自主确定施工机械使用费的报价，如租赁施工机械，其费用计算公式为：

$$施工机械使用费=\sum(施工机械台班消耗量\times机械台班租赁单价)$$

(2) 仪器仪表使用费：

$$仪器仪表使用费=工程使用的仪器仪表摊销费+维修费$$

4. 企业管理费

企业管理费是指建筑安装企业组织施工生产和经营管理所需的费用。它具体包括以下几部分。

(1) 管理人员工资：指按规定支付给管理人员的计时工资、奖金、津贴补贴、加班加点工资及特殊情况下支付的工资等。

(2) 办公费：指企业管理办公用的文具、纸张、账表、印刷、邮电、书报、办公软件、现场监控、会议、水电、烧水和集体取暖降温(包括现场临时宿舍取暖降温)等所需的费用。

(3) 差旅交通费：指职工因公出差、调动工作的差旅费、住勤补助费，市内交通费和误餐补助费，职工探亲路费，劳动力招募费，职工退休、退职一次性路费，工伤人员就医路费，工地转移费以及管理部门使用的交通工具的油料、燃料等费用。

(4) 固定资产使用费：指管理和试验部门及附属生产单位使用的属于固定资产的房屋、设备、仪器等的折旧、大修、维修或租赁等所需的费用。

(5) 工具用具使用费：指企业施工生产和管理使用的不属于固定资产的工具、器具、家具、交通工具和检验、试验、测绘、消防用具等的购置、维修和摊销费。

(6) 劳动保险和职工福利费：指由企业支付的职工退职金、按规定支付给离休干部的经费，集体福利费、夏季防暑降温费、冬季取暖补贴、上下班交通补贴等。

(7) 劳动保护费：指企业按规定发放的劳动保护用品的支出费用，如工作服、手套、防暑降温饮料以及在有碍身体健康的环境中施工的保健等费用。

(8) 检验试验费：指施工企业按照有关标准规定，对建筑以及材料、构件和建筑安装物进行一般鉴定、检查所发生的费用，包括自设试验室进行试验所耗用的材料等费用。不包括新结构、新材料的试验费，对构件做破坏性试验及其他特殊要求检验试验的费用和建设单位委托检测机构进行检测的费用，对此类检测发生的费用，由建设单位在工程建设其他费用中列支。但对施工企业提供的具有合格证明的材料进行检测却不合格的，该检测费用由施工企业支付。

(9) 工会经费：指企业按《中华人民共和国工会法》规定的全部职工工资总额比例计提的工会经费。

(10) 职工教育经费：指按职工工资总额的规定比例计提，企业为职工进行专业技术和职业技能培训，专业技术人员继续教育、职工职业技能鉴定、职业资格认定以及根据需要对职工进行各类文化教育所发生的费用。

(11) 财产保险费：指施工管理用财产、车辆等的保险费用。

(12) 财务费：指企业为施工生产筹集资金或提供预付款担保、履约担保、职工工资支付担保等所发生的各种费用。

(13) 税金：指企业按规定缴纳的房产税、车船使用税、土地使用税、印花税等。

(14) 其他：包括技术转让费、技术开发费、投标费、业务招待费、绿化费、广告费、公证费、法律顾问费、审计费、咨询费、保险费等。

5. 利润

利润是指施工企业完成所承包工程获得的盈利。

6. 规费

规费是指按国家法律、法规要求，由省级政府和省级有关权力部门规定必须缴纳或计取的费用。它包括以下各项。

(1) 社会保险费。具体组成如下。

① 养老保险费：指企业按照规定标准为职工缴纳的基本养老保险费。

② 失业保险费：指企业按照规定标准为职工缴纳的失业保险费。

③ 医疗保险费：指企业按照规定标准为职工缴纳的基本医疗保险费。

④ 生育保险费：指企业按照规定标准为职工缴纳的生育保险费。

⑤ 工伤保险费：指企业按照规定标准为职工缴纳的工伤保险费。

(2) 住房公积金：指企业按规定标准为职工缴纳的住房公积金。

(3) 工程排污费：指按规定缴纳的施工现场工程排污费。

其他应列而未列入的规费，按实际发生计取。

7. 税金

税金是指国家税法规定的应计入建筑安装工程造价内的增值税、地方水利建设基金。

任务 1.4 建筑工程造价的计价依据

1.4.1 计价依据

建筑工程造价的计价依据，是指运用科学、合理的调查统计和分析测算方法，从工程建设经济技术活动和市场交易活动中获取的可用于预测、评估、计算工程造价的参数、量值、方法等，具体包括由政府设立的有关机构编制的工程定额、指标等指导性计价依据、建筑市场信息价格依据、企业(行业)自行编制的经验性计价依据，以及其他能够用于科学、合理地确定工程造价的计价依据。

1.4.2 建筑工程计价依据的主要内容

浙江省现行建筑工程造价的计价依据，主要包括《建设工程工程量清单计价规范》(GB 50500—2013)、《房屋建筑与装饰工程工程量计算规范》(GB 50854—2013)、《浙江省建筑工程预算定额(2010 版)》《浙江省建设工程计价规则(2010 版)》《浙江省建设工程施工费用定额(2010 版)》，以及施工图纸、企业定额、建筑市场价格信息、施工方案等。

【参考资源】

1.4.3 建设工程工程量清单计价规范

《建设工程工程量清单计价规范》(以下简称《计价规范》)和《房屋建筑与装饰工程工程量计算规范》(以下简称《计算规范》)等若干规范经住房和建设部批准作为国家标准(以下简称“13 规范”)，于 2013 年 7 月 1 日正式实施。

该《计价规范》和 9 本《计算规范》是在原《建设工程工程量清单计价规范》(GB 50500—2008)的基础上进行修订的，它不仅对工程招投标中的工程量清单计价进行了详细阐述，而且对工程合同签订、工程量计量与价款支付、工程变更、工程价款调整、工程索赔和工程结算等工程实施全过程中如何规范工程量清单计价行为进行了指导，内容更加全面、系统，操作性更强，更贴近我国国情，对推进和完善市场形成工程造价机制的改革目标必将发挥重要的作用。

1. 建筑工程清单计价规范定义

《计价规范》和《计算规范》是根据《中华人民共和国建筑法》《中华人民共

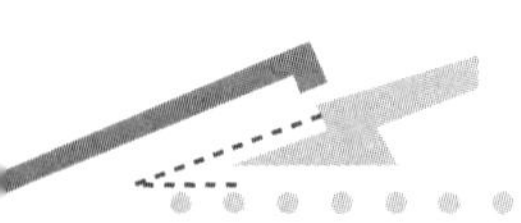

和国合同法》《中华人民共和国招投标法》及住房和城乡建设部《关于印发〈2009年工程建设标准规范制订、修订计划〉的通知》(建标函[2009]88号)的要求，并遵循国家宏观调控、市场形成价格的原则，结合我国当前实际情况制定的。

“13规范”是统一工程量清单编制、规范工程量清单计价的国家标准，是调整建设工程工程量清单计价活动中发包人与承包人各种关系的规范性文件，适用于建设工程承发包及实施阶段的相关计价活动。

2. “13规范”修编的原则和目的

“13规范”编制的原则：依法原则、权责对等原则、公平交易原则、可操作性原则、从约原则。同时按照政府宏观控制思路，推动市场形成价格，创造公平、公正、公开竞争的环境，进一步建设全国统一的、有序的建筑市场，既要与国际接轨，又考虑我国的实际情况。

“13规范”修编的目的：更加广泛深入地推行工程量清单；规范建设工程双方的计量计价行为；与当前国家相关法律、法规和政策性变化相适应，使其能够正确贯彻执行；适应新技术、新工艺、新材料日益发展的需要，使规范的内容不断更新完善；总结实践经验，进一步建立健全我国统一的建设工程计价计量规范标准体系。

3. “13规范”的组成

“13规范”包括《建设工程工程量清单计价规范》及《房屋建筑与装饰工程工程量计算规范》《通用安装工程工程量计算规范》《市政工程工程量计算规范》《园林绿化工程工程量计算规范》《矿山工程工程量计算规范》《构筑物工程工程量计算规范》《仿古建筑工程工程量计算规范》《城市轨道交通工程工程量计算规范》《爆破工程工程量计算规范》共9本计算规范。

《计价规范》包括总则、术语、一般规定、工程量清单编制、招标控制价、投标报价、合同价款约定、工程计量、合同价款调整、合同价款期中支付、竣工结算与支付、合同解除的价款结算与支付、合同价款争议的解决、工程造价鉴定、工程计价资料与档案、工程计价表格共16部分，以及附录A～附录L共11个附录。其中分别就《计价规范》的适用范围、遵循原则、编制工程量清单应遵循的规则、工程量清单计价活动的规则、工程量清单及其计价格式等作了明确的规定。

《计算规范》包含了总则、术语、工程计量、工程量清单编制，以及项目编码、项目名称、项目特征、计量单位、工程量计算规则和工程内容等，其中项目编码、项目名称、项目特征、计量单位、工程量计算规则作为五统一的内容，要求招标人在编制工程量清单时必须执行。

1.4.4 浙江省建设工程计价规则(2010版)

《浙江省建设工程计价规则(2010版)》(以下简称《计价规则》)是浙江省建设工程计价的一个统领性的文件，其内容涵盖建设工程计价活动的全过程，以《计价规范》等国标文件为依据进行编制，倡导实行工程计价全过程管理，并倡导工程计价按工程进度款结算期(如按月)实行即时结清的做法。

该规则共设十个章节、三个附件和七个附表。第一章总则，第二章术语，第三章工程造价组成及计价方法，第四章设计概算，第五章工程量清单编制与计价，第六章招标控制价、投标价与成本价，第七章合同价款与工程结算，第八章工程计价纠纷处理，第九章附件及标准格式，第十章附则。

1.4.5 浙江省建筑工程预算定额(2010版)

1. 建筑工程预算定额的概念

建筑工程预算定额简称预算定额，是指在正常合理的施工条件下，规定完成一定计量单位分项工程或结构构件所必需的人工、材料、机械台班的消耗数量标准。

预算定额作为一种数量标准，规定完成的一定计量单位分项工程或结构构件必须符合相应的质量标准及安全等要求。预算定额是由国家主管机关或被授权单位组织编制并颁发执行的一种技术经济指标，是工程建设中一项重要的技术经济文件，它的各项指标反映了国家对承包商和业主在完成施工承包任务中消耗的活化劳动和物化劳动的限度，这种限度体现了业主与承包商的一种经济关系。

2. 定额水平、定额编制原则及依据

1) 定额水平

定额水平是指定额消耗的高低程度。定额是在一定社会制度下的生产力水平的反映。定额水平高，表明生产力水平高，完成规定内容所需要的人工、材料、机械台班消耗低，反映为工程造价低；反之亦然。

浙江省建筑工程预算定额是按照正常的施工条件和多数施工企业的装备，以及成熟的施工工艺、合理的劳动组织为基础编制的，反映了浙江省的社会平均消耗量水平。

2) 建筑工程预算定额的编制原则

为保证预算定额的质量，充分发挥预算定额的作用，在预算定额编制工作中应遵循以下原则。

(1) 按社会平均必要劳动确定预算定额水平的原则。社会平均必要劳动即社会水平，本原则是指在社会正常生产条件、合理施工组织和工艺条件下，以社会平均劳动强度、平均劳动熟练程度、平均技术装备水平确定完成每一分项工程或结构构件所需的劳动消耗来作为确定预算定额水平的主要原则。

(2) 简明适用、通俗易懂原则。预算定额的内容和形式，既要满足对各方面的适应性，又要便于使用，做到定额项目设置齐全、项目划分合理、定额步距适当，文字说明清楚、简练、易懂。

(3) 坚持统一性和差别性相结合的原则。所谓统一性，是指从培育全国统一市场、规范计价行为出发，计价定额的制定规划和组织实施由国务院建设行政主管部门归口，并负责全国统一定额的制定或修订，颁发有关工程造价管理的规章制度、办法等。这样就有利于通过定额和工程造价的管理实现建筑安装工程价格的宏观调控；通过编制全国统一定额，使建筑安装工程具有一个统一的计价依据，也使考核设计和施工的经济效果具有一个统一的尺度。所谓差别性，是指在统一性的基础上，各部门和省、自治区、直辖市主管部门可以在一定范围内，根据本部门和地区的具体情况，制定部门和地区性定额、补充制度和管理办法，以适应幅员辽阔、地区和部门间发展不平衡及差异大的实际情况。

3) 定额编制的依据

(1)《全国统一建筑工程基础定额(土建)》(GJD 101—1995);

(2)《全国统一建筑装饰装修工程消耗量定额》(GYD 901—2002);

(3)《建设工程工程量清单计价规范》;

(4)《全国建筑安装工程劳动定额》;

(5)《全国统一施工机械台班费用定额》(2001 版);

(6)《浙江省建筑工程预算定额》(2003 版)和有关补充定额;

(7) 各市提供的补充定额和有关资料及现场实地调查资料;

(8) 各省市现行《建筑工程预算定额》;

(9) 人工、材料及机械台班单价的确定原则;

(10) 国家及浙江省有关行业和劳动安全标准、规范和规定;

(11)《浙江省建设工程计价依据(2003 版)修订工作方案》及相应的“编制方案”。

3. 定额的作用及适用范围

1) 定额的作用

(1) 定额是完成规定计量单位分项工程计价的人工、材料、施工机械台班的消耗量标准，反映了浙江省的社会平均消耗量水平。

(2) 定额是统一全省建筑工程预算工程量计算规则、项目划分、计量单位的依据。

(3) 定额是本省指导设计概算、施工图预算、投标报价的编制及工程合同价约定、竣工结算办理、工程计价纠纷调解处理、工程造价鉴定等的依据。全部使用国有资金或以国有资金投资为主的工程建设项目，编制招标控制价时应执行本计价依据。

2) 定额的适用范围

本定额适用于浙江省工业与民用建筑的新建、扩建、改建工程；不适用于修建和其他专业工程，也不适用于国防、科研等有特殊要求的工程及实行产品出厂价格的各类建筑构配件。

4. 浙江省建筑工程预算定额(2010 版)的组成

《浙江省建筑工程预算定额》(2010 版)(以下简称“本定额”)由上、下册组成。上册是以 9 个分部工程定额为主体，加上总说明、建筑面积计算规范等而组成；下册是以 9 个分部工程定额为主体，加上总说明、建筑面积计算规则和有关附录等而组成。

1) 总说明

总说明是针对定额的使用方法及上、下两册共同性的问题所作的综合说明和规定，并对定额编制的原则和依据、作用和适用范围、定额所代表的水平、工料机消耗量的确定原则、定额的使用及有关问题等都作了说明。使用定额必须熟悉和掌握总说明的内容，以便对本定额有全面的了解。以下几点是对定额中共性问题的说明。

(1) 人工费的说明。

① 人工消耗量反映了浙江省社会平均消耗量水平，已考虑了各项施工操作的直接用工、其他用工(材料超运距、工种搭接、安全和质量检查以及临时停水、停电等)及人工幅度差。企业可以根据工程的特点并结合自身的技术力量和管理水平进行合理的调整和换算。

② 每工日按 8 小时工作制计算。

③ 定额日工资单价按三类划分：土石方工程按一类日工资单价 40 元计算；木结构工程，金属结构工程，楼地面工程，墙柱面工程，天棚工程，门窗工程，油漆、涂料、裱糊工程按三类日工资单价 50 元计算；其余工程均按二类日工资单价 43 元计算。

(2) 材料费的说明。

① 本定额的材料是按合格品考虑的。

② 本定额的材料、成品、半成品取定价格，包括市场供应价、运杂费、运输损耗(包括场内运输损耗和施工损耗)及采购保管费。

拓展提高

材料、成品、半成品的定额消耗量包括场内运输损耗和施工损耗(即从工地仓库到施工的一切费用，但不包括垂直运输费)。场内运输指的是从工地仓库、现场堆放地点或现场加工地点至操作地点的水平运输。而垂直运输未包括在内，发生时要套相应定额计算。如现场搅拌的混凝土，其定额的消耗量包括混凝土在搅拌过程中的损耗、搅拌好后运至所要浇捣部位的损耗、浇捣过程中的损耗。

③ 本定额中的冷拔钢丝、高强钢丝、钢丝束、钢绞线均按成品价格考虑。

④ 本定额中除了特殊说明外，大理石和花岗岩均按工程成品板考虑，定额消耗量中仅包括了场内运输、施工及零星切割的损耗。

⑤ 本定额中配合比原材料用量应按配合比相应定额分析计算，其中并列有两种水泥强度标准的配合比定额，设计无特殊要求时，均按较低强度标准的水泥配合比计算。

⑥ 本定额中各类砌体所使用的砂浆均为普通现拌砂浆，若实际使用预拌(干混或湿拌)砂浆，按以下方法调整定额。

a. 使用干混砂浆的，除将现拌砂浆单价换算为干混砂浆外，另在相应定额中每立方米砂浆扣除人工 0.2 工日，灰浆搅拌机台班数量乘以系数 0.6。

b. 使用湿拌砂浆的，除将现拌砂浆单价换算为湿拌砂浆外，另在相应定额中每立方米砂浆扣除人工 0.45 工日，并扣除灰浆搅拌机台班数量。

实例分析 1-1

某工程烧结普通砖一砖外墙，采用 M10 干混砂浆砌筑，试计算该项目套用定额的计价。

分析：该工程采用烧结普通砖一砖外墙，应套用定额 3-45。由于设计要求采用 M10 干混砂浆砌筑，因此按上述规定，除将现拌砂浆单价换算为干混砂浆单价外，另按相应定额中每立方米砂浆扣除人工 0.2 工日，则得 13.1−2.36 × 0.2=12.628(工日)，灰浆搅拌机台班数量乘以系数 0.6，则得 0.39 × 0.6=0.234(台班)。

因此按定额 3-45 换算后，每 10m^3 砂浆的基价为：2927+(412.25−181.75) × 2.36+(12.628−13.1) × 43+(0.234−0.39) × 58.57=3441.54(元)。

⑦ 凡定额未列商品混凝土的子目而采用商品混凝土浇捣时，按现拌混凝土定额执行，应扣除相应定额中的搅拌机台班数量，同时振捣器台班数量乘以系数 0.8；另按相应定额中每立方米混凝土含量来扣除人工，泵送时扣除 0.65 工日，非泵送时扣除 0.52 工日。

实例分析 1-2

某工程中刚性屋面采用 C20 泵送商品混凝土，试计算该项目套用定额的基价。

分析：该工程的刚性屋面由于设计要求采用的是泵送商品混凝土，而刚性屋面定额未列商品混凝土浇捣子目。因此，根据以上总说明，首先执行现拌混凝土定额 7-1，应调整定额子目中泵送商品混凝土与现拌混凝土的差价，然后扣除相应的定额 7-1 中的搅拌机台班数量(其中混凝土搅拌机为 0.38 台班，应全部扣除)，同时振捣器台班数量乘以 0.8，即得 0.76 × 0.8=0.608(台班)，另按相应定额中每立方米混凝土含量扣除人工 0.65 工日，则定额中人工含量调整为 12.3−4.56 × 0.65=9.336(工日)。

因此按定额 7-1 换算后，每 $100m^2$ 泵送商品混凝土的基价为：1922+(299−208.32) × 4.56−0.38 × 123.45+(0.608− 0.760) × 17.56+(9.336−12.3) × 43=2158(元)。

混凝土构件浇捣、制作定额未包括添加剂，实际发生时，按设计要求另行计算。例如，设计要求现场搅拌膨胀混凝土，需往混凝土中掺入膨胀剂，则膨胀剂的费用需按设计要求另行计算。

⑧ 定额中的黄砂，用于垫层的为毛砂；用于混凝土及砂浆配合比的为净砂，其过筛人工及筛耗已包括在材料价格内。用于混凝土中的碎石，材料价格内考虑了一定比例的冲洗费用和损耗，如用于水泥砂浆搅拌的砂子，其中含有部分细石，施工方必须安排人员过筛，这样的人工消耗已包含在材料价格内，不得再次计算人工费。

⑨ 本定额中淋化每立方米石灰膏，按统货生石灰 750kg 编制。例如，在石灰砂浆配合比中，其石灰膏是以 m^3 为单位的，$1m^3$ 石灰膏，定额是按消耗 750kg 生石灰编制的。

⑩ 本定额木种分类规定如下。

一类、二类：红松、水桐木、樟子松、白松、杉木、杨木、柳木、椴木等。

三类、四类：青松、黄花松、秋子木、马尾松、东北榆木、柏木、柚木、榉木、橡木、核桃木、樱桃木等。

设计采用木材种类与本定额的取定不同时，按各章有关规定计算。

⑪ 本定额周转材料按摊销量编制，且已包括回库维修耗量及相关费用。

基础模板定额子目见表 1-2。

表 1-2 基础模板定额子目

工作内容：模板制作、安装、拆除、维护、整理、堆放及场外运输；模板黏结物及模内杂物清理、刷隔离剂等。

计量单位：$100m^2$

<table>
<tr><td colspan="4">定额编号</td><td>4-135</td></tr>
<tr><td colspan="4">项目名称</td><td>垫层</td></tr>
<tr><td colspan="4">基价</td><td>2332</td></tr>
<tr><td rowspan="3">其中</td><td colspan="3">人工费/元</td><td>1150.25</td></tr>
<tr><td colspan="3">材料费/元</td><td>1105.70</td></tr>
<tr><td colspan="3">机械费/元</td><td>76.42</td></tr>
<tr><td colspan="2">名称</td><td>单位</td><td>单价/元</td><td>消耗量</td></tr>
<tr><td>人工</td><td>Ⅱ类 人工</td><td>工日</td><td>43</td><td>26.750</td></tr>
</table>

续表

材料	木模	m^2	1200	0.799
	圆钉	kg	4.36	17.310
	隔离剂	kg	6.74	10.000
	镀锌铁丝 22#	kg	4.80	0.180
	水泥 32.5 级	kg	0.3	7.000
	综合净砂	t	62.5	0.017
机械	木工圆锯机Φ500	台班	25.38	1.531
	载重汽车 4t	台班	282.45	0.133

⑫ 现浇混凝土的承重支架、钢结构或空间网架结构安装使用的满堂承重架以及其他施工用承重架，高度超过 8m，或跨度超过 18m，或总荷载大于 10kN/m^2，或集中线荷载大于 15kN/m 时，应按施工组织设计提供的施工技术方案另行计算，不再执行相应增加层定额。

⑬ 本定额中次要的材料虽未一一列出，但已包括在其他材料内。

(3) 机械费的说明。

① 本定额的机械台班是按现行《全国建筑安装工程统一劳动定额》及浙江省实际情况编制的，台班价格按《浙江省施工机械台班费用定额(2010 版)》计算，每一台班价格按 8 小时工作制计算，并考虑了其他直接生产使用的机械幅度差。

② 本定额中建筑机械的类型、规格，是按正常施工、合理配置结合浙江省施工企业机械配备情况综合考虑的。未列出的零星机械已包括在其他机械费内。

③ 本定额未包括大型机械场外运输及安拆费用，发生时，应根据施工设计选用的实际机械种类及规格，按附录二及机械台班费用定额的有关规定计算。

(4) 其他有关说明。

① 本定额按建筑面积计算的脚手架、垂直运输费等是按一个整体工程考虑的，如遇结构与装饰分别发包，则应根据工程具体情况确定划分比例(在《浙江省建筑工程预算定额(2010 版)》相关章节中有说明)。

② 洞库照明费，以地下室面积以及外围开窗面积小于室内平面面积 2.5%的库房、暗室等的面积之和为基数，按每平方米 15 元计算(其中人工 0.25 工日)。

③ 本定额垂直运输按不同檐高的建筑物和构筑物单独编制，应根据具体工程内容按垂直运输章节定额执行。

④ 本定额除注明高度的以外，均按建筑物檐高 20m 以内编制。

⑤ 本定额中的建筑物檐高，指的是设计室外地坪至建筑物檐口底的高度，凸出主体建筑物屋顶的电梯机房、楼梯间、有维护结构的水箱间、瞭望塔等不计高度。

⑥ 除《建筑工程建筑面积计算规范》(GB/T 50353—2013)外，定额中凡注明“**以内”或“**以下”者，均包括本身在内；注明“**以外”或“**以上”者，则不包括本身在内。定额中如遇到两个或两个以上系数时，按连乘法计算。

2) 建筑面积计算规范

浙江省建筑面积计算规范的编制依据是国家标准《建筑工程建筑面积计算规范》(GB/T 50353—2013)。

3) 分部分项工程定额

浙江省执行的现行建筑工程预算定额分为上、下两册。

上册按工程结构类型结合形象部位划分为九个章节，各章内容见表 1-3。

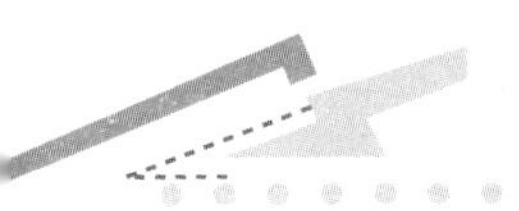

表 1-3 预算定额上册章节

章号	标题	章号	标题	章号	标题
第一章	土石方工程	第四章	混凝土与钢筋混凝土工程	第七章	屋面及防水工程
第二章	桩基础及地基加固工程	第五章	木结构工程	第八章	保温隔热、耐酸防腐工程
第三章	砌筑工程	第六章	金属结构工程	第九章	附属工程

下册按工程结构类型结合形象部位划分为九个章节，各章内容见表 1-4。

表 1-4 预算定额下册章节

章号	标题	章号	标题	章号	标题
第十章	楼地面工程	第十三章	门窗工程	第十六章	脚手架工程
第十一章	墙柱面工程	第十四章	油漆、涂料、裱糊工程	第十七章	垂直运输工程
第十二章	天棚工程	第十五章	其他工程	第十八章	建筑物超高施工增加费

上下两册每一分部工程，均列有说明、工程量计算规则和定额表等。

(1) 说明：是对本分部的编制内容、编制依据、适用范围、使用方法和共性问题的说明及规定。

(2) 工程量计算规则：是对本分部各分项工程量的计算规则和定额节所作的统一规定。

(3) 定额节：是对本分部工程中技术因素相同的分项工程的集合，是定额最基本的表达单位。例如，混凝土工程是按现浇现拌混凝土、现浇商品混凝土(泵送)、预制混凝土等定额节划分的。

(4) 定额表：是定额的基本表现形式。每个定额表列有工作内容、计量单位、项目名称、定额编号、定额基价，以及人工、材料、机械等的消耗定额。有时在定额项目表下还列有附注，说明设计有特殊要求时怎样使用定额，以及说明其他应作必要解释的问题。

4) 附录

附录是定额的有机组成部分，浙江省预算定额附录由以下四个部分组成。

(1) 附录一：砂浆、混凝土强度配合比。

(2) 附录二：机械台班单独计算的费用。

(3) 附录三：建筑工程主要建筑材料损耗率取定表。

(4) 附录四：人工、材料、机械台班价格定额取定表。

1.4.6 浙江省建设工程施工费用定额(2010 版)

《浙江省建设工程施工费用定额(2010 版)》(以下简称“本定额”)是根据浙江省建设厅、浙江省发展和改革委员会、浙江省财政厅《关于组织修订〈浙江省建设工程计价依据(2003 版)〉的通知》文件精神，由浙江省建设工程造价管理总站组织编制。本定额主要由以下总说明、建设工程施工费用计算规则、建设工程施工费用取费费率、工程类别划分、附录五个部分组成。

(1) 总说明：对本定额的编制原则和编制依据、定额的性质和适用范围、定额的内容和表现形式及定额的使用规定等作了总体说明。

(2) 建设工程施工费用计算规则：为本定额第一章的内容，主要包括建设工程费用组成、建设工程施工费用计算规则及建设工程费用计算程序等。

(3) 建设工程施工费用取费费率：建设工程施工费用取费费率涵盖了建筑、安装、市政、园林绿化及仿古建筑和人防等各专业工程费用项目的施工取费费率和概算费率。各专业工程均包括施工组织措施费费率、企业管理费费率、利润费率、规费费率及税金费率共五类费用项目费率。

施工组织措施费费率分下限、中值、上限；企业管理费费率、利润费率编制为弹性区间费率，企业管理费费率按不同工程类别分为一类、二类和三类工程费率；规费费率按不同专业工程划分费率；税金按市区、城镇及其他地区分为三档费率。

施工取费定额的表现形式如下。

① 建筑工程施工组织措施费费率，见表1-5。

表1-5 施工组织措施费取费表

定额编号	项目名称		计算基数	基本费/(%)			扬尘防治增加费/(%)	创标化工地增加费(省级)/(%)
				下限	中值	上限		
A1	施工组织措施费							
A1-1	安全文明施工费							
A1-11	其中	非市区工程	人工费+机械费	10.91	12.13	13.36	1.80	2.62
A1-12		市区一般工程	人工费+机械费	12.87	14.28	15.72	2.00	3.08
A1-13		市区临街工程	人工费+机械费	14.80	16.43	18.06	2.00	3.54

② 建筑工程企业管理费费率，见表1-6。

表1-6 企业管理费取费表

定额编号	项目名称	计算基数	费率/(%)		
			一类	二类	三类
A2	企业管理费				
A2-1	工业与民用建筑工程	人工费+机械费	20～26	16～22	12～18
A2-2	单独装饰工程	人工费+机械费	18～23	15～20	12～17
⋮	⋮	⋮	⋮	⋮	⋮

相关链接

1. 专业工程仅适用于单独承包的专项施工工程。
2. 其他专业建筑工程指定额所列专业项目以外的，需具有专业工程施工资质施工的工程。

③ 建筑工程利润费率，见表1-7。

表1-7 利润取费表

定额编号	项目名称	计算基数	费率/(%)
A3	利润		
A3-1	工业与民用建筑工程专业钢结构工程	人工费+机械费	6～11

④ 建筑工程规费费率，见表 1-8。

表 1-8 规费取费表

定额编号	项目名称	计算基数	费率/(%)
A4	规费		
A4-1	工业与民用建筑及构筑物工程	人工费+机械费	10.40
A4-2	单独装饰工程	人工费+机械费	13.36
⋮	⋮	⋮	⋮

相关链接

1. 专业工程仅适用于单独承包的专项施工工程。
2. 民工工伤保险及意外伤害保险按各市的规定计算。

⑤ 建筑工程税金费率，见表 1-9。

表 1-9 税金取费表

定额编号	项目名称	计算基数	费率/(%)		
			市区	城(镇)	其他
A5	税金	直接费+管理费+利润+规费	3.36	3.30	3.18
A5-1	税费		3.36	3.30	3.18
A5-2	水利建设基金		0.00	0.00	0.00

相关链接

税费包括增值税、城市建设维护税及教育费附加。按浙建站定[2016]54 号，暂停向企事业单位者征收地方水利建设基金。

⑥ 其他说明。

a. 企业管理费是根据不同的工程类别分别编制的。工程类别按本定额第三章“工程类别划分”来确定。

b. 编制招标控制价的，施工组织措施费、企业管理费及利润，应按费率的中值或弹性区间费率的中值计取。

c. 房屋修缮工程的施工组织措施费费率按相应新建工程项目的费率乘以系数 0.5；管理费费率按相应新建工程项目的三类费率乘以系数 0.8；其他按相应新建工程项目的费率计取。

d. 本定额费率是以工程定额基价(2010 版)为基础测算的，取费基数作调整时，费率水平应作调整。

e. 本定额施工取费费率是按单位工程综合测定的，除本定额已列有的部分项目外，不适用于分部分项工程。

f. 招投标工程，因设计变更等原因，引起施工取费费用开支发生变化的，施工取费费用应根据工程实际调整。

g. 本定额凡规定乘以系数的费率，其小数保留位数与原费率小数位数一致。

(4) 工程类别划分：在本定额第三章，企业管理费按一、二、三类工程划分，对应于不同的专业工程列取费率。

(5) 附录：收编了一些与取费定额有关的国家和省的一些管理规定或费用的收取规定。

任务 1.5 建筑工程造价的计价方法

1.5.1 工程造价的计价特征

1. 工程造价的特点

1) 工程造价的大额性

任何一个建筑项目跟其他商品相比都具有体形大、造价高的特点，动辄数百万、数千万、数亿、十几亿，特大型工程的造价可达千亿元人民币。工程造价的大额性使其关系到有关各方面的重大经济效益，同时也会对宏观经济产生重大的影响，这就决定了工程造价的特殊地位。

2) 工程造价的个别性和差异性

每个建筑项目的建设地点、地质特性、建筑物的用途、功能、规模、地理位置、建设时间等都不相同，这就意味着产品具有个别性，通常没有一模一样的建筑物。产品的个别性决定了工程造价的差异性。

3) 工程造价的动态性

建设工程由于工期较长，影响因素较多，在预期工期内可能出现很多的动态影响因素，如工程变更，设备材料价格、工资标准及费率、利率发生变化，以及一些未能预知的自然灾害等。这些因素必然会影响到造价的变动。因此，工程造价在整个建设期中处于不确定状态，直到竣工决算后才能最终确定工程的实际价格。

4) 工程造价的层次性

每个建设项目往往都含有多个能够独立发挥设计效能的单项工程(教学楼、宿舍楼、食堂等)。一个单项工程又是由能够各自发挥专业效能的多个单位工程(土建工程、电器安装工程等)组成。而造价的层次性与工程的层次性是相关的，一个项目工程可以分为建设项目总造价、单项工程造价和单位工程造价三个层次。如果专业分工更细，则单位工程又可继续细分为分部工程(如土建工程又可继续分为土石方工程、打桩工程、砌体工程、钢筋混凝土工程、幕墙工程等分部工程)，分部工程还可继续细分为分项工程。与此同时，工程造价也可分为直至分部工程和分项工程造价的五个层次。即使从造价的计算和工程管理的角度看，工程造价的层次性也是非常突出的。

5) 工程造价的兼容性

工程造价的构成因素具有广泛性和复杂性。首先成本因素非常复杂，其中为获得建设工程用地所支出的费用、项目可行性研究和规划设计费用、与政府一定时期政策(特别是产业政策和税收政策)相关的费用占有相当的份额，其次盈利构成也较为复杂，资金成本很大。

2. 工程计价的特点

1) 计价的单件性

由于每个工程建设项目都需要按照建设单位的特殊要求和工程项目的个体性进行单独

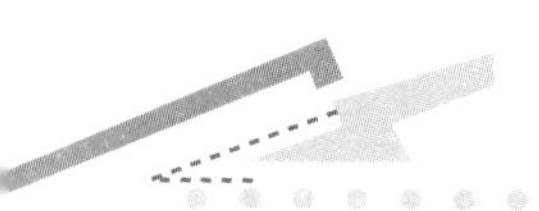

的设计和施工，而不能批量生产，也不能按整个工程项目确定造价，因此，每个建设项目都必须单独进行计价。

2) 计价的多次性

建设工程项目建设周期长、规模大、造价高，这就要求在工程建设的各个阶段多次计价，并对其进行监督和控制，以保证工程造价计算的准确性和控制的有效性。多次性计价特点决定了相关造价不是固定的、唯一的，而是随着工程的进行逐步深化、细化和接近实际造价的过程，如图 1.5 所示。

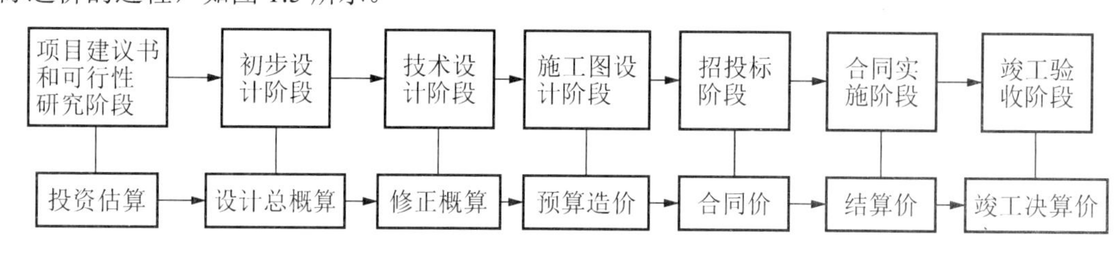

图 1.5　多次性计价示意图

工程计价的过程是一个由粗到细、由浅入深、由粗略到精确，多次计价后最后达到实际造价的过程。各计价过程之间是相互联系、相互补充、相互制约的关系，前者制约后者，后者补充前者。

3) 计价的组合性

每一个建设项目都是由各个单项工程组成的，因此其总造价也是由各个单项工程造价组成。同理，一个单项工程造价是由各个单位工程造价组成的，一个单位工程又由多个分部分项工程造价计算得出。这充分体现了计价的组合性，即工程造价的计算过程和计算顺序为：分部分项工程造价→单位工程造价→单项工程造价→建设工程项目总造价。

4) 计价方法的多样性

工程造价具有多次性的特点，而每个阶段计价的依据和计算精度、深度要求各不相同，因而工程造价的计价方法也必须具有多样性。如可行性研究阶段的投资估算，可以采用设备系数法和生产能力指数法等；在设计阶段特别是施工图设计阶段，设计图纸完整，则多采用定额法和实物法进行计算。

5）计价依据的复杂性

由于工程造价构成复杂，计价方法多样，因此其计价依据种类繁多，主要涉及：设备和工程量的计算依据；计算人工、材料、机械等实物消耗量的依据，包括各种定额；计算人工单价、材料单价、机械台班单价等的依据；计算各种费用的依据；计算设备单价的依据；政府规定的税费依据；还有文件规定、物价指数、工程造价指数等各种调整工程造价的文件。

1.5.2　建筑工程计价方法

建筑工程计价方法，主要包括工料单价法和综合单价法。

1. 工料单价法

1) 工料单价法的概念

工料单价法又称定额计价法，是我国长期以来在工程价格形成中采用的计价模式，是国家通过颁布统一的估价指标、概算定额、预算定额和相应的费用定额，对建筑产品价格有计划管理的一种方式。工料单价法在工程造价计价中以定额为依据，按定额规定的分部分项子目逐项计算工程量，套用定额单价(或单位估价表)确定直接工程费，然后按规定的施工费用定额确定构成工程价格的其他费用和利税，获得建筑工程造价。它是项目单价采用分部分项工程的不完全价格(即仅包括人工费、材料费、施工机械台班使用费)的一种计价方法。

相关计算公式为：

工料单价=规定计量单位的人工费+规定计量单位的材料费+规定计量单位的施工机械使用费

2) 工料单价法的计价步骤

(1) 熟悉工程概况、设计图纸、施工组织设计和施工现场情况，并准备有关资料。

(2) 计算分项工程量。

(3) 工程量汇总。

(4) 套用定额基价，并结合当时当地人工、材料、机械台班市场单价计算单位工程直接工程费和施工技术措施费。

(5) 计算各项费用。

(6) 校核。

(7) 编制说明，填写封面，装订成册。

3) 工料单价法计价的工程费用计算程序

工料单价法计算程序见表1-10。

表1-10 工料单价法计算程序表

序号	费用项目		计算方法
一	直接工程费		∑(分部分项工程量×工料单价)
	其中	1. 人工费＋机械费	
二	施工技术措施费		∑(措施项目工程量×工料单价)
	其中	2. 人工费＋机械费	
三	施工组织措施费		∑[(1＋2)×相应费率]
四	企业管理费		(1＋2)×相应费率
五	规费		(1＋2)×相应费率
六	利润		(1＋2)×相应费率
七	总承包服务费		分包项目工程造价×相应费率
八	风险费用		(一＋二＋三＋四＋五＋六＋七)×相应费率
九	暂列金额		(一＋二＋三＋四＋五＋六＋七＋八)×相应费率
十	税金		(一＋二＋三＋四＋五＋六＋七＋八＋九)×相应费率
十一	建筑工程造价		一＋二＋三＋四＋五＋六＋七＋八＋九＋十

相关链接

1. 其中施工组织措施费中的其他施工组织措施费按相关规定计算。
2. 规费中危险作业意外伤害保险费按各市有关规定计算。
3. 总承包服务费中，若有甲供材料、设备管理服务费，则按甲供材料费、设备费乘以费率。

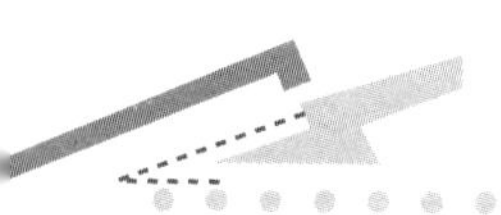

2. 综合单价法

综合单价法又称工程量清单计价法，是建设工程招投标中，按照国家统一的工程量清单计价规范，招标人或其委托的有资格的咨询机构编制反映工程实体消耗和措施消耗的工程量清单，并作为招标文件的一部分提供给投标人，由投标人依据工程量清单，根据各种渠道所获得的工程造价信息和经验数据，结合企业定额自主报价的一种计价方式。

综合单价是指完成一个规定计量单位的分部分项工程量清单项目或措施项目所需的人工费、材料费、施工机械使用费、企业管理费和利润，以及一定范围内的风险费用。

相应计算公式为：

综合单价=规定计量单位的人工费+规定计量单位的材料费+
规定计量单位的施工机械使用费+工程设备费+
取费基数×(企业管理费费率+利润率)+一定范围内的风险费用

式中，“取费基数”一般为规定计量单位项目的人工费和机械使用费之和。

1) 工程量清单编制

工程量清单是载明建设工程分部分项工程项目、措施项目、其他项目名称和相应数量以及规费、税金等内容的明细清单。它由具有编制招标文件能力的招标人或受其委托具有相应资质的工程造价咨询人，按照“13 规范”的《计算规范》中统一的项目编码、项目名称、计量单位和工程量计算规则来进行编制，主要由分部分项工程量清单、措施项目清单、其他项目清单、规费和税金组成。

说明：以下工程量清单编制主要依据《建设工程工程量清单计价规范》(GB 50500—2013)和《房屋建筑与装饰工程工程量计算规范》(GB 50854—2013)。

(1) 清单封面与说明。

“13 规范”清单封面应注明招标人和由招标人委托的工程造价咨询人，以及与上面内容相关的签字与专用章。

工程量清单说明应从招标人角度编写，基本内容如下。

① 工程概况，如建设地址、建设规模、工程特征、交通状况、环保要求等。

② 工程发包、分包范围。

③ 工程量清单编制依据，如采用的标准、施工图纸、标准图集等。

④ 使用材料设备、施工的特殊要求等。

⑤ 其他需要说明的问题。

(2) 分部分项工程量清单编制。

分部分项工程量清单项目的设置以形成工程实体为原则，它是计量的前提。清单项目名称均以工程实体即工程项目的主要部分命名，而对附属或次要部分不设置项目。工程量清单项目设置规则是为了统一工程量清单项目名称、项目编码、项目特征、计量单位和工程量计算规则而制定的，是编制工程量清单的依据。清单编制人必须严格按《计算规范》的规定执行，不得任意变动。在设置清单项目时，以《计算规范》附录中的项目名称为主体，考虑该项目的规格、型号、材质等项目特征要求，结合拟建工程的实际情况，在清单中详细地反映出影响工程造价的主要因素。

① 项目编码。项目编码，应采用十二位阿拉伯数字表示，一至九位按《计算规范》附

录的规定设置，不得变动；十至十二位应由清单编制人根据拟建工程的工程量清单项目名称和项目特征自行编制，且应从001开始。同一招标工程的项目编码不得有重码。

各级编码代表的含义如图1.6所示。

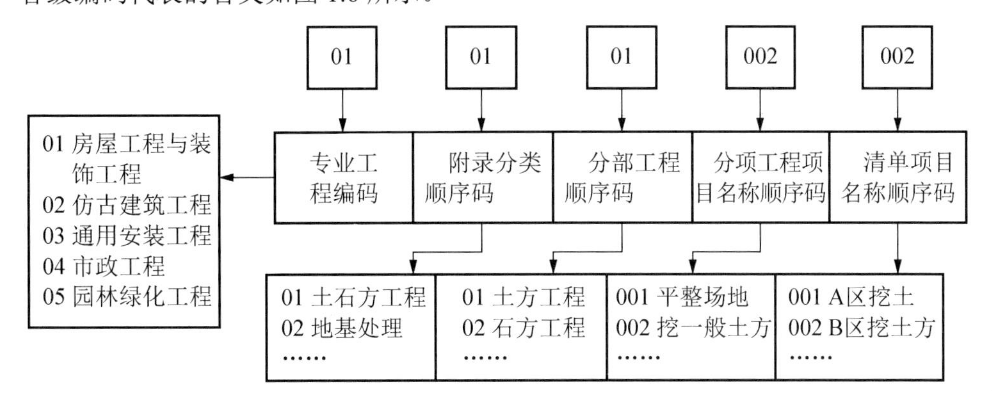

图1.6　清单编码含义示意图

由于工程建设中新结构、新工艺、新技术的发展，《计算规范》会出现缺项内容，编制人应进行项目补充，补充的工程量清单编码由专业分类码与B和三位阿拉伯数字组成，并应从×B001起编，如房屋建筑与装饰工程编码为01B001。同一招标工程的项目不得有重码。

② 项目名称与项目特征。分部分项工程量清单的项目名称应采用《计算规范》附录中的项目名称，同时依据拟建工程的实际确定。

项目特征的描述是工程量清单编制中的核心内容，因项目特征是确定一个清单项目综合单价的重要依据，是进行工程量清单计价的重要环节，项目特征描述不具体、界限不清，将直接造成拟建项目工程造价的不准确，造成承发包双方的争执与纠纷，同时影响到整个项目投资计划的实施，所以项目特征的表述尤其重要。主要应注意以下两点。

a. 分析工程项目中哪些是与"计价"有关的内容，再进行项目特征的编写。如"砖砌体"清单项目，必须注明砖的品种与强度要求，因砖的材料价格与综合单价组价有关；必须注明砌体类型与厚度，这与项目人工、机械费用有关；必须注明砂浆配合比、品种及强度，这与材料价格有关；等等。

b. 项目特征表述应简明、完整，避免词不达意与重复累赘。简明主要体现在与"计价"无关的内容不要写，如工程常见施工工艺、操作过程等；与"计价"有关的要简捷明了地表达清楚，如墙面抹灰的砂浆品种、配合比、质量要求、厚度等。而如何进行墙面抹灰则无须描述。

工程量清单项目特征，应按附录中规定的项目特征结合拟建工程项目的实际予以描述。

例如建筑工程挖基础土方，可能发生的具体内容包括排水、土方开挖、挡土支拆、截桩头、基底钎探、运输等，则项目特征可表达如下。

挖基础土方

一、二类土，1—1有梁式钢筋混凝土带基，基底垫层宽度1.4m，开挖深度1.15m，弃土运距5km。

但有些项目特征用文字往往又难以准确且全面描述。为达到规范、简洁、准确、全面描述项目特征的要求，在描述工程量清单项目特征时应按以下原则进行。

a. 项目特征描述的内容，应按附录中的规定并结合拟建工程的实际，以满足确定综合单价的需要。

b. 若采用标准图集或施工图纸能够全部或部分满足项目特征描述的要求，项目特征描述还可直接采用详见××图集或××图号的方式。对不能满足项目特征描述要求的部分，仍应用文字描述。

③ 计量单位。分部分项工程量清单计量单位，应按《计算规范》中要求的计量单位确定(除各专业另有特殊规定外)。常见计量单位如下。

a. 以重量计算的项目——t 或 kg。

b. 以体积计算的项目——m^3。

c. 以面积计算的项目——m^2。

d. 以长度计算的项目——m。

e. 以自然计量单位计算的项目——个、套、块、樘、组、台等。

f. 没有具体数量的项目——系统、项等。

g. 当《计算规范》中的计量单位出现两个或两个以上时，应依据工程量清单项目特征要求，选择最适合项目特征并便于计量的单位。如预应力钢筋混凝土管桩在清单项目列项时，计量单位可选择“m”或“根”，通常选“m”更恰当。同一工程项目的计量单位应一致。

计量单位及工程数量的有效位数规定如下。

计算质量以“t”为单位，结果应保留小数点后三位数字，第四位四舍五入。

计算体积以“m^3”为单位，结果应保留小数点后两位数字，第三位四舍五入。

计算面积以“m^2”为单位，结果应保留小数点后两位数字，第三位四舍五入。

计算长度以“m”为单位，结果应保留小数点后两位数字，第三位四舍五入。

其他以“个”“块”“套”“樘”“组”等为单位时，结果应取整数。

没有具体数量的项目，以“系统”“项”为单位。

④ 工程量的计算。工程量清单中分部分项工程量的计算，应严格执行《计算规范》附录中规定的工程量计算规则。

除另有说明外，所有清单项目的工程量应以实体工程量为准，并以完成后的净值计算；投标人投标报价时，应在单价中考虑施工中的各种损耗和需要增加的工程量。

如挖地槽工程的计价工程量计算中，就应考虑放坡因素，与清单提供的工程量相比其值偏大。

分部分项工程量清单编制程序如图 1.7 所示。

(3) 措施项目清单。

措施项目清单是针对工程实体项目实施过程中，发生在项目施工准备和施工过程中的技术、生活、安全、环境保护等方面的非工程实体项目的明细清单，如为形成混凝土与钢筋混凝土实体工程所需的模板、脚手架、文明施工要求等。

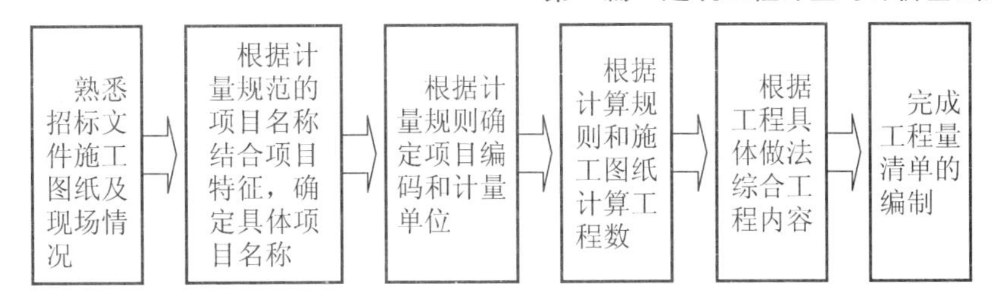

图 1.7 分部分项工程量清单编制程序

措施项目清单编制时应考虑多种因素，除工程本身的因素外，还涉及水文、气象、环境、安全等以及施工企业的实际情况(如施工降水、冬雨季施工等)，编制时需考虑周全，内容力求全面。

措施项目清单的编制有以下两种表现形式。

一是措施内容可以计算工程量，则其清单编制按《计算规范》的编制形式。如混凝土梁模板措施项目清单，编写内容必须包括项目编码、项目名称、项目特征、计量单位与工程量。

二是措施内容不易计算工程量，《计算规范》中列出了项目编码、项目名称，但未列出项目特征、计量单位和工程量计算规则，则在编制工程量清单时，应按《计算规范》规定的项目编码、项目名称确定清单项目。如安全文明施工费、夜间施工费、二次搬运费等。

由于影响措施项目设置的因素太多，在编制措施项目清单时，对实际出现而《计算规范》中未列的措施项目可作补充。补充项目应列在清单项目最后，并在"序号"栏中以"补"字表示。

1. "13 规范"中对于现浇混凝土模板采用两种方式进行编制，一是在现浇混凝土项目的"工作内容"中包括模板工程的内容，以立方米计量，与混凝土工程项目一起组成综合单价；二是在措施项目中单列了现浇混凝土模板工程项目，以平方米计量，单独组成综合单价。招标人应根据工程实际情况选用。若招标人在措施项目清单中未编列现浇混凝土模板项目清单，即表示现浇混凝土模板项目不单列，现浇混凝土工程项目的综合单价中应包括模板工程费。

2. 预制混凝土构建按现场制作编制项目，"工作内容"中包括模板工程，不再另列。

(4) 其他项目清单。

其他项目清单是指除分部分项工程量清单、措施项目清单外由于招标人的特殊要求而设置的项目清单，内容主要取决于工程建设标准的高低、工程复杂程度、工程的工期长短、工程的组成内容、发包人对工程管理的要求等因素，通常包括下列内容。

第一部分为招标人部分。

① 暂列金额。暂列金额是由招标人在工程量清单中暂定并包括在合同价款中的一笔价款，用于施工合同签定时尚未确定或不可预见的所需材料、设备、服务的采购，施工中可能发生的工程变更、合同约定调整因素出现时的工程价款调整，以及发生的索赔、现场签证确认等的费用。该部分内容只有在工程实施中实际发生才能成为中标人的应得金额。

② 暂估价。暂估价是由招标人在工程量清单中提供的用于支付必然发生但暂时不能确

定价格的材料的单价以及专业工程的金额。暂估价有纯粹暂估价和综合暂估价两种：纯粹暂估价指的是使用材料的单纯的暂估价；综合暂估价指的是包括人工费、材料费、机械费、管理费、利润等在内的综合的暂估价。因此，编制时应详细注明暂估价包括的内容，避免工程结算时的纠纷。

暂列金额和暂估价都属于不可竞争费用。

拓展提高

总承包招标时，独立的专业工程设计往往深度不够且施工工艺要求高，出于提高可建造性考虑，一般由专业承包人负责设计和施工，以发挥其专业技能和施工经验的优势。因此，公开透明地合理确定这类暂估价的实际开支金额的最佳途径，就是通过施工总承包人与招标人共同组织的招标。

第二部分为投标人部分。

① 计日工。计日工是为现场发生的零星工程的计价而设立的，在施工过程中完成发包人提出的施工图以外的零星项目或工作，按合同中约定的综合单价计价。

② 总承包服务费。总承包服务费是指总承包人为配合协调发包人进行的工程分包，对自行采购的设备、材料等进行管理、服务，以及进行施工现场管理、竣工资料汇总整理等服务所需的费用。由招标人向总承包人支付。

(5) 规费和税金项目清单。

规费和税金项目是国家和有关各级政府收取的费用，是建设工程的工程造价组成中的一部分主要内容，该清单项目内容不得调整。

① 规费项目清单内容如下。

a. 工程排污费。

b. 社会保险费，包括养老保险、失业保险、医疗保险、工伤保险、生育保险等。

c. 住房公积金。

d. 危险作业意外伤害保险。

② 税金项目清单内容如下。

a. 增值税。

b. 城市维护建设税。

c. 教育费附加。

d. 地方教育附加。

e. 水利建设专项基金。

工程量清单的编制程序如图 1.8 所示。

2) 工程量清单计价

采用工程量清单计价，建设工程造价由分部分项工程费、措施项目费、其他项目费、规费和税金组成。

相关计算公式为：

单位工程造价=分部分项工程清单计价表合计+措施项目清单计价表合计+
其他项目清单计价表合计+规费+税金

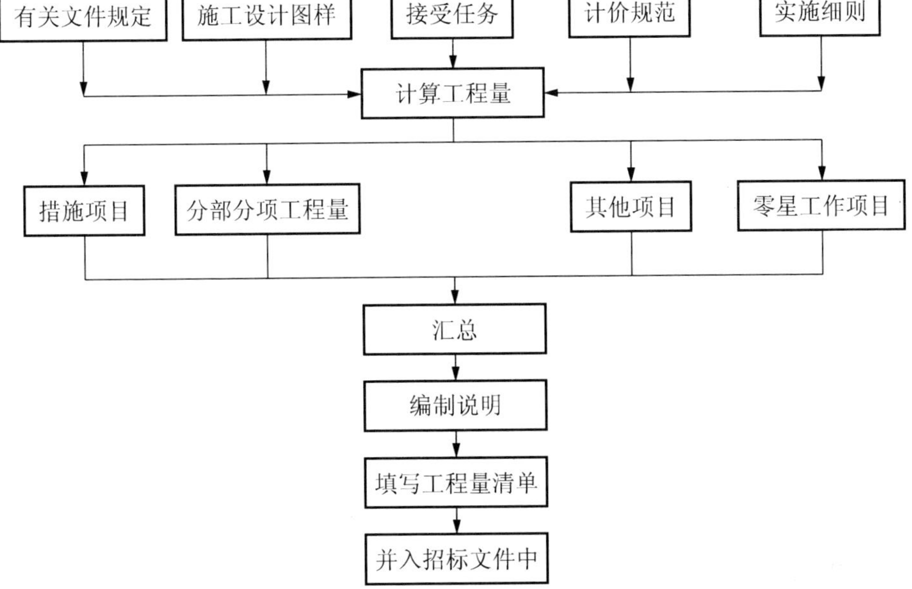

图 1.8 工程量清单的编制程序

工程量清单计价的项目编码、项目名称、项目特征、计量单位、工程量等必须与工程量清单一致。因此，“工程量清单”具有的表格与内容，“工程量清单计价”均有，“工程量清单计价”是在清单提供“量”的基础上进行的“计价”，所以是在工程量清单的基础上增加了有关“价”后形成的表格。

(1) 清单计价封面、说明与汇总表。

依据工程建设不同阶段的要求及服务对象的不同，应填写不同要求的封面，以及对应的说明和计价汇编总表。工程招投标阶段，有招标控制价与投标总价封面。

工程量清单计价的编制说明应从招标人或投标人的“计价”角度去编写，主要内容如下。

① 工程概况(工程计价范围与主要内容)。

② 工程量清单计价的编制依据。

③ 采用的施工组织设计。

④ 采用的材料价格来源。

⑤ 综合单价中的风险因素、风险范围(幅度)。

⑥ 措施项目的依据(此项一般是在投标报价的说明里列出)。

⑦ 其他有关问题的说明等。

(2) 分部分项工程费。

分部分项工程费是指完成分部分项工程量清单所需的费用。

$$分部分项工程费=\sum(分项工程的工程量\times对应的综合单价)$$

① 分项工程的工程量：依据招标方提供工程量清单中的工程量，进行分部分项工程费的计算。投标人在投标时，应注意必须按招标方提供的工程数量与项目特征要求进行投标报价，不得任意修改与遗漏。

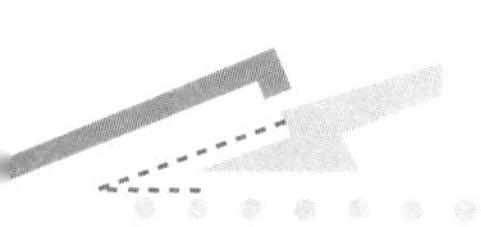

② 综合单价的计算方法。

a. 根据工程量清单项目名称和拟建工程的具体情况，按照投标人的企业定额或参照本指引，分析确定该清单项目的各项可组合的主要工程内容，并据此选择对应的定额子目。

b. 计算一个规定计量单位清单项目所对应定额子目的工程量。

c. 依据投标人的企业定额或参照浙江省的“计价依据”，并结合工程实际情况，确定各对应定额子目的人工、材料、施工机械使用台班消耗量。

d. 依据投标人自行采集的市场价格或参照省、市工程造价管理机构发布的价格信息，结合工程实际分析确定人工、材料、施工机械使用台班价格。

e. 依据投标人的企业定额或参照省、市建设行政主管部门颁发的“计价依据”，并结合工程实际、市场竞争情况，分析确定企业管理费费率与利润率。

f. 风险费用按照工程施工招标文件(包括主要合同条款)约定的风险分担原则，结合自身实际情况，投标人防范、化解、处理应由其承担的、施工过程中可能出现的人工、材料、施工机械使用台班价格上涨、人员伤亡、质量缺陷、工期拖延等不利时间所需要的费用。

(3) 措施项目费。

① 措施项目表中的序号、项目名称应按招标人提供的“措施项目清单”中的相应内容填写。投标人可根据自己编制的施工组织设计增加措施项目，但不得删除不发生的措施项目。投标人增加的措施项目，应填写在相应的措施项目之后，并在“措施项目清单计价表”序号栏中以“增××”示之，“××”为增加的措施序号，自 01 起顺序编制。

② 计量单位与金额。

a. 可计算工程量的措施清单项目费用。可计算工程量的措施清单项目金额如混凝土和钢筋混凝土模板及支架费、脚手架费等，可按分部分项工程量清单项目的综合单价计算方法确定。即计算公式为：

$$措施项目清单费=\sum(技术措施项目清单工程量\times 对应的综合单价)$$

综合单价的计算，同分部分项工程综合单价的计算。

b. 不可计算工程量的措施清单项目费用。此类费用包括安全文明施工费、大型机械设备进场及安拆费、夜间施工增加费、缩短工期增加费、二次搬运费、已完工程及设备保护费等，按“项”为单位方式计价。

其中安全文明施工费应按国家或省级、行业建设主管部门的规定计价，不得作为竞争费用，其余项目可按施工组织方案结合企业实际进行报价。

c. 措施项目计价时，对于不发生的措施项目，金额一律以“0”计价。

(4) 其他项目费。

相应费用根据其他项目清单进行计价。

① 暂列金额与暂估价已由招标人在“其他项目清单”中列取，投标人应将上述内容与规定加以考虑，计入投标总价。

暂列金额应按招标工程量清单中列出的金额填写；暂估价中的材料、工程设备单价，应按招标工程量清单中列出的单价计入综合单价；专业工程暂估价，应按招标工程量清单中列出的金额填写。

② 计日工依据招标人“其他项目清单”列取的工程量，投标人以综合单价形式进行报价。即计算公式为：

人工费(或材料费或施工机械使用费)=$\sum$[人工(或材料或施工机械)×对应的综合单价]

综合单价计算，同分部分项工程综合单价的计算。

③ 总承包服务费，以招标人清单中列取的费用为基数，投标人一般按费率 1%～3%计取。

(5) 规费与税金。

规费与税金必须按省级、行业建设主管部门的有关规定计取，不得作为竞争性费用。

(6) 索赔与施工签证。

索赔与施工签证发生在工程实施过程中，因此该费用的计算出现在竣工结算价时，依据合同双方确认的索赔与现场签证表内容进行费用计算。

清单计价编制程序如图 1.9 所示。

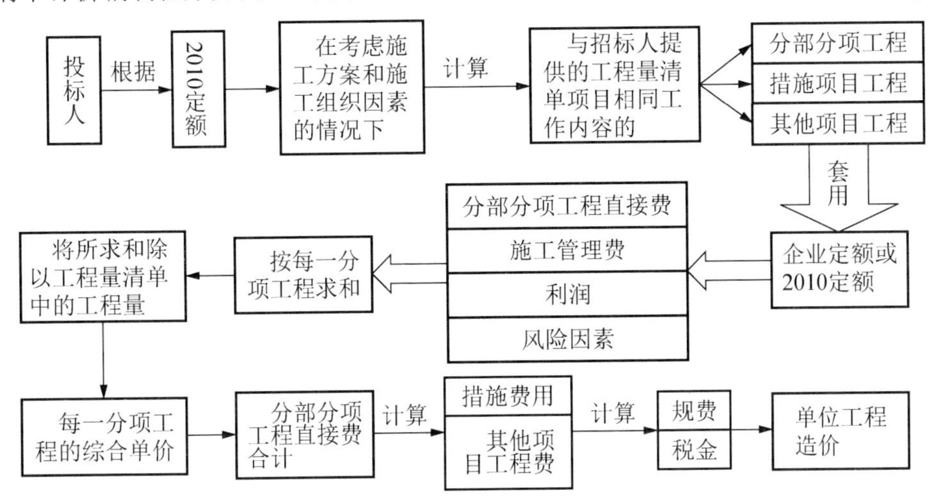

图 1.9　清单计价编制程序

1.5.3　建筑工程计量

1. 工程量的概念和作用

1) 工程量的概念

工程量是以规定的物理计量单位或自然计量单位所表示的建筑各个分部分项工程或结构构件实物数量的多少。在计价过程中，工程量计算是既费力又费时的工作，其计算快慢和准确程度直接影响计价速度和质量。

2) 工程量的作用

工程造价人员必须在工程量计算上狠下工夫，以确保工程造价编制的质量。

(1) 工程量是计算工程直接费、确定工程造价的重要依据。

(2) 工程量是编制建设工程投标文件的依据。

(3) 工程量是进行工料分析、编制材料需用量计划和半成品加工计划的依据。

(4) 工程量是编制施工组织设计、施工进度计划、进行统计分析的依据。

(5) 工程量是进行工程成本核算和财务管理的重要依据。

(6) 工程量是编制基本建设计划和基本建设管理的重要依据。

2. 工程量计算的原则和依据

1) 工程量计算的原则

(1) 工程量计算必须严格执行现行规定的相关工程量计算规则。

(2) 工程量计算时，依据施工图列出的分项工程的工作内容和施工方法，必须与定额中相应分项工程的工作内容一致。

(3) 工程量计算必须遵循一定的顺序和要求，避免漏算或重复计算。

(4) 工程量计算时，计量单位必须与现行相关规定的计量单位一致。

(5) 工程量计算的精度要统一。

(6) 计算底稿要整齐，数字清楚，数值准确，切忌草率零乱、辨认不清。

2) 工程量计算的依据

(1) 施工图纸及设计说明、相关图集、设计变更等。

(2) 工程招投标文件、施工合同。

(3) 建筑安装工程消耗量定额。

(4) 建筑工程工程量清单计价规范。

(5) 建筑安装工程工程量计算规则。

(6) 造价工程手册。

3) 工程量计算的方法

(1) 按工程量计算依据的编排顺序列项计算。可以根据图纸排列的先后顺序，如由建施到结施，先算基本图再算详图；也可以根据消耗量定额的章、节、子目顺序计算工程量。使用这种方法要求熟悉图纸，熟练掌握定额和消耗量定额，适用于初学者，但是也容易漏项。

(2) 按施工顺序列项计算。如按平整场地、挖基础土方、钎探、基础算起，直到装饰工程等全部施工内容结束为止。用这种方法计算工程量时，要求编制人具有一定的施工经验，能掌握组织施工的全过程，并且要求对定额及图纸内容十分熟悉，否则容易漏项。

(3) 按顺时针方向列项计算，或按先横后纵、从上而下、从左到右的顺序列项计算，或按构件的分类和编号顺序计算。该种方法可以结合其他的工程量计算方法，可以避免工程量少算。

(4) 按统筹法计算工程量。

① 运用统筹法的目的——快速准确地计算工程量。

统筹法是一种计划和管理方法，是运筹学的一个分支，在 20 世纪 50 年代由我国著名数学家华罗庚教授首创。显然，一个单位工程的施工图预算能列出几十甚至上百个分项工程。编制预算时，一般是按施工顺序或定额顺序计算各分项工程的工程量，因而计算工作量很大，极易出现漏算、错算和重复计算。而运用统筹法计算工程量，就是分析工程量计算中各个分项工程量之间在数字上和数学逻辑上的相互联系，采用统筹兼顾的思路，将后面计算中需要用到的数据事先算出来，后续工程量的计算尽量采用前面已经算出来的结果，从而达到快速、准确计算工程量的目的。

② 统筹法的基本原理。

【参考视频】

由于三线一面[$L_{中}$、$L_{内}$、$L_{外}$、S(见下文的解释)]在计算工程量时重复使用较多，一般将其称为基数。统筹法的原理就是：利用基数计算工程量，即计算分项工程量前，先计算出基数，将与此基数相关的所有分项工程量连续地算完。

③ 各个分项工程量间的相互联系。

在挖地槽、基础垫层、砖基础、基础防潮层、地圈梁、墙体等分项工程量的计算中，外墙时都用到外墙的中心线 $L_{中}$，内墙时都要用到内墙的净长线 $L_{内}$($L_{内槽}$)；平整场地、楼地面、天棚、屋面等分部分项工程量的计算，均与底层建筑面积 S 相关；外墙装饰、散水、挑檐等分项工程量的计算，又都与外墙的外边线 $L_{外}$相关。各分项工程量之间的相互联系即三线一面，虽然各分项工程量计算规则各不相同，但从数字计算的规律分析，它们通过 $L_{中}$、$L_{内}$、$L_{外}$、S 这三线一面相互联系在了一起。

④ 统筹法计算工程量的基本要点。

a. 统筹程序，合理安排。统筹计算程序、合理安排计算顺序是指在工程量计算时，应遵循数学逻辑关系，后面计算需用到的数据应提前计算出，后面的计算尽量使用前面已经算出的结果。

如室内地面工程包括房心回填土、地面垫层和地面面层三道工序，如按施工顺序或定额顺序计算工程量，则为：按数学规律计算工程量→统筹计算程序、合理安排计算顺序。如图 1.10 所示为按统筹法与传统方法计算工程量示意图。

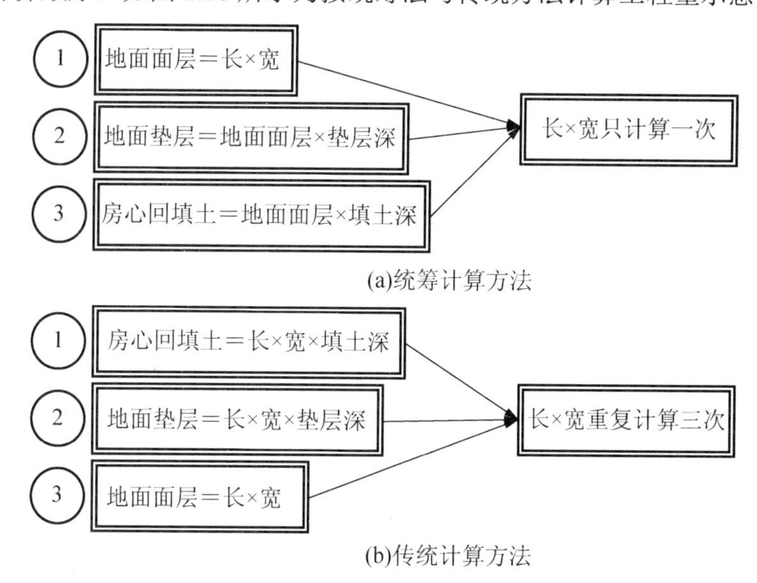

图 1.10 按统筹法与传统方法计算工程量示意图

除分项工程量计算中应统筹计算程序、合理安排计算顺序外，在分部工程量的计算安排上也应如此。

如砌筑工程量计算中，应扣除门窗洞口和嵌入墙内的钢筋混凝土构件所占体积，因此，从数学逻辑关系出发，应先计算出门窗工程量、混凝土及钢筋混凝土工程量，再计算砌筑分部工程的工程量。

b. 利用基数，连续计算。即在计算出三线一面四种基数后，分别以它们为主

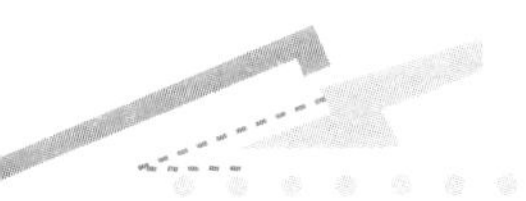

线，将与各基数相关的分项工程量分别算出，一气呵成，连续计算完毕。

c. 一次算出，多次使用。指将那些不能利用基数进行连续计算的分项工程，事先组织力量计算出(平时积累)，并汇编成手册，以备后用。其一般包含的内容有：本地区常用门窗表、钢筋混凝土预制构件体积和钢筋重量表、大放脚折加高度表、屋面坡度系数表、常用材料重量和体积等。

d. 联系实际，灵活机动。由于建筑设计和场地地质的可变性，不可能利用三线一面计算出所有分项工程量，必须联系施工图实际，灵活机动地计算工程量。

(5) 利用统筹法的原理，一个单位工程中，各分部工程工程量计算可按图 1.11 所示顺序进行；图 1.12 所示为按施工顺序或定额顺序计算工程量。

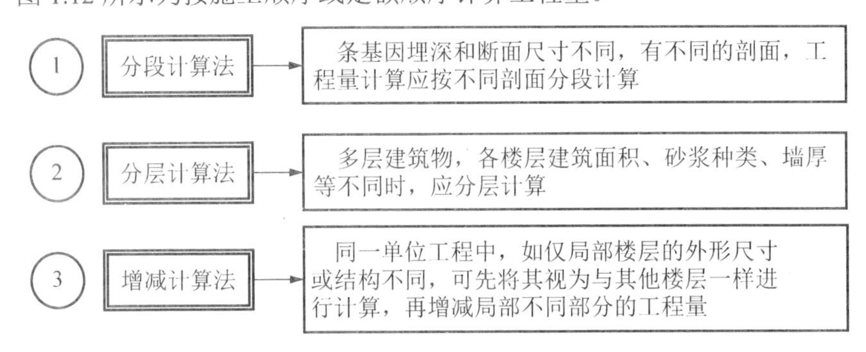

图 1.11　利用统筹法进行工程量计算示意图

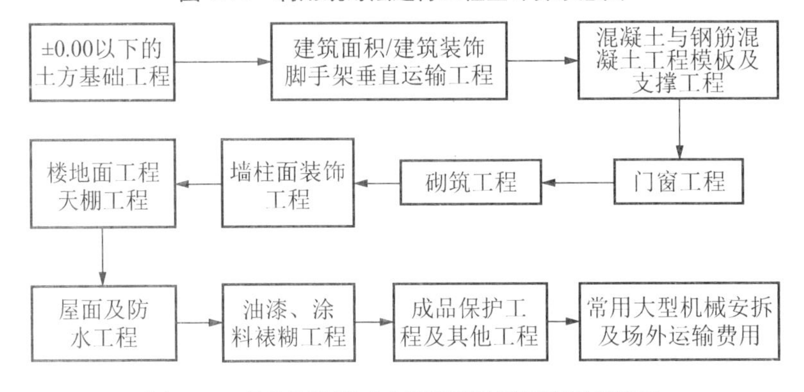

图 1.12　按施工顺序或定额顺序计算工程量示意图

单元小结

本单元分别从投资者和承发包商的角度介绍了工程造价的含义，并阐述了基本建设、基本建设程序的概念及其包含的内容。从投资者的角度，工程造价即基本建设项目总造价，由建筑安装工程费、设备及工器具购置费、工程建设其他费、预备费、建设期利息等组成；从市场的角度，工程造价即承发包价格，由分部分项工程费、措施项目费、其他项目费、规费、税金等组成。

建筑工程计价方法，主要包括工料单价法和综合单价法。

建筑工程计量是以规定的物理计量单位或自然计量单位所表示的建筑各个分部分项工

程或结构构件实物数量的多少。在计价过程中，工程量计算是既费力又费时的工作，其计算快慢和准确程度，直接影响计价速度和质量。

同步测试

一、单项选择题

1. 工程造价的含义包括两种，从业主和承包商的角度可以理解为(　　)。
   A. 建设工程固定资产投资和建设工程发包价格
   B. 建设工程总投资和建设工程承发包价格
   C. 建设工程总投资和建设工程固定资产投资
   D. 建设工程动态投资和建设工程静态投资
2. 以下属于单位工程的是(　　)。
   A. 一幢教学楼　　B. 教学楼中的土建工程
   C. 某学校项目　　D. 土方工程
3. 以“人工费＋机械费”为计费基础的工程，在综合单价计价时，规费的计算基数为(　　)。
   A. 直接工程费+措施费+综合费用
   B. 分部分项工程清单项目费+措施项目清单费
   C. 人工费+机械费
   D. 分部分项工程清单项目费+施工技术措施项目清单费
4. 以下各项中，属于建筑安装工程直接工程费的是(　　)。
   A. 模板及支架费　　B. 大型机械设备进出场及安拆费
   C. 二次搬运费　　D. 材料检验试验费
5. 按照现行规定，下列不属于材料费的组成内容的是(　　)。
   A. 运输损耗费　　B. 检验试验费
   C. 材料二次搬运费　　D. 采购及保管费
6. 以下属于施工技术措施费的是(　　)。
   A. 安全施工费　　B. 临时设施费
   C. 脚手架费　　D. 文明施工费
7. 在清单计价中，施工单位报价依据首选的是(　　)。
   A. 企业定额　　B. 地区补充定额
   C. 省计价依据　　D. 国家基础定额
8. 下列不属于浙江省现行计价依据的是(　　)。
   A. 施工方案　　B. 监理合同　　C. 施工合同　　D. 价格信息
9. 下列选项正确的是(　　)。
   A. 招标人提供的分部分项工程量清单项目漏项时，若合同中没有类似项目综合单价，招标方提出适当的综合单价

B．招标人提供的分部分项工程量清单数量有误时，调整的工程数量由发包人重新计算，作为结算依据

C．招标人提供的分部分项工程量数量有误时，其增加部分工程量单价一律执行原有的综合单价

D．清单项目中项目特征或工程内容发生变更的，以原综合单价为基础，仅就变更部分相应定额子目调整综合单价

10．关于工程量清单计价模式与定额计价模式，下列正确的是(　　)。

A．工程量清单计价模式采用工料单价法，定额计价模式采用综合单价计价

B．工程量清单计价与定额计价工程量计算规则不同

C．工程量清单由招标人提供，工程量计算和单价风险由招标人承担

D．定额计价模式仅适用于非招投标的建设工程

11．以下不属于总包服务费的是(　　)。

A．涉及分包工程的施工组织设计费用

B．涉及分包工程的现场管理费用

C．涉及分包工程的竣工资料整理费

D．分包单位的现场管理费

12．以下不属于综合单价组成的是(　　)。

A．企业管理费　B．规费　C．利润　D．风险费用

13．工程造价多次性计价有各不相同的计价依据，对造价的精度要求也不相同，这就决定了计价方法具有(　　)。

A．组合性　B．多样性　C．多次性　D．单件性

14．按基本建设程序，编制完设计文件后，应进行的工作是(　　)。

A．编制设计任务书　B．进行施工准备

C．工程招投标　D．全面施工，生产准备

15．工程之间千差万别，在用途、结构、造型、坐落位置等方面都有较大的不同，这体现了工程造价的(　　)特点。

A．动态性　B．个别性和差异性

C．层次性　D．兼容性

16．工程实际造价是在(　　)阶段确定的。

A．招投标　B．合同签订　C．竣工验收　D．施工图设计

17．预算造价是在(　　)阶段编制的。

A．初步设计　B．技术设计　C．施工图设计　D．招投标

二、多项选择题

1．下列项目属于分项工程的有(　　)。

A．土石方工程　B．C20 混凝土梁的制作

C．水磨石地面　D．人工挖地槽土方

E．天棚工程

2. 下列选项属于单位工程的有(　　)。

A. 一座发电厂　　B. 一幢宾馆
C. 一幢写字楼的土建工程　　D. 一幢教学楼的基础工程
E. 一幢办公楼的给排水工程

3. 建设项目总投资中的固定资产投资包括(　　)。

A. 建设期贷款利息　　B. 流动资产投资
C. 工程建设其他费用　　D. 建筑安装工程费
E. 预备费

4. 属于间接费组成部分是(　　)。

A. 施工技术措施费　　B. 规费
C. 施工组织措施费　　D. 施工管理费
E. 夜间施工增加费

5. 在建筑安装工程费用中，下列说法正确的是(　　)。

A. 直接费由直接工程费和措施费构成
B. 间接费由规费和企业管理费构成
C. 间接费由规费和企业财务费构成
D. 规费是政府和有关权力部门规定必须缴纳的费用
E. 措施费是用于工程实体项目的费用

6. 浙江省建筑工程预算定额适用于一般工业与民用建筑的(　　)。

A. 修建工程　　B. 其他专业工程
C. 新建工程　　D. 扩建工程
E. 国防、科研等有特殊要求的工程

7. 工程量清单应由(　　)组成。

A. 分部分项工程量清单　　B. 措施项目清单
C. 其他项目清单　　D. 建设单位配合项目清单
E. 主要材料设备供货清单

8. 分部分项工程量清单应根据《计算规范》附录 A、B、C、D、E 规定的统一(　　)进行编制。

A. 项目编码　　B. 项目名称
C. 工程量计算规则　　D. 计量单位
E. 施工工艺流程

9. 下列(　　)项目费用属于其他项目清单中的内容。

A. 预留金　　B. 材料购置费
C. 总承包服务费　　D. 零星工作项目费
E. 赶工措施费

10. 以下关于工程量清单项目编码说法准确的是(　　)。

A. 项目编码前四级国家统一
B. 具体清单项目编码由清单编制确定
C. 项目编码第三级为节顺序码
D. 清单项目编码共分六级
E. 第五级编码表示具体清单项目编码，即清单名称顺序码，该编码由清单编制人在全国统一的九位编码基础上自行设置

三、简答题

1. 简述工程造价的含义及特点。
2. 什么是基本建设项目？简述建设项目的分解过程。
3. 简述规费中的社会保障费和安全施工费是如何确定的。
4. 建筑工程计价依据有哪些？
5. 简述建筑工程两种计价方法的步骤。
6. 工程量计算的一般方法有哪些？

四、案例分析

某工程底层平面如图 1.13 所示，墙厚均为 240mm，试计算有关基数。

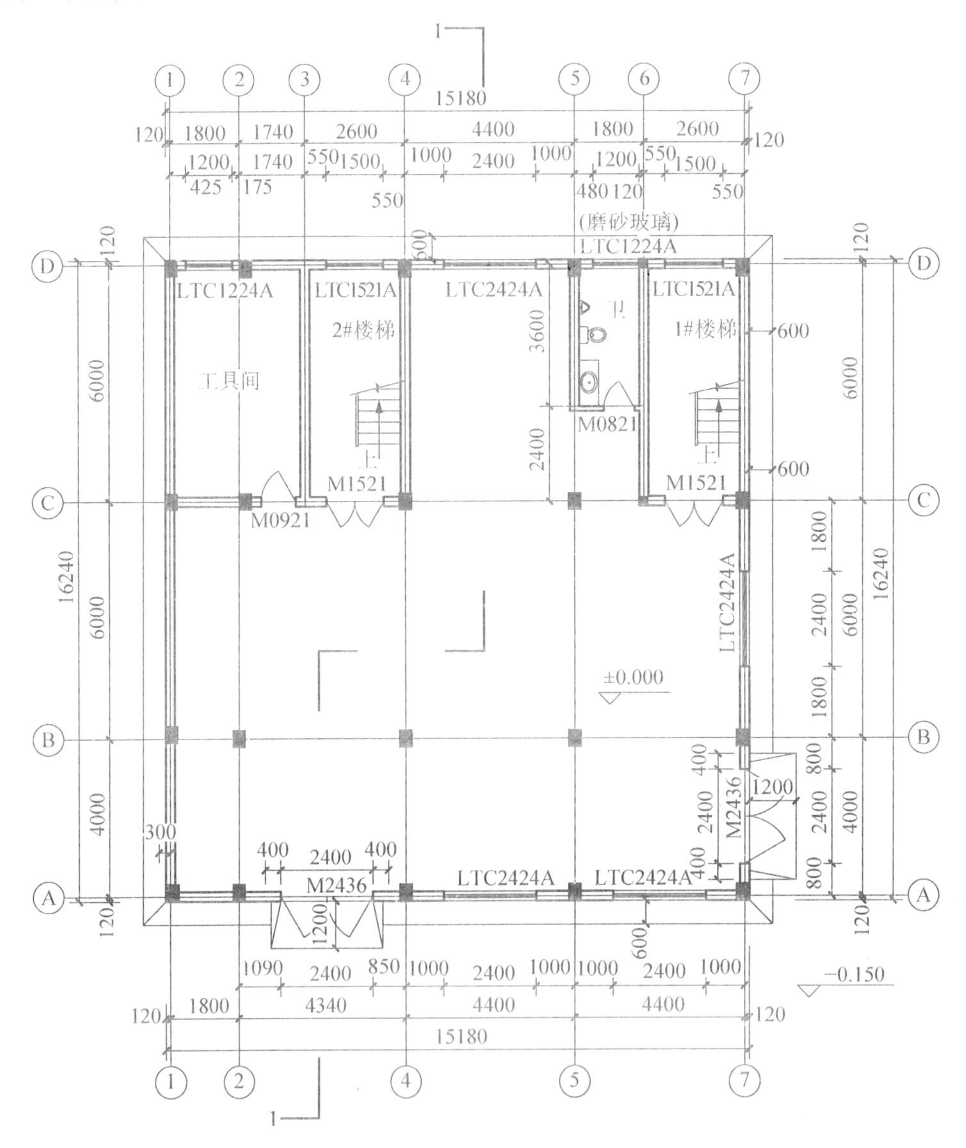

图 1.13　某工程底层平面图(单位：mm)

单元 2

建筑面积计算

知识目标

1. 建筑面积相关的基本概念;
2. 建筑面积计算规则。

能力目标

1. 理解计算建筑面积的意义;
2. 掌握和理解建筑面积计算的基本术语;
3. 掌握建筑面积计算规则;
4. 具有正确计算工业与民用建筑工程的建筑面积的能力。

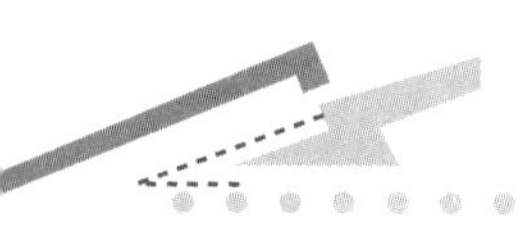

引入案例

2013 年 9 月陈先生向某开发公司购买了一套别墅，该别墅造型精美，豪华气派，尤其在外观设计上有独特之处，它的阳台设计为弧形，且有古朴典雅的花边式护栏，凸出于墙面。在销售合同中这个阳台的面积是按整个阳台面积计算的，约有 16m^2(未封闭阳台)，购房时，陈先生对所购买房屋面积的具体计算方法没有加以了解，开发商也没有就面积所含项目进行详细说明，现在通过对商品房销售规定的了解，才得知开发商多算了阳台面积，该如何办?

思考：在该购房过程中陈先生犯了什么错误？在商品房购买中房屋建筑面积是如何计算的？建筑面积与造价指标有何关联？

任务 2.1　概　　述

建筑面积是指建筑物根据有关规则计算的各层水平面积之和，是以“m^2”为单位反映房屋建筑规模的实物量指标，广泛应用于基本建设规划、设计、施工和竣工结算等建设全过程的各个方面。本单元按《建筑工程建筑面积计算规范》(GB/T 50353—2013)的要求进行建筑面积计算。

该建筑面积计算规范并不适用于房屋产权面积。

2.1.1　建筑面积的概念

单层建筑物的建筑面积，是指外墙勒脚以上的外围水平面积；多层建筑物的建筑面积，则是指各层外墙外围面积之和。两者均包括结构面积、使用面积和辅助面积。

(1) 结构面积是指建筑物各层平面布置中的墙、柱等结构所占的面积总和。

(2) 使用面积是指可直接为生产或生活使用即具有生产和生活使用效益的净面积总和，其在民用建筑中也称“居住面积”。

(3) 辅助面积是指建筑物各层平面布置中为辅助生产或生活所占净面积的总和，如楼梯等。使用面积和辅助面积的总和称为“有效面积”。

2.1.2　建筑面积的作用

(1) 建筑面积是编制设计概算的依据。

设计概算，是指设计单位在初步设计或扩大初步设计阶段，根据设计图样及说明书、设备清单、概算定额或概算指标、各项费用取费标准等资料及类似的工程预(决)算文件等资料，用科学的方法计算和确定建筑安装工程全部建设费用的经济文件。根据项目立项批准文件所核准的建筑面积，是初步设计的重要控制指标。对于国家投资的项目，施工图的建筑面积不得超过初步设计的 5%，否则必须重新报批。

(2) 建筑面积是计算工程量的基础资料。

应用统筹计算方法，根据底层建筑面积，就可以很方便地推算出室内回填土体积、平整场地面积、楼地面面积和天棚等。另外，建筑面积也是脚手架、垂直运输机械费用的计算依据。

(3) 建筑面积是计算土地利用系数的基础。该系数计算公式为：

土地利用系数＝建筑面积/建筑占地面积

(4) 建筑面积是计算住宅平面系数的基础。该系数计算公式为：

住宅平面系数＝房间使用面积/建筑面积

(5) 建筑面积是计算单方造价、单方人工及材料消耗量的基础。相关计算公式为：

单位面积工程造价=工程造价/建筑面积

单位面积人工消耗量=建筑工程人工总消耗量/建筑面积

单位面积材料消耗量=建筑工程材料总消耗量/建筑面积

(6) 建筑面积是选择概算指标和编制概算的主要依据。概算指标通常以建筑面积为计量单位，因此通过它编制概算时，要以建筑面积为基础。

任务 2.2 基本概念

(1) 建筑面积：建筑物(包括墙体)所形成的楼地面面积。

(2) 自然层：按楼地面结构分层的楼层。

(3) 结构层高：楼面或地面结构层上表面至上部结构层上表面之间的垂直距离。

(4) 结构层：整体结构体系中承重的楼板层。

(5) 主体结构：接受、承担和传递建设工程所有上部荷载，维持上部结构整体性、稳定性和安全性的有机联系的构造。

(6) 围护结构：围合建筑空间的墙体、门、窗。

(7) 建筑空间：以建筑界面限定的、供人们生活和活动的场所。

(8) 地下室：房间地平面低于室外地平面的高度超过该房间净高的 1/2 者为地下室。

(9) 半地下室：房间地平面低于室外地平面的高度超过该房间净高的 1/3，且不超过 1/2 者为半地下室。

(10) 结构净高：楼面或地面结构层上表面至上部结构层下表面之间的垂直距离。

(11) 层高：上下两层楼面或楼面与地面之间的垂直距离。建筑物最底层的层高，有基础底板的指基础底板上表面结构至上层楼面的结构标高之间的垂直距离，没有基础底板的指地面标高至上层楼面的结构标高之间的垂直距离；最上一层的层高是其楼面结构标高至屋面板结构标高之间的垂直距离，遇有以屋面板找坡的屋面，是指楼面结构标高至屋面板最低处板面结构标高之间的垂直距离。

(12) 围护设施：为保障安全而设置的栏杆、栏板等围挡。

(13) 架空层：仅有结构支撑而无外围护结构的开敞空间层。

(14) 架空走廊：建筑物与建筑物之间，在二层或二层以上专门为水平交通设置的走廊。如图 2.1 和图 2.2 所示。

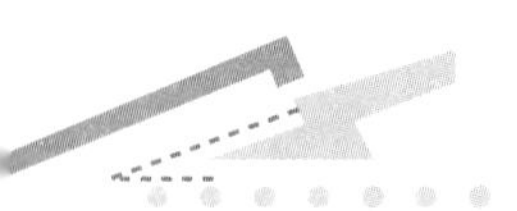

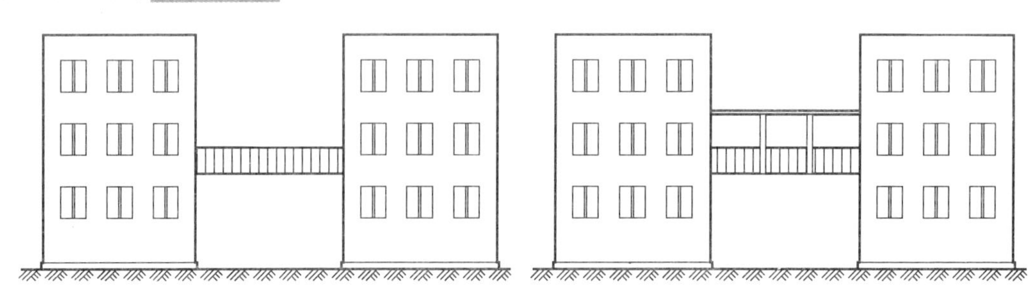

图 2.1　无围护结构而有围护设施的架空走廊

【参考图文】

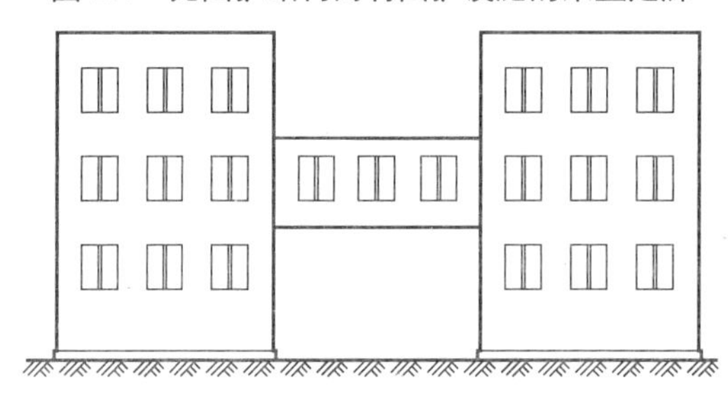

图 2.2　有顶盖和围护结构的架空走廊

(15) 落地橱窗：凸出外墙面且根基落地的橱窗。

(16) 凸窗(飘窗)：既作为窗又有别于楼(地)板的延伸，也就是不能把楼(地)板延伸出去的窗称为凸窗(飘窗)。凸窗(飘窗)的窗台应只是墙面的一部分，且距(楼)地面应有一定的高度。

(17) 挑廊：挑出建筑物外墙的水平交通空间。

(18) 走廊：建筑物的水平交通空间。

(19) 檐廊：设置在建筑物底层出檐下的水平交通空间，是附属于建筑物底层外墙，有屋檐作为顶盖，其下部一般有柱或栏杆、栏板等的水平交通空间。

(20) 门斗：建筑物入口处设置的起分隔、挡风、御寒等作用的两道门之间的空间。

(21) 雨篷：建筑出入口上方为遮挡雨水、阳光而设置的部件。

(22) 门廊：建筑物入口前有顶棚的半围合空间，是在建筑物出入口设置，无门、三面或两面有墙、上部有板(或借用上部楼板)围护的部位。

(23) 回廊：在建筑物门厅、大厅内，设置在二层或二层以上的回形走廊。

(24) 骑楼：建筑底层沿街面后退且留出公共人行空间的建筑物。

(25) 过街楼：跨越道路上空并与两边建筑相连接的建筑物。

【参考视频】

(26) 建筑物通道：为穿过建筑物而设置的空间。

(27) 围护结构：围合建筑空间四周的墙体、门、窗等。

(28) 围护性幕墙：直接作为外墙起围护作用的幕墙。

(29) 装饰性幕墙：设置在建筑物墙体外起装饰作用的幕墙。

(30) 楼梯：由连续行走的梯级、休息平台和维护安全的栏杆(或栏板)、扶手以及相应的支托结构组成的作为楼层之间垂直交通使用的建筑部件。

(31) 阳台：附设于建筑物外墙，设有栏杆或栏板，可供人活动的室外空间。

(32) 眺望间：设置在建筑物顶层或挑出房间的供人们远眺或观察周围情况的建筑空间。

【参考图文】

(33) 变形缝：防止建筑物在某些因素作用下引起开裂甚至破坏而预留的构造缝，是伸缩缝(温度缝)、沉降缝和抗震缝的总称。

【参考图文】

(34) 露台：设置在屋面、首层地面或雨篷上，供人室外活动的有围护设施的平台。

(35) 勒脚：在房屋外墙接近地面部位设置的饰面保护构造。

(36) 台阶：联系室内外地坪或同楼层不同标高而设置的阶梯形踏步。

(37) 永久性顶盖：经规划批准设计的永久使用的顶盖。

任务2.3 建筑面积计算规则

2.3.1 应计算建筑面积的范围

1. 建筑物主体用空间建筑面积计算

1) 一般计算规定

建筑物的建筑面积应按自然层外墙结构外围水平面积之和计算。结构层高在2.20m及以上的，应计算全面积；结构层高在2.20m以下的，应计算1/2面积。建筑物首层应按其外墙勒脚以上结构外围水平面积计算；二层及以上楼层应按其外墙结构外围水平面积计算。结构层高如图2.3所示。

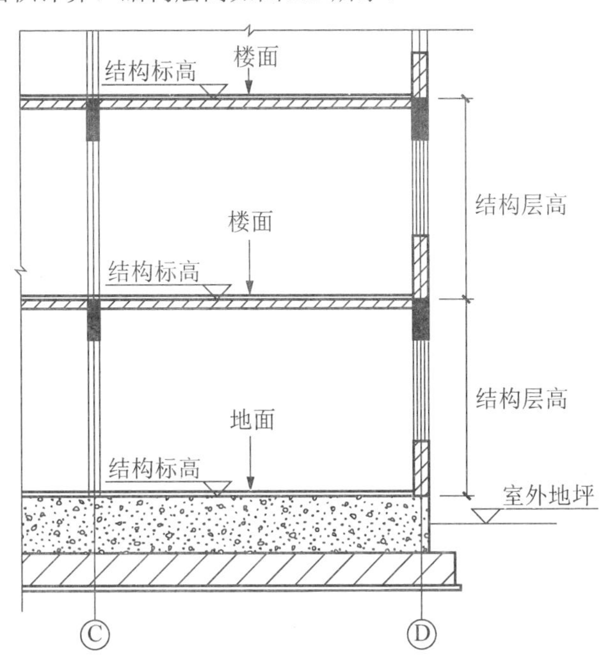

图2.3 结构层高示意图

拓展提高

1. 上下均为楼面时，结构层高是指相邻两层楼板结构层上表面之间的垂直距离。

2. 建筑物最底层，结构层高应从“混凝土构造”的上表面算至上层楼板结构层上表面。分两种情况：一是有混凝土底板的，从底板上表面算起(如底板上有上反梁，则应从上反梁上表面算起)；二是无混凝土底板、有地面构造的，从地面构造中最上一层混凝土垫层或混凝土找平层上表面算起。

3. 建筑物顶层，结构层高应从楼板结构层上表面算至屋面板结构层上表面。

(1) 当外墙结构本身在一个层高范围内不等厚时(不包括勒脚，外墙结构在该层高范围内材质不变)，以楼地面结构标高处的外围水平面积计算，如图 2.4 所示。

(2) 下部为砌体(高度为 h)，上部为彩钢板围护的建筑物(俗称轻钢厂房)，其建筑面积的计算方法如下。

① 当 h 在 0.45m 以下时，按彩钢板外围水平面积计算。

② 当 h 在 0.45m 及以上时，按下部砌体外围水平面积计算。

如图 2.5 所示为单层建筑示意图。

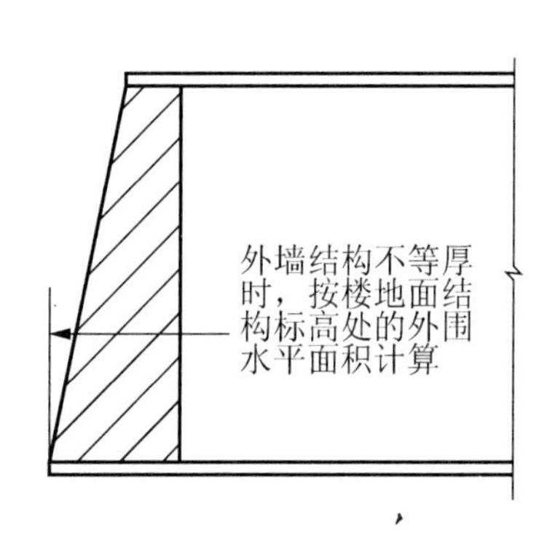

图 2.4　外墙结构不垂直示意图

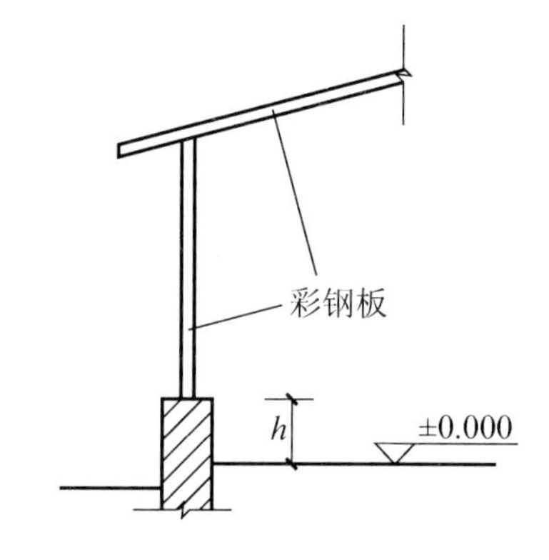

图 2.5　单层建筑示意图

实例分析 2-1

求图 2.6 中的建筑面积。

分析：单层建筑平屋面，层高 3.950m，墙厚 240mm，超过 2.2m，则建筑面积为：

$$S=(15+0.24)\times(5+0.24)=79.86(\mathrm{m}^2)$$

(3) 围护结构不垂直于水平面的楼层(图 2.7)，应按其底板面的外墙外围水平面积计算。结构净高在 2.10m 及以上的部位，应计算全面积；结构净高在 1.20m 及以上至 2.10m 以下的部位，应计算 1/2 面积；结构净高在 1.20m 以下的部位，不应计算建筑面积。

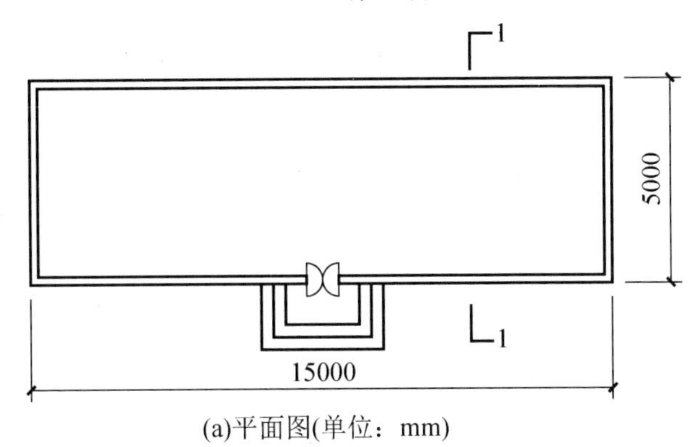

(a)平面图(单位：mm)

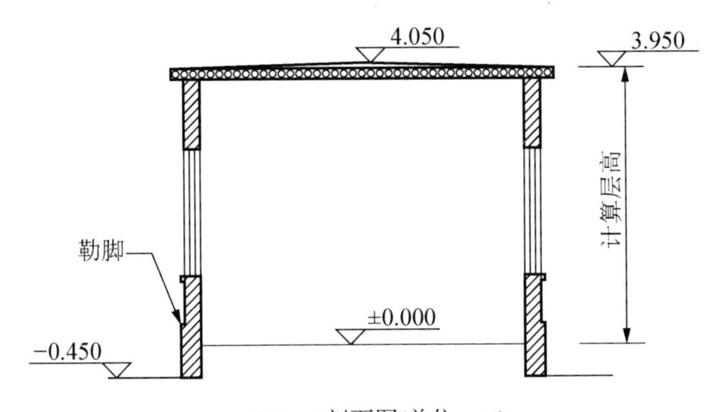

(b)1—1剖面图(单位：m)

图 2.6 单层建筑平屋面

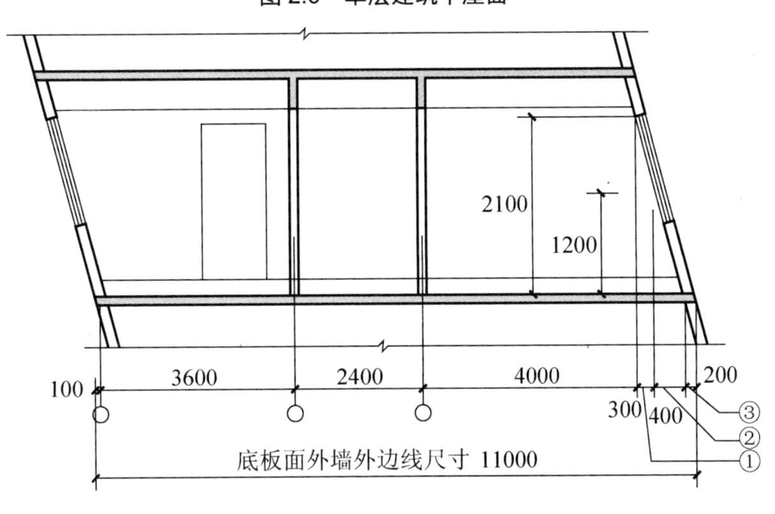

图 2.7 围护结构不垂直示意图(单位：mm)

①—算 1/2 面积；②—不计算建筑面积；③—部分计算全面积

1. 多(高)层建筑物其他层，倾斜部位均视为围护结构，底板面处的围护结构应计算全面积。
2. 单层建筑物时，计算原则同多(高)层建筑物其他层。

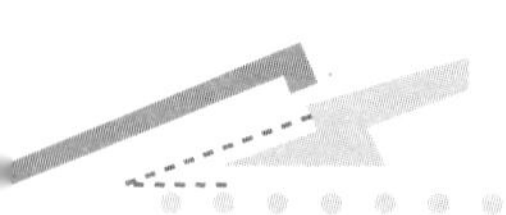

2) 同楼层内有局部二层及以上的楼层面积计算规定

建筑物内设有局部楼层时，对于局部楼层的二层及以上楼层，有围护结构的应按其围护结构外围水平面积计算，无围护结构的应按其结构底板水平面积计算，且结构层高在 2.20m 及以上的应计算全面积，结构层高在 2.20m 以下的应计算 1/2 面积。如图 2.8 所示为单层建筑有局部楼层示意图，其建筑面积计算公式为：

$$建筑面积\ S=AB+ab$$

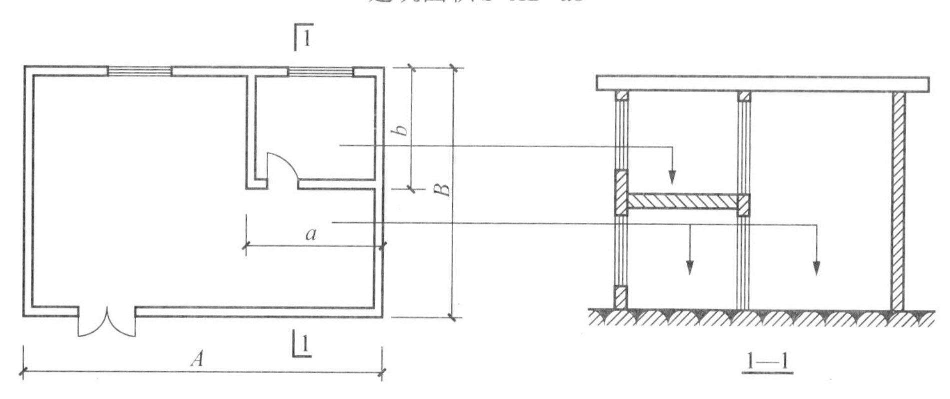

图 2.8 单层建筑有局部楼层示意图

实例分析 2-2

如图 2.9 所示，假设局部楼层①、②、③的层高均超过 2.20m，试计算该建筑物建筑面积。

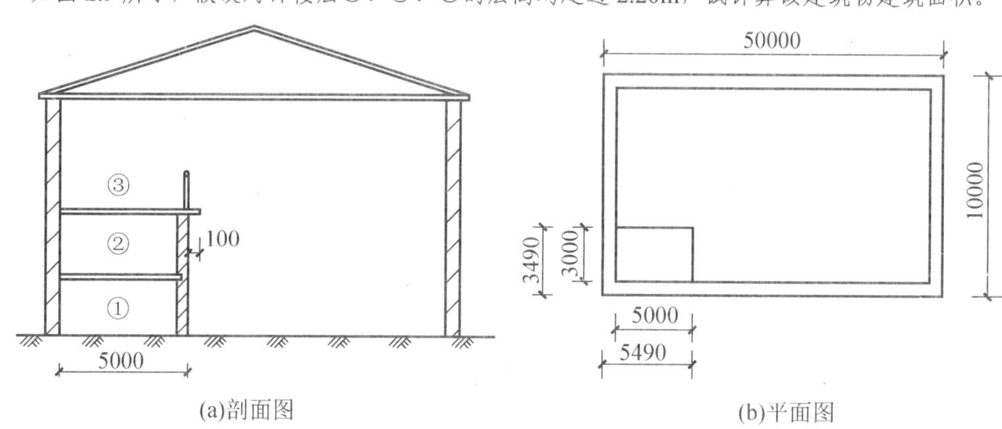

(a)剖面图　(b)平面图

图 2.9 单层建筑有局部楼层(单位：mm)

分析： 局部有楼层的部分，局部楼层按层高要求计算建筑面积，计算如下：

$$S=50\times10+5.49\times3.49+5.59\times3.49=538.67(\mathrm{m}^2)$$

实例分析 2-3

试求如图 2.10 所示设有局部楼层的单层平屋顶建筑物的建筑面积。

分析： 局部有楼层的部分，该局部楼层按层高要求计算建筑面积，计算如下：

$$S=(20+0.24)\times(10+0.24)+(5+0.24)\times(10+0.24)=260.92(\mathrm{m}^2)$$

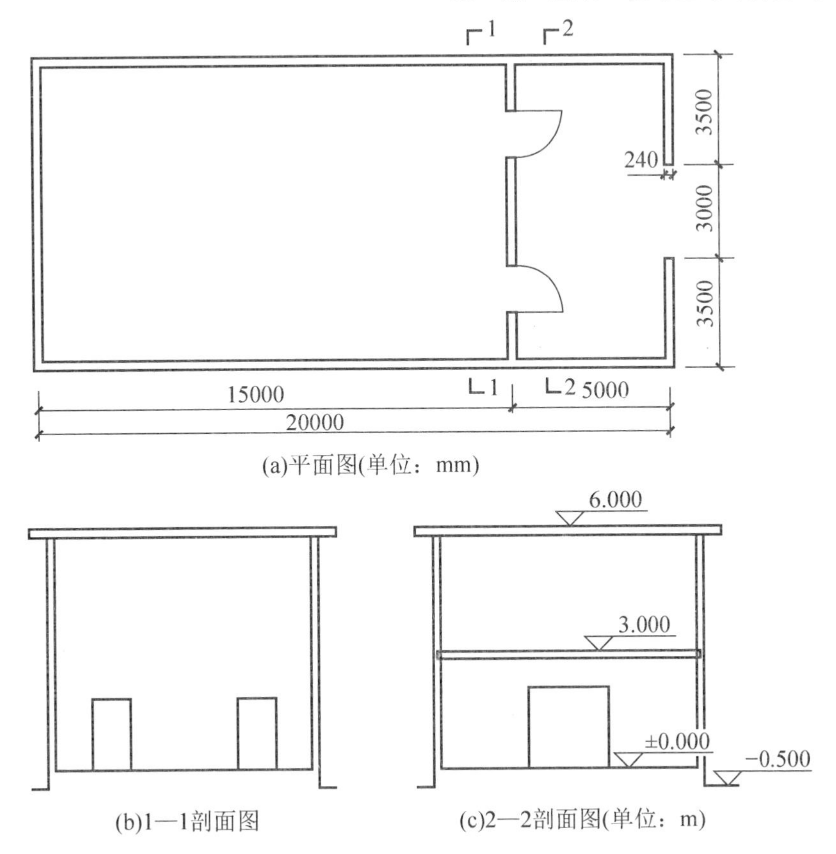

图 2.10　有局部楼层的单层平屋顶建筑物

3) 坡屋顶面积计算

形成建筑空间的坡屋顶，结构净高在 2.10m 及以上的部位应计算全面积；结构净高在 1.20m 及以上至 2.10m 以下的部位应计算 1/2 面积；结构净高在 1.20m 以下的部位不应计算建筑面积。如图 2.11 所示为单层建筑斜屋面示意图。

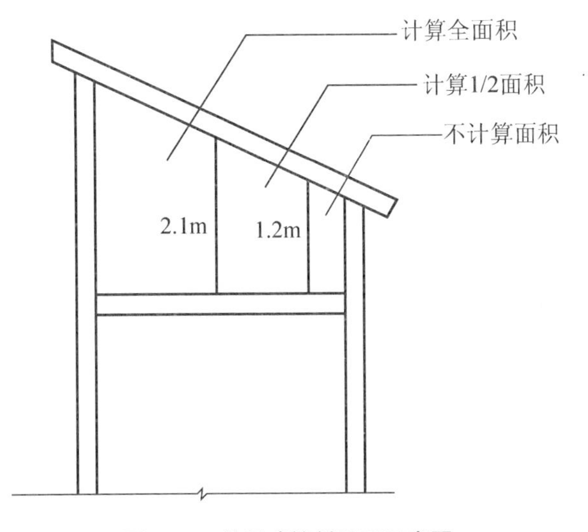

图 2.11　单层建筑斜屋面示意图

实例分析 2-4

某坡屋面下建筑空间的尺寸如图 2.12 所示，建筑物长 50m，该计算其建筑面积。

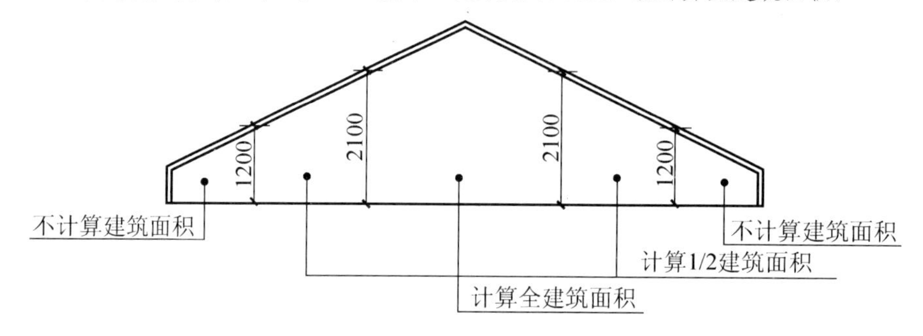

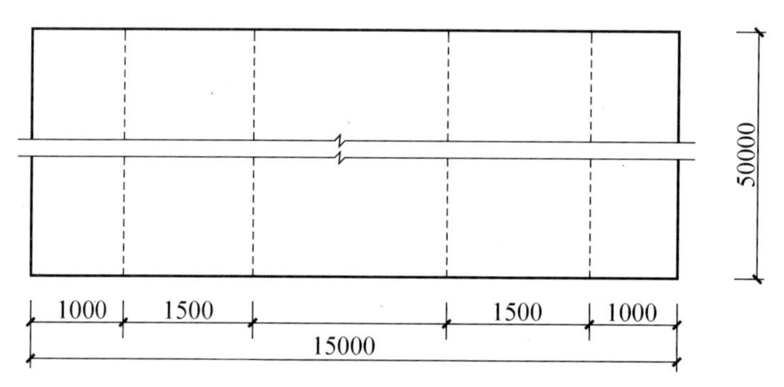

图 2.12　坡屋面下建筑空间的尺寸(单位：mm)

分析：根据全面积计算部分为

$$S = 50 \times (15 - 1.5 \times 2 - 1.0 \times 2) = 500(\text{m}^2)$$

根据 1/2 面积计算部分为

$$S = 50 \times 1.5 \times 2 \times 1/2 = 75(\text{m}^2)$$

合计建筑面积为

$$S = 500 + 75 = 575(\text{m}^2)$$

实例分析 2-5

求图 2.13 中的建筑面积。

分析：单层建筑坡屋面，建筑面积按全面积、半面积、不计面积划分为净高 2.1m、1.2m。由图计算可得

$$S = 5.4 \times (6.9 + 0.24) + 2.7 \times (6.9 + 0.24) \times 0.5 \times 2 = 57.83(\text{m}^2)$$

实例分析 2-6

求图 2.14 中的建筑面积。

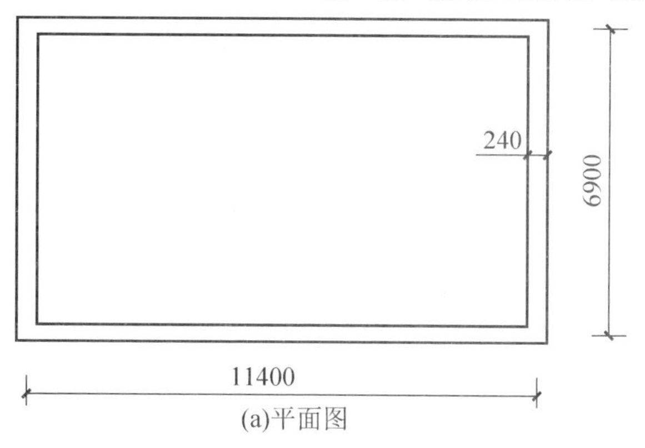

(a)平面图

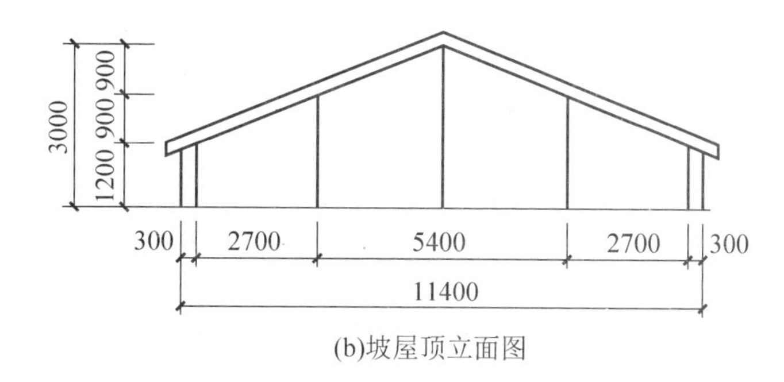

(b)坡屋顶立面图

图 2.13　建筑物尺寸(单位：mm)

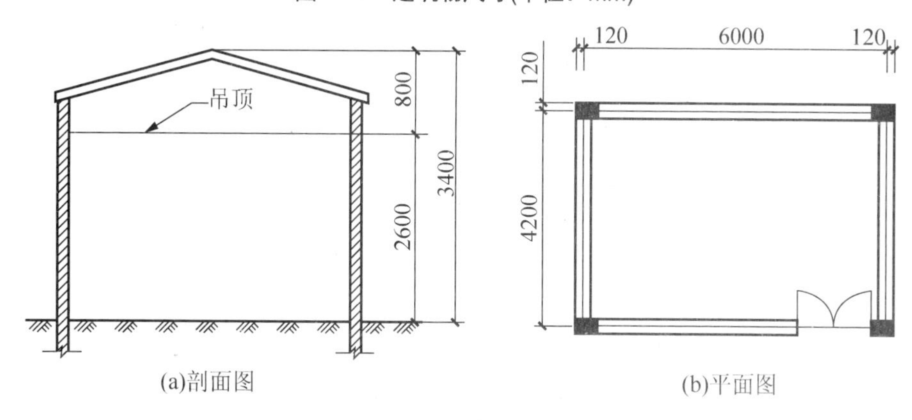

(a)剖面图　　(b)平面图

图 2.14　单层有吊顶斜屋面的尺寸(单位：mm)

分析：单层建筑，有吊顶，则净高按吊顶高度进行考虑，因此建筑面积计算如下：

$$S=(4.2+0.24)\times(6+0.24)=27.71(\mathrm{m}^2)$$

4) 架空层面积计算

建筑物架空层及坡地建筑物吊脚架空层，应按其顶板水平投影计算建筑面积。结构层高在 2.20m 及以上的，应计算全面积；结构层高在 2.20m 以下的，应计算 1/2 面积。

1. 架空层常见的是学校教学楼、住宅等工程在底层设置的架空层，有的建筑物在二层或以上某

个甚至多个楼层设置了架空层，有的建筑物设置深基础架空层或利用斜坡设置吊脚架空层，作为公共活动、停车、绿化等的空间。

2. 架空层是指“仅有结构支撑而无外围护结构的开敞空间层”。只要具备可利用状态，均计算建筑面积。

3. 现有规范将2005年规范仅适用于坡地建筑物吊脚架空层、深基础架空层，扩大为建筑物架空层及坡地建筑物吊脚架空层，同时对计算规则作了调整，将建筑物架空层建筑面积改为按顶板水平投影计算，层高在2.20m及以上的部位应计算全面积，层高不足2.20m的部位应计算1/2面积。

4. 顶板水平投影面积是指架空层结构顶板的水平投影面积，不包括架空层主体结构外的阳台、空调板、通长水平挑板等外挑部分。

实例分析 2-7

计算如图2.15所示教学楼底层架空层的建筑面积。

分析： 由图计算公式

$$S = 15\times(4.5+1.8) = 94.5(\mathrm{m}^2)$$

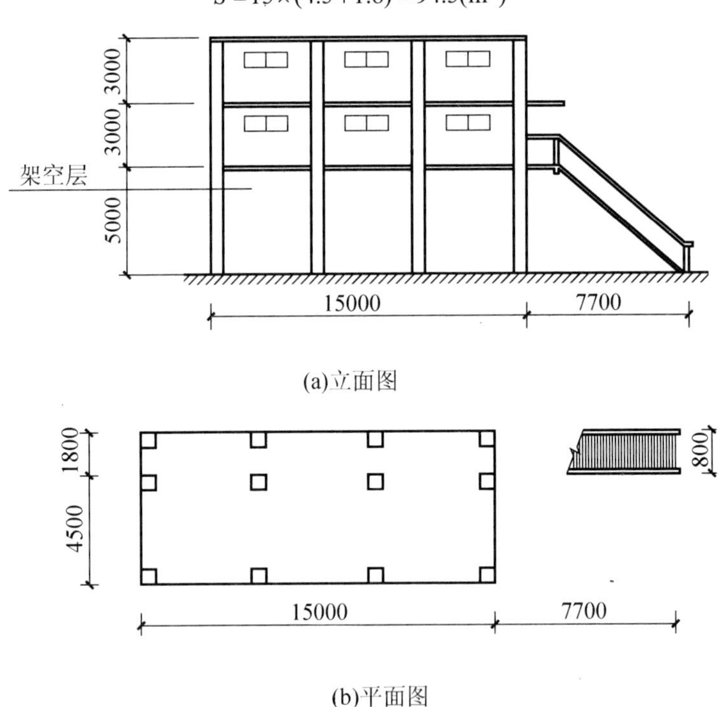

(a)立面图

(b)平面图

图 2.15　教学楼底层架空层尺寸(单位：mm)

实例分析 2-8

计算如图2.16所示吊脚架空层的建筑面积。

分析： 由图计算得

$$S = 5.44\times 2.8 = 15.23(\mathrm{m}^2)$$

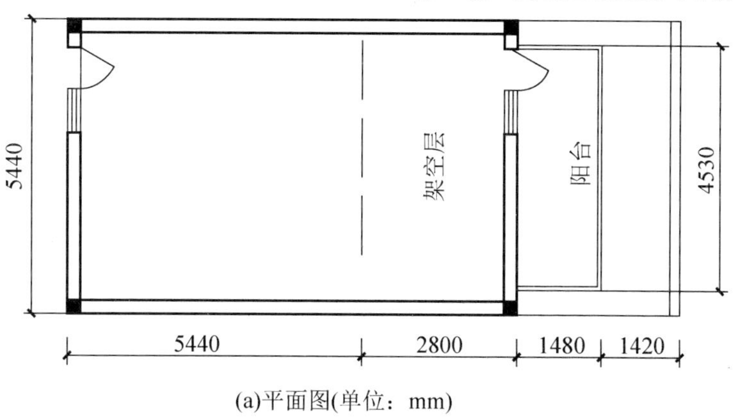

(a)平面图(单位：mm)

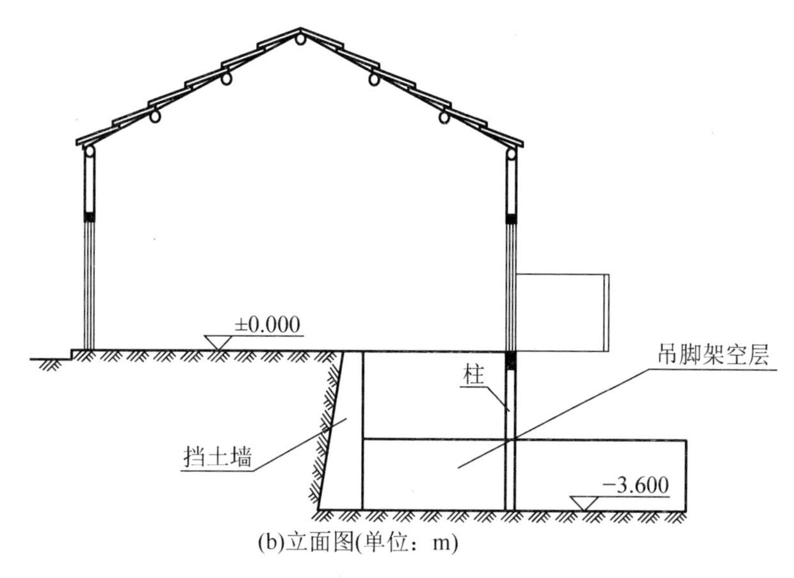

(b)立面图(单位：m)

图 2.16 吊脚架空层尺寸

5) 设备层面积计算

对于建筑物内的设备层、管道层、避难层等有结构层的楼层，结构层高在 2.20m 及以上的应计算全面积，结构层高在 2.20m 以下的应计算 1/2 面积。

在吊顶空间内设置管道及检修马道的，吊顶空间部分不能被视为设备层、管道层，不计算建筑面积。

6) 地下室面积计算

地下室、半地下室应按其结构外围水平面积计算。结构层高在 2.20m 及以上的应计算全面积，结构层高在 2.20m 以下的应计算 1/2 面积。

有顶盖的采光井(包括建筑物中的采光井和地下室采光井)不论多深、采光多少层，均只计算一层建筑面积。例如采光两层，但只计算一层建筑面积。无顶盖的采光井仍然不计算建筑面积。

1. 由于地下室、半地下室与正常楼层的计算原则相一致，故实际在计算建筑面积时，无须对地下室、半地下室进行严格意义的划分。

2. 地下室、半地下室按“结构外围水平面积”计算，不再按“外墙上口”取定。当外墙为变截面时，按地下室、半地下室楼地面结构标高处的外围水平面积计算。

7) 建筑物顶部面积计算

建筑物顶部有围护结构的楼梯间、水箱间、电梯机房等，层高在 2.20m 及以上者应计算全面积，层高不足 2.20m 者应计算 1/2 面积，如图 2.17 所示。

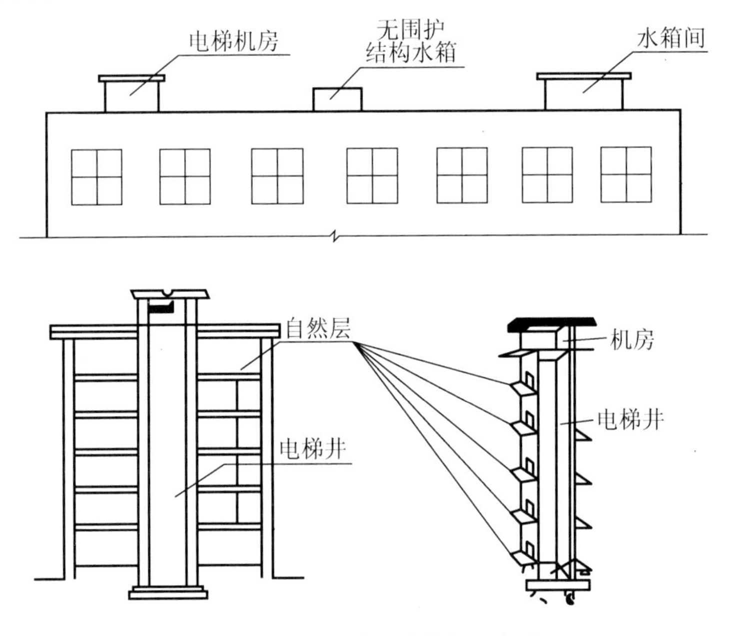

图 2.17　电梯机房及水箱间示意图

2. 建筑物通道建筑面积计算

1) 门厅面积计算

建筑物的门厅、大厅应按一层计算建筑面积，门厅、大厅内设置的走廊应按走廊结构底板水平投影面积计算建筑面积。结构层高在 2.20m 及以上的应计算全面积，结构层高在 2.20m 以下的应计算 1/2 面积。

对图 2.18 所示结构，门厅面积计算公式为

$$S = ab + 2bL + (a - 2L)L$$

求图 2.19 中建筑物内回廊的建筑面积。

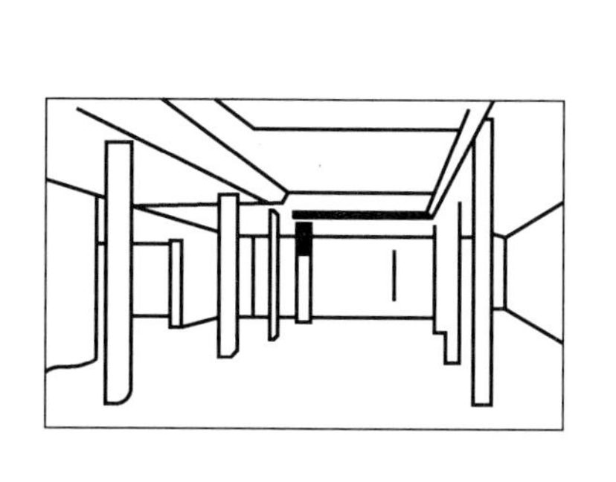
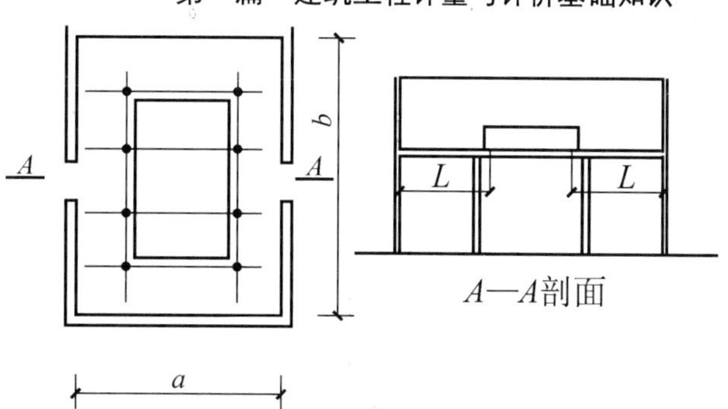

图 2.18 建筑物内回廊示意图

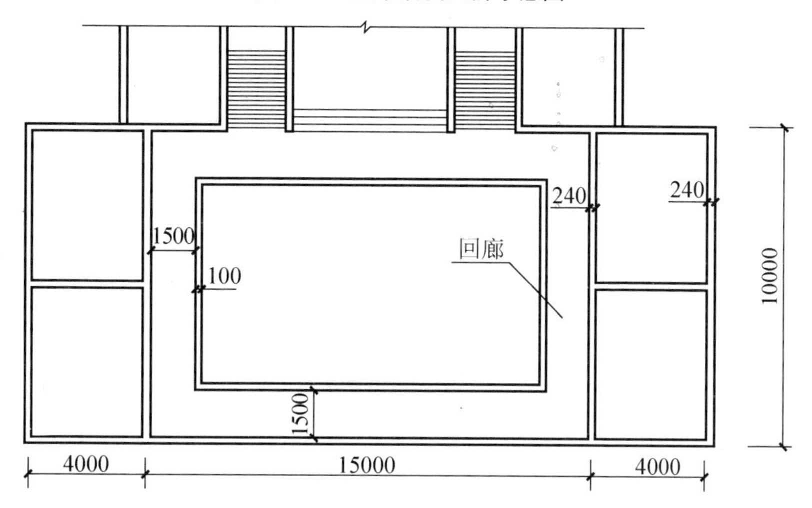

图 2.19 回廊建筑尺寸(单位：mm)

分析：若层高不小于 2.20m，则回廊面积为

$$S=(15-0.24)\times1.6\times2+(10-0.24-1.6\times2)\times1.6\times2=68.22(\mathrm{m}^2)$$

若层高小于 2.20m，则回廊面积为

$$S=[(15-0.24)\times1.6\times2+(10-0.24-1.6\times2)\times1.6\times2]\times0.5=34.11(\mathrm{m}^2)$$

2) 门斗面积计算

门斗应按其围护结构外围水平面积计算建筑面积，且结构层高在 2.20m 及以上的应计算全面积，结构层高在 2.20m 以下的应计算 1/2 面积。门廊应按其顶板的水平投影面积的 1/2 计算建筑面积。

1. 门斗是“建筑物出入口两道门之间的空间”，是有顶盖和围护结构的全围合空间。
2. 门斗是全围合的，而门廊、雨篷至少有一面不围合。

3) 架空走廊面积计算

建筑物间的架空走廊，有顶盖和围护结构的，应按其围护结构外围水平面积计算全面

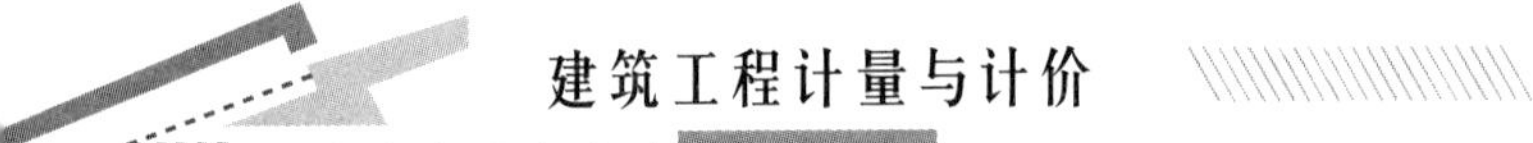

积；无围护结构、有围护设施的，应按其结构底板水平投影面积计算 1/2 面积。

1. 架空走廊建筑面积计算分为两种情况：一是有围护结构且有顶盖的，计算全面积；二是无围护结构、有围护设施的，无论是否有顶盖，均计算 1/2 面积。有围护结构的，按围护结构计算面积；无围护结构的，按底板计算面积。

2. 由于架空走廊存在无盖的情况，有时无法计算结构层高，故规范中不考虑层高的因素。

4) 走廊(挑廊)面积计算

有围护设施的室外走廊(挑廊)，应按其结构底板水平投影面积计算 1/2 面积；有围护设施(或柱)的檐廊，应按其围护设施(或柱)外围水平面积计算 1/2 面积。

拓展提高

1. 室外走廊(包括挑廊)、檐廊都是室外水平交通空间。其中挑廊是悬挑的水平交通空间；檐廊是底层的水平交通空间，由屋檐或挑檐作为顶盖，且一般有柱或栏杆、栏板等。底层无围护设施但有柱的室外走廊可参照檐廊的规则计算建筑面积。

2. 无论哪一种廊，除了必须有地面结构外，还必须有栏杆、栏板等围护设施或柱，这两个条件缺一不可，缺少任何一个条件都不计算建筑面积。

3. 室外走廊(挑廊)、檐廊虽然都算 1/2 面积，但取定的计算部位不同：室外走廊(挑廊)按结构底板计算，檐廊按围护设施(或柱)外围计算。

5) 橱窗面积计算

附属在建筑物外墙的落地橱窗，应按其围护结构外围水平面积计算。结构层高在 2.20m 及以上的应计算全面积，结构层高在 2.20m 以下的应计算 1/2 面积。

1. 在建筑物主体结构内的橱窗，其建筑面积随自然层一起计算，不执行上述条款。

2. 在建筑物主体结构外的橱窗，属于建筑物的附属结构。

3. “落地”是指该橱窗下设置有基础。由于“附属在建筑物外墙的落地橱窗”的顶板、底板标高不一定与自然层的划分相一致，故此条单列，未随自然层一起规定。

4. 本条规范仅适用于“落地橱窗”，如橱窗无基础，为悬挑式时，按凸(飘)窗的规则计算建筑面积。

6) 楼梯建筑面积计算

建筑物的室内楼梯、电梯井、提物井、管道井、通风排气竖井、附墙烟道应按所依附的建筑物的自然层计算，并入建筑物面积内。

室外楼梯，应并入所依附建筑物自然层，并应按其水平投影面积的 1/2 计算建筑面积。

1. 上述规范的“室内楼梯”，包括了形成井道的楼梯(即室内楼梯间)和没有形成井道的楼梯(即室内楼梯)，明确了没有形成井道的室内楼梯也应该计算建筑面积。例如建筑物大堂内的楼梯、跃层(或

复式)住宅的室内楼梯等应计算建筑面积。

2. 室内楼梯计算建筑面积时注意：如图纸中画出了楼梯，无论是否用户自理，均按楼梯水平投影面积计算建筑面积；如图纸中未画出楼梯，仅以洞口符号表示，则计算建筑面积时不扣除该洞口面积。

3. 跃层和复式房屋的室内公共楼梯间，对跃层房屋，按两个自然层计算，对复式房屋，按一个自然层计算。

4. 当室内公共楼梯间两侧自然层数不同时，以楼层多的层数计算。

5. 设备管道层，尽管通常在设计描述的层数中不包括，但在计算楼梯间建筑面积时，应算一个自然层。

6. 利用室内楼梯下部的建筑空间，不重复计算建筑面积。例如，利用梯段下方做卫生间或库房时，该卫生间或库房不另计算建筑面积。

3. 建筑物其他构件建筑面积计算

1) 阳台

在主体结构内的阳台，应按其结构外围水平面积计算全面积；在主体结构外的阳台，应按其结构底板水平投影面积计算 1/2 面积。

拓展提高

1. 阳台主要有三个属性：一是阳台是附设于建筑物外墙的建筑部件；二是阳台应有栏杆、栏板等围护设施或窗；三是阳台是室外空间。

2. 阳台在主体结构外时，按结构底板计算建筑面积，此时无论围护设施是否垂直于水平面，都按结构底板计算建筑面积，同时应包括底板处凸出的部分。

3. 主体结构按如下原则确定。

(1) 砖混结构：通常以外墙(即围护结构，包括墙、门、窗)来判断，外墙以内为主体结构内，外墙以外为主体结构外。

(2) 框架结构：柱梁体系之内为主体结构内，柱梁体系之外为主体结构外。

(3) 剪力墙结构：情况比较复杂，可分四类。

① 如阳台在剪力墙包围之内，则属于主体结构内，应计算全面积。

② 相对两侧均为剪力墙时，也属于主体结构内，应计算全面积。

③ 如相对两侧仅一侧为剪力墙时，则属于主体结构外，计算半面积；如相对两侧均无剪力墙时，则属于主体结构外，计算半面积。

④ 阳台处剪力墙与框架混合时，也分两种情况：角柱为受力结构，根基落地，则阳台为主体结构内，计算全面积；角柱仅为造型，无根基，则阳台为主体结构外，计算 1/2 面积。

2) 雨篷

有柱雨篷应按其结构板水平投影面积的 1/2 计算建筑面积(不受挑出宽度的影响)；无柱雨篷的结构外边线至外墙结构外边线的宽度在 2.10m 及以上的，按雨篷结构板的水平投影面积的 1/2 计算建筑面积。

拓展提高

1. 有柱雨篷不受跨越层数的限制，均可计算建筑面积。

2. 无柱雨篷，其结构顶板不能跨层。如顶板跨层，则不计算建筑面积。

实例分析 2-10

求图 2.20 中阳台的建筑面积。

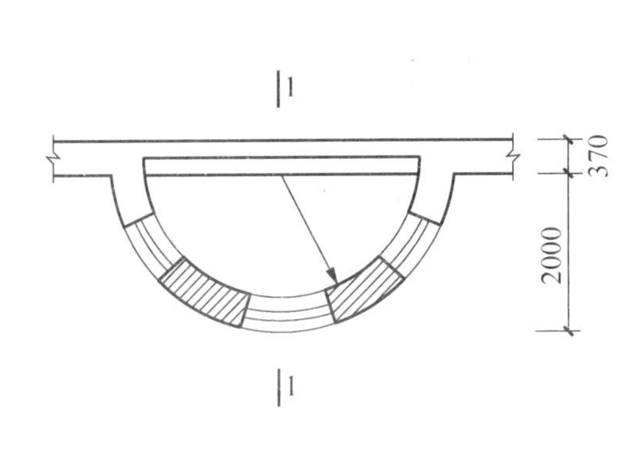

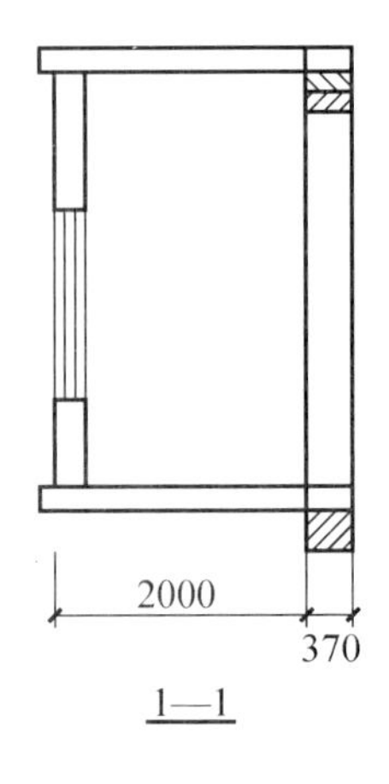

图 2.20　阳台尺寸(单位：mm)

分析：由图计算得

$$S = 3.14 \times 2^2 / 2 = 6.28(\mathrm{m}^2)$$

3) 室外坡道及台阶

出入口外墙外侧坡道有顶盖的部位，应按其外墙结构外围水平面积的 1/2 计算面积。

台阶可能利用下部空间的，按建筑物屋顶计算面积。

拓展提高

1. 出入口坡道计算建筑面积应满足两个条件：一是有顶盖，二是有侧墙(即规范中所说的“外墙结构”，但侧墙不一定封闭)。计算建筑面积时，有顶盖的部位按外墙(侧墙)结构外围水平面积计算；无顶盖的部位，即使有侧墙，也不计算建筑面积。

2. 本条不仅适用于地下室、半地下室出入口，也适用于坡道向上的出入口。

3. 对出入口坡道，无论结构层高为多高，都只计算一半面积。

4. 由于坡道是从建筑物内部一直延伸到建筑物外部的，建筑物内的部分随建筑物正常计算建筑面积，建筑物外的部分按本条规定执行。建筑物内、外的划分以建筑物外墙结构外边线为界。

5. 由于楼梯是“楼层之间垂直交通”的建筑部件，故由起点至终点的高度达到一个自然层及以上的称为楼梯。

实例分析 2-11

求图 2.21 中地下室及出入口坡道的建筑面积。

分析：此处有采光井，据规范是按结构外围水平面积计算，地下室以层高 2.2m 为分界，计算得

$$地下室面积\ S = (5.1 \times 2 + 2.1 + 0.12 \times 2) \times (5 \times 2 + 0.12 + 2) = 128.41(\mathrm{m}^2)$$

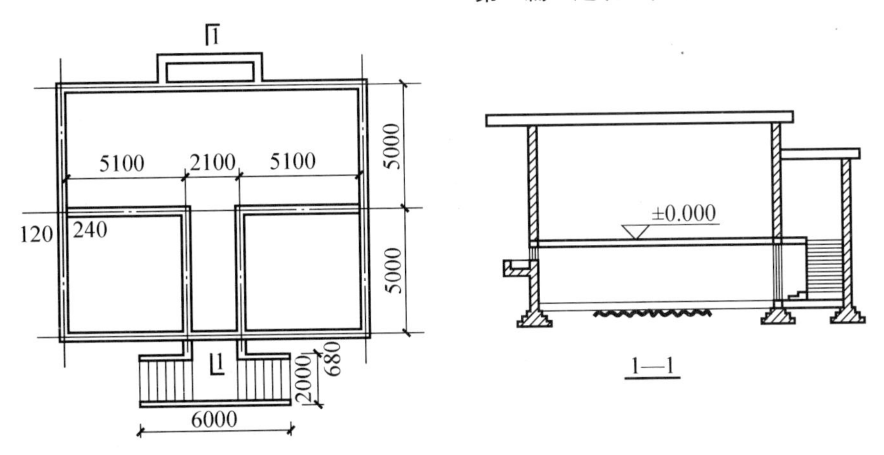

图 2.21 地下室及坡道尺寸(单位：mm)

出入口按外墙结构外围水平面积的 1/2 计算面积，计算可得

$$出入口面积 S=6\times 2\times \frac{1}{2}+0.68\times (2.1+0.12\times 2)\times \frac{1}{2}=6.8(\mathrm{m}^2)$$

4) 采光井

有顶盖的采光井包括建筑物中的采光井和地下室采光井，按一层计算面积，且净高在 2.1m 及以上的应计算全面积，结构净高在 2.1m 以下的应计算 1/2 面积。无顶盖的采光井仍然不计算建筑面积。

有顶盖的采光井不论多深、采光多少层，均只计算一层建筑面积。

5) 凸(飘)窗

窗台与室内楼地面高差在 0.45m 以下且结构净高在 2.10m 及以上的凸(飘)窗，应按其围护结构外围水平面积计算 1/2 面积。

6) 变形缝

与室内相通的变形缝，应按其自然层合并在建筑物建筑面积内计算。对于高低联跨的建筑物，当高低跨内部连通时，其变形缝应计算在低跨面积内，如图 2.22 所示。

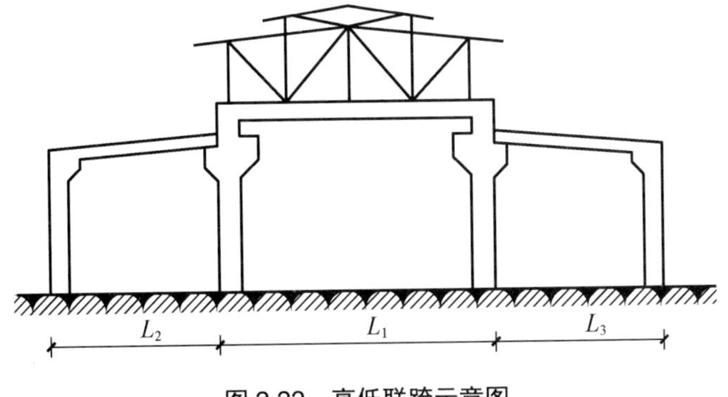

图 2.22 高低联跨示意图

而与室内不相通的变形缝不计算建筑面积，如图 2.23 所示。

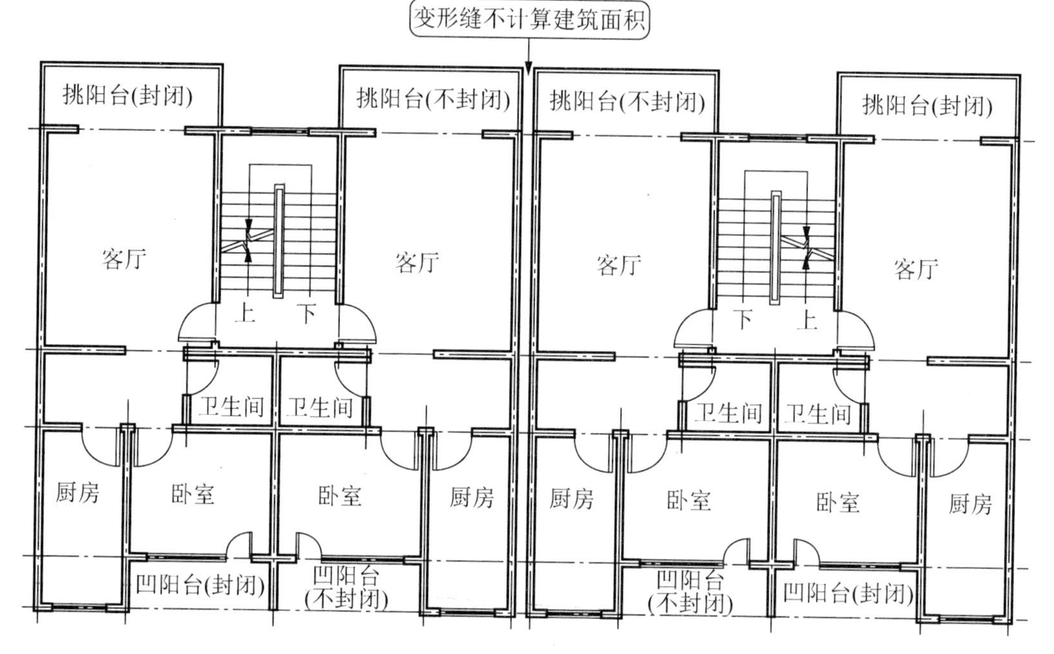

图 2.23　建筑物平面示意图

7) 有幕墙的外墙

(1) 以幕墙作为围护结构的建筑物，应按幕墙外边线计算建筑面积；

(2) 设置在建筑物墙体外起装饰作用的幕墙，不计算面积。

8) 有保温层的外墙

建筑物的外墙外保温层，应按其保温材料的水平截面积计算，并入自然层建筑面积中，如图 2.24 所示。

1. 保温隔热层以保温材料的净厚度乘以外墙结构外边线长度按建筑物的自然层计算建筑面积。

2. 相应外墙外边线长度不扣除门窗和建筑物外已计算建筑面积的构件(如阳台、室外走廊、门斗、落地橱窗等部件)所占长度。

3. 当建筑物外已计算建筑面积的构件(如阳台、室外走廊、门斗、落地橱窗等部件)有保温隔热层时，其保温隔热层也不再计算建筑面积。

4. “保温材料的水平截面积”是针对保温材料垂直放置的状态而言的，是按照保温材料本身厚度计算的。当围护结构不垂直于水平面时，仍应按保温材料本身厚度计算，而不采用斜厚度，如图 2.25 所示。

5. 外保温层计算建筑面积，是以沿高度方向满铺为准。如地下室等外保温层铺设高度未达到楼层全部高度时，保温层不计算建筑面积。

6. 复合墙体不属于外墙外保温层，整体视为外墙结构，如图 2.26 所示。

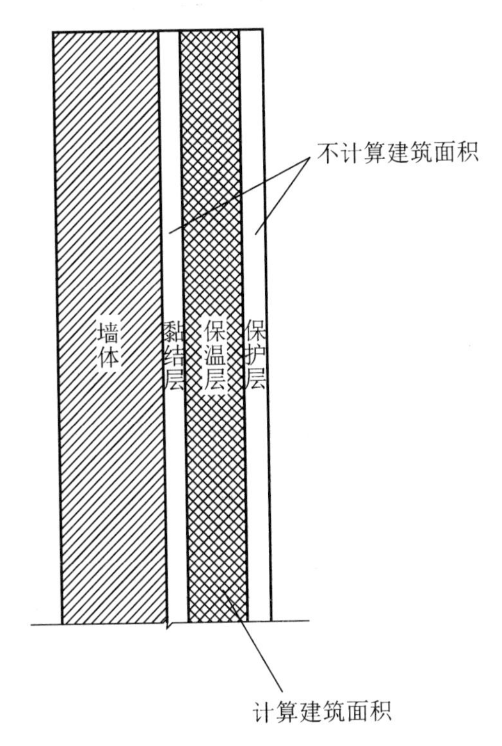

图 2.24 建筑物墙外有保温层示意图

正确计算厚度
错误计算厚度

图 2.25 围护结构不垂直时保温材料厚度计算示意图

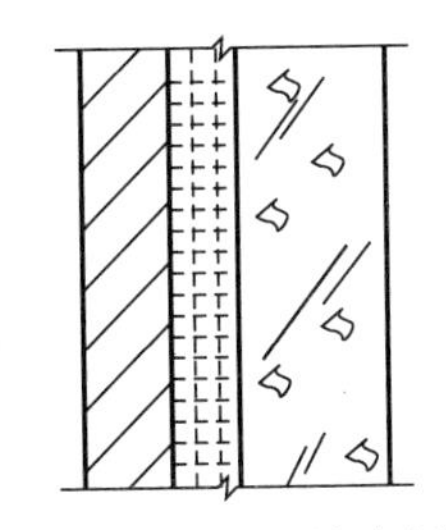

(a)砌体与混凝土墙夹保温板

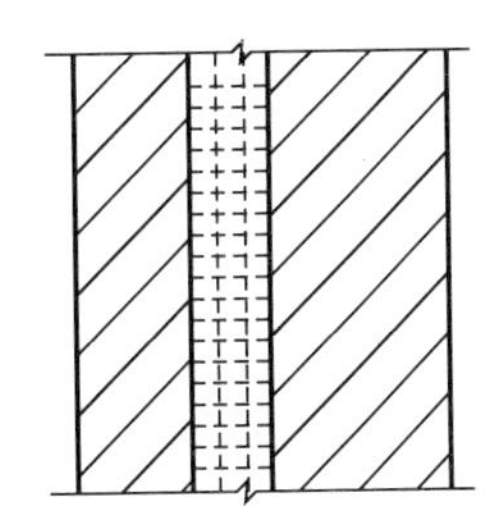

(b)两侧砌体夹保温板

图 2.26 复合墙体示意图

4. 其他建(构)筑物建筑面积计算

1) 场馆看台面积计算

场馆看台下的建筑空间，结构净高在 2.10m 及以上的部位应计算全面积，结构净高在 1.20m 及以上至 2.10m 以下的部位应计算 1/2 面积，结构净高在 1.20m 以下的部位不应计算建筑面积。室内单独设置的有围护设施的悬挑看台，应按看台结构底板水平投影面积计算建筑面积。有顶盖无围护结构的场馆看台，应按其顶盖水平投影面积的 1/2 计算面积。

拓展提高

室内单独设置的有围护设施的悬挑看台，无论是单层还是双层，都按各自的“看台结构底板水平投影面积计算建筑面积”。

1. 有顶盖无围护结构的看台，按顶盖计算 1/2 建筑面积。计算建筑面积的范围应是看台与顶盖重叠部分的水平投影面积。

2. 有双层看台时，各层分别计算建筑面积，顶盖及上层看台均视为下层看台的盖。

3. 无顶盖的看台，不计算建筑面积(看台下的建筑空间按第一款计算建筑面积)。

4. “有顶盖无围护结构的场馆看台”所称的“场馆”为专业术语，指各种“场”类建筑，如体育场、足球场、网球场、带看台的风雨操场等。

实例分析 2-12

求图 2.27 所示建筑物场馆看台下的建筑面积。

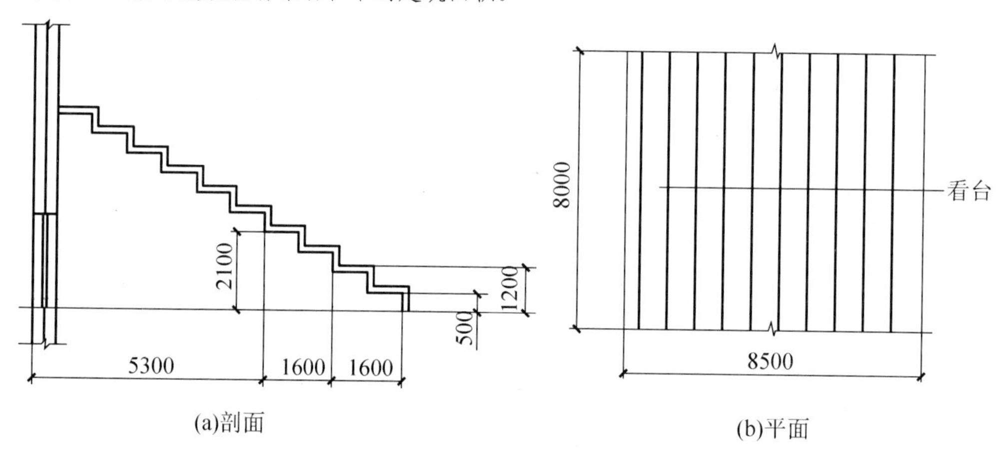

图 2.27 某建筑物场馆看台(单位：mm)

分析：建筑物场馆看台下加以利用的，按坡屋面规则进行计算，建筑面积计算如下：

$$S = 8\times(5.3+1.6\times0.5) = 48.8(\text{m}^2)$$

2) 车棚等面积计算

有顶盖无围护结构的车棚、货棚、站台、加油站、收费站等，应按其顶盖水平投影面积的 1/2 计算建筑面积。

实例分析 2-13

求图 2.28 中的建筑面积。

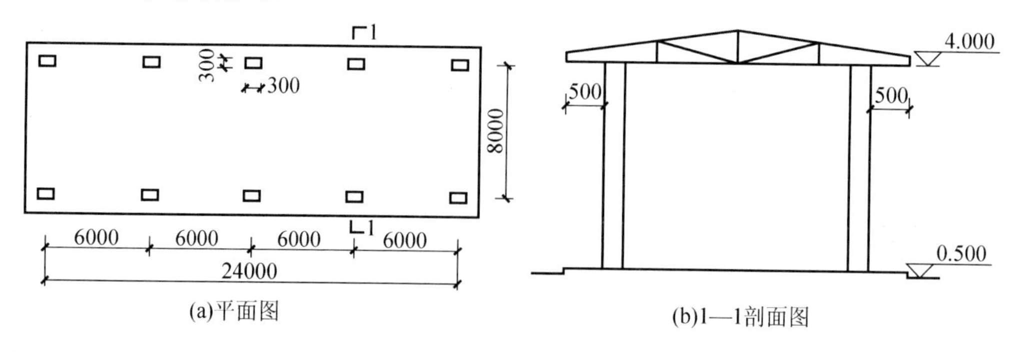

图 2.28 某车棚的尺寸(单位：mm)

分析：按图计算得

$$建筑面积\ S=(8+0.3+0.5\times2)\times(24+0.3+0.5\times2)\times0.5=117.65(m^2)$$

拓展提高

顶盖下有其他能计算建筑面积的建筑物时，仍按顶盖水平投影面积计算 1/2 面积，顶盖下的建筑物另行计算建筑面积。

3) 有围护结构的舞台灯光控制室面积计算

有围护结构的舞台灯光控制室，应按其围护结构外围水平面积计算。结构层高在 2.20m 及以上的应计算全面积，结构层高在 2.20m 以下的应计算 1/2 面积。

4) “三库”面积计算

立体书库、立体仓库、立体车库，有围护结构的，应按其围护结构外围水平面积计算建筑面积；无围护结构、有围护设施的，应按其结构底板水平投影面积计算建筑面积。无结构层的应按一层计算，有结构层的应按其结构层面积分别计算。结构层高在 2.20m 及以上的应计算全面积，结构层高在 2.20m 以下的应计算 1/2 面积。

拓展提高

1. 立体车库中的升降设备，不属于结构层，不计算建筑面积。
2. 仓库中的立体货架、书库中的立体书架都不算结构层。

2.3.2 不应计算建筑面积的项目

下面项目不应计算建筑面积。

(1) 与建筑物不相连通的建筑部件。

拓展提高

“与建筑物内不相连通”是指没有正常的出入口。通过门进出的，视为“连通”，通过窗或栏杆等翻出去的，视为“不连通”，如装饰性阳台。

(2) 建筑物通道(骑楼、过街楼底层的开放公共空间)，如图 2.29 所示。

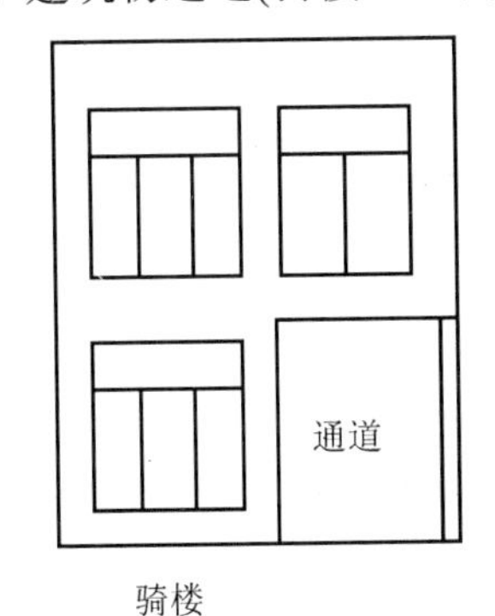

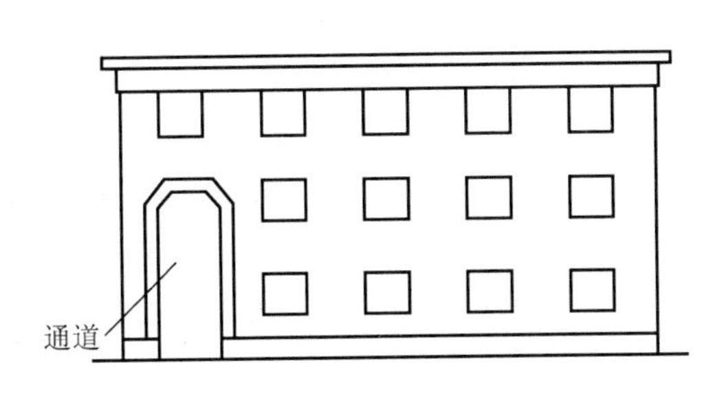

图 2.29 骑楼、过街楼通道示意图

(3) 建筑物内分隔的单层房间，舞台及后台悬挂幕布、布景的天桥、挑台等，如图 2.30 和图 2.31 所示。

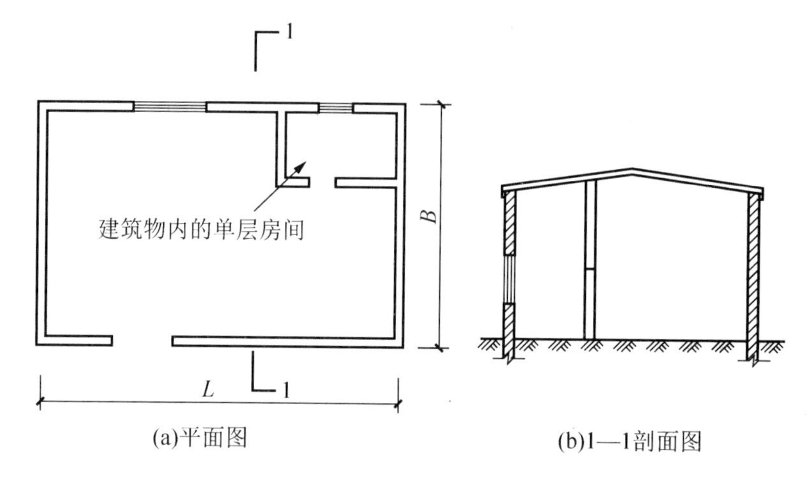

图 2.30 建筑物内分隔的单层房间示意图

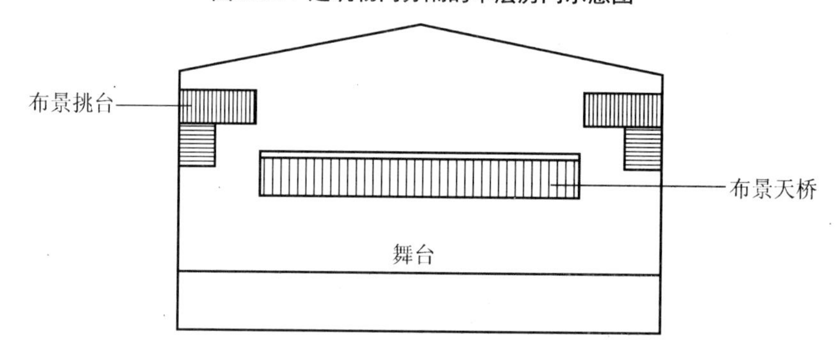

图 2.31 舞台和布景天桥示意图

(4) 屋顶水箱、花架、凉棚、露台、露天游泳池及装饰性结构构件，如图 2.32 所示。

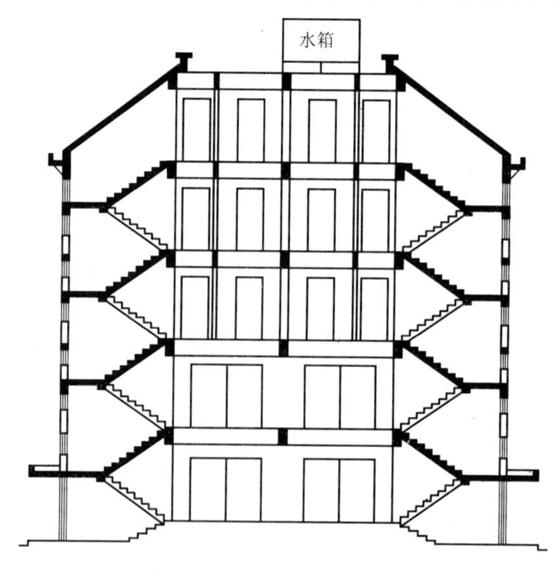

图 2.32 屋顶水箱示意图

(5) 建筑物内的操作平台、上料平台、安装箱和罐体的平台。

(6) 勒脚、附墙柱、垛、台阶、墙面抹灰、装饰面、镶贴块料面层、装饰性幕墙、主体结构外的空调室外机搁板(箱)、构件、配件、挑出宽度在 2.10m 以下的无柱雨篷和顶盖高度达到或超过两个楼层的无柱雨篷。

拓展提高

1. 结构柱应计算建筑面积。不计算建筑面积的“附墙柱”是指非结构性装饰柱。
2. 室外台阶还包括与建筑物出入口连接处的平台。

(7) 窗台与室内楼地面高差在 0.45m 以下且结构净高在 2.10m 以下的凸(飘)窗，窗台与室内楼地面高差在 0.45m 及以上的凸(飘)窗。

(8) 室外爬梯、室外专用消防钢楼梯、无围护结构的观光电梯。

拓展提高

当钢楼梯是建筑物通道，兼顾消防用途时，则应计算建筑面积。

(9) 建筑物以外的地下人防通道，独立烟囱、烟道、地沟、油(水)罐、气柜、水塔、贮油(水)池、贮仓、栈桥等，如图 2.33 所示。

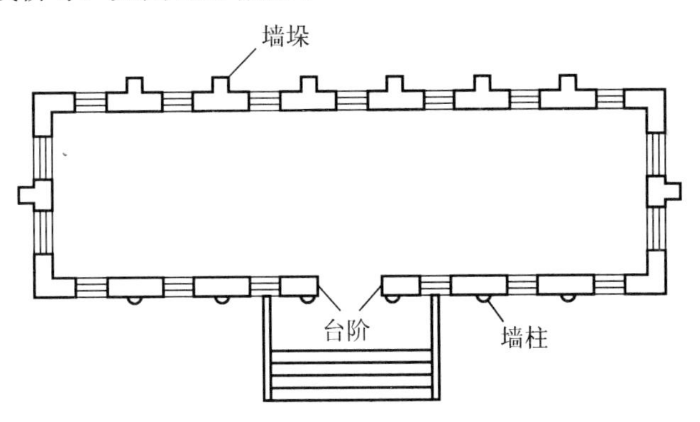

图 2.33 墙垛、台阶、墙柱示意图

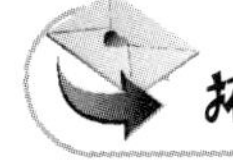

拓展提高

本规范中，一般的取定顺序是：有围护结构的，按围护结构计算面积；有底板无围护结构(有围护设施)的，按底板计算面积(室外走廊、架空走廊)；底板也不利于计算的，则取顶盖(车棚、货棚等)。主体结构外的附属设施按结构底板计算面积。

单元小结

本单元依据《建筑工程建筑面积计算规范》，对建筑面积的概念及其在建设项目中的作用等进行了介绍。学习建筑面积的计算，需要注意计算面积与不计算面积的分界，以及计算全面积与计算半面积的分界。

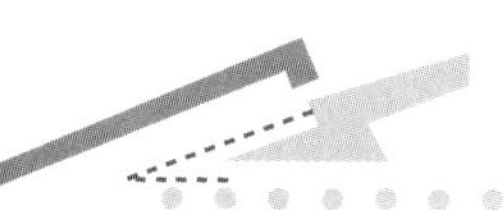

同步测试

一、单项选择题

1．建筑面积计算规定层高(　　)作为全计或半计面积的划分界线。

A．1.2m　　B．2.1m　　C．2.2m　　D.3m

2．全封闭阳台建筑面积按其水平投影面积的(　　)计算。

A．1/4　　B．1/2　　C．全面积　　D．不

3．单层建筑物内有局部楼层时，其建筑面积计算，正确的是(　　)。

A．有围护结构的按底板水平面积计算　B．无围护结构的不计算建筑面积

C．层高超过 2.10m 的计算全面积　D．层高不足 2.20m 的计算 1/2 面积

4．半地下室车库建筑面积的计算，正确的是(　　)。

A．包括外墙防潮层及其保护墙

B．不包括采光井所占面积

C．层高在 2.10m 及以上者应按全面积计算

D．层高不足 2.10m 的应按 1/2 面积计算

5．有永久性顶盖无围护结构的，按其结构底板水平面积 1/2 计算建筑面积的是(　　)。

A．场馆看台　　B．收费站　　C．车棚　　D．架空走廊

6．建筑物之间有围护结构架空走廊，按外围水平面积可全部计算建筑面积的，其规定的层高高度应在(　　)。

A．1.20m 及以上　B．2.10m 及以上　C．2.20m 及以上　D．3.00m 及以上

7．设计加以利用并有围护结构的深基础架空层的建筑面积计算，正确的是(　　)。

A．层高不足 2.20m 的部位应计算 1/2 面积

B．层高在 2.10m 及以上的部位应计算全面积

C．层高不足 2.10m 的部位不计算面积

D．各种深基础架空层均不计算面积

8．有围护结构的舞台灯光控制室的建筑面积应为(　　)。

A．按围护结构外围水平面积计算

B．按围护结构外围水平面积乘实际层数计算

C．按围护结构外围水平面积乘实际层数的 1/2 计算

D．不计算

9．设有围护结构不垂直于水平面而超出底板外沿的建筑物的建筑面积应为(　　)。

A．按其外墙结构外围水平面积计算　B．按其顶盖水平投影面积计算

C．按围护结构外边线计算　D．按其底板面的外围水平面积计算

10．关于建筑面积计算的说法，错误的是(　　)。

A．室内楼梯间的建筑面积按自然层计算

B．附墙烟囱按建筑物的自然层计算

C．跃层建筑，其共用的室内楼梯按自然层计算

D．上下两错层户室共用的室内楼梯应选下一层的自然层计算

11．上下两个错层户室共用的室内楼梯，建筑面积应按(　　)。

A．上一层的自然层计算　　B．下一层的自然层计算

C．上一层的结构层计算　　D．下一层的结构层计算

12．按照建筑面积计算规则，不计算建筑面积的是(　　)。

A．层高在 2.1m 以下的场馆看台下的空间

B．不足 2.2m 高的单层建筑

C．层高不足 2.2m 的立体仓库

D．外挑宽度在 2.1m 以内的雨篷

13．下列关于建筑物雨篷结构的建筑面积计算，正确的是(　　)。

A．有柱雨篷按结构外边线计算

B．无柱雨篷按雨篷水平投影面积计算

C．雨篷外边线至外墙结构外边线不足 2.10m 者不计算面积

D．雨篷外边线至外墙结构外边线超过 2.10m 者按投影计算面积

14．下列不应计算建筑面积的是(　　)。

A．建筑物外墙外侧保温隔热层　　B．建筑物内的变形缝

C．无永久性顶盖的架空走廊　　D．有围护结构的屋顶水箱间

15．某无永久性顶盖的室外楼梯，建筑物自然层为 4 层，楼梯水平投影面积为 $6m^2$，则该室外楼梯的建筑面积为(　　)。

A．$9m^2$　　B．$12m^2$　　C．$18m^2$　　D．$24m^2$

16．内部连通的高低联跨建筑物内的变形缝应为(　　)。

A．计入高跨面积　　B．高低跨平均计算

C．计入低跨面积　　D．不计算面积

17．以下不应计算建筑面积的项目是(　　)。

A．建筑物内电梯井　　B．建筑物大厅内回廊

C．建筑物通道　　D．建筑物内变形缝

18．根据《建筑工程建筑面积计算规则》，建筑物屋顶无围护结构的水箱建筑面积计算应为(　　)。

A．层高超过 2.2m 的应计算全面积　　B．不计算建筑面积

C．层高不足 2.2m 的不计算建筑面积　　D．层高不足 2.2m 的部分计算面积

二、多项选择题

1．坡屋顶内空间利用时，关于建筑面积的计算，说法正确的是(　　)。

A．净高大于 2.10m 时计算全面积　　B．净高等于 2.10m 时计算 1/2 面积

C．净高等于 2.0m 时计算全面积　　D．净高小于 1.20m 时不计算面积

E．净高等于 1.20m 时不计算面积

2．计算建筑面积时，正确的工程量清单计算规则是(　　)。

A．建筑物顶部有围护结构的楼梯间，层高不足 2.20m 的不计算

B．建筑物外有永久性顶盖的无围护结构走廊，层高超过 2.20m 的计算全面积

C．建筑物大厅内层高不足 2.20m 的回廊，按其结构底板水平面积的 1/2 计算
D．有永久性顶盖的室外楼梯，按自然层水平投影面积的 1/2 计算
E．建筑物内的变形缝，应按其自然层合并在建筑物面积内计算

3．层高 2.20m 及以上者计算全面积，层高不足 2.20m 者计算 1/2 面积的项目有(　　)。
A．宾馆大厅内的回廊
B．单层建筑物内设有局部楼层，无围护结构的二层部分
C．多层建筑物坡屋顶内和场馆看台下的空间
D．设计加以利用的坡地吊脚架空层
E．建筑物间有围护结构的架空走廊

4．下列内容中，不应计算建筑面积的是(　　)。
A．悬挑宽度为 1.8m 的雨篷
B．与建筑物不连通的装饰性阳台
C．用于检修的室外钢楼梯
D．层高不足 1.2m 的单层建筑坡屋顶空间
E．层高不足 2.2m 的地下室

5．下列应计算建筑面积的项目有(　　)。
A．设计不利用的场馆看台下空间
B．建筑物的不封闭阳台
C．建筑物内自动人行道
D．有永久性顶盖无围护结构的加油站
E．装饰性幕墙

6．不计算建筑面积的范围包括(　　)。
A．建筑物内的设备管道夹层
B．建筑物内分隔的单层房间
C．建筑物内的操作平台
D．有永久性顶盖无围护结构的车棚
E．宽度在 2.10 m 及以内的雨篷

7．下列不应计算建筑面积的项目有(　　)。
A．地下室的采光井、保护墙
B．设计不利用的坡地吊脚架空层
C．建筑物外墙的保温隔热层
D．有围护结构的屋顶水箱间
E．建筑物内的变形缝

8．下列内容中，应计算建筑面积的是(　　)。
A．坡地建筑设计利用但无围护结构的吊脚架空层
B．建筑门厅内层高不足 2.2m 的回廊
C．层高不足 2.2m 的立体仓库
D．建筑物内钢筋混凝土操作间
E．公共建筑物内自动扶梯

9．按其结构底板水平面积的 1/2 计算建筑面积的项目有(　　)。
A．有永久性顶盖无围护结构的货棚
B．有永久性顶盖无围护结构的挑廊
C．有永久性顶盖无围护结构的场馆看台
D．有永久性顶盖无围护结构的架空走廊
E．有永久性顶盖无围护结构的檐廊

10．下列不应计算建筑面积的项目有(　　)。
A．建筑物内的钢筋混凝土上料平台
B．建筑物内在 50mm 内的沉降缝
C．建筑物顶部有围护结构的水箱间
D．2.10m 宽的雨篷
E．空调机外搁箱

三、简答题

1．正确计算建筑面积的意义是什么？
2．试述不计算建筑面积的范围。

四、计算题

试计算图2.34所示一幢四层住宅楼的建筑面积。

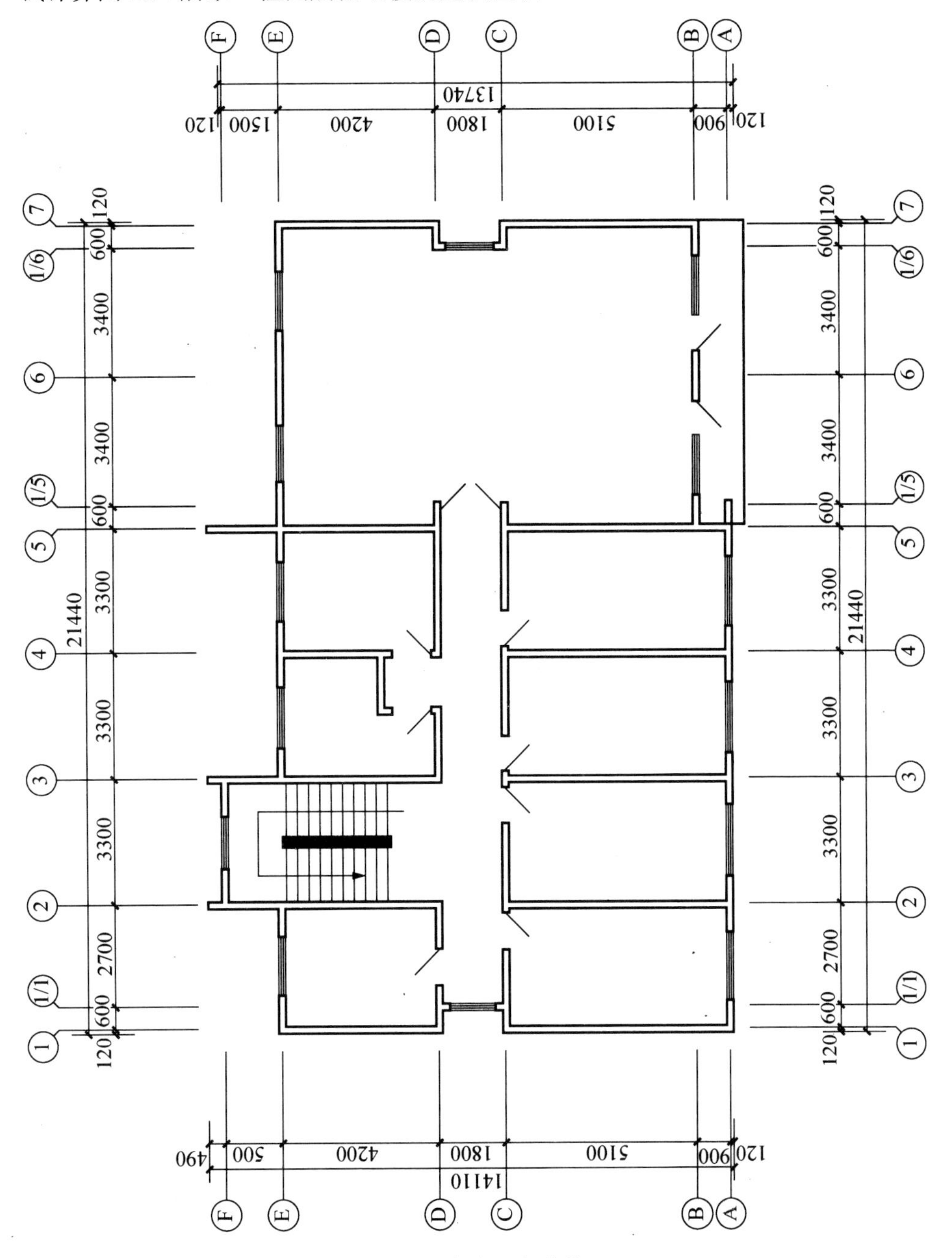

图2.34 某住宅楼尺寸(单位：mm)

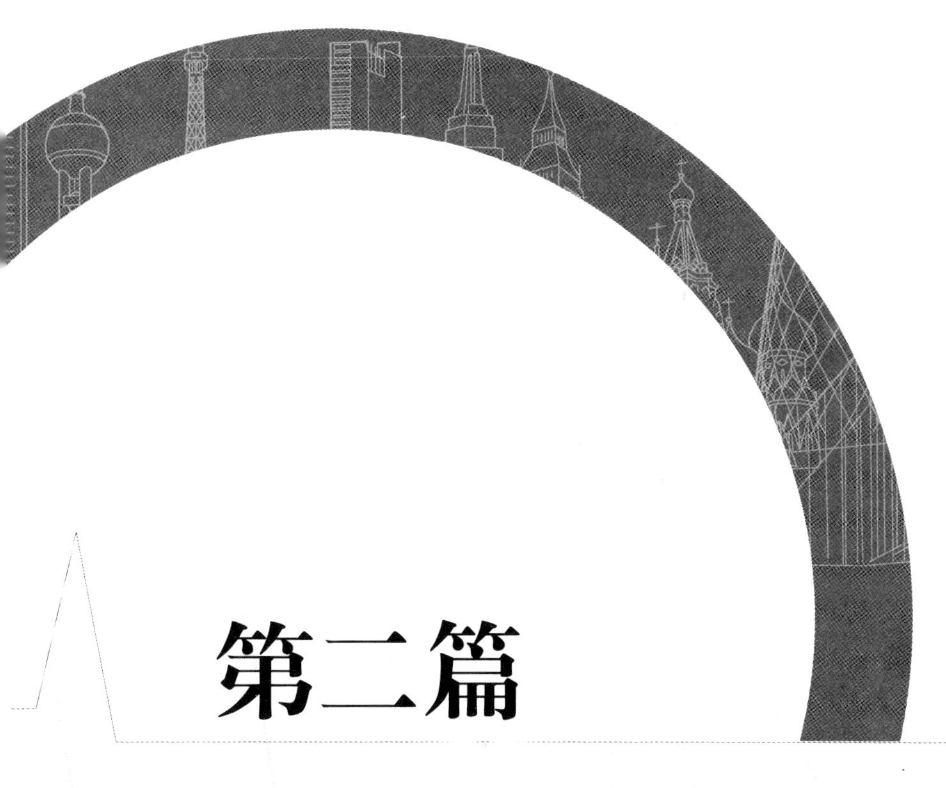

第二篇

建筑工程的工程量清单、清单计价文件的编制

单元 3

房屋建筑工程计量与计价

知识目标

1. 土石方工程、地基加固、边坡支护结构及其他工程、桩基础工程、砌筑工程、钢筋混凝土工程构造做法、施工工艺及常用材料等基础知识；
2. 房屋建筑工程各分部分项工程清单工程量计算规则及清单编制方法；
3. 房屋建筑工程各分部分项工程定额说明及定额应用；
4. 房屋建筑工程各分部分项工程计价工程量计算及定额应用。

能力目标

1. 熟悉各分部分项工程构造做法、施工工艺及常用材料；
2. 掌握房屋建筑工程各分部分项工程清单工程量计算并能够进行清单编制；
3. 能够计算土石方工程，地基加固、边坡支护结构及其他工程，桩基础工程，砌筑工程，钢筋混凝土工程的定额工程量；
4. 能正确套用相关定额项目并进行定额换算；
5. 能够进行房屋建筑工程的清单计价。

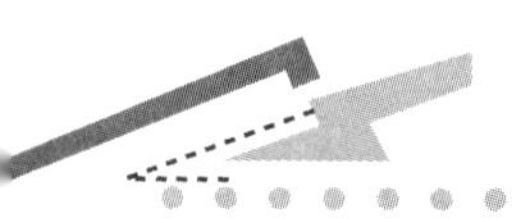

引入案例

某建筑工程建筑合同部分条款如下：某建筑公司投标某房地产公司投资开发的位于浙江某市新区二期住宅工程，于2013年7月23日取得中标通知书。通知书载明建筑面积34245平方米，总造价4221万元，工期260天。于2014年请求甲方对其工程进行验收并将工程结算资料交于甲方，工程总造价为4321万元。

思考：为何合同价与结算价不同呢？合同价格与招标控制价、投标报价之间有什么关系？招标控制价或投标报价是如何计算的？

任务3.1 土石方工程

3.1.1 基础知识

【参考视频】

土石方工程主要施工工艺，包括场地平整、基坑开挖、回填土、运土等施工过程，在进行土石方工程计量与计价之前，应收集土壤及岩石类别、土方开挖的施工方法及运输距离、岩石开凿及爆破方法、石渣清运方法及运输距离、地下水位标高及排水方法以及其他资料。

1. 土壤类别及岩石类别

普氏分类按照土壤及岩石名称、天然湿度下平均容重、极限压碎强度、轻钻孔机钻进1m耗时、开挖方式及工具、紧固系数等，将土壤及岩石分为一二类土、三类土、四类土、松石、次坚石、普坚石、特坚石七大类。具体分类可查预算定额中的土壤及岩石分类表。

2. 土石方开挖

【参考视频】

土(石)方工程开挖方法，可分为人工土(石)方工程和机械土(石)方工程。

机械土石方工程，主要采用土石方机械进行施工，常用的机械有挖掘机、推土机、铲运机、压路机、自卸汽车、岩石破碎机等，其中挖掘机有正铲、反铲之分。一般查找经批准的施工组织设计可获得相关资料。根据基础类型不同，土方开挖有槽坑开挖、基坑开挖、人工挖孔桩、桩间土开挖等开挖方式。

拓展提高

人工挖孔桩土方按桩基工程相关章节进行计算。

3. 岩石开凿、爆破方法、石渣清运方法及运输距离

预裂爆破是指为降低爆震波对周围已有建筑物、构筑物的影响，按照设计的开挖边线，钻一排预裂炮眼，并按设计规定药量装炸药，在开挖区爆破前预先炸裂一条缝，以反射、阻隔开挖区爆破时产生的较强的爆震波。

1. 应根据不同土质、不同工程要求来选择基坑开挖方案，如有支护开挖、无支护开挖等。

2. 施工机械的选择应与施工内容相适应。如平整场地常由土方的开挖、运输、填筑和压实等工序完成，地势较平坦、含水量适中的大面积平整场地，选用铲运机较适宜。

3.1.2 土石方工程清单编制

1. 清单编制说明

土石方工程清单是按《房屋建筑与装饰工程工程量计算规范》附录 A 进行编制，适用于建筑物和构筑物工程土石方项目列项。

本任务项目按上述规范附录 A 分为 A.1 土方工程、A.2 石方工程、A.3 回填三个部分，共 13 个项目。

土方体积应按挖掘前的天然密实体积计算。非天然密实土方应按表 3-1 规定计算。

表 3-1 土方体积折算系数表

天然密实度体积	虚方体积	夯实后体积	松填体积
0.77	1.00	0.67	0.83
1.00	1.30	0.87	1.08
1.15	1.50	1.00	1.25
0.92	1.20	0.80	1.00

注：1. 虚方是指未经碾压、堆积时间不大于一年的土壤。
2. 设计密实度超过规定的，填方体积按工程设计要求执行；无设计要求的按各省、自治区、直辖市或行业建设行政主管部门规定的系数执行。
3. 挖掘前的天然密实体积，是指自然状态下依据图纸所计算的土方体积。

【参考视频】

2. 土方工程量清单的编制

土方工程包括平整场地、挖一般土方、挖沟槽土方、挖基坑土方、冻土开挖、挖淤泥、流砂、管沟土方 7 个项目，分别按 010101001×××～010101007×××编码。

1) 平整场地(010101001)

(1) 适用于建筑场地 30cm 以内的挖、填、找平及其运输项目。

(2) 工程内容：土方挖、填，场地找平，土方运输。

(3) 清单项目描述：平整场地项目列项时，应明确描述场地现有及平整以后需达到的特征，如土壤类别、弃土或取土的运输距离(或地点)。

例如：平整场地，三类土，弃土运距 200m。

(4) 工程量计算：按建筑物首层面积(外墙外边线)计算(单位 m^2)。地下室和半地下室的采光井等不计算建筑面积的部位，也应计入平整场地的工程量；地上无建筑物的地下停车场按地下停车场外墙外边线计算面积，包括出入口、通风竖井和采光井。

除特别说明外，本书“工程量计算”均指清单工程量计算，按清单工程量计算规划执行。

实例分析 3-1

某住宅工程首层的外墙外边尺寸如图 3.1 所示，该场地在±300mm 内挖填找平，经计算弃土 $7.5m^3$，运输距离 150m。试计算人工平整场地清单工程量。

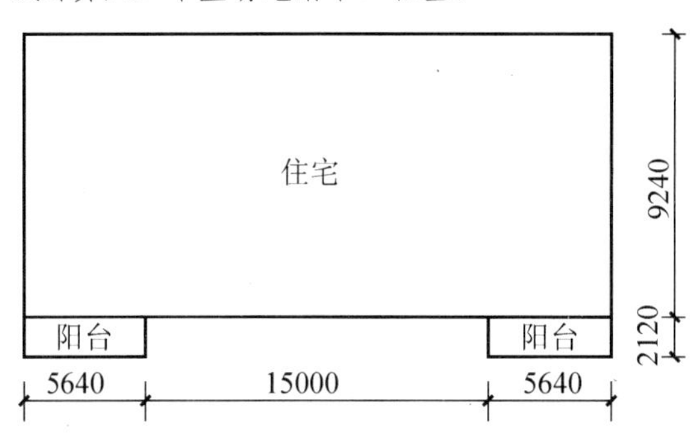

图 3.1　某外墙外边尺寸(单位：mm)

分析：根据平整场地工程量计算规则可得

$$\text{人工平整场地工程量} = (5.64\times2+15.0)\times9.24+5.64\times2.12\times2$$
$$=242.83+23.91=266.74(m^2)$$

据此可编制工程量清单，见表 3-2。

表 3-2　土方工程工程量清单编制

序号	项目编码	项目名称	项目特征描述	计量单位	工程量	综合单价	合价	其中/元		备注
								人工费	机械费	
		A.1 土(石)方工程								
1	010101001001	平整场地	三类土，弃土运距 150m	m^2	266.74					

拓展提高

现场土方平整时，可能会遇到±0.3m 以内全部是挖方或填方的情况，这时就应在清单项目中描述弃土或取土的内容和特征。

2) 挖一般土方(010101002)

(1) 适用于建筑场地在±0.3m 以上的场地挖土或山坡切土，包括指定范围内的土方运输。

(2) 工程内容：排地表水、土方开挖、围护(挡土板)支拆、基底钎探、运输。

(3) 清单项目描述：挖土方项目特征应对土壤类别、挖土平均厚度、弃土运距等予以描述。

(4) 工程量计算：按设计图示尺寸以体积(m^3)计算。

1. “图示尺寸”也包括勘察设计图和招标人在地形起伏变化较大、不能明确提供平均挖土厚度时需要提供的方格网或土方平面、断面图。

2. 挖土方平均厚度，应按自然地面测量标高至设计地坪标高间的平均厚度确定。

3) 挖沟槽土方(010101003)和基坑土方(010101004)

(1) 适用于建筑物、构筑物工程的基础基槽、基坑的土方开挖项目列项，也适用于人工单独挖孔桩土方。

挖沟槽、基坑土方包括带形基础、独立基础、满堂基础(包括地下室基础)及设备基础、人工单独挖孔桩等土方开挖工程。

沟槽、基坑、一般土方的划分：底宽≤7m，且底长>3 倍底宽，为沟槽；底长≤3 倍底宽，且底面积≤150m^2，为基坑；超出上述范围则为一般土方。

(2) 工程内容：排地表水、土方开挖、围护(挡土板)支拆、基底钎探、运输。

(3) 清单项目描述：项目特征应对土壤类别、挖土深度、弃土运距等予以描述。

(4) 工程量计算：按设计图示尺寸以基础垫层底面积乘以挖土深度以体积(m^3)计算。

浙江省在具体贯彻实施时，应按照《计算规范》有关规定，将挖沟槽、基坑、一般土石方因工作面和放坡所增加的工程量并入各土石方工程量中计算。

1. 垫层底面积：外墙中心线，内墙垫层底净长线。挖土深度为垫层底至交付施工场地标高地面(无交付场地时，按自然地面标高)。

2. 挖土方如需截桩头时，应按桩基工程相关项目列项。

3. 桩间挖土不扣除桩的体积，并在项目特征中加以描述。

图 3.2 所示为某房屋工程基础平面及断面图，基底土质均衡，为二类土，地下常水位标高为-1.2m，土方含水率为 25%，室外地坪设计标高为-0.12m，交付施工场地标高为-0.3m，基坑回填后余土弃运为 5km。试计算该基础土方开挖工程量，编制工程量清单。

分析：本工程基础槽坑开挖，按基础类型有 1—1、2—2、J-1 三种，应分别列项。

根据清单计算规则，土方开挖深度为 1.6−0.3=1.3(m)。工作面 C=0.3m，放坡系数 k=0.5。

(1) 1—1 开挖长度为

$$L=(10+9)\times 2-1.1\times 6+0.38=31.78(\text{m})\ (0.38\ \text{为垛折加长度})$$

则开挖土方体积为

$$V=(B+KH+2C)HL=(1.2+0.2+1.3\times 0.5+2\times 0.3)\times 1.3\times 31.78=109.48(\text{m}^3)$$

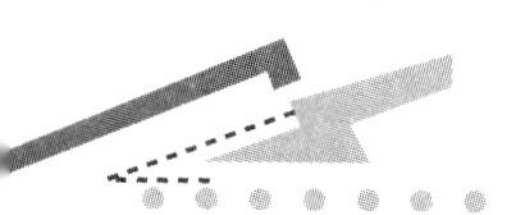

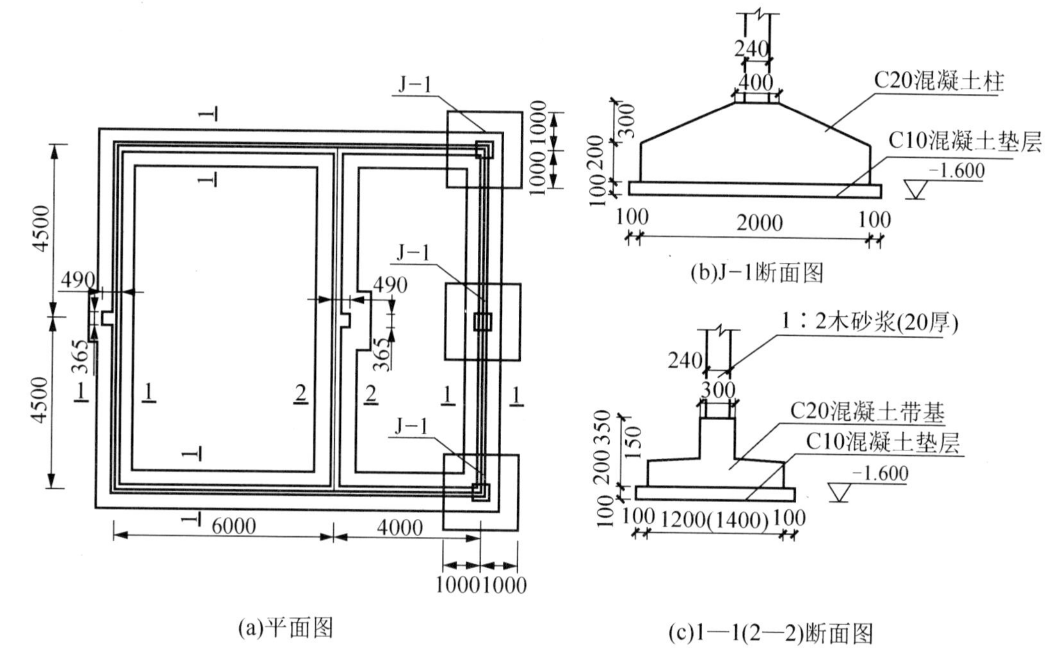

图 3.2　某房屋工程基础施工图(单位：mm)

(2) 2—2 开挖长度为

$$L = 9 - 0.7 \times 2 + 0.38 = 7.98(\text{m})$$

则开挖土方体积为

$$V = (B + KH + 2C)HL = (1.4 + 0.2 + 1.3 \times 0.5 + 2 \times 0.3) \times 1.3 \times 7.98 = 29.57(\text{m}^3)$$

(3) 独立基础土方体积为

$$V = (B + KH + 2C)(L + KH + 2C)H + \frac{K^2H^3}{3}$$

$$= \left[(2.2 + 1.3 \times 0.5 + 2 \times 0.3)^2 \times 1.3 + \frac{0.5^2 \times 1.3^3}{3}\right] \times 3 = 46.97(\text{m}^3)$$

根据工程量清单格式编制该基础土方开挖工程量清单，见表 3-3。

表 3-3　某分部分项工程量清单

序号	项目编码	项目名称	项目特征描述	计量单位	工程量	综合单价	合价	其中/元		备注
								人工费	机械费	
1	010101003001	挖基础土方	挖 1—1 有梁式钢筋混凝土基槽二类土方，基底垫层宽度 1.4m，开挖深度 1.3m，湿土深度 0.4m，土方含水率 25%，弃土运距 5km	m^3	109.48					
2	010101003002	挖基础土方	挖 2—2 有梁式钢筋混凝土基槽二类土方，基底垫层宽度 1.6m，开挖深度 1.3m，湿土深度 0.4m，土方含水率 25%，弃土运距 5km	m^3	29.57					

续表

序号	项目编码	项目名称	项目特征描述	计量单位	工程量	综合单价	合价	其中/元		备注
								人工费	机械费	
3	010101003003	挖基础土方	挖J-1有梁式钢筋混凝土柱基基坑二类土方，基底垫层 2.2m×2.2m，开挖深度1.3m，湿土深度 0.4m，土方含水率 25%，弃土运距5km	m^3	46.97					

拓展提高

1. 土方开挖的干湿土划分，应按地质资料提供的地下常水位为界，地下常水位以下为湿土。

2. 对于同类但不同基底尺寸、不同开挖深度的基槽、坑土(石)方工程，虽然计价人可能套用同一个定额子目进行计价，但由于规格尺寸不同，其放坡、工作面增加开挖的含量也就不同，因而经组合确定的综合单价也必然不同。为避免局部工程变更造成土石方工程全部都调整，应将不同规格尺寸的基槽坑分别予以编码列项。

3. 关于弃、取土运距，清单中可以不描述，但应注明“由投标人根据施工现场实际情况自行考虑，决定组价”。

4. 挖沟槽、基坑因工作面和放坡增加的工作量是否并入各土方工程量中，应按各省、自治区、直辖市或行业建设主管部门的规定计算，编制工程量清单时，可考虑工作面和放坡。

4) 冻土开挖(010101005)

(1) 适用于在冬季施工期内，遇有一定深度的冻土开挖。

(2) 工程内容：爆破、开挖、清理、运输。

(3) 清单项目描述：冻土开挖项目特征应对冻土厚度、弃土运距等予以描述。

(4) 工程量计算：按设计图示尺寸，以开挖面积乘以厚度以体积(m^3)计算。

5) 挖淤泥、流砂(010101006)

(1) 在工程地质资料中标有淤泥、流砂时，应将淤泥、流砂单独列项。

(2) 工程内容：开挖、运输。

(3) 清单项目描述：如按地质资料预先列项的，应在清单中描述挖掘深度和弃运淤泥、流砂的距离。在淤泥、流砂开挖过程中发生的处理措施，应在措施项目清单列项。

(4) 工程量计算：按设计图示位置、界限以体积(m^3)计算。

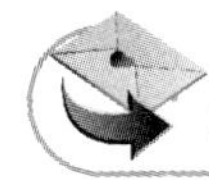

拓展提高

挖方出现流砂、淤泥时，如设计未明确，在编制工程量清单时其工程数量可为暂估量，结算时应根据实际情况由发包人与承包人双方现场签证所确认的工程量。

6) 管沟土方(010101007)

(1) 管沟土方除适用于建筑工程管道地沟土方开挖、回填以外，也适用于安装工程有关管沟土方的列项。

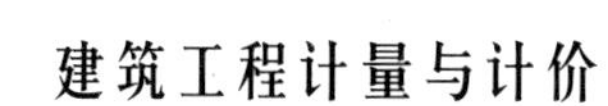

(2) 工程内容：排地表水、土方开挖、围护(挡土板)支撑、运输、回填。

(3) 清单项目描述：应对土壤类别、管外径、挖沟深度、回填要求等予以描述。

1. 采用多管同一管沟埋设时，管间距离应在清单中予以描述。
2. 管沟土方工程量是否包括其中的窨井所占位置的土方，应在项目清单中予以描述。

(4) 工程量计算：按设计图示尺寸，以管道中心线按长度(m)计算。

3. 石方工程量清单的编制

石方工程包括挖一般石方、挖沟槽石方、挖基坑石方、挖管沟石方 4 个项目，分别按 010102001×××～010102004×××编码。

石方开挖适用于人工凿石、人工打眼爆破、机械打眼爆破和大于±300mm 的竖向布置挖石或山坡凿石等，并包括指定范围内的石方清除运输。

1) 挖一般石方(010102001)

(1) 工程内容：排地表水、凿石、运输。

(2) 清单项目描述：应对岩石类别、开凿深度、弃渣运距等予以描述。

(3) 工程量计算：按设计图示尺寸以体积(m^3)计算。

2) 挖沟槽和基坑石方(010102002～010102003)

(1) 沟槽坑石方开挖适用于基槽坑开挖；人工单独挖孔桩开挖时，遇有石方也应按沟槽坑石方开挖列项。

沟槽、基坑、一般石方的划分：底宽≤7m，且底长＞3 倍底宽，为沟槽；底长≤3 倍底宽，且底面积≤150m^2，为基坑；超出上述范围则为一般石方。

(2) 工程内容：排地表水、凿石、运输。

(3) 清单项目描述：应对岩石类别、开凿深度、弃渣运距等予以描述。

(4) 工程量计算：按设计图示尺寸，底面积乘以挖石深度以体积(m^3)计算。

基础石方挖石深度：应按基础垫层底表面标高至交付施工现场标高确定，无交付施工场地标高时，应按自然地面标高确定。

3) 挖管沟石方(010102004)

(1) 管沟石方适用于管道(给排水、工业、电力、通信)、光(电)缆沟，包括人(手)孔、接口坑及连接井(检查井)等的开挖。

(2) 工程内容：排地表水、凿石、运输、回填。

(3) 清单项目描述：应对岩石类别、管外径、挖沟深度要求等予以描述。

(4) 工程量计算：按设计图示以管道中心线长度(m)计算，或按设计图示按截面积乘以长度以体积(m^3)计算。

1. 土石方开挖，招标人编制工程量清单时可不列施工方法(有特殊要求的除外)，招标人确定工程数量即可。如招标文件对土石方开挖有特殊要求，在编制工程量清单时，可规定施工方法。

2. 深基础土石方开挖，设计文件中可能提示或要求采用支护结构，但到底采用什么支护结构，是否做水平支撑等，招标人应在措施项目清单中予以列项明示。

4. 土方运输与回填工程量清单的编制

【参考视频】

土方回填工程包括回填方、余方弃置两项内容，按010103001×××～010103002×××编码。

1) 回填方(010103001)

(1) 回填方适用于场地回填、室内回填和基槽(坑)回填，并包括指定范围内的运输、借土回填土方开挖。

(2) 工程内容：运输、回填、压实。

(3) 清单项目描述：应对密实度要求、填方材料品种、填方粒径要求、填方来源运距等予以描述。

(4) 工程量计算：按设计图示尺寸以体积(m^3)计算。

注意下述要求。

(1) 场地回填：以回填面积乘以平均回填厚度。

(2) 室内回填：以主墙间净面积乘以回填厚度。

(3) 基础回填：以挖方清单项目工程量减去自然地坪以下埋设的基础体积(包括基础垫层及其他构筑物)。

1. 土(石)方回填包括就地回填、场内土方回填、场外土方借土回填以及场内余土回填或弃土，清单编制时，应结合工程现场情况，考虑适当内容予以列项。

2. “指定范围内的运输”应按招标人指定的弃土或取土点的距离，如招标文件规定由投标人自行确定弃土或取土点时，此条件不必在清单里描述。

3. 如需填方土内运，则应在项目特征填方来源中描述，并注明需内运土方数量。

2) 余方弃置(010103002)

(1) 回填方适用于需余土外运项目。

(2) 工程内容：余方点装料运输至弃置点。

(3) 清单项目描述：应对废料品种、运距等予以描述。

(4) 工程量计算：按挖方清单项目工程量减利用回填方体积(正数)，以体积(m^3)计算。

注意下述要求。

(1) 填方密实度在无特殊要求的情况下，项目特征可描述为满足设计和规范的要求。

(2) 填方材料品种可以不描述，但应注明由投标人根据设计要求验方后方可填入并符合相关工程的质量规范要求；

(3) 填方粒径在无特殊要求情况下可以不描述。

1. 挡土板支拆如非设计或招标人根据现场具体情况所要求，而属于投标人自行采用的施工方案，则清单项目特征中不予描述。

2. 根据地质资料确定有地下水的，清单编制时应在措施项目清单内考虑施工时基槽坑内的施工排水因素。

3. 因地质情况变化或设计变更引起的土石方工程量的变更，由业主与承包人双方现场确认，依据合同条件进行调整。

4. “土方工程”和“石方工程”中，除“挖淤泥、流砂”清单项目(编码 010101006)的“运输”包括场内、外运输外，其余清单项目均为场内运输(浙江省补充规定)。

5. “回填方”清单项目(编码 010103001)中的“运输”包括场内、外运输，具体是场内运输还是场外运输，应根据施工组织设计确定，并计入相应综合单价(浙江省补充规定)。

3.1.3 土石方工程清单计价

本部分计价基本依据，是《浙江省建筑工程预算定额(2010 版)》第一章土方工程。

1. 一般规定

(1) 同一工程的土石方类别不同，除另有规定者外，应分别列项计算。土石方类别详见土壤及岩石分类表。

(2) 土石方体积的计算，均以挖掘前的天然密实体积计算，如需在天然体积与虚体积、松填体积或夯实后体积之间折算时，可按表 3-1 计算。

(3) 土石方、泥浆如发生外运(弃土外运或回填土外运)，各市有规定的从其规定，无规定的按本章相关定额执行；弃土外运的处置费等其他费用，按各市有关规定执行。

2. 土方工程清单计价

1) 计价说明

(1) 土方工程定额分人工土方和机械土方。人工挖房屋基础土方的最大深度按 3m 考虑。如局部超过 3m 且仍采用人工挖土的，深度超过 3m 以上的土方，相应定额按每增加 1m 乘以系数调整。

人工土方定额，又分挖土方单项定额和人工土方综合定额。

(2) 存在地下水位的要计算干土和湿土。干土与湿土的划分以地质勘察资料为准，含水率不小于 25%的为湿土；或以地下常水位为准，常水位以上为干土，以下为湿土。采用井点排水等措施降低地下水位施工时，土方开挖按干土计算，基础排水按措施费用进行计价，不再套用湿土排水定额。本定额挖土方除淤泥、流砂为湿土外，均以干土为准，如挖运湿土，需乘以相应系数。

(3) 挖土方工程量应扣除直径 800mm 及以上的钻(冲)孔桩、人工挖孔桩等大口径钻(挖)所形成的未经回填桩孔所占的体积。

(4) 人工开挖房屋基础土方综合定额。

① 适用范围：房屋工程的基础土方及附属于建筑物内的设备基础土方、地沟土方及局

部满堂基础土方，不适用于房屋工程大开口挖土的基础土方、单独地下室土方及构筑物土方，以上土方应套相应的单项定额。

② 综合内容：综合了平整场地，地槽、坑挖土，运土，槽、坑底原土打夯，槽、坑及室内回填夯实和 150m 以内弃土运输等项目。

③ 未综合内容：挖湿土、湿土排水、运距超过 150m 的土方运输、局部挖深超过 3m 及挖承台因素需要增加的费用。

④ 房屋基槽、坑土方开挖，因工作面、放坡重叠造成槽、坑计算体积之和大于大开口挖土体积时，按大开口体积计算，套用房屋综合土方定额。

⑤ 综合定额的调整或换算见表 3-4。

表 3-4 定额调整换算系数表

序号	项 目	定额调整方法
1	挖承台土方	定额乘以系数 1.08
2	局部挖土深度超过 3m 后每超过 1m	定额乘以系数 1.05
3	挖湿土	定额乘以系数 1.06，湿土排水费另计
4	运距超过 150m 的土方运输	按定额第一章第 5 节增加运距定额计算

注：借土回填按挖、运、回填夯实定额另行计算。

实例分析 3-3

人工开挖房屋综合桩承台基础土方，已知为三类土，含水率为 30%，挖土深 4m，求该挖土方基价。

分析：综合土方定额，定额编号为 1-2，按规定计算得

$$换算后基价 = 2715 \times 1.06 \times 1.05 \times 1.08 = 2614.44\ (元/100m^3)$$

【参考图文】

【参考视频】

(5) 人工单项定额。

① 适用范围：适用于房屋工程大开口挖土的基础土方、单独地下室土方及构筑物土方。

② 平整场地，挖土，槽、坑底原土打夯，槽、坑及室内回填夯实挖湿土，湿土排水，土方运输，局部挖深超过 3m 及挖承台因素需要增加的费用都单独列项。

③ 人工挖地槽、坑的挖土深度定额步距，为 1.5m 以内和 3m 以内两个。

④ 基槽、坑底宽不大于 7m，底长大于 3 倍底宽，为沟槽；底长不大于 3 倍底宽、底面积不大于 150m^2 为基坑；超出上述范围及平整场地挖土厚度在 30cm 以上的，均按一般土方套用定额。

⑤ 人工单项土方定额的调整或换算见表 3-5。

表 3-5 定额调整换算系数表

序号	项 目	定额调整方法
1	挖承台土方	定额乘以系数 1.25
2	局部挖土深度超过 3m 后每超过 1m	定额乘以系数 1.15
3	挖湿土	定额乘以系数 1.18，湿土排水费另计

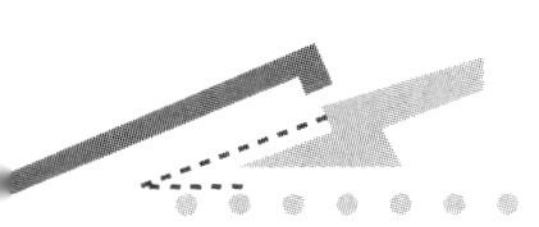

实例分析 3-4

【参考图文】

人工开挖单独地下室土方，下有桩承台，已知为三类土，含水率为 30%，挖土深 5m，求该挖土方基价。

分析：综合土方定额，定额编号为 1-11，按规定计算得

$$换算后基价=1508\times1.18\times1.15^2\times1.25=2941.64\ (元/100m^3)$$

(6) 平整场地：指原地面与设计室外地坪标高平均相差 30cm 以内的原土找平，如图 3.3 所示。

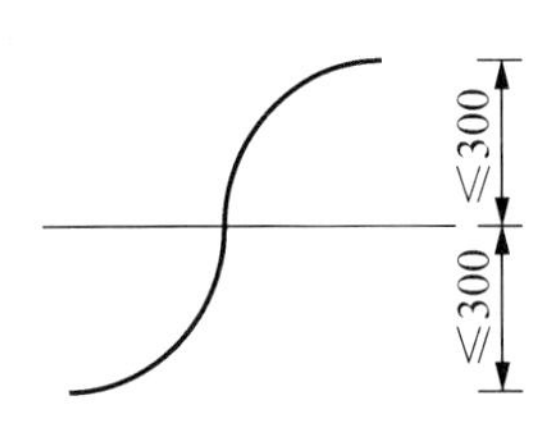

图 3.3　平整场地示意图(单位：mm)

(7) 挖一般土方：超过基槽、坑相应范围的挖土、山坡切土及平整场地挖土厚度在 30cm 以上的，均按一般土方套用定额。

(8) 挖淤泥流砂：定额按湿土考虑；运距超过 20m 时，其超出运距按运干土增加运距定额乘以系数 1.9；湿土排水费用另列项目计算。

(9) 原土打夯：适用于基础与垫层定额项目中未包括基底夯实内容的单独原土打夯两遍。

(10) 运土：人力运土与人力车运土均套用同一定额。

【参考视频】

(11) 机械土方。

① 机械土方按场地平整、碾压、挖土、挖掘机挖土和装车、机械挖淤泥和流砂、推土机推土、铲运机铲运土方、人工装土、装载机装土和自卸汽车运土分别列项。

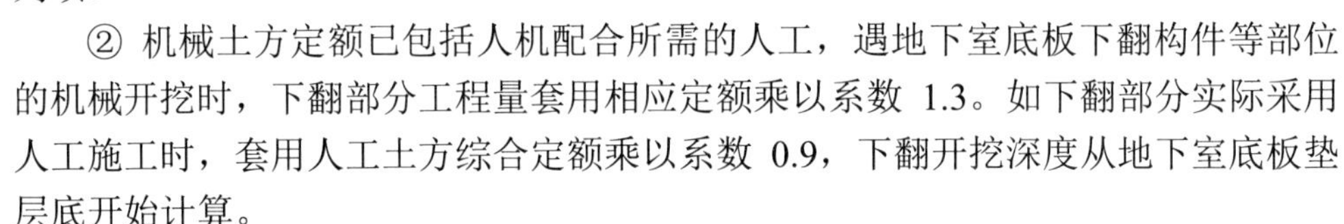

② 机械土方定额已包括人机配合所需的人工，遇地下室底板下翻构件等部位的机械开挖时，下翻部分工程量套用相应定额乘以系数 1.3。如下翻部分实际采用人工施工时，套用人工土方综合定额乘以系数 0.9，下翻开挖深度从地下室底板垫层底开始计算。

③ 机械土方定额按天然湿度(25%以内)土壤为准，若含水率超过 25%，定额乘以 1.15，含水率 40%以上另行按实际发生的计算。机械运湿土，相应定额不乘系数。

④ 机械平整碾压指自然地面平均标高与设计场地标高相差 30cm 以内的原土填、挖、平整。

⑤ 挖掘机在垫板上进行工作时，定额乘系数 1.25，铺设垫板所增加的工料费用按每 1000m^3 增加 230 元计算。

⑥ 挖掘机在有支撑的大型基坑内挖土，挖土深度在 6m 以内时，相应定额乘以系数 1.2；挖土深度在 6m 以上时，相应定额乘以系数 1.4；如发生翻运，不再另行计算。

⑦ 人工装土时，自卸汽车运土 1000m 以内定额，按自卸汽车台班乘以系数 1.1。

⑧ 推土机、铲土机重车上坡，坡度大于 5%时，运距按斜坡长度乘以表 3-6 中的系数。

表 3-6 坡度系数表

坡度/%	5～10 以内	15 以内	20 以内	25 以内
系数	1.75	2.00	2.25	2.50

⑨ 推土机、铲运机在土层平均厚度小于 30cm 的挖土区域施工时，推土机定额乘以系数 1.25，铲运机定额乘以系数 1.17。

⑩ 挖掘机挖含石子的黏质砂土，按一、二类土定额计算；挖砂石，按三类土定额计算；挖松散、风化的片岩、页岩或砂岩，按四类土定额计算；推土机、铲运机推、铲未经压实的堆积土时，按推一、二类土乘以系数 0.77。

⑪ 机械推土或铲运机运土方，凡土壤中含石量大于 30%或多年沉积的砂砾以及含泥砾层石质时，推土机套用机械明挖出渣定额，铲运机按四类土定额乘以系数 1.25。

2) 计价工程量计算

(1) 平整场地：计量单位为 m^2。

平整场地工程量按建(构)筑物底面积的外边线每边各放 2m 计算，如图 3.4 所示。计算公式为

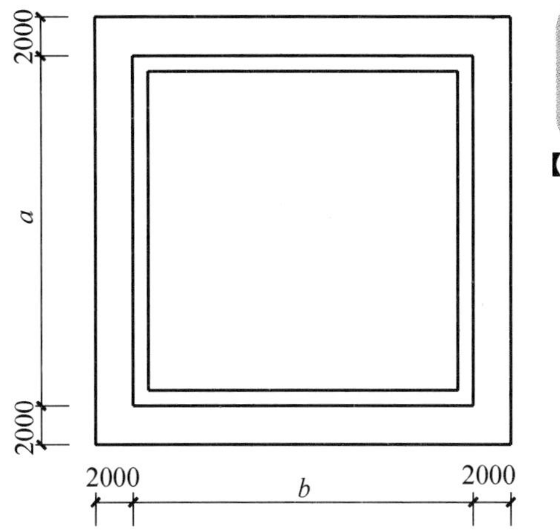

图 3.4 平整场地工程量计算示意图(单位：mm)

$$S_{平整场地}=(a+4)\times(b+4)=S_{底}+2L_{外}+16$$

某建筑物底层平面尺寸如图 3.5 所示，请计算该工程人工平整场地的工程量并进行定额列项。

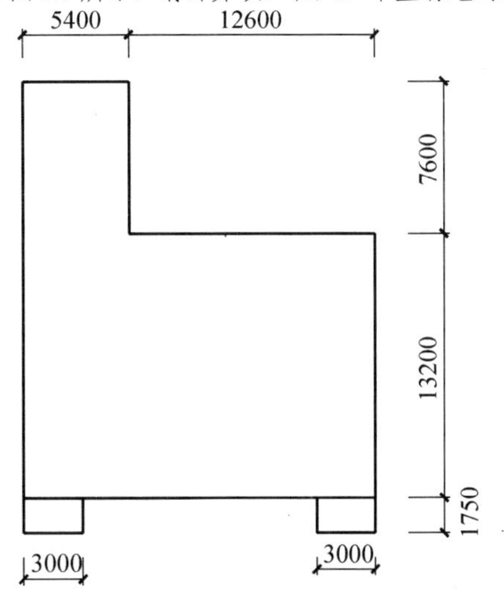

图 3.5 某建筑物底层平面尺寸(单位：mm)

分析：分项计算得

$$S_{底}=5.4\times20.8+12.6\times13.2+3\times1.75\times2=289.14(\text{m}^2)$$

$$L_{外}=(5.4+12.6+7.6+13.2)\times2+1.75\times4=84.6(\text{m})$$

由计算公式可得

$$S_{平整场地}=S_{底}+2L_{外}+16=289.14+2\times84.6+16=474.34(\text{m}^2)$$

拓展提高

1. 平整场地包括有基础的底层阳台面积。
2. 围墙场地平整的工程量，按围墙中心线每边各增加 1m 计算。

(2) 人工土方计算：计量单位为 m^3。

① 地槽(沟槽)工程量计算。计算公式为

$$V=(B+KH+2C)HL$$

有湿土时计算公式为

$$V_{湿}=(B+KH_{湿}+2C)H_{湿}L$$

$$V_{干}=V-V_{湿}$$

② 地坑(基坑)工程量计算。

方形时计算公式为

$$V=(B+KH+2C)(L+KH+2C)H+\frac{K^2H^3}{3}$$

圆形时计算公式为

$$V=\pi H[(R+C)^2+(R+C)(R+C+KH)+(R+C+KH)^2]/3$$

对有湿土的情形，方形时计算公式为

$$V_{湿}=(B+KH_{湿}+2C)(L+KH_{湿}+2C)H_{湿}+\frac{K^2H_{湿}^{\ 3}}{3}$$

对有湿土的情形，圆形时计算公式为

$$V_{湿}=\pi H_{湿}[(R+C)^2+(R+C)(R+C+KH_{湿})+(R+C+KH_{湿})^2]/3$$

$$V_{干}=V-V_{湿}$$

式中 V——挖土体积。

H——地槽、坑深度，按槽、坑底至交付施工场地标高确定。无交付施工场地标高时，应按自然地面标高确定。

$H_{湿}$——地槽、坑湿土深度。

B——地槽、坑(垫层)宽度。

R——坑底半径。

C——工作面宽度，按施工组织设计规定计算。如施工组织设计未规定时，按表 3-7 所列方法计算。

L——地槽、坑长度。外墙按外墙中心线长度计算，内墙按基础底净长(有垫层时，按垫层底净长)计算，不扣除工作面及放坡重叠部分的长度，如图 3.6 所示；附墙砖垛凸出部分按砌筑工程规定的砖垛折加长度合并计算，不扣除搭接部分的长度，垛的加深部分也不增加。

表 3-7 定额调整换算表

基础材料	每边各增加工作面宽度/mm
砖基础	200
浆砌毛石、条(块)石基础	150
混凝土基础或垫层	300
地下室、半地下室土方按垫层底宽	1000
基础垂直面做防腐或防潮防水处理	800

注：1. 若地下构件采用砖膜时，不考虑开挖工作面与放坡。
2. 烟囱、水(油)池、水塔埋入地下的基础，挖土方按地下室放工作面。

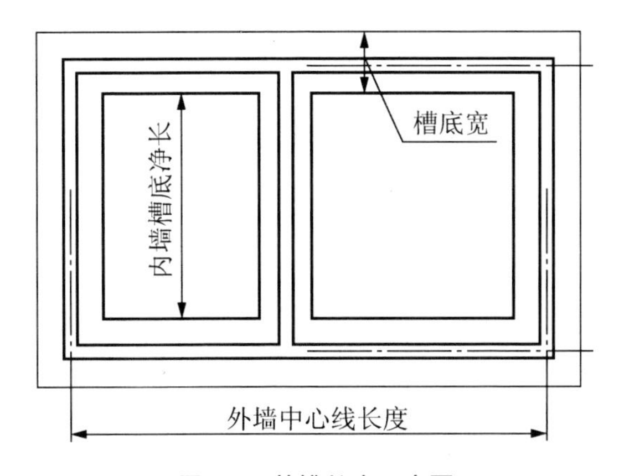

图 3.6 基槽长度示意图

K——地槽、坑放坡系数，按施工组织设计规定计算，如施工组织设计无规定时按表 3-8 的方法计算。

表 3-8 人工放坡系数表

土壤类别	深度超过/m	放坡系数 *K*	说明
一、二类土	1.2	0.50	1. 同一槽、坑内遇有土类不同时，分别按其放坡起点、放坡系数、不同土类厚度加权平均计算； 2. 放坡起点均自槽、坑底开始； 3. 如遇淤泥、流砂及海涂工程，放坡系数按施工组织设计的要求计算
三类土	1.5	0.33	
四类土	2.0	0.25	

拓展提高

1. 工作面、放坡系数，如施工组织设计有规定时，按施工组织设计的要求计算。

2. 同一槽、坑遇多个工作面条件时，按其中较大的计算，即 $B+2C$ 按大者取之。

3. 地下构件设有砖模的(如地下室底板下翻梁)，挖土工程量按砖模下垫层面积乘以下翻深度，不另加工作面与放坡。

(3) 其他土方工程量计算。

① 挖一般土方：超过基槽、坑相应范围的挖土，按基槽、坑相应工程量计算规则；山

坡切土及平整场地挖土厚度在 30cm 以上的土方，按设计或实际需要挖除范围的体积计算。

② 挖淤泥、流砂：按设计图示或现场的位置、界限，以体积计算。

③ 原土打夯：按打夯面积计算。

④ 运土：弃土工程量，为地槽、坑挖土工程量减去回填土工程量乘以相应的土方折算系数表中的折算系数。

⑤ 管沟土方：按图示中心线长度计算，不扣除窨井所占长度，各种井类及管道接口处需增加的土方量不另行计算；沟底宽度按施工设计规定计算，设计不明确时，按管道宽度加 40cm 计算。

(4) 机械土方工程量计算。

① 机械土方工程量按施工组织设计规定的开挖范围及有关内容计算。

② 余土或取土运输工程量，按施工组织设计规定的需要发生运输的天然密实体积计算。

③ 场地原土碾压面积，按图示碾压面积计算；填土碾压，按图示尺寸计算。

④ 机械运土的运距按下列规定计算：

a. 推土机按推土重心至弃土重心的直线距离计算；

b. 铲运机铲土，按铲土重心至卸土重心加转向间距离 45m 计算；

c. 自卸汽车运土，按挖土方重心至弃土重心之间的最短行驶距离计算。

⑤ 机械挖土方全深超过表 3-9 所列深度，如施工设计未明确放坡标准时，可按表 3-9 所列系数计算放坡工程量。施工设计未明确基础施工所需工作面时，可参照人工土方标准计算。

表 3-9　机械放坡系数表

<table>
<tr><th rowspan="2">土壤类别</th><th rowspan="2">深度超过/m</th><th colspan="2">放坡系数 K</th><th rowspan="2">说　　明</th></tr>
<tr><th>坑内挖掘</th><th>坑上挖掘</th></tr>
<tr><td>一、二类土</td><td>1.2</td><td>0.33</td><td>0.75</td><td rowspan="3">1. 同一槽、坑内遇有土类不同时，分别按其放坡起点、放坡系数、不同土类厚度加权平均计算；
2. 放坡起点均自槽、坑底开始；
3. 如遇淤泥、流砂及海涂工程，放坡系数按施工组织设计的要求计算；
4. 凡有围护桩或地下连续墙的部分，不再计算放坡系数</td></tr>
<tr><td>三类土</td><td>1.5</td><td>0.25</td><td>0.50</td></tr>
<tr><td>四类土</td><td>2.0</td><td>0.10</td><td>0.33</td></tr>
</table>

3) 清单计价

工程量清单计价包括招标控制价、投标报价，清单计价时应按清单项目的列项及其描述结合定额使用规则进行。

(1) 工程量清单计价的项目组合。

根据工程量清单项目的特征描述，在计价时必须按项目特征内容确定清单项目需组合的主项和次项的计价工程量。

① 工程量清单计价涉及的各清单项目的组合不尽相同，在对清单项目进行计价分析时，应结合项目特征的描述、工程内容及计价定额使用规则进行计价子目的组合，同时还应考虑措施项目中有关内容的计价因素。

② 根据清单规范有关规定，清单项目采用《浙江省建筑工程预算定额(2010版)》定额计价时，土方工程可以组合的内容清单项目内容如下。

a. 平整场地(010101001)，见表3-10。

表3-10　平整场地组价内容

<table>
<tr><th>项目编码</th><th>项目名称</th><th colspan="2">可组合的主要内容</th><th>对应的定额子目</th></tr>
<tr><td rowspan="4">010101001</td><td rowspan="4">平整场地</td><td rowspan="2">平整场地</td><td>人工</td><td>1-15</td></tr>
<tr><td>机械</td><td>1-22</td></tr>
<tr><td rowspan="2">土方场内外运输</td><td>人力车运土</td><td>1-20～21</td></tr>
<tr><td>机械运土</td><td>1-65～68、1-57～64</td></tr>
</table>

b. 挖一般土方(010101002)，见表3-11。

表3-11　挖一般土方组价内容

<table>
<tr><th>项目编码</th><th>项目名称</th><th colspan="2">可组合的主要内容</th><th>对应的定额子目</th></tr>
<tr><td rowspan="3">010101002</td><td rowspan="3">挖一般土方</td><td colspan="2">挖土方</td><td>1-4～6</td></tr>
<tr><td rowspan="2">土方场内外运输</td><td>人力车运土</td><td>1-20～21</td></tr>
<tr><td>机械运土</td><td>1-65～68、1-57～64</td></tr>
</table>

c. 挖沟槽土方(010101003)和挖基坑土方(010101004)，见表3-12。

表3-12　挖沟槽、基坑土方组价内容

<table>
<tr><th>项目编码</th><th>项目名称</th><th colspan="2">可组合的主要内容</th><th>对应的定额子目</th></tr>
<tr><td rowspan="5">010101003
010101004</td><td rowspan="5">挖沟槽土方
挖基坑土方</td><td rowspan="2">挖土方</td><td>人工(含人工挖孔桩)</td><td>1-7～12；2-95～100</td></tr>
<tr><td>机械</td><td>1-29～52</td></tr>
<tr><td rowspan="2">土方场内外运输</td><td>人力车运土</td><td>1-20～21</td></tr>
<tr><td>机械运土</td><td>1-65～68、1-57～64</td></tr>
<tr><td>其他</td><td></td><td></td></tr>
</table>

d. 挖淤泥、流砂，管沟土方组价可参考挖土方组价。

组价时，应按照清单有关特征描述以及具体工程发生的内容和施工组织设计内容进行选项组合，如上述挖基础土方，即是具体情况有无凿桩头等内容。

③ 清单项目计价子目进行组合时，应确定组合内容所适用的计价定额子目。

(2) 工程量清单项目综合单价的确定。

应根据采用的计价定额有关使用和计算规则，确定清单项目综合工料机的数量；根据计价依据有关原则，确定工料机的单价取定、工程综合费用(企业管理及利润)的计算标准。

① 当清单工程量与计价工程量的计算规则不同，或清单工程量与计价组合子目的工程量计算单位不同时，应根据工程量清单特征描述确定清单项目各组合子目的计价工程量。

② 当工程量清单计价规范与计价定额中的工程量计算规则一致时，清单工程量即为组合子目的计价工程量，但应注意工程量清单项目特征的描述，如有分别套用不同计价子目的内容，则需分别确定各自的计价工程量。

③ 根据确定的组合子目内容工程量，套用相关计价定额和取定的工料机单价及综合费

用计算标准，计算各组合子目的综合单价，再按各子目计价工程量乘以子目综合单价的合价之和，除以清单项目工程量，计算出清单项目的综合单价。

(3) 清单计价实例。

实例分析 3-6

根据实例分析 3-2 提供的工程条件和清单及企业拟定的施工方案，按照 2010 版定额计算清单项目的综合单价与合价。假定当时当地的人工市场价为 50 元/工日，企业管理费为人工费及机械费之和的 15%、利润为人工费及机械费之和的 10%，并考虑工程风险，以材料费的 5%计算风险费用。

分析：(1) 根据清单规范有关规定，题目提供的工程条件及企业拟定的施工方案，本题中要求计价的挖基础土方(010101003)清单项目采用《浙江省建筑工程预算定额(2010 版)》时应组合的定额子目见表 3-13。

表 3-13　挖沟槽、基坑土方组价内容

项目编码	项目名称	可组合的主要内容		对应的定额子目
010101003 010101004	挖沟槽土方 挖基坑土方	挖土方	人工挖地槽二类干土	1-7
			人工挖地槽二类湿土	1-7H
		土方场内外运输	人工装土	1-20～21
			汽车运土 5km	1-65～68、1-57～64

(2) 根据计价规则及工程量计算规则进行工程量计算。本工程施工方案采用人工开挖基槽、坑，但未明确放坡系数及工作面。根据 2010 版定额规定，选定放坡系数和工作面。

挖土深度为 H=1.6−0.3=1.3(m)，其中湿土为 $H_{湿}$=1.6−1.1=0.5(m)。

① 1—1 断面地槽工程量计算：地槽长度计价与清单计算规则一致，可以直接记取 L=31.78m，则由公式可得

$$V_{总}=(B+KH+2C)HL=(1.4+2\times0.3+1.3\times0.5)\times1.3\times31.78=109.48(\text{m}^3)$$

其中湿土工程量为

$$V_{湿}=(B+KH_{湿}+2C)H_{湿}L=(1.4+2\times0.3+0.5\times0.5)\times0.5\times31.78=35.75(\text{m}^3)$$

则干土为

$$V_{干}=V-V_{湿}=109.48-35.75=73.73(\text{m}^3)$$

② 2—2 断面地槽工程量计算：地槽长度计价与清单计算规则一致，可以直接记取 L=7.98m，则由公式可得

$$V_{总}=(B+KH+2C)HL=(1.6+1.3\times0.5+2\times0.3)\times1.3\times7.98=29.57(\text{m}^3)$$

其中湿土工程量为

$$V_{湿}=(B+KH_{湿}+2C)H_{湿}L=(1.6+0.5\times0.5+2\times0.3)\times0.5\times7.98=9.78(\text{m}^3)$$

则干土为

$$V_{干}=V-V_{湿}=29.57-9.78=19.79(\text{m}^3)$$

③ J-1 基坑工程量计算：

$$V_{湿}=(B+KH+2C)(L+KH+2C)H+\frac{K^2H^3}{3}$$
$$=\left[(2.2+1.3\times0.5+2\times0.3)^2\times1.3+\frac{0.5^2\times1.3^3}{3}\right]\times3=46.97(\text{m}^3)$$

其中湿土为

$$V_{湿}=(B+KH_{湿}+2C)(L+KH_{湿}+2C)H_{湿}+\frac{K^2H_{湿}{}^3}{3}$$

$$=[(2.2+0.5\times0.5+2\times0.3)^2\times0.5+\frac{0.5^2\times0.5^3}{3}]\times3=13.98(\mathrm{m}^3)$$

则干土为

$$V_{干}=V-V_{湿}=46.97-13.98=32.99(\mathrm{m}^3)$$

④ 余土外运计算：按基坑边堆放、人工装土、自卸汽车运土考虑，回填后余土不考虑湿土因素，假设埋入土内体积如下：

1—1 断面 V=26.6m^3 2—2 断面 V=6.2m^3 J-1 基础 V=8.3m^3

按照定额说明中的折算系数及弃土工程量计算规则，各槽、坑回填土夯实需用天然密度土方及余土体积(天然密实体积)如下：

1—1 断面回填土体积为

$$V=(109.48-26.6)\times1.15=95.31(\mathrm{m}^3)$$

余土体积为

$$V=109.48-95.31=14.17(\mathrm{m}^3)$$

2—2 断面回填土体积为

$$V=(29.57-6.2)\times1.15=26.88(\mathrm{m}^3)$$

余土体积为

$$V=29.57-26.88=2.69(\mathrm{m}^3)$$

J-1 断面回填土体积为

$$V=(46.97-8.3)\times1.15=44.47(\mathrm{m}^3)$$

余土体积为

$$V=46.97-44.47=2.5(\mathrm{m}^3)$$

注意：以上土方回填体积不是槽、坑的回填计价工程量，而是回填需要的天然密实土方数量。

(3) 按 2010 版预算定额进行计价。对清单 010101003001 挖沟槽土方(1—1 断面)进行计价，应组合内容为定额 1-7、1-65、1-67+1-68×4。

【参考图文】

① 人工挖地槽坑二类干土，套定额 1-7，计算得

人工费=0.177×50=8.85(元/m^3)

② 人工挖地槽坑二类湿土，套定额 1-7，计算得

人工费=0.177×50×1.18=10.44(元/m^3)

③ 人工装土，套定额 1-65，计算得

人工费=0.1128×50=5.64(元/m^3)

④ 汽车运土 5km，套定额 1-67+1-68×4，计算得

人工费=0.0048×50=0.24(元/m^3)

机械费=0.00776×644.78+0.001954×644.78×4=10.04(元/m^3)

(4) 计算分部分项工程量清单项目综合单价与合价。综合单价计算如下：

人工费=(8.85×73.73+10.44×35.75+5.64×14.17+0.24×14.17)/109.48=10.13(元/m^3)

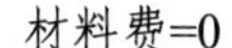
材料费=0

$$机械费=10.04\times14.17/109.48=1.30(元/m^3)$$

$$管理费=(10.13+1.3)\times15\%=1.72(元/m^3)$$

$$利润=(10.13+1.3)\times10\%=1.14(元/m^3)$$

$$综合单价=10.13+1.3+1.72+1.14=14.29(元/m^3)$$

$$合价=14.29\times109.48=1564.47(元)$$

同理可以计算出 010101003002 和 010101004001 清单的综合单价与合价，最终结果见表 3-14。

表 3-14　分部分项工程量清单综合单价及工程量计算表

单位及专业工程名称：××××楼——建筑工程　　　　第　页 共　页

序号	编号	项目名称	计量单位	数量	综合单价/元							合价/元
					人工费	材料费	机械费	管理费	利润	风险费用	小计	
1	010101003001	挖沟槽土方(1—1)	m^3	109.48	10.13	0	1.30	1.72	1.14	0	14.29	1564.47
	1-7H	人工挖地槽二类干土	m^3	73.73	8.85			1.33	0.89	0	11.06	815
	1-7H	人工挖地槽二类湿土	m^3	35.75	10.44			1.57	1.04	0	13.05	467
	1-65H	人工装土	m^3	14.17	5.64			0.85	0.56	0	7.05	100
	1-67+1-68×4H	汽车运土5km	m^3	14.17	0.24		10.04	1.54	1.03	0	12.85	182
2	010101003002	挖沟槽土方(2—2)	m^3	29.57	9.91	0	0.91	1.63	1.08	0	13.53	400.23
	1-7H	人工挖地槽二类干土	m^3	19.79	8.85			1.33	0.89	0	11.06	219
	1-7H	人工挖地槽二类湿土	m^3	9.78	10.44			1.57	1.04	0	13.05	128
	1-65H	人工装土	m^3	2.69	5.64			0.85	0.56	0	7.05	19
	1-67+1-68×4H	汽车运土5km	m^3	2.69	0.24		10.04	1.54	1.03	0	12.85	35
3	010101004001	挖基坑土方(J-1)	m^3	46.97	9.64	0	0.53	1.53	1.02	0	12.72	597.38
	1-7H	人工挖地槽二类干土	m^3	32.99	8.85			1.33	0.89	0	11.06	365
	1-7H	人工挖地槽二类湿土	m^3	13.98	10.44			1.57	1.04	0	13.05	182
	1-65H	人工装土	m^3	2.5	5.64			0.85	0.56	0	7.05	18
	1-67+1-68×4H	汽车运土5km	m^3	2.5	0.24		10.04	1.54	1.03	0	12.85	32

续表

单位及专业工程名称：××××楼——建筑工程　　　　第　页　共　页

序号	项目编码	项目名称	项目特征描述	计量单位	工程量	综合单价	合价	其中/元		备注
								人工费	机械费	
1	010101003001	挖基础土方	挖 1—1 有梁式钢筋混凝土基槽二类土方，基底垫层宽度 1.4m，开挖深度 1.3m，湿土深度 0.4m，土方含水率 25%，弃土运距 5km	m^3	109.48	14.29	1564.47	10.13	1.3	
2	010101003002	挖基础土方	挖 2—2 有梁式钢筋混凝土基槽二类土方，基底垫层宽度 1.6m，开挖深度 1.3m，湿土深度 0.4m，土方含水率 25%，弃土运距 5km	m^3	29.57	13.53	400.23	9.91	0.91	
3	010101004001	挖基础土方	挖 J-1 有梁式钢筋混凝土柱基基坑二类土方，基底垫层 2.2m×2.2m，开挖深度 1.3m，湿土深度 0.4m，土方含水率 25%，弃土运距 5km	m^3	46.97	12.72	597.38	9.64	0.53	

3. 石方工程清单计价

1) 计价说明

(1) 同一石方，如其中一种类别岩石的最厚一层大于设计横断面的 75%时，按最厚一层岩石类别计算。

(2) 石方爆破定额是按机械凿眼编制的，如用人工凿眼，费用仍按定额计算。

(3) 爆破定额已经综合了不同阶段的高度、坡面、改炮、找平等因素。如设计规定爆破有粒径要求时，需增加的人工、材料和机械费用应按实计算。

(4) 爆破定额是按火雷管爆破编制的，如使用其他炸药或其他引爆方法，费用按实计算。

(5) 定额中的爆破材料是按炮孔中无地下渗水、积水(雨积水除外)计算的，如带水爆破，所需的绝缘材料费用另行按实计算。

(6) 爆破工作面所需的架子、爆破覆盖用的安全网和草袋、爆破区所需的防护费以及申请爆破的手续费、安全保证费等，定额均未考虑，如发生时另行按实计算。

(7) 基坑开挖深度以 5m 为准，深度超过 5m 时，定额乘以系数 1.09。

(8) 石方爆破，沟槽底宽大于 7m 时，套用一般开挖定额；基坑开挖上口面积大于 $150m^2$ 时，按相应定额乘以系数 0.5。

(9) 石方爆破现场必须采用集中供风时，所需增加的临时管道材料及机械安拆费用应另行计算，但发生的风量损失不另计算。

2) 工程量计算

(1) 一般开挖，按图示尺寸以 m^3 计。

(2) 槽坑爆破开挖，按图示尺寸另加允许超挖厚度：软石、次坚石 20cm；普坚石、特坚石 15cm。

(3) 机械明挖出渣运距的计算方法，与机械运土运距同。

(4) 人工凿石、机械凿石，按图示尺寸以 m^3 计算。

3) 清单计价

根据清单规范有关规定，具体工程发生的内容及施工组织设计内容进行选项组合，石方清单可组合内容见表 3-15。

表 3-15　分部分项工程量计价表

项目编码	项目名称	可组合的主要内容	对应的定额子目
010102002 010102003	挖沟槽石方 挖基坑石方	石方开挖 挖孔桩石方	1-72～76 2-102
		人工岩石表面找平	1-77～79
		人工凿石 机械凿石	1-80～83 1-84～86
		人力车运石渣 机械明挖出渣	1-87～88 1-89～93

4. 土石方回填工程清单计价

1) 计价说明

(1) 土方回填定额，分为就地回填和借土回填夯实。

① 就地回填土指的是将挖出的土方在运距 5m 内就地回填；运距超过 5m 按人力车运土定额计算。

② 借土回填适用于向外取土回填。定额不包括挖、运土方。

(2) 石渣回填定额，适用于采用现场开挖岩石的利用回填。

2) 工程量计算

(1) 地槽、坑回填：是指当基础施工完后，将基础周围用土回填至交付施工场地标高(设计室外地坪)。回填土工程量，为地槽、坑挖土工程量减去交付施工场地标高以下的砖、石、混凝土或钢筋混凝土构件及基础、垫层工程量，即

$$V=V_{挖}-V_{应扣}$$

(2) 室内回填：是指交付施工场地标高(设计室外地坪标高)至室内地面垫层底标高之间的回填土，即

$$V=主墙间净面积\times填土厚度$$

填土厚度为室内外高差减地坪厚度。

底层为架空层时，室内回填土工程量为主墙间的净面积乘以设计规定的室内回填土厚度。

(3) 弃土工程量，为地槽、坑挖土工程量减去回填土工程量乘以相应的土方体积折算系数表中的折算系数。

3) 清单计价

根据清单规范有关规定，具体工程发生的内容及施工组织设计内容进行选项组合，石方清单可组合内容见表3-16。

表3-16 回填土组价内容

项目编码	项目名称	可组合的主要内容	对应的定额子目
010103001	土(石)回填方	一般土方开挖 一般石方开挖	1-4～6 1-69～71
		人力运土 人力车运石渣 机械运土 机械明挖出渣	1-20～21 1-87～88 1-57～68 1-89～93
		人工回填	1-17～19
		机械碾压	1-24～25

土石方工程清单与定额工程量计算规则差异示例见表3-17。

表3-17 土石方工程清单与定额工程量计算规则差异示例表

序号	计算内容	清单计算规则	定额计算规则
1	平整场地	按建筑物首层面积计算	按建筑物底面积的外边线每边各放2m计算
2	挖土平面尺寸	按基底垫层尺寸	按基底尺寸加工作面
3	机械开挖		按施工方案增加机械上下坡道或工作面
4	放坡	不考虑	按施工工艺和挖深，土类增加放坡
5	桩承台挖土方	桩间土不扣桩体积	应扣大口径桩及未回填桩孔所占体积
6	石方	按图示尺寸	可以考虑超挖量

任务3.2 地基处理与边坡支护工程

3.2.1 基础知识

地基处理：包括换填垫层、铺设土工合成材料、预压地基、强夯地基、振冲密实桩、砂石桩、水泥粉煤灰碎石桩、深层搅拌桩、粉喷桩、夯实水泥土桩、高压喷射注浆桩、石灰桩、灰土挤密桩、注浆地基等。

【参考视频】

基坑与边坡支护：包括地下连续墙、咬合灌注桩、圆木桩、预制钢筋混凝土桩、型钢桩、钢板桩、锚杆、土钉等。

【参考视频】

1. 强夯法

强夯法是一种用机械起吊重锤，从一定高度自由落下，以强大能量夯击地基土，以提高地基强度、降低压缩性的地基加固方法。强夯法所用的锤重、落距、夯击点间距、夯击遍数等技术参数，应根据有关设计要求和地质条件，经现场试验后确定。

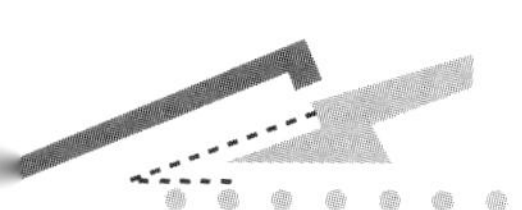

2. 换土垫层法

换土垫层法是将天然软弱土层挖去或部分挖去，分层回填强度高、压缩性较低且无腐蚀性的砂石、素土、灰土、工业废料等材料，夯实至要求的密度后作为地基持力层。换土垫层法也称开挖置换法。

3. 挤密法

挤密法是以振动或冲击的方法成孔，然后在孔中填入砂、石、土、石灰、灰土或其他材料，并加以捣实成为桩体。按其填入的材料不同，分为砂桩、砂石桩、石灰桩、灰土桩等。挤密法一般采用各种打桩机械施工，也有用爆破成孔的。

4. 振冲法

振冲法的主要设备为振冲器，由潜水电动机、偏心块和通水管三部分组成。振冲器内的偏心块在电动机带动下高速旋转而产生高频振动，在高压水流的联合作用下，可使振冲器贯入土中，当达到设计深度后，关闭下喷水口，打开上喷水口，然后向振冲形成的孔中填以粗砂、砾石或碎石。振冲器振一段上提一段，最后在地基中形成一根密实的砂、砾石或碎石桩体。

5. 排水固结法

排水固结法就是利用地基土排水固结规律，采用各种排水技术措施处理饱和软黏土的一种方法。地基受压固结时，一方面孔隙比减少，土体被压缩，抗剪强度相应提高；另一方面，卸荷再压缩时，土体已变为超固结状态的压缩，抗剪强度也相应有所提高。排水固结法就是利用这一规律来处理软弱土地基，以达到提高土体强度和减少沉降量的目的。

6. 砂井排水堆载预压法

砂井排水堆载预压法是在软弱地基中用钢管打孔、灌砂，设置砂井作为竖向排水通道，并在砂井顶部设置砂垫层作为水平排水通道，在砂垫上部压载以增加土中附加应力，附加应力产生超静水压力，使土体中孔隙水较快地通过砂井、砂垫层排出，以达到加速土体固结、提高地基土强度的目的。

7. 深层搅拌桩

【参考视频】

深层搅拌桩是利用水泥或石灰作为固化剂，通过特制的搅拌机械，在地层深处将软黏土和固化剂强制搅和，使软黏土硬结成一系列水泥(或石灰)土桩或地下连续墙，这些加固体与天然地基形成复合地基，共同承担建筑物的荷载。

8. 高压旋喷法

高压旋喷法是用钻机钻孔至所需深度后，用高压脉冲泵通过安装在钻杆底端的喷嘴向四周喷射化学浆液，同时钻杆旋转提升，高压射流使土体结构破坏并与化学浆液混合，胶结硬化后形成圆柱体状的旋喷桩。

9. 水泥压力注浆法

水泥压力注浆法是将水泥通过压浆泵、注浆管均匀注入岩土层中，以充填、渗透和挤密等方式驱走岩石裂隙中或土颗粒中的水分和气体，并充填其位置，硬化后将岩土胶结成一个整体，形成强度较大、压缩性低、抗渗性高和稳定性良好的岩土体，从而使地基得到加固。水泥压力注浆法可防止或减少渗透和不均匀的沉降，在建筑工程中应用较为广泛。

10. 树根桩

树根桩是一种直径较小的小型灌注桩，一般适用于荷载小的中小型建筑。其施工工艺为采用小型钻机按设计直径钻至设计深度，安放钢筋笼，同时放入灌浆管，注入水泥浆或水泥砂浆，结合碎石骨料而成桩。

3.2.2 工程量清单编制

1. 清单编制说明

地基处理与边坡支护工程按《房屋建筑与装饰工程计算规范》附录B进行编制，项目适用于地基与边坡的处理、加固。

本任务项目按上述规范附录B列项，包括B.1地基处理、B.2基坑与边坡支护两部分，共28个项目。

2. 地基处理清单编制

地基处理清单项目划分如下：换填垫层、铺设土工合成材料、预压地基、强夯地基、振冲密实(不填料)、振冲桩(填料)、砂石桩、水泥粉煤灰碎石桩、深层搅拌桩、粉喷桩、夯实水泥土桩、高压喷射注浆桩、石灰桩、灰土挤密桩、柱锤冲扩桩、注浆地基、褥垫层共17个项目，分别按010201001×××～010201017×××编码。

1) 换填垫层(010201001)

(1) 工程内容：分层铺填、碾压、振密或夯实、材料运输。

(2) 清单项目描述：材料种类及配比、压实系数、掺加剂品种等予以描述。

(3) 工程量计算：按设计图示尺寸以体积计算。

2) 铺设土工合成材料(010201002)

(1) 工程内容：挖填锚固沟、铺设、固定、运输。

(2) 清单项目描述：部位、品种、规格等予以描述。

(3) 工程量计算：按设计图示尺寸以面积计算。

3) 预压地基(010201003)

(1) 工程内容：设置排水竖井、盲沟和滤水管，铺设砂垫层、密封膜，堆载、卸载或抽气设备安拆、抽真空、材料运输。

(2) 清单项目描述：排水竖井种类、断面尺寸、排列方式、间距、深度，预压方式、预压荷载、时间，砂垫层厚度等予以描述。

(3) 工程量计算：按设计图示处理范围以面积计算。

4) 强夯地基(010201004)

(1) 适用于采用强夯机械对松软地基进行强力夯击以达到一定密实要求的工程。

(2) 工程内容：铺设夯填材料、强夯、夯填材料运输。

(3) 清单项目描述：夯击能量、夯击遍数、夯击点布置形式、间距、地耐力要求、夯填材料种类等予以描述。

(4) 工程量计算：按设计图示处理范围以面积计算。

地基强夯按设计地基尺寸范围需要增加范围的，应予以明确要求。地基强夯涉及现场试验、障碍物处理等因素，应在措施项目清单中予以列项。

5) 振冲密实(不填料)(010201005)

(1) 工程内容：振冲加密、泥浆运输。

(2) 清单项目描述：地层情况、振密深度、孔距等予以描述。

(3) 工程量计算：按设计图示处理范围以面积计算。

6) 振冲桩(填料)(010201006)

(1) 工程内容：振冲成孔、填料、振实，材料运输、泥浆运输。

(2) 清单项目描述：地层情况、空桩长度、桩长、桩径、填充材料种类等予以描述。

(3) 工程量计算：①以m计量，按设计图示尺寸以桩长计算；②以m^3计量，按设计桩截面乘以桩长以体积计算。

空桩长度=孔深-桩长，孔深为自然地面至设计桩底的深度。

7) 砂石桩(010201007)

(1) 工程内容：成孔，填充、振实，材料运输。

(2) 清单项目描述：地层情况、空桩长度、桩长、桩径、成孔方法、填充材料种类等予以描述。

(3) 工程量计算：①以m计量，按设计图示尺寸以桩长(包括桩尖)计算；②以m^3计量，按设计桩截面乘以桩长(包括桩尖)以体积计算。

8) 水泥粉煤灰碎石桩(010201008)

(1) 工程内容：成孔，混合料制作、灌注、养护，材料运输。

(2) 清单项目描述：地层情况、空桩长度、桩长、桩径、成孔方法、混合料强度等级等予以描述。

(3) 工程量计算：以m计量，按设计图示尺寸以桩长(包括桩尖)计算。

9) 深层搅拌桩(010201009)

(1) 工程内容：预搅下钻、水泥浆制作、喷浆搅拌提升成桩，材料运输。

(2) 清单项目描述：地层情况、空桩长度、桩长、桩截面尺寸，水泥强度等级、掺量等予以描述。

(3)工程量计算：以m计量，按设计图示尺寸以桩长计算。

10) 深层搅拌桩(010201010)

(1) 工程内容：预搅下钻、喷粉、搅拌提升成桩，材料运输。

(2) 清单项目描述：地层情况、空桩长度、桩长、桩径、粉体种类、掺量、水泥强度等级、石灰粉要求等予以描述。

(3) 工程量计算：以m计量，按设计图示尺寸以桩长计算。

11) 夯实水泥土桩(010201011)

(1) 工程内容：成孔、夯底，水泥土拌和、填料、夯实，材料运输。

(2) 清单项目描述：地层情况、空桩长度、桩长、桩径、成孔方法、水泥强度等级、混合料配比等予以描述。

(3) 工程量计算：以 m 计量，按设计图示尺寸以桩长(包括桩尖)计算。

12) 高压喷射注浆桩(010201012)

(1) 高压喷射注浆包括旋喷、摆喷、定喷，高压喷射注浆方法包括单管法、双重管法、三重管法。

(2) 工程内容：成孔，水泥浆的制作、高压喷射注浆，材料运输。

(3) 清单项目描述：地层情况、空桩长度、桩长、桩界面、注浆类型、方法、水泥强度等级等予以描述。

(4) 工程量计算：以 m 计量，按设计图示尺寸以桩长计算。

13) 石灰桩(010201013)

(1) 工程内容：成孔，混合料制作、运输、夯填。

(2) 清单项目描述：地层情况、空桩长度、桩长、桩径、成孔方法、掺合料种类、配合比等予以描述。

(3) 工程量计算：以 m 计量，按设计图示尺寸以桩长(包括桩尖)计算。

14) 灰土(土)挤密桩(010201014)

(1) 工程内容：成孔，灰土搅拌、运输、填充、夯实。

(2) 清单项目描述：地层情况、空桩长度、桩长、桩径、成孔方法、灰土级配等予以描述。

(3) 工程量计算：以 m 计量，按设计图示尺寸以桩长(包括桩尖)计算。

15) 柱锤冲扩桩(010201015)

(1) 工程内容：安、拔套管，冲孔、填料、夯实，桩体材料制作、运输。

(2) 清单项目描述：地层情况、空桩长度、桩长、桩径、成孔方法、桩体材料种类、配合比等予以描述。

(3) 工程量计算：以 m 计量，按设计图示尺寸以桩长计算。

16) 注浆地基(010201017)

(1) 工程内容：成孔，注浆导管制作、安装，浆液的制作、压浆、材料运输。

(2) 清单项目描述：地层情况、空钻深度、注浆深度、注浆间距、浆液种类及配合比、注浆方法、水泥强度等级等予以描述。

(3) 工程量计算：①以 m 计量，按设计图示尺寸以钻孔深度计算；②以 m^3 计量，按设计图示尺寸以加固体积计算。

17) 褥垫层(010201017)

(1) 工程内容：材料拌和、运输、铺设、压实。

(2) 清单项目描述：厚度、材料品种及比例等予以描述。

(3) 工程量计算：①以 m^2 计量，按设计图示尺寸以铺设面积计算；②以 m^3 计量，按设计图示尺寸以体积计算。

3. 基坑与边坡支护清单编制

1) 地下连续墙(010202001)

(1) 适用于各种导墙施工的复合型地下连续墙工程。

(2) 工程内容：挖土成槽、固壁、清底置换，导墙挖填、制作和安装、拆除，混凝土制作、运输、灌注、养护，接头处理，土方、废泥浆外运，打桩场地硬化及泥浆池、泥浆沟。

(3) 清单项目描述：地层情况、导墙类型、截面、墙体厚度、成槽深度、混凝土种类、强度等级、接头形式等予以描述。

(4) 工程量计算：按设计图示墙中心线长乘以厚度再乘以槽深以体积(m^3)计算。

地下连续墙的清单项目中还应明确墙顶标高、自然地坪标高，以及设计明确的槽段划分、导沟土方类别、土方运输、回填等要求。若设计对此没有具体设定，则投标人应根据施工方案将其计入报价内。

2) 咬合灌注桩(010202002)

(1) 工程内容：成孔、固壁，混凝土制作、运输、灌注、养护，套管压拔，土方、废泥浆外运，打桩场地硬化及泥浆池、泥浆沟。

(2) 清单项目描述：地层情况、桩长、桩径、混凝土种类、强度等级、部位等予以描述。

(3) 工程量计算：①以 m 计量，按设计图示尺寸以桩长计算；②以根计量，按设计图示数量计算。

3) 圆木桩(010202003)

(1) 工程内容：工作平台搭拆、桩机移位、桩靴安装、沉桩。

(2) 清单项目描述：地层情况、桩长、材质、尾径、桩倾斜度等予以描述。

(3) 工程量计算：①以 m 计量，按设计图示尺寸以桩长(包括桩尖)计算；②以根计量，按设计图示数量计算。

4) 预制钢筋混凝土板桩(010202004)

(1) 工程内容：工作平台搭拆、桩机移位、板桩连接、沉桩。

(2) 清单项目描述：地层情况、送桩深度、桩长、桩截面、沉桩方法、连接方式、混凝土强度等级等予以描述。

(3) 工程量计算：①以 m 计量，按设计图示尺寸以桩长(包括桩尖)计算；②以根计量，按设计图示数量计算。

5) 型钢桩(010202005)

(1) 工程内容：工作平台搭拆、桩机移位、打(拔)桩、接桩、刷防护材料。

(2) 清单项目描述：地层情况或部位、送桩深度、桩长、规格型号、桩倾斜度、防护材料种类、是否拔出等予以描述。

(3) 工程量计算：①以 t 计量，按设计图示尺寸以质量计算；②以根计量，按设计图示数量计算。

6) 钢板桩(010202006)

(1) 工程内容：工作平台搭拆、桩机移位、打(拔)钢板桩。

(2) 清单项目描述：地层情况、桩长、板桩厚度等予以描述。

(3) 工程量计算：①以 t 计量，按设计图示尺寸以质量计算；②以 m^2 计量，按设计图示墙中心线长乘以桩长以面积计算。

7) 锚杆(锚索)(010202007)

(1) 适用于岩石高削坡混凝土支护挡墙和风化岩石混凝土(砂浆)护坡。

(2) 工程内容：钻孔、浆液制作、运输、压浆，锚杆(锚索)制作、安装，张拉锚固，锚杆(锚索)施工平台搭设、拆除。

(3) 清单项目描述：地层情况、锚杆(锚索)类型、部位、钻孔深度、钻孔直径、杆体材料品种、规格、数量、预应力、浆液种类、强度等级等予以描述。

(4) 工程量计算：①以 m 计量，按设计图示尺寸以钻孔深度计算；②以根计量，按设计图示数量计算。

8) 土钉(010202008)

(1) 适用于土层的锚固，一般不入岩、不采用预应力工艺。

(2) 工程内容：钻孔、浆液制作、运输、压浆，土钉制作、安装，土钉施工平台搭设、拆除。

(3) 清单项目描述：地层情况、钻孔深度、钻孔直径、置入方法，杆体材料品种、规格、数量，浆液种类、强度等级等予以描述。

(4) 工程量计算：①以 m 计量，按设计图示尺寸以钻孔深度计算；②以根计量，按设计图示数量计算。

拓展提高

土钉置入方法，包括钻孔置入、打入或射入等。

9) 喷射混凝土、水泥砂浆(010202009)

(1) 工程内容：修正边坡，混凝土(砂浆)制作、运输、喷射、养护，钻排水孔、安装排水管，喷射施工平台搭设、拆除。

(2) 清单项目描述：部位、厚度、材料种类、混凝土(砂浆)类别、强度等级等予以描述。

(3) 工程量计算：按设计图示尺寸以面积(m^2)计算。

10) 钢筋混凝土支撑(010202010)

(1) 工程内容：修正边坡，混凝土(砂浆)制作、运输、喷射、养护，钻排水孔、安装排水管，喷射施工平台搭设、拆除。

(2) 清单项目描述：部位、混凝土种类、混凝土强度等级等予以描述。

(3) 工程量计算：按设计图示尺寸以体积(m^3)计算。

11) 钢支撑(010202011)

(1) 工程内容：支撑、铁件制作(摊销、租赁)，支撑、铁件安装，探伤，刷漆，拆除，运输。

(2) 清单项目描述：部位、钢材品种、规格、探伤要求等予以描述。

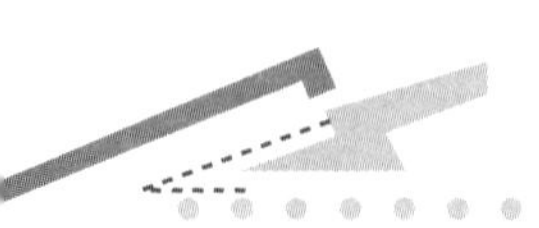

(3) 工程量计算：按设计图示尺寸以质量计算，不扣除孔眼质量，焊条、铆钉、螺栓等不另增加质量。

地下连续墙和喷射混凝土(砂浆)的钢筋网、咬合灌注桩的钢筋笼及钢筋混凝土支撑的钢筋制作、安装，混凝土挡土墙按《房屋建筑与装饰工程工程量计算规范》附录 E 中相关项目列项；此单元中未列的基坑与边坡支护的排桩，按桩基础中相关项目列项；砖、石挡土墙、护坡按《房屋建筑与装饰工程工程量计算规范》附录 D 中相关项目列项。

3.2.3 工程量清单计价

本部分计价基本依据，是《计价规范》(GB 50500—2013)、《计算规范》(GB 50854—2013)和《浙江省建筑工程预算定额(2010 版)》第二章地基加固工程部分。

1. 地基处理

1) 地基处理清单计价说明

(1) 本定额中未涉及土(岩石)层的子目，已综合考虑了各类土(岩石)层因素。涉及的各类土(岩石)层的子目，其各类土(岩石)层鉴别标准如下。

① 砂、黏土层：粒径大于 2mm 的颗粒质量不超过总质量的 50%的土层，包括黏土、粉质黏土、粉土、粉砂、细砂、中砂、粗砂、砾砂。

② 碎、卵石层：粒径大于 2mm 的颗粒质量超过总质量 50%的土层，包括角砾、圆砾、碎石、卵石、块石、漂石，此外也包括软石及强风化岩。

③ 岩石层：除软石及强风化岩以外的各类坚石，还包括次坚石、普坚石和特坚石。

(2) 水泥土搅拌桩。

① 水泥搅拌桩的水泥掺入量按加固土重(1800kg/m^3)的 13%考虑，设计不同时，按每增减 1%定额计算。

② 单、双头深层水泥搅拌桩定额已综合了正常施工工艺需要的重复喷浆(粉)和搅拌。空搅部分按相应定额人工及搅拌桩机台班乘以系数 0.5 计算。

③ SMW 工法搅拌桩定额按二搅二喷施工工艺考虑，设计不同时，每增(减)一搅一喷按相应定额人工和机械费增(减)40%计算。

④ SMW 工法搅拌桩的水泥掺入量按加固土重(1800kg/m^3)的 18%考虑，设计不同时，按单、双头深层水泥搅拌桩每增减 1%定额计算。插、拔型钢定额仅考虑打、拔施工费用，未包含型钢使用费，发生时另行计算。SMW 工法搅拌桩设计要求全断面套打时，相应定额的人工及机械乘以系数 1.5，其余不变。

⑤ 水泥搅拌桩定额按不掺添加剂(如石膏粉、木质素硫酸钙、硅酸钠等)编制，如设计有要求，定额应按设计要求增加添加剂材料费，其余不变。

⑥ 高压旋喷桩定额已综合接头处的复喷工料；高压旋喷桩中，设计水泥用量与定额不同时应予调整。

⑦ 双头、SMW 工法水泥搅拌桩套用定额时，相应定额的人工和机械乘以系数，其中双头水泥搅拌桩乘系数 0.97，SMW 工法水泥搅拌桩乘以系数 0.92，其余不变。

⑧ 高压旋喷桩、水泥搅拌桩工程量少于 100 m^3 时，相应定额人工及机械乘以系数 1.25。

实例分析 3-7

ϕ800mm 单头喷水泥浆搅拌桩每米桩水泥掺量 110kg，实际工程加固土重 1500kg/m^3，求该基价。

分析：该工程水泥搅拌桩水泥掺量为

$$110/(3.14\times0.4\times0.4\times1\times1500)=14.60\%$$

因此，套用定额为 2-119+2-121×2。换算后的基价为

$$111.4-5.7\times2=100(\text{元/m}^3)$$

实例分析 3-8

SMW 工法水泥搅拌桩(三搅三喷)，水泥掺入量为 19%，单位工程搅拌桩工程量为 50m^3，设计要求全断面套打，试求基价。

分析：SMW 工法搅拌桩定额按二搅二喷施工工艺考虑，设计不同时，每增(减)一搅一喷按相应定额人工和机械费增(减)40%计算；水泥掺量定额按 18%考虑。工程量少于 100m^3，因此，套用定额 2-122+2-121H，换算后的基价为

$$171.2+(10.621+59.305)\times(1.4\times1.5\times0.92\times1.25-1)+5.7=275.8(\text{元/m}^3)$$

(3) 强夯地基：重锤夯实定额按一遍考虑，设计遍数不同时，每增加一遍，定额乘以系数 1.25。定额已包含了夯实过程(后)的场地平整，但未包括(补充)回填，发生时另行计算。

【参考图文】

(4) 砂石桩空打部分，按沉管灌注桩相应定额(扣除灌注部分的工、料)执行。

2) 地基处理工程量计算

(1) 水泥土搅拌桩。

① 水泥搅拌桩工程量按桩径截面积乘桩长计算。桩径截面积应扣除重叠部分面积。桩长按设计桩顶至桩底长度另加 0.50m 计算；若设计桩顶标高至打桩前自然地坪标高小于 0.5m 或已达自然地坪时，另加长度应按实际长度或不计。

② 空搅部分的长度，按设计桩顶标高至打桩前自然地坪标高的长度减去另加长度计算。

③ SMW 工法搅拌桩中的插、拔型钢工程量，按设计图示型钢的重量以 t 计算。

实例分析 3-9

某工程基坑支护采用三轴水泥搅拌桩，设计桩径为 800mm，桩长为 15m，桩轴(圆心)距为 600mm，水泥掺入量为 18%，要求采用二搅二喷施工。假设人材机价格与定额取定价格相同，试求该工程分别按全截面套打和非全截面套打两种施工方案处理时第一、二幅桩的直接工程费。

分析：第一方案按全截面套打。

(1) 桩径截面积为$(0.8/2)^2\times3.14\times(3+2)=2.51(\text{m}^2)$。

(2) 搅拌桩的工程量为 $2.51\times(15+0.5)=38.91(\text{m}^3)$。

(3) 按定额子目 2-122 进行计价。套定额 2-122H，换算后的基价为

$$171.2+(10.621+59.305)\times(1.5\times0.92-1)=197.8(\text{元/m}^3)$$

(4) 第一、二幅桩的直接工程费为

$$38.91\times197.8=7695.41(\text{元})$$

第二方案按非全截面套打。

【参考图文】

(1) 桩径截面积为$(0.8/2)^2\times3.14\times(3+3)=3.01(\text{m}^2)$。

(2) 搅拌桩的工程量为 $3.01\times(15+0.5)=46.69(\text{m}^3)$。

(3) 按定额子目 2-122 进行计价。套定额 2-122H，换算后的基价为

$$171.2+(10.621+59.305)\times(0.92-1)=165.61(\text{元}/\text{m}^3)$$

(4) 第一、二幅桩的直接工程费为

$$46.69\times165.61=7732.33(\text{元})$$

(2) 高压旋喷桩：引(钻)孔按自然地坪至设计桩底的长度计算，喷浆按设计加固桩截面积乘以设计桩长计算。

(3) 压密注浆：钻孔按设计图示深度以 m 计算，注浆按下列规定以 m^3 计算。

① 设计图纸明确加固土体体积的，按设计图纸注明的体积计算。

② 设计图纸以布点形式图示土体加固范围的，则按两孔间距的一半作为扩散半径，以布点边线各加扩散半径形成计算平面来计算注浆体积。

③ 如设计图纸注浆点在钻孔灌注混凝土桩之间，按两注浆孔距作为每孔的扩散直径， 以此圆柱体体积计算注浆体积。

(4) 重锤夯实：按设计图示夯击范围面积以 m^2 计算。

3) 清单计价

工程量清单计价包括招标控制价、投标报价，清单计价时应按清单项目的列项及其描述结合定额使用规则进行。

(1) 工程量清单计价的项目组合：根据工程量清单项目的特征描述，在计价时必须按项目特征内容确定清单项目需组合的主项和次项的计价工程量。

① 工程量清单计价涉及的各清单项目的组合不尽相同，在对清单项目进行计价分析时，应结合项目特征的描述、工程内容及计价定额使用规则进行计价子目的组合，同时还应该考虑措施项目中有关内容的计价因素。

② 根据清单规范的有关规定，清单项目采用《浙江省建筑工程预算定额(2010版)》定额计价时，如砂石灌注桩和水泥搅拌桩的计价子目组合见表 3-18。

表 3-18　砂石桩、水泥搅拌桩组价内容

项目编码	项目名称	可组合的主要内容		对应的定额子目
010201004	强夯地基	重锤夯实(一遍)		2-151～153
010201007	砂石桩	沉管灌注砂桩		2-35～37
		沉管灌注砂石桩		2-38～40
010201009 010201010	深层搅拌桩 粉喷桩	水泥搅拌桩	单、双头深层水泥搅拌桩	2-118～120
			水泥掺量	2-121
010201009	深层搅拌桩	搅拌桩 (SMW 工法)	二搅二喷	2-122
			插、拔型钢	2-123
			凿混凝土桩头	2-156
010201012	高压喷射注浆桩	高压旋喷桩	钻孔	2-124
			成桩	2-125～127
			水泥掺量	2-121

③ 清单项目计价子目组合时，应确定组合内容所适用的计价定额子目。

(2) 工程量清单项目综合单价的确定：应根据采用的计价定额有关使用和计算规则，确定清单项目综合工料机的数量，按照计价依据有关原则，确定工料机单价取定、工程综合费用(企业管理及利润)的计算标准。

① 当清单工程量与计价工程量的计算规则不同，或清单工程量与计价组合子目的工程量计算单位不同时，应根据工程量清单特征描述确定清单项目各组合子目的计价工程量。

② 当工程量清单计价规范与计价定额中的工程量计算规则一致时，清单工程量即为组合子目的计价工程量，但应注意工程量清单项目特征的描述，如有分别套用不同计价子目的内容，需分别确定各自的计价工程量。

③ 根据确定的组合子目内容工程量，套用相关计价定额和取定的工料机单价及综合费用计算标准，计算各组合子目的综合单价，再按各子目计价工程量乘以子目综合单价的合价之和，除以清单项目工程量，计算出清单项目的综合单价。

2. 基坑与边坡支护

1) 基坑与边坡支护清单计价说明

【参考视频】

(1) 地下连续墙导墙土方的运输、回填，套用土石方工程相应定额。

(2) 地下连续墙钢筋笼、钢筋网片及护壁、导墙的钢筋制作和安装，套用上述预算定额第四章混凝土及钢筋混凝土工程相应定额。

(3) 打、拔钢板桩，定额仅考虑打、拔施工费用，未包含钢板桩使用费，发生时另行计算。钢板桩工程量少于50t，则相应定额的人工及机械乘以系数1.25。

(4) 打预制钢筋混凝土板桩，按打桩、送桩分别套用定额子目。预制钢筋混凝土板桩安拆导向夹具，套钢板桩定额；挖填砂槽费用另行计算。

(5) 基坑、边坡支护方式不分锚杆、土钉，均套用同一定额，设计要求采用预应力锚杆时，预应力张拉费用另行计算。

(6) 喷射混凝土按喷射厚度及边坡坡度不同分别设置子目。其中，钢筋网片制作、安装套用第四章混凝土及钢筋混凝土工程中相应定额子目。

钢支撑按上述预算定额第六章进行计价；钢筋混凝土支撑按预算定额第四章进行计价。

2) 基坑与边坡支护计价工程量计算规则

(1) 地下连续墙工程量计算。

① 导墙开挖，按设计长度乘开挖宽度及深度以 m^3 计算。浇捣按设计图示以 m^3 计算。

② 成槽工程量，按设计长度乘墙厚及成槽深度(自然地坪至连续墙底加 0.5m)以 m^3 计算。泥浆池建拆、泥浆外运工程量，按成槽工程量乘以0.2计算。土方外运工程量按成槽工程量计算。

③ 连续墙混凝土浇筑工程量，按设计长度乘墙厚及墙深加0.5m以 m^3 计算。

④ 清底置换、接头管安拔，按分段施工时的槽壁单元以“段”计算。

(2) 圆木桩工程量计算：材积按设计桩长(包括接桩)及梢径，按木材材积表计算，其预留长度的材积已考虑在定额内。送桩按大头直径的截面积乘以入土深度计算。

(3) 钢板桩工程量计算：打、拔钢板桩工程量，按设计图示钢板桩的重量以 t 计算，安拆导向夹具，按设计图示钢板桩的水平延长米计算。

(4) 预制钢筋混凝土板桩打桩、送桩工程量计算：执行预制钢筋混凝土方桩工程量计算规则。

(5) 锚杆(土钉)支护及喷射混凝土计算。

① 锚杆(土钉)支护钻孔、灌浆，按设计图示以延长米计算。

② 锚杆(土钉)制作、安装，分别按钢管、钢筋设计长度乘以单位重量以 t 计算；定位支架(座)、护孔钢筋(型钢)、锁定筋已包含在定额中，不得另行计算。

③ 边坡喷射混凝土，按设计图示面积以 m^2 计算。

3) 清单计价

(1) 工程量清单计价的项目组合：根据工程量清单项目的特征描述，在计价时必须按项目特征内容确定清单项目需组合的主项和次项的计价工程量。

① 工程量清单计价涉及的各清单项目的组合不尽相同，在对清单项目进行计价分析时，应结合项目特征的描述、工程内容及计价定额使用规则进行计价子目的组合，同时还应该考虑措施项目中有关内容的计价因素。

② 根据清单规范的有关规定，当清单项目采用《浙江省建筑工程预算定额(2010 版)》定额计价时，如砂石灌注桩和水泥搅拌桩的计价子目组合见表 3-19。

③ 清单项目计价子目组合时，应确定组合内容所适用的计价定额子目(表 3-19)。

表 3-19　砂石桩、水泥搅拌桩组价内容

项目编码	项目名称	可组合的主要内容	对应的定额子目
010202001	地下连续墙	导墙开挖	2-141
		钢筋混凝土导墙浇灌	2-142
		机械成槽	2-143～145
		清底置换	2-146
		接头管安、拔	2-147～149
		浇灌混凝土墙	2-150
		泥浆池的建造和拆除、泥浆运输	2-92～94
010202003	圆木桩	打桩	2-115
		送桩	2-116
		接桩头	2-117
010202004	预制钢筋混凝土板桩	打桩	2-106～107
		送桩	2-108～109
		安、拆导向夹具	2-114
010202006	钢板桩	打桩	2-110～111
		拔桩	2-112～113
		安、拆导向夹具	2-114
010202007 010202008	锚杆 土钉	成孔、灌浆	2-132～133
		入岩增加费	2-134
		锚杆(土钉)制作、安装	2-135～136
010202009	喷射混凝土、水泥砂浆	喷射混凝土护坡	2-137～140

(2) 工程量清单项目综合单价的确定：应根据采用的计价定额有关使用和计算规则，确定清单项目综合工料机的数量，按照计价依据有关原则，确定工料机单价取定、工程综合费用(企业管理及利润)的计算标准。

① 当清单工程量与计价工程量的计算规则不同，或清单工程量与计价组合子目的工程量计算单位不同时，应根据工程量清单特征描述确定清单项目各组合子目的计价工程量。

② 当工程量清单计价规范与计价定额中的工程量计算规则一致时，清单工程量即为组合子目的计价工程量，但应注意工程量清单项目特征的描述，如有分别套用不同计价子目的内容，需分别确定各自的计价工程量。

③ 根据确定的组合子目内容工程量，套用相关计价定额和取定的工料机单价及综合费用计算标准，计算各组合子目的综合单价，再按各子目计价工程量乘以子目综合单价的合价之和，除以清单项目工程量，计算出清单项目的综合单价。

任务 3.3 桩基础工程

3.3.1 基础知识

1. 桩基础工程

桩基础是重要的基础形式，它能够将上部结构荷载穿越一定厚度的软弱土层，传到地下一定深度处的坚实土层上，或通过桩与土之间的摩擦力来承载上部结构传来的荷载效应，以满足上部结构对地基承载力、稳定性和变形的要求，包括桩身和桩承台，如图 3.7 所示。

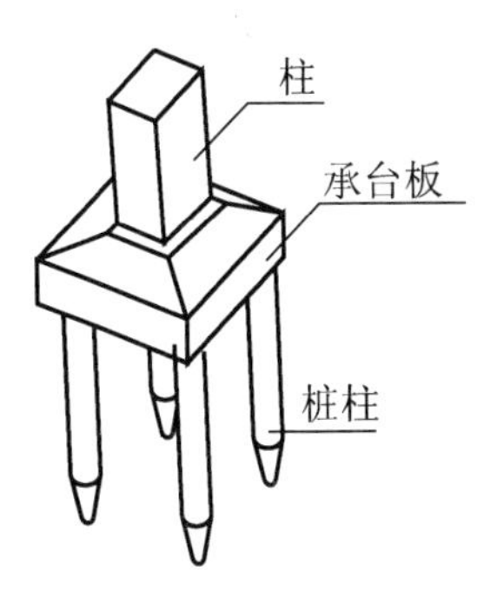

图 3.7 桩结构示意图

桩基础按传递荷载的形式，分为端承桩和摩擦桩；按施工工艺，分为预制桩和灌注桩。

2. 预制桩

【参考视频】

根据材料不同，预制桩可分为钢筋混凝土方桩、钢筋混凝土空心方桩、预应力空心管桩等。沉桩方法主要有锤击沉桩、静力压桩、振动沉桩等，其施工工艺主要包括制桩(或购成品桩)、运桩、沉桩三个过程。单节桩不能满足设计桩长要求时应接桩；当桩顶标高要求在交付施工场地标高以下时应送桩。

(1) 接桩：当设计桩较长时，就需要两段甚至多段预制桩，段与段之间的连接称为接桩。常见的接桩方式有焊接法、管桩螺栓连接法、浆锚法。

(2) 送桩：当桩顶设计标高低于交付施工场地标高时，需要用钢制送桩器将桩送入设计要求的位置，称为送桩。

(3) 截桩：打桩施工完后，开挖基坑，按设计要求的桩顶标高将多余的桩割掉或凿去，并确保桩顶嵌入撑台内的长度不小于 50mm，当桩主要承受水平力时不少于 100mm。

预制桩施工过程如图 3.8 所示。

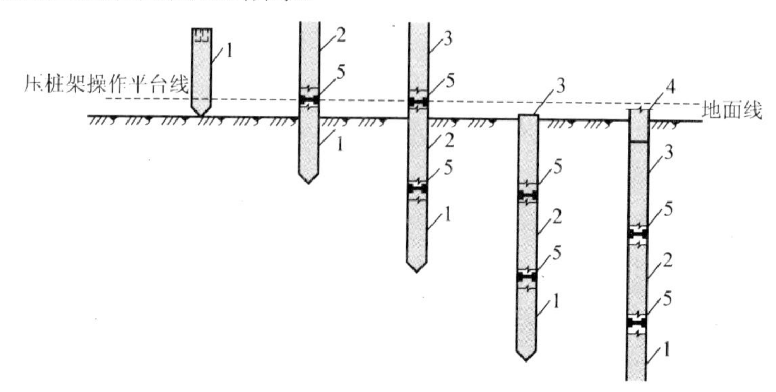

图 3.8 预制桩施工过程

1—第一节桩；2—第二节桩；3—第三节桩；4—送桩；5—接桩

3. 灌注桩

【参考视频】

根据成孔方法不同，灌注桩可分为钻(冲)孔灌注桩、沉管灌注桩、人工挖孔桩。

(1) 钻(冲)孔灌注桩：利用钻(冲)孔机械在地基土层中成孔，然后安放钢筋笼，灌注混凝土形成的混凝土桩基。成孔方法有冲击锤冲孔、冲抓锤冲孔、回转钻机成孔、潜水钻成孔、旋挖成孔，成孔过程一般采用泥浆护壁。

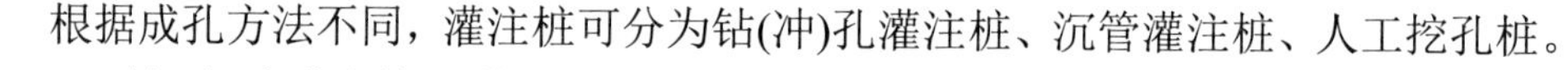

(2) 沉管灌注桩：依据使用桩锤和成桩工艺不同，沉管灌注桩分为锤击沉管灌注桩、振动沉管灌注桩、静压沉管灌注桩、振动冲击灌注桩和沉管夯扩灌注桩等。为提高单桩承载力，可以采用复打、夯扩等工艺。

① 复打：指在第一次混凝土灌注高度达到要求标高拔出桩管以后，立即在原桩位再埋桩尖做第二次沉管，使未凝固的混凝土向桩管四周挤压，然后再次灌注混凝土以扩大桩径的施工方法。

② 夯扩：指采用双管施工，通过内管夯击桩端预灌混凝土形成扩大头，以提高单桩承载力的施工方法。

(3) 人工挖孔桩：采用人工开挖方式形成桩孔，安放钢筋笼，浇筑混凝土成型，如图 3.9 所示。

3.3.2 工程量清单编制

1. 清单编制说明

桩基工程清单按《房屋建筑与装饰工程工程量计算规范》附录 C 进行编制，适用于建筑物和构筑物工程桩基项目列项。

本任务项目按上述规范附录 C，分为 C.1 打桩工程、C.2 灌注桩工程两部分，共 11 个项目。

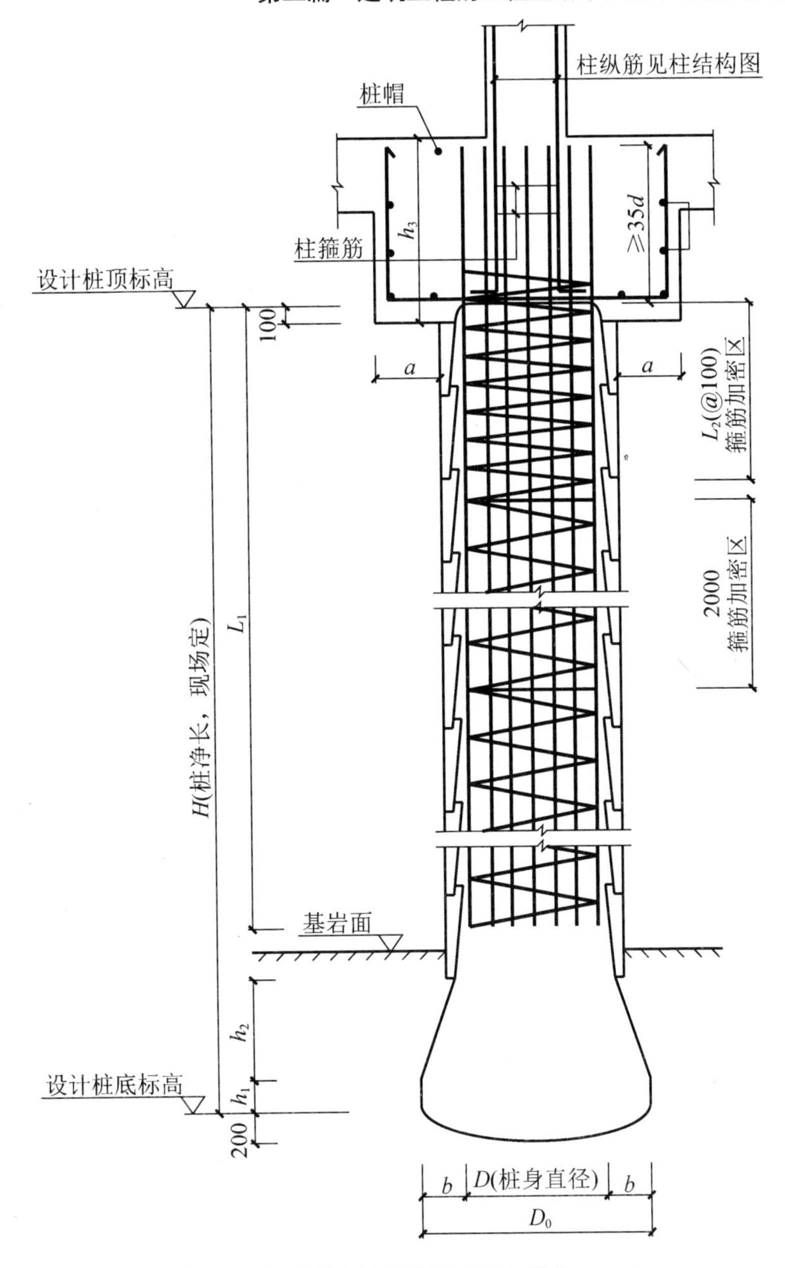

图 3.9 人工挖孔桩纵断面示意图(单位：mm)

2. 打桩工程清单项目的划分

打桩工程包括预制钢筋混凝土方桩、预制钢筋混凝土管桩、钢管桩、截(凿)桩头 4 个项目，分别按 010301001×××～010301004×××编码。

1) 预制钢筋混凝土方桩(010301001)

(1) 适用于预制混凝土方桩的列项。

(2) 工程内容：工作平台搭拆、桩机竖拆和移位、沉桩、接桩、送桩。

(3) 清单项目描述：地层情况、送桩深度、桩长、桩截面积、桩倾斜度、沉桩方法、接桩方式、混凝土强度等级等予以描述。

(4) 工程量计算：①按设计图示尺寸以桩长(包括桩尖)“m”计算；②按设计图示截面积乘以桩长(包括桩尖)以实体积“m^3”计算；③按设计图示数量以“根”计算。

2) 预制钢筋混凝土管桩(010301002)

(1) 适用于预制混凝土管桩的列项。

(2) 工程内容：工作平台搭拆、桩机竖拆和移位、沉桩、接桩、送桩、桩尖制作安装、填充材料和刷防护材料。

(3) 清单项目描述：地层情况、送桩深度、桩长、桩外径和壁厚、桩倾斜度、沉桩方法、桩尖类型、混凝土强度等级、填充材料种类、防护材料种类等予以描述。

(4) 工程量计算：①按设计图示尺寸以桩长(不包括桩尖)“m”计算；②按设计图示截面积乘以桩长(包括桩尖)以实体积“m^3”计算；③按设计图示数量以“根”计算。

实例分析 3-10

某工程110根C60预应力钢筋混凝土管桩，桩外径600mm，壁厚100mm，每根桩总长25m，每根桩顶连接构造(假设)钢托板3.5kg、圆钢骨架38kg，桩顶灌注C30混凝土1.5m高，设计桩顶标高为-3.5m，现场自然地坪标高为-0.45m，现场条件允许可以不发生场内运桩。试按规范编制该管桩清单。

分析：根据清单计量规则进行工程量计算，C60预应力钢筋混凝土管桩工程量为

$$L = 110 \times 25 = 2750(\text{m})$$

该工程的分部分项工程量清单见表3-20。

表3-20　分部分项工程量清单

序号	项目编码	项目名称	项目特征描述	计量单位	工程量	金额/元		
						综合单价	合价	其中：暂估价
1	010301002001	预制钢筋混凝土管桩	C60钢筋混凝土预应力管桩，每根总长25m，共110根，外径600mm，壁厚100mm；桩顶标高-3.5m，自然地坪标高-0.45m，桩顶端灌注C30混凝土1.5m高，每根桩顶圆钢骨架38kg、构造钢托板3.5kg	m/根	2750/110			

3) 钢管桩(010301003)

(1) 适用于钢管桩的列项。

(2) 工程内容：工作平台搭拆、桩机竖拆和移位、沉桩、接桩、送桩、切割钢管和精割盖帽、管内取土、填充材料、刷防护材料。

(3) 清单项目描述：地层情况、送桩深度、桩长、材质、管径和壁厚、桩倾斜度、沉桩方法、填充材料种类、防护材料种类等予以描述。

(4) 工程量计算：①按设计图示以质量“t”计算；②按设计图示数量以“根”计算。

4) 截(凿)桩头(010301004)

(1) 适用于本清单计算规范附录B、附录C所列桩的桩头截(凿)。

(2) 工程内容：截(切割)桩头、凿平、废料外运。

(3) 清单项目描述：桩类型、桩头截面和高度、混凝土强度等级、有无钢筋等予以描述。

(4) 工程量计算：①按设计桩截面乘以桩头长度以体积“m^3”计算；②按设计图示数量以“根”计算。

3. 灌注桩工程清单项目的划分

1) 泥浆护壁成孔灌注桩(010302001)

(1) 适用于泥浆护壁条件下成孔，采用水下灌注混凝土的桩的列项。

(2) 工程内容：护筒埋设，成孔、固壁，混凝土制作、运输、灌注和养护，土方、废泥外运，打桩场地硬化及泥浆池、泥浆沟。

(3) 清单项目描述：地层情况、空桩长度和桩长、桩径、成孔方法、护筒类型和长度、混凝土种类和强度等级等予以描述。

(4) 工程量计算：①按设计图示尺寸以桩长(包括桩尖)“m”计算；②按不同截面在桩长范围内以实体积“m^3”计算；③按设计图示数量以“根”计算。

拓展提高

清单项目描述中的桩长应包括桩尖，空桩长度=孔深-桩长，孔深为自然地面至设计桩底的深度，以下清单项目描述中的桩长也是一样的。

2) 沉管灌注桩(010302002)

(1) 适用于各类沉管灌注桩。

(2) 工程内容：打(沉)拔钢管，桩尖的制作和安装，混凝土制作、运输、灌注和养护。

(3) 清单项目描述：地层情况、空桩长度和桩长、复打长度、桩径、沉管方法、桩尖类型、混凝土种类和强度等级等予以描述。

(4) 工程量计算：①设计图示尺寸以桩长(包括桩尖)“m”计算；②按不同截面在桩长范围内以实体积“m^3”计算；③按设计图示数量以“根”计算。

3) 干作业成孔灌注桩(010302003)

(1) 适用于不用泥浆护壁和套管护壁的情况下成孔的桩。

(2) 工程内容：成孔、扩孔，混凝土制作、运输、灌注、振捣和养护。

(3) 清单项目描述：地层情况、空桩长度和桩长、桩径、扩孔直径和高度、成孔方法、混凝土种类和强度等级等予以描述。

(4) 工程量计算：①按设计图示尺寸以桩长(包括桩尖)“m”计算；②按不同截面在桩长范围内以实体积“m^3”计算；③按设计图示数量以“根”计算。

4) 挖孔桩土石方(010302004)

(1) 一般只适用于干作业和人工挖孔桩成孔时的土方工程开挖。

(2) 工程内容：排地表水、挖土和凿石、基底钎探、运输。

(3) 清单项目描述：地层情况、挖孔深度、弃土(石)的运距。

(4) 工程量计算：按设计图示尺寸(含护壁)截面积乘以挖孔深度以立方米“m^3”计算。

5) 人工挖孔桩(010302005)

(1) 适用于人工挖孔桩的列项。

(2) 工程内容：护壁制作，混凝土制作、运输、灌注、振捣和养护。

(3) 清单项目描述：桩芯长度、桩芯直径和扩底直径，以及扩底高度、护壁的厚度和高度、护壁混凝土的种类和强度等级、桩芯混凝土的种类和强度等级等予以描述。

(4) 工程量计算：①按桩芯混凝土以实体积“m^3”计算；②按设计图示数量以“根”计算。

6) 钻孔压浆桩(010302006)

(1) 适用于钻孔压浆桩的列项。

(2) 工程内容：钻孔、下注浆管、投放骨料、浆液制作、运输、压浆。

(3) 清单项目描述：地层情况、空钻长度和桩长、钻孔直径、水泥强度等级等予以描述。

(4) 工程量计算：①按设计图示尺寸以桩长“m”计算；②按设计图示数量以“根”计算。

7) 灌注桩后压浆(010302007)

(1) 工程内容：注浆导管制作和安装、浆液制作、运输和压浆。

(2) 清单项目描述：注浆导管材料和规格、注浆导管长度、单孔注浆量、水泥强度等级等予以描述。

(3) 工程量计算：按设计图示的注浆孔数量以“个”计算。

实例分析 3-11

某工程采用 110 根 C20 钻孔灌注桩，桩截面ϕ1100，每根桩总长 16m，其中入岩深度为 1.5m，桩侧后注浆，1.0t/桩，声测管 1 根/桩。设计桩顶标高为-3.0m，现场自然地坪标高为-0.45m，设计规定加灌长度为 1m，废弃泥浆要求外运 5km，桩孔要求回填碎石。试按规范编制该管桩清单。

分析：根据清单计量规则，钻孔灌注桩按泥浆护壁成孔灌注桩项目列项，清单工程量可以有三种计量单位，相应的工程量分别为

(1) $L=110\times16=1760(\text{m})$

(2) $V=110\times\dfrac{3.14\times1.1^2}{4}\times16=1671.74(\text{m}^3)$

(3) $n=110$(根)

相应的工程量清单见表 3-21。

表 3-21 分部分项工程量清单

序号	项目编码	项目名称	项目特征描述	计量单位	工程量	金额/元		
						综合单价	合价	其中：暂估价
1	010302001001	泥浆护壁成孔灌注桩	C20 钻孔灌注桩：110 根，桩截面积ϕ1100，每根总长 16m，入岩深度 1.5m；桩顶标高-3.0m，自然地坪标高-0.45m，桩侧后注浆，1.0t/桩，声测管 1 根/桩，设计规定加灌长度 1m，废弃泥浆要求外运 5km。桩孔要求回填碎石	m m^3 根	1760 1671.74 110			

1. 项目描述中的桩截面、混凝土强度等级、桩类型等可直接用标准图号或设计桩型进行描述。

2. 桩基础的承载力检测、桩身完整性检测等费用按国家相关取费标准单独计算，不在本清单项目中，若设计要求有试桩、锚桩或打斜桩，应按桩基工程项目编码单独列项，并应在项目特征描述中注明试验桩或斜桩(斜率)；需要在桩间补桩或在地槽(坑)中及强夯后的地基上打桩时，也应单独编码列项。

3. 预制桩规格、断面、单节长度、总长度不一致时，应单独列项。

4. 预制钢筋混凝土管桩桩顶与承台的连接构造，按计算规范附录E相关项目列项。

5. 截桩头包括剔打混凝土、钢筋调直弯钩及清运弃渣、桩头等。

6. 地基土层的构造，结合地质勘察报告及定额有关规范对土层的划分，可在清单中予以描述。无法描述的由投标方自行决定报价。

7. 灌注桩的加灌长度不计算在清单工程量中，设计有要求的，清单项目特征中予以描述，设计无要求的，由计价人根据有关计价规则自行确定。

8. 混凝土灌注桩的钢筋笼制作、安装及预制桩头钢筋，按本计算规范附录E中相关项目编码列项。

9. 现场灌注桩如要求采用商品混凝土浇灌的，应在工程清单编制说明中统一说明，不需要在清单项目中一一描述。

10. 设计如对人工挖孔桩的护壁有具体设计内容的，应在清单中明确描述其相应内容及特征，如材料、壁厚、混凝土强度、设置范围(如深度)等。要求桩孔土方运出现场时，清单中应予以明确，具体运输距离可由清单编制人指定，也可由计价人自行考虑。

11. 桩基础等工程施工前场地需要平整、压实地表、进行地下障碍物处理的，应在清单编制说明中予以明确，在措施项目清单中予以提示。

3.3.3 桩基础工程清单计价

本部分计价基础依据，是工程量清单计价规范和《浙江省建筑工程预算定额(2010版)》第二章桩基础及地基加固工程。

1. 一般清单计价说明

(1) 本定额适用于陆地上的桩基工程，所列桩基施工机械的规格、型号按常规施工工艺和方法所用机械综合取定。

(2) 本定额中未涉及土(岩石)层的子目，已综合考虑了各类土(岩石)层的因素。涉及的各类土(岩石)层的子目，其各类土(岩石)层鉴别标准如下。

① 砂、黏土层：粒径大于2mm的颗粒质量不超过总质量的50%的土层，包括黏土、粉质黏土、粉土、粉砂、细砂、中砂、粗砂、砾砂。

② 碎、卵石层：粒径大于2mm的颗粒质量超过总质量50%的土层，包括角砾、圆砾、碎石、卵石、块石、漂石，此外也包括软石及强风化岩。

③ 岩石层：除软石及强风化岩以外的各类坚石，包括次坚石、普坚石和特坚石。

(3) 桩基施工前场地平整、压实地表、地下障碍物处理等，定额均未考虑，发生时可另行计算。

(4) 探桩位等因素已综合考虑于各类桩基定额中，不另行计算。

(5) 单独打试桩、锚桩，按相应打桩人工及机械定额乘以系数 1.5。

(6) 在桩间补桩或在地槽(坑)中及强夯后的地基上打桩时，按相应打桩人工及机械定额乘以系数 1.15，在室内或支架上打桩可另行补充。

(7) 预制桩和灌注桩定额以打垂直桩为准，如打斜桩，斜度在 1∶6 以内者，按相应打桩人工及机械定额乘以系数 1.25；如斜度大于 1∶6 者，按相应打桩人工及机械定额乘以系数 1.43。

(8) 单位(群体)工程打桩工程量少于表 3-22 中数量者，按相应打桩人工及机械定额乘以系数 1.25。

表 3-22　各类桩工程量数量表

桩　　类	工程量	桩　　类	工程量
预制钢筋混凝土方桩、空心方桩	200m^3	预制钢筋混凝土板桩	100m^3
预应力钢筋混凝土管桩	1000m	沉管灌注桩、钻孔(旋挖成孔)灌注桩	150m^3

2. 打桩工程工程量清单计价

1) 计价说明

(1) 打、压预制钢筋混凝土方桩(空心方桩)，定额按购入构件考虑，已包含了场内必需的就位供桩，发生时不再另行计算。如采用现场制桩，场内供运桩不论采用何种运输工具，均按上述预算定额第四章混凝土及钢筋混凝土工程中规定的混凝土构件汽车运输定额执行，运距在 500m 以内的，定额乘以系数 0.5。

(2) 打、压预制钢筋混凝土方桩定额已综合了接桩所需的打桩机台班，但未包括接桩本身的费用，发生时套用相应接桩定额。打、压预应力钢筋混凝土管桩定额已包括了接桩费用，不另计算。

(3) 打、压预制钢筋混凝土方桩(空心方桩)，单节长度超过 20m 时，按相应定额乘以系数 1.2。

(4) 打、压预应力管桩，定额按购入成品构件考虑，已包含了场内必需的就位供桩，发生时不再另行计算。桩头灌芯部分按人工挖孔桩灌芯定额执行；设计要求设置的钢骨架、钢托板，分别按上述预算定额第四章混凝土及钢筋混凝土工程中的桩钢筋笼和预埋铁件相应定额执行。

打、压预应力管桩如设计要求设置桩尖时，另按上述预算定额第四章混凝土及钢筋混凝土工程中的预埋铁件定额。打、压预应力空心方桩，套用打、压预应力管桩相应定额。

实例分析 3-12

某工程管桩共 20 根，单节桩长为 20.2m，采用静力压桩机沉桩，C25 混凝土灌芯 1.5m，芯内钢骨架均为二级钢，重 2kg，钢托架重 1.0kg，桩顶标高为-3m，自然地坪标高为-0.5m，桩尖费用不考虑。已知该管桩到现场市场价格为 110 元/m，试求基价。

【参考图文】

分析：该工程共 20 根桩，单节桩长 20.2m，则总长度为 20×20.2=404(m)<1000m。

查定额 2-28H，得换算后的基价为

$$15.2+110\times0.101+(2.1887+11.4492)\times0.25=129.71(\text{元/m})$$

2) 计价工程量计算规则

(1) 预制钢筋混凝土方桩。

① 预制方桩制作，按设计断面乘以桩长以体积“m^3”计算，不扣除桩尖虚体积。

② 打、压预制钢筋混凝土方桩(空心方桩)，按设计桩长(包括桩尖)乘以桩截面积以体积“m^3”计算，空心方桩不扣除空心部分的体积。

③ 送桩按送桩长度乘以桩截面积以体积“m^3”计算，送桩长度按设计桩顶标高至打桩前自然地坪标高另加 0.50m 计算。

④ 电焊接桩，按设计图示尺寸以角钢或钢板的重量以“t”计算。

(2) 预应力钢筋混凝土管桩。

① 打、压预应力钢筋混凝土管桩，按设计桩长(不包括桩尖)以“m”计算。

② 送桩长度按设计桩顶标高至打桩前自然地坪标高另加 0.50m 以“m”计算。

③ 管桩桩尖按设计图示重量以“t”计算。

④ 桩头灌芯按设计尺寸的灌注实体积以“m^3”计算。

3) 清单计价

工程量清单计价包括招标控制价、投标报价，清单计价时应按清单项目的列项及其描述结合定额使用规则进行。计价过程参照任务 3.1。

清单项目可以组合的内容见表 3-23。

表 3-23　预制混凝土桩组价内容

项目编码	项目名称	可组合的主要内容		对应的定额子目
010301001 010301002	预制钢筋混凝土方桩 预制钢筋混凝土管桩	打、压预制钢筋混凝土方(管)桩	打方(管)桩	2-1～4(2-19～22)
			压方(管)桩	2-9～12(2-27～30)
		送方桩	送方(管)桩	2-5～8(2-23～26)
			压送方(管)桩	2-13～16(2-31～34)
		预制方桩接桩	电焊接桩	2-17～18
		预制方、板桩	预制桩制作	4-263～265
		预制方桩运输	混凝土构件运输	4-444～447
		管桩桩头灌芯	管桩桩头灌芯	2-104～105
		钢托板、桩尖	钢托板、桩尖	4-433～434
		钢筋笼		4-421～422
		桩顶空打部分回填	就地回填土	1-17(松填)
			碎石垫层	3-9(干铺)
			碎石垫层	3-10(灌浆)
010301004	截桩头	凿、截桩头		2-154～155

实例分析 3-13

根据实例分析 3-10 提供的清单，计算预应力混凝土管桩的综合单价。投标方设定的施工方案(采用压桩机压桩)及市场询价，人工单价按 50 元计算，部分材料按市场信息计算：管桩 230 元/m，圆钢 3200 元/t，铁件 6.5 元/kg，其余材料价格假设与定额取定价格相同，3000kN 压桩机台班单价按 2500 元计算，其余机械假设与定额取定价格相同；施工取费按企业管理费 12%，利润 8%，风险费用按人工费、材料费、机械费之和的 5%计算。

分析： 首先预应力管桩计价工程量与清单工程量基本一致，需要组合的内容有压管桩、送桩、桩顶灌芯、钢骨架及钢托板。

各项计价工程量见表 3-24。

表 3-24 工程量计算表

序号	项目名称	工程量算式	单位	数量
1	压管桩	110×25	m	2750
2	送桩	110×(3.5−0.45+0.5)	m	390.5
3	桩顶灌芯	$110\times(0.6-0.2)^2\times\pi/4\times1.5$	m^3	20.73
4	钢骨架	110×38/1000	t	4.18
5	钢托板	110×3.5/1000	t	0.385

根据组合内容套用浙江省定额确定工料机费。

【参考图文】

(1) 压管桩套定额 2-29，计算得相应单价为

人工费=0.057×50=2.85(元/m)

材料费=2.0601+230×1.01=234.36(元/m)

机械费=15.6561+(2500−1747.54)×0.0071=21(元/m)

(2) 送桩套定额 2-33，计算得相应单价为

人工费=0.0816×50=4.08(元/m)

材料费=0.215(元/m)

机械费=17.8249+(2500−1747.54)×0.0102=25.50(元/m)

(3) 桩顶灌混凝土套定额 2-105，计算得相应单价为

人工费=0.38×50=39.2(元/m^3)

材料费=308.345(元/m^3)

机械费=15.702(元/m^3)

(4) 圆钢骨架套定额 4-421，计算得相应单价为

人工费=11.44×50=572(元/t)

材料费=3972.90+(3200−3850)×1.02=3309.9(元/t)

机械费=190.88(元/t)

(5) 钢托板套定额 4-434，计算得相应单价为

人工费=25×50=1250(元/t)

材料费=4362.6+(6.5−5.4)×40=4406.6(元/t)

机械费=1085.51(元/t)

则分部分项工程量清单综合单价为

769453.6/2750=279.80(元/m)

计算结果见表 3-25。

第二篇 建筑工程的工程量清单、清单计价文件的编制

表 3-25 分部分项工程量清单项目综合单价计算表

单位及专业工程名称：××××楼——建筑工程　　　　第　页 共　页

序号	编号	项目名称	计量单位	数量	综合单价/元							合价/元
					人工费 I	材料费 II	机械费 III	管理费 (I+III)×12%	利润 (I+III)×8%	风险费用 (I+III)×5%	小计	
1	010201001001	预制钢筋混凝土管	m	2750	4.77	242.36	25.18	3.59	2.396	1.498	279.80	769453.6
	2-29	压管桩	m	2750	2.85	234.36	21	2.862	1.908	1.1925	264.172	726474.4
2	2-33	送桩	m	390.5	4.08	0.215	25.5	3.5496	2.3664	1.479	37.19	14522.7
3	2-105	桩顶灌芯	m^3	20.73	39.2	308.345	15.702	6.58824	4.39216	2.7451	376.972	7814.64
4	4-421	钢骨架	t	4.18	572	3309.9	190.88	91.5456	61.0304	38.144	4263.5	17821.43
	4-434	钢托架	t	0.385	1250	4406.6	1085.51	280.2612	186.841	116.776	7325.99	2820.51

3. 混凝土灌注桩工程工程量清单计价

1) 计价说明

(1) 转盘式钻孔桩机成孔、旋挖桩机成孔定额按桩径划分子目，定额已综合考虑了穿越砂(黏)土层、碎(卵)石层的因素。如设计要求进入岩石层时，套用相应定额计算入岩增加费。

(2) 冲孔打桩机抓(击)锤冲孔定额，分别按桩长及进入各类土层、岩石层划分套用相应定额。

(3) 泥浆池建造和拆除按成孔体积套用相应定额，泥浆场外运输按成孔体积和实际运距套用泥浆运输定额。旋挖桩的土方外运按成孔体积和实际运距，分别套用上述预算定额第一章相应的土方装车、运输定额。

(4) 桩孔空钻部分回填，应根据施工组织设计要求套用相应定额，填土者按土方工程松填土方定额计算，填碎石者按砌筑工程碎石垫层定额乘以系数 0.7 计算。

(5) 人工挖孔桩挖孔按设计注明的桩芯直径及孔深套用定额；桩孔土方需外运时，按土方工程相应定额计算；挖孔时若遇淤泥、流砂、岩石层，可按实际挖、凿的工程量套用相应定额计算挖孔增加费。

(6) 挖孔桩护壁不分现浇或预制，均套用安设混凝土护壁定额。

(7) 灌注桩定额均已包括混凝土灌注充盈量，实际不同时不予调整。

(8) 注浆管埋设定额按桩底注浆考虑，如设计采用侧向注浆，则人工和机械定额乘以系数 1.2。

(9) 沉管灌注砂、砂石桩空打部分按相应定额(扣除灌注部分的工、料)执行。

(10) 沉管灌注混凝土桩定额子目未包括预制桩尖制作、埋设等，应另列定额子目。其中预制桩尖制作、加劲圈按上述预算定额第四章的规定；埋设套 2-50 子目。

(11) 振动式和静压振拔式沉管灌注混凝土桩，若安放钢筋笼，沉管部分人工和机械定额乘系以数 1.15，钢筋笼按上述预算定额第四章另列定额子目。

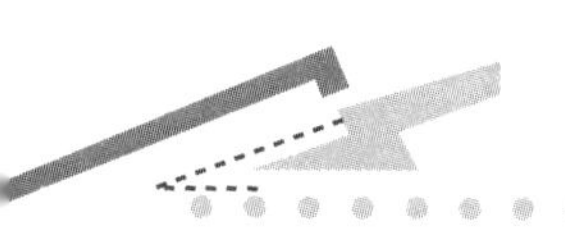

【参考图文】

实例分析 3-14

振动式沉管混凝土灌注桩，设计桩长 15m，安放钢筋笼，求该项目沉管单价。

分析：套用定额 2-43H，换算后基价为

基价=775+(331.10+364.83)×0.15=879.39(元/10m^3)

拓展提高

人工挖孔桩桩径 1000mm 以内者，套用桩径 1500mm 以内相应定额，人工和电动葫芦台班乘以系数 1.15，其余不变。

2) 计价工程量计算规则

(1) 沉管灌注桩。

① 单桩体积(包括砂桩、砂石桩、混凝土桩)不分沉管方法，均按钢管外径截面积(不包括桩箍)乘设计桩长(不包括预制桩尖)另加加灌长度以体积“m^3”计算。加灌长度设计有规定时，按设计要求计算；设计无规定时，按 0.50m 计算。若按设计规定桩顶标高已达到自然地坪时，不计加灌长度(各类灌注桩均同)。

② 夯扩(静压扩头)桩工程量＝桩管外径截面积×(夯扩<扩头>部分高度＋设计桩长＋加灌长度)，式中夯扩<扩头>部分高度按设计规定计算。

③ 扩大桩的体积按单桩体积乘以复打次数计算，其复打部分乘以系数 0.85。

④ 沉管灌注桩空打部分工程量，按打桩前自然地坪标高至设计桩顶标高的长度减去加灌长度后乘桩截面积以体积“m^3”计算。

(2) 钻(冲)孔灌注桩。

① 钻孔桩、旋挖桩成孔工程量，按成孔长度乘以设计桩径截面积以体积“m^3”计算。成孔长度为打桩前自然地坪标高至设计桩底的长度。岩石层增加费工程量，按实际入岩数量以体积“m^3”计算。

② 冲孔桩机冲抓(击)锤冲孔工程量，分别按进入各类土层、岩石层的成孔长度乘以设计桩径截面积以体积“m^3”计算。

③ 灌注水下混凝土工程量，按桩长乘以设计桩径截面积以体积“m^3”计算，桩长＝设计桩长＋设计加灌长度，设计未规定加灌长度时，加灌长度(不论有无地下室)按不同设计桩长确定：25m 以内按 0.5m、35m 以内按 0.8m、35m 以上按 1.2m 计算。

④ 泥浆池建造和拆除、泥浆运输工程量，按成孔工程量以体积“m^3”计算。

⑤ 桩孔回填工程量，按加灌长度顶面至打桩前自然地坪的长度乘以桩孔截面积以体积“m^3”计算。

⑥ 注浆管、声测管工程量，按打桩前的自然地坪标高至设计桩底标高的长度另加 0.2m 计算。

⑦ 桩底(侧)后注浆工程量，按设计注入水泥用量计算。

⑧ 钻孔灌注桩定额已包含了 2.0m 的钢护套筒埋设，如实际施工钢护套筒埋设超过 2.0m 时，定额中的金属周转材料按比例换算。

(3) 人工挖孔桩。

① 人工挖孔工程量，按护壁外围截面积乘以孔深以体积“m^3”计算，孔深按打桩前自然地坪至设计桩底标高的长度计算。

拓展提高

挖孔桩基础土方根据实际情况分段计算，包括承台土方和挖孔桩土方。

② 挖淤泥、流砂、入岩增加费，按实际挖、凿数量以体积“m^3”计算。

③ 灌注桩芯混凝土工程量，按设计图示实体积以“m^3”计算，加灌长度设计无规定时按 0.25m 计算。护壁工程量，按设计图示截面积乘以护壁长度以“m^3”计算。护壁长度按打桩前的自然地坪标高至设计桩底标高(不含入岩长度)另加 0.20m 计算。

(4) 钻(冲)孔灌注桩、人工挖孔桩设计要求扩底时，其扩底工程量按设计尺寸计算，并入相应的工程量内。

灌注桩结构如图 3.10 所示。

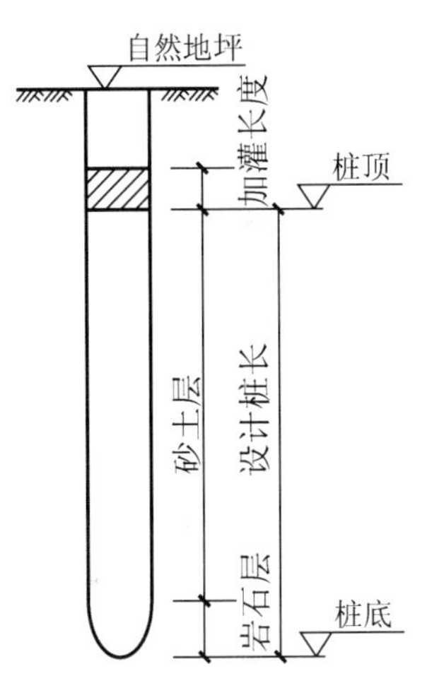

图 3.10　灌注桩结构示意图

3) 清单计价

工程量清单计价包括招标控制价、投标报价，清单计价时应按清单项目的列项及其描述结合定额使用规则进行。计价过程参照任务 3.1。

清单项目可以组合的内容见表 3-26～表 3-28。

表 3-26　泥浆护壁成孔灌注桩组价内容

项目编码	项目名称	可组合的主要内容		对应的定额子目
010302001	泥浆护壁成孔灌注桩(钻或冲孔灌注桩)	钻(冲)成孔	成孔	2-51～55，2-58～61，2-66～80
			岩石层成孔增加费	2-56～57，2-62～65
		水下灌注混凝土		2-83～88
		泥浆池的建造、拆除、泥浆运输	泥浆池的建造和拆除	2-92
			泥浆运输	2-93～94
		注浆管、声测管埋设，桩底(侧)注浆	注浆管埋设	2-89
			声测管埋设	2-90
			桩底(侧)注浆	2-91
010301004	截桩头	凿、截桩头	钻孔灌注桩	2-157～158

表 3-27　沉管灌注桩组价内容

项目编码	项目名称	可组合的主要内容		对应的定额子目
010302002	沉管灌注桩	沉管成孔		2-41～49
		灌注混凝土	沉管桩	2-81～82
		钢筋混凝土预制桩尖、铁件的制作、安装、运输、埋设和模板	钢筋混凝土预制桩尖制作	4-266
			普通铁件制作安装	4-418～419
			预埋铁件、螺栓制作安装	4-433～434
			运输	4-450～451
			预制桩尖埋设	2-50
			预制桩尖模板	4-333
010301004	截桩头	凿、截桩头	沉管灌注桩	2-156

注：此处模板也可以在后续措施费中列项。

表 3-28　沉管灌注桩组价内容

项目编码	项目名称	可组合的主要内容		对应的定额子目
010302004	挖孔桩土(石)方	人工挖孔		2-95～100
		人工挖孔增加费	挖淤泥、流砂	2-101
			入岩石层	2-102
010302005	人工挖孔灌注桩	制作、安设混凝土护壁		2-103
		灌注桩芯混凝土		2-104～105
010301004	截桩头	凿、截桩头		2-157～158

实例分析 3-15

根据实例分析 3-11 提供的清单，计算“钻孔灌注桩”的综合单价。混凝土按商品水下混凝土考虑计价。经计价人确定，商品混凝土按 390 元/m^3、其余按照定额取定工料机价格计算，企业管理费按 12%、利润按 8%计算，不再考虑市场风险，施工方案确定采用转盘式钻孔桩机成孔，桩孔空钻部分回填另列项计算。

分析：首先根据提供的清单及计价规范、题目提供的工程条件及企业拟定的施工方案，确定需要组合的内容，包括钻孔桩成孔、岩石层增加费、钻孔桩水下灌注混凝土、泥浆池的建造和拆除、泥浆运输、空钻孔回填碎石、注浆管及声测管埋设、桩侧注浆。

各项计价工程量见表 3-29。

表 3-29　沉管灌注桩组价内容

序号	项目名称	工程量算式	单位	数量
1	钻孔桩成孔	$110\times\dfrac{3.14\times1.1^2}{4}\times(16+3-0.45)$	m^3	1983.17
2	岩石层增加费	$110\times\dfrac{3.14\times1.1^2}{4}\times1.5$	m^3	156.73
3	钻孔桩水下灌注混凝土	空钻部分：$110\times\dfrac{3.14\times1.1^2}{4}\times(3-1-0.45)=161.95$ 成桩工程量：1983.17−161.95	m^3	1821.22

续表

序号	项目名称	工程量算式	单位	数量
4	泥浆池的建造和拆除	等于成孔工程量	m^3	1983.17
5	泥浆运输	等于成孔工程量	m^3	1983.17
6	空钻孔回填碎石	等于空钻部分工程量	m^3	161.95
7	注浆管埋设	(16+3−0.45+0.2)×110	m	2062.5
8	声测管埋设	(16+3−0.45+0.2)×110	m	2062.5
9	桩侧注浆	1.0×110	t	110

然后根据组合内容套用浙江省定额确定工料机费。

(1) 钻孔桩成孔套定额 2-54，计算得相应单价为

人工费=33.927 元/m^3

材料费=14.164 元/m^3

机械费=62.778 元/m^3

【参考图文】

(2) 岩石层增加费套定额 2-57，计算得相应单价为

人工费=216.333 元/m^3

材料费=1.92 元/m^3

机械费=266.444 元/m^3

(3) 钻孔桩水下灌注混凝土套定额 2-84H，计算得相应单价为

人工费=9.03 元/m^3

材料费=414.264+(390−344) × 1.2=469.46(元/m^3)

机械费=0

(4) 泥浆池的建造和拆除套定额 2-92，计算得相应单价为

人工费=1.548 元/m^3

材料费=1.913 元/m^3

机械费=0.023 元/m^3

(5) 泥浆运输套定额 2-93，计算得相应单价为

人工费=19.178 元/m^3

材料费=0

机械费=43.95 元/m^3

(6) 空钻孔回填碎石套定额 3-9H，计算得相应单价为

人工费=19.78 × 0.7=13.85(元/m^3)

材料费=88.592 × 0.7=62.01(元/m^3)

机械费=0.872 × 0.7=0.61(元/m^3)

(7) 注浆管埋设套定额 2-89H，计算得相应单价为

人工费=1.548 × 1.2=1.86(元/m)

材料费=8.7343 元/m

机械费=0.344 × 1.2=0.41(元/m)

(8) 声测管埋设套定额 2-90，计算得相应单价为

人工费=2.107 元/m

材料费=16.1388 元/m

机械费=0.4995 元/m

(9) 桩侧注浆套定额 2-91，计算得相应单价为

人工费=209.84 元/t

材料费=328.38 元/t

机械费=110.36 元/t

综合单价计算见表 3-30。

表 3-30 综合单价计算表

单位及专业工程名称：××××楼——建筑工程　　　　第　页 共　页

序号	编号	项目名称	计量单位	数量	综合单价/元							合价/元
					人工费 I	材料费 II	机械费 III	管理费 (I+III)×12%	利润 (I+III)×8%	风险费用	小计	
1	010302001001	泥浆护壁成孔灌注桩	m	1760	109.23	559.45	152.03	31.35	20.90	0	872.96	1536429
	2-54	钻孔桩成孔	m^3	1983.17	33.927	14.164	62.778	11.6046	7.736	0	130.21	258228.6
	2-57	岩石层增加费	m^3	156.73	216.333	1.92	266.444	57.93324	38.622	0	581.2524	91099.69
	2-84H	钻孔桩水下灌注混凝土	m^3	1821.22	9.03	469.46	0	1.0836	0.722	0	480.296	874724.7
	2-92	泥浆池的建造和拆除	m^3	1983.17	1.548	1.913	0.023	0.18852	0.126	0	3.7982	7532.476
2	2-93	泥浆运输	m^3	1983.17	19.178	0	43.95	7.57536	5.050	0	75.7536	150232.3
	3-9 H	空钻孔回填碎石	m^3	161.95	13.85	62.01	0.61	1.7352	1.157	0	79.362	12852.68
	2-89H	注浆管埋设	m	2062.5	1.86	8.7343	0.41	0.2724	0.182	0	11.4583	23632.74
	2-90	声测管埋设	m	2062.5	2.107	16.1388	0.4995	0.31278	0.209	0	19.2666	39737.36
	2-91	桩侧注浆	t	110	209.84	328.38	110.36	38.424	25.616	0	712.62	78388.2

计算得分部分项工程量清单综合单价为

1536429/1760=872.97(元/m)

任务 3.4 砌筑工程

3.4.1 基础知识

砌筑主要由砖和砂浆组成，形成砖墙、砖柱等构件。砌筑工程中的基础垫层材料，主要包括砂、砂石、块石、碎石等；砌筑材料，主要包括混凝土类砖(砌块)、烧结类砖(砌块)、蒸压类砖(砌块)、轻集料混凝土类砖(砌块)等。按工程形象部位区分，可分为砖(石)砌基础、墙体及附属构件等。建筑墙体按装修方法不同，可分为清水墙和混水墙；按组砌方法不同，可分为实心砖墙、空斗墙、空花墙、填充墙等。

3.4.2 砌筑工程清单编制

1. 砌筑工程量清单编制说明

砌筑工程清单按《房屋建筑与装饰工程工程量计算规范》附录 D 进行编制，适用于建筑物和构筑物工程砌筑项目列项。

本任务项目按上述规范附录 D，分为 D.1 砖砌体、D.2 砌块砌体、D.3 石砌体、D.4 垫层四部分，共 27 个项目。

2. 砖砌体工程量清单编制

砖砌体工程部分，包含砖基础、砖砌挖孔桩护壁、实心砖墙、多孔砖墙、空心砖墙、空斗墙、空花墙、填充墙、实心砖柱、多孔砖柱、砖检查井、零星砌砖、砖散水和地坪、砖地沟和明沟 14 个项目，分别按 010401001×××～010401014×××编码。

1) 砖基础(010401001)

(1) 适用于各类型砖砌基础，如柱基础、墙基础、烟囱基础、水塔基础、管道基础等列项。

(2) 工程内容：砂浆制作和运输、砌砖、防潮层铺设、材料运输。

【参考视频】

(3) 清单项目描述：砖品种和规格及强度等级、基础类型、砂浆强度等级、防潮层材料种类。

(4) 工程量计算：按设计图示尺寸以体积“m^3”计算，包括附墙垛基础宽出部分体积,扣除地梁(圈梁)、构造柱所占体积，不扣除基础大放脚 T 形接头处的重叠部分及嵌入基础内的钢筋、铁件、管道、基础砂浆防潮层和单个面积 $0.3m^2$ 以内的孔洞所占体积，靠墙暖气沟的挑檐不增加。计算条形砖基础工程量时，两边大放脚体积并入计算，也可以作为折加高度在砖基础高度内合并计算。

其计算公式为

$$V = L(Hd + S) - V_{应扣}$$

式中 V——基础体积。

L——墙基长度。外墙按中心线、内墙按净长线计算，其余基础按基底净长计算。有砖垛时应计算折加长度，并入所附墙基长度，不扣除搭接重叠部分的长度，垛的加深部分也不增加。附墙垛折加长度 $L_{折加}$ 计算公式为 $L_{折加} = ab / c$，相关计算参数如图 3.11 所示。

H——墙基高度。砖基础与砖墙(柱)身划分，应以设计室内地坪为界(有地下室的按地下室室内设计地坪为界)，以下为基础，以上为墙(柱)身。基础与墙身使用不同材料时，位于设计室内地面高度不大于±300mm 时，以不同材料为分界线；高度大于±300mm 时，以设计室内地面为分界线。砖围墙以设计室外地坪为界，以下为基础，以上为墙身。

d——基础墙厚。

S——大放脚断面积，其计算公式：为等高式大放脚时，$S = n(n+1)ab$；为间隔式大放脚时，$S = \sum(ab) + \sum\left[(a/2)b\right]$。

n——大放脚层数。

ab——含义见图 3.12。

$V_{应扣}$——应扣除嵌入基础墙身的梁、柱、孔洞等体积。

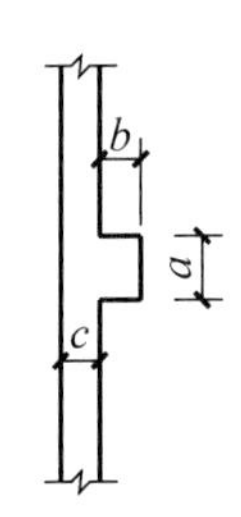

图 3.11　附墙垛构造参数示意图

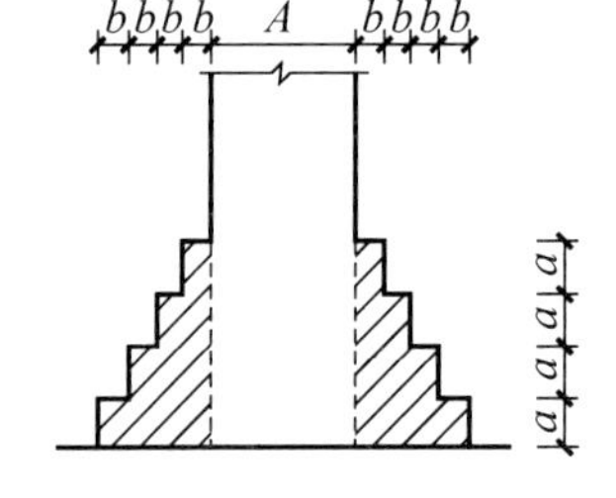

图 3.12　等高式大放脚示意图

砖基础体积也可以按下式计算：

$$V = L(H + h)d - V_{应扣}$$

式中　h——大放脚的折加高度，计算公式为 h=大放脚断面积/墙厚。

独立砖柱基础工程量，按柱身体积加上大放脚体积计算，砖柱基础工程量也应并入砖柱内计算。

四边大放脚体积按下式计算(图 3.13)：

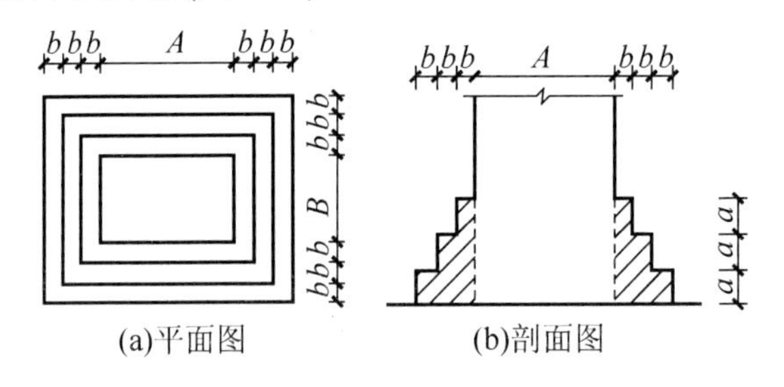

图 3.13　四边大放脚示意图

$$V = n(n+1)ab\left[\frac{2}{3}(2n+1)b + A + B\right]$$

式中　A、B——砖柱断面积的长、宽。

其余同上。

实例分析 3-16

某工程采用 M7.5 水泥砂浆砌筑 MU15 水泥实心砖基础(规格为 240mm × 115mm × 53mm)，如图 3.14 所示。试编制该砖基础项目清单(注：砖砌体内无混凝土构件)。

分析：根据清单规范先分析该基础，该砖基础有两种截面规格，应分别列项。

(1) 1—1 截面砖基础清单工程量为

$$L_{1-1} = 7.2\times3 - 0.12\times2 + \frac{(0.365-0.24)\times0.365}{0.24}\times2 = 21.74(\text{m})$$

根据基础与墙身的划分规定可得 $H = 1.2\text{m}$。

大放脚断面积为

$$S_{1-1} = n(n+1)ab = 4\times(4+1)\times0.126\times0.0625 = 0.1575(\text{m}^2)$$

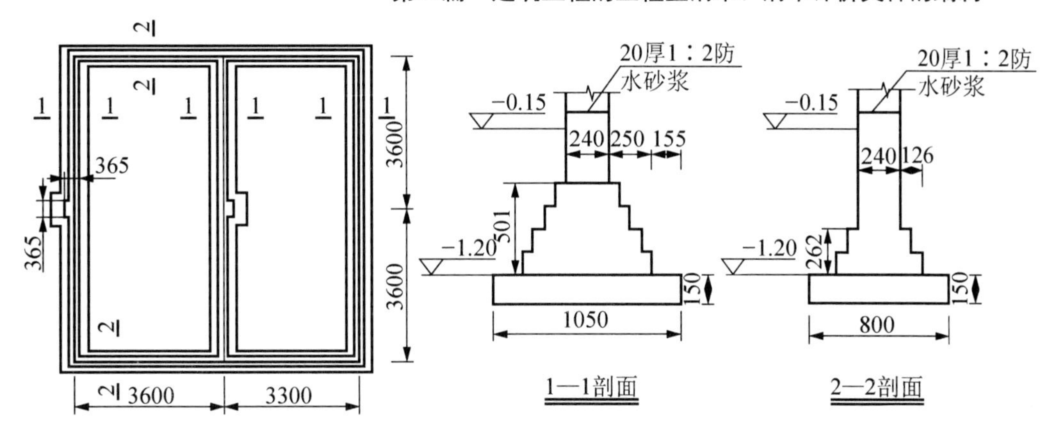

图 3.14 基础施工图(单位：mm)

则 1—1 截面基础工程量为

$$V_{1-1}=21.74\times(1.2\times0.24+0.1575)=9.69(\mathrm{m}^3)$$

(2) 2—2 截面砖基础清单工程量为

$$L_{2-2}=(3.6+3.3)\times2=13.8(\mathrm{m})$$

根据基础与墙身的划分规定可得 $H=1.2\mathrm{m}$。

大放脚断面积为

$$S_{2-2}=n(n+1)ab=2\times(2+1)\times0.126\times0.0625=0.0473(\mathrm{m}^2)$$

则 2—2 截面基础工程量为

$$V_{2-2}=13.8\times(1.2\times0.24+0.0473)=4.63(\mathrm{m}^3)$$

(3) 防潮层工程量可以在项目特征中予以描述，这里不再列出。该工程量清单见表 3-31。

表 3-31 分部分项工程量清单

序号	项目编码	项目名称	项目特征描述	计量单位	工程量	金额/元		
						综合单价	合价	其中：暂估价
1	010401001001	砖基础	1—1 剖面 M7.5 水泥砂浆砌筑 MU15 水泥实心砖基础(规格为 240mm×115mm×53mm)，一砖条基，四层等高式大放脚；-0.06m 标高处设 1：2 防水砂浆防潮层	m^3	9.69			
2	010401001002	砖基础	2—2 剖面 M7.5 水泥砂浆砌筑 MU15 水泥实心砖基础(规格为 240mm×115mm×53mm)，一砖条基，四层等高式大放脚；-0.06m 标高处设 1：2 防水砂浆防潮层	m^3	4.63			

建筑物砌筑工程基础与上部结构的划分：基础与墙身使用同一种材料时，以设计室内地面为界(有地下室者，以地下室室内设计地面为界)，以下为基础，以上为墙身；基础与墙身使用不同材料时，

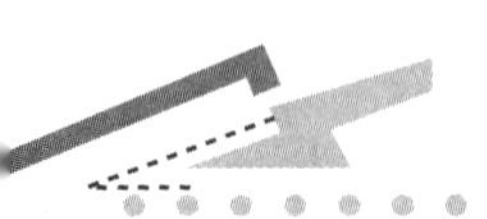

位于设计室内地面高度不大于±300mm时，以不同材料为分界线，高度大于±300mm时，以设计室内地面为分界线。

2) 砖砌挖孔桩护壁(010401002)

(1) 适用于各类挖孔桩护壁。

(2) 工程内容：砂浆制作和运输、砌砖、材料运输。

(3) 清单项目描述：砖品种、规格及强度等级、砂浆强度等级和配合比等予以描述。

(4) 工程量计算：按设计图示尺寸以体积“m^3”计算。

3) 实心砖墙(010401003)

(1) 适用于各类砖砌体的清水、混水实心墙，包括直形、弧形及不同厚度、不同砂浆(强度)砌筑的外墙、内墙、围墙。

(2) 工程内容：砂浆制作和运输、砌砖、刮缝、砖压顶砌筑、材料运输。

(3) 清单项目描述：砖品种、规格及强度等级、墙体类型、砂浆强度等级和配合比等予以描述。

设计有凸出墙面的腰线、挑檐、附墙烟囱、通风道等构造内容，清单应考虑有关计价要求，如砖挑檐外挑出沿数、附墙烟囱、通风道内空尺寸等应予以明确描述。

(4) 工程量计算：按设计图示尺寸以体积“m^3”计算，扣除门窗、洞口、过人洞、空圈、嵌入墙内钢筋混凝土柱、梁、圈梁、挑梁、过梁及凹进墙内的壁龛、管槽、暖气槽、消火栓箱所占体积，不扣除梁头、板头、檩头、垫木、木楞头、沿椽木、木砖、门窗走头、砖墙内加固钢筋、木筋、铁件、钢管及单个面积 $0.3m^2$ 以内的孔洞所占体积。凸出墙面的腰线、挑檐、压顶、窗台线、虎头砖、门窗套的体积也不增加。凸出墙面的砖垛并入墙体体积内计算。

其中：

① 外墙长度按中心线，内墙按净长线计算。

② 墙体高度。

a. 外墙。斜(坡)屋面无檐口天棚者，算至屋面板底；有屋架且室内外均有天棚者，算至屋架下弦底另加200mm；无天棚者算至屋架下弦底另加300mm，出檐宽度超过600mm时，按实砌高度计算；平屋面算至钢筋混凝土板底。

b. 内墙。位于屋架下弦者，算至屋架下弦底；无屋架者算至天棚底另加100mm；有钢筋混凝土楼板隔层者，算至楼板顶；有框架梁时算至梁底。

c. 女儿墙。从屋面板上表面算至女儿墙顶面(如有混凝土压顶，则算至压顶下表面)。

d. 内、外山墙。按其平均高度计算。

③ 框架间墙：不分内外墙，按墙体净尺寸以体积计算。

④ 围墙：高度算至压顶上表面(如有混凝土压顶时，算至压顶下表面)，围墙柱并入围墙体积内。

实例分析 3-17

某二层砖混结构有 240mm 厚单面清水(原浆勾缝)外墙 160m³ 和 240mm 厚混水内墙 320m³，均采用 M7.5 混合砂浆砌筑，已知墙体高度为 3.9m，试编制该实心砖墙的工程量清单。

分析：根据清单编制规则，该实心砖墙的工程量清单见表 3-32。

表 3-32 分部分项工程量清单

序号	项目编码	项目名称	项目特征描述	计量单位	工程量	金额/元		
						综合单价	合价	其中：暂估价
1	010302001001	实心砖墙	外墙厚 240mm，单面清水墙，原浆勾缝，M7.5 混合砂浆砌筑，墙体高度为 3.9m	m^3	160			
2	010302001002	实心砖墙	内墙厚 240mm，混水墙，采用 M7.5 混合砂浆砌筑，墙体高度为 3.9m	m^3	320			

4) 多孔砖墙(010401004)

(1) 适用于各种砌法的多孔砖墙。

(2) 工程内容：砂浆制作和运输，砌砖、刮缝、砖压顶砌筑，材料运输。

(3) 清单项目描述：砖品种、规格及强度等级、墙体类型、砂浆强度等级和配合比等予以描述。

(4) 工程量计算：同实心砖墙。

5) 空心砖墙(010401005)

(1) 适用于各种砌法的空心砖墙。

(2) 工程内容：砂浆制作和运输，砌砖、刮缝、砖压顶砌筑，材料运输。

(3) 清单项目描述：砖品种、规格及强度等级、墙体类型、砂浆强度等级和配合比等予以描述。

(4) 工程量计算：同实心砖墙。

6) 空斗墙(010401006)

(1) 适用于各种砌法砌筑空斗墙，一般常用于围墙和隔墙的砌筑。

(2) 工程内容和清单项目描述与实心砖墙基本一致，但特征描述应明确具体的组砌方式，如设计要求空斗灌肚时，应对灌肚材料要求予以明确描述。

(3) 工程量计算：按设计图示尺寸以空斗墙外形体积“m^3”计算，墙角、内外墙交接处、门窗洞口立边、窗台砖、屋檐处的实砌部分体积，并入空斗墙体积内计算。

7) 空花墙(010401007)

(1) 适用于各种类型空花墙。

(2) 工程内容和清单项目描述也与实心砖墙基本一致，但尚应对空花外框形状、尺寸等予以描述。

(3) 工程量计算：按设计图示尺寸以空花部分外形体积“m^3”计算，不扣除空洞部分体积。

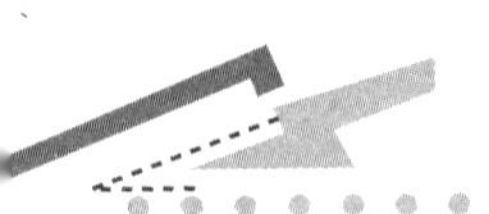

使用混凝土花格砌筑的空花墙，实砌墙体与混凝土花格应分别计算，混凝土花格按混凝土及钢筋混凝土中预制构件相关项目列项。

【参考图文】

8) 填充墙(010401008)

(1) 适用于各类砖砌筑的双层夹墙，夹墙内按需要填充各种保温、隔热材料。

(2) 工程内容和清单项目描述也与实心砖墙基本一致，但尚应对两侧夹心墙的厚度、填充层的厚度、填充材料种类、规格及填充要求等予以描述。

(3) 工程量计算：按设计图示尺寸以填充墙外形体积“m^3”计算。

9) 实心砖柱(010401009)

(1) 适用于各种砖砌筑的不同类型的柱，如矩形、异形、圆形柱及柱外包柱砌体。

(2) 工程内容：砂浆制作和运输、砌砖、刮缝、材料运输。

(3) 清单项目描述：砖品种、规格和强度等级、柱类型、砂浆强度等级和配合比等予以描述。

(4) 工程量计算：按设计图示尺寸以体积“m^3”计算，扣除混凝土及钢筋混凝土梁垫、梁头、板头所占体积。

10) 多孔砖柱(010401010)

(1) 适用于各种砌筑的不同类型的多孔砖柱。

(2) 工程内容和清单描述以及工程量计算基本同实心砖柱。

11) 砖检查井(010401011)

(1) 适用于砖检查井的列项。

(2) 工程内容：砂浆制作和运输，铺设垫层，底板混凝土制作、运输、浇筑、振捣、养护，砌砖、刮缝，井池底、壁抹灰，抹防潮层，材料运输。

(3) 清单项目描述：井截面、深度，砖品种、规格和强度等级，垫层材料种类、厚度，底板厚度，井盖安装，混凝土强度等级，防潮层材料种类，砂浆强度等级和配合比等予以描述。

(4) 工程量计算：按设计图示数量以“座”计算。

检查井内的爬梯，按《计算规范》附录 E 中相关项目编码列项；井内混凝土构件，按《计算规范》附录 E 中混凝土及钢筋混凝土预制构件编码列项。

12) 零星砌砖(010401012)

(1) 适用于台阶、台阶挡墙、梯带、锅台、炉灶、蹲台、池槽、池槽腿、花台、花池、楼梯栏板、阳台栏板、地垄墙、屋面隔热板下的砖墩、0.3m^2 以内的孔洞填塞、空斗墙的窗间、窗下墙等实砌部分以及框架外表面的镶贴砌砖。

(2) 工程内容：与实心砖柱一致。

(3) 清单项目描述：零星砌砖名称和部位，砖品种、规格和强度等级，砂浆强度等级、配合比等予以描述。

(4) 工程量计算。

① 按设计图示尺寸截面积乘以长度以体积“m^3”计算。

② 按设计图示尺寸水平投影面积以“m^2”计算。

③ 按设计图示尺寸以长度“m”计算。

④ 按设计图示数量以“个”计算。

按具体工程内容不同，可以在以上多种计量方法中选择恰当的、利于计价组合和分析的计量单位，如：

① 台阶工程可按水平投影面积计算，但不包括台阶翼墙面积，翼墙可按“m”或“m^3”计算另行列项。

② 小型池槽、锅台、炉灶可按“个”计算，以“长×宽×高”顺序标明外形尺寸。

③ 小便槽、地垄墙可按长度“m”计算，其他工程量按体积“m^3”计算。

拓展提高

按照清单规范规定编制可以分别列项的项目，如工程量不大，也可以列项时予以合并。如成品水池下的砖砌搁脚，按零星砌砖以“个”计算列项，可将面层的抹灰或镶贴块料合并到砌筑工程中。但清单编制时，应该将该合并的内容结合计价定额予以明确，如面层做法、每个搁脚面层施工工程量等特征，以使计价人方便计价。

如某零星砌砖清单编制见表 3-33。

表 3-33 砌筑工程量清单

序号	项目编码	项目名称	项目特征描述	计量单位	工程量	金额/元		
						综合单价	合价	其中：暂估价
1	010401012001	砖砌台阶	碎石垫层，M5.0 水泥砂浆砌筑 MU10 水泥实心砖，上 150mm×3 步，含平台；1∶3 水泥砂浆铺贴花岗岩面层，展开面积 9.8m²，其中平台 4.24m²	m^3	8			
2	010401012002	砖砌落地污垢水池	M5.0 水泥砂浆砌筑水泥实心砖，水池外形尺寸 620mm×620mm×300mm，内空 514mm×514mm×240mm；内外 1∶3 水泥砂浆基层，150mm×200mm×5mm 瓷砖贴面	个	12			

2. 零星砌砖项目清单还应描述相关构造(如垫层、基层、埋深、基础等)，必要时可将面层做法予以描述(必须有明确内容和规格、尺寸要求)，以便于计价内容组合。

3. 空斗墙的窗间墙、窗台下、楼板下、梁头下等的实砌部分，按零星砌砖项目编码列项。

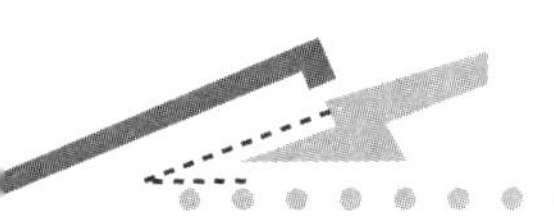

13) 砖散水、地坪(010401013)

【参考图文】

(1) 适用于砖散水、地坪的列项。

(2) 工程内容：土方挖、运、填，地基找平、夯实，铺设垫层，砌砖散水、地坪，抹砂浆面层。

(3) 清单项目描述：砖品种、规格和强度等级，垫层材料种类、厚度，散水、地坪厚度，面层种类、厚度，砂浆强度等级和配合比等予以描述。

(4) 工程量计算：按设计图示尺寸以面积“m^2”计算。

14) 砖地沟、明沟(010401014)

(1) 适用于砖地沟、明沟的列项。

(2) 工程内容：土方挖、运、填，铺设垫层，底板混凝土制作、运输、浇捣、养护，砌砖，刮缝、抹灰，材料运输。

(3) 清单项目描述：砖品种、规格和强度等级，沟截面尺寸，垫层材料种类、厚度，混凝土强度等级，砂浆强度等级等予以描述。

(4) 工程量计算：按设计图示尺寸以中心线长度“m”计算。

拓展提高

砖砌体勾缝，按《计算规范》附录 M 中相关项目编码列项；砖砌体内钢筋加固，按《计算规范》附录 E 中相关项目编码列项。

3. 砌块砌体工程量清单编制

工程量清单规范附录将砌块砌体按墙、柱划分，包括砌块墙、砌块柱两个项目，分别按 010402001×××～010402002×××编码。

(1) 砌块砌体工程适用于各种规格、品种的砌块砌筑的各种类型的墙和柱。工程内容，包括砂浆制作和运输、砌砖和砌块、勾缝、材料运输。

(2) 清单项目描述：砌块的品种、规格和强度等级、砂浆强度等级等予以描述。另砌块墙要描述墙体类型，砌块柱要描述柱类型。

(3) 工程量计算：砌块墙按设计图示尺寸以体积“m^3”计算，应扣除的体积和实心砖墙一致。砌块柱按设计尺寸以体积“m^3”计算，扣除混凝土及钢筋混凝土梁垫、梁头、板头所占体积。

拓展提高

砌体内加筋、墙体拉结的制作、安装，应按《计算规范》附录 E 中相关项目编码列项。若砌体里有灌缝处理，灌注的混凝土应按《计算规范》附录 E 中相关项目编码列项。

4. 石砌体工程量清单编制

工程量清单规范附录将石砌体按砌体内容内容划分，包括石基础、石勒脚、石墙、石挡土墙、石柱、石栏杆、石护坡、石台阶、石坡道、石地沟和石明沟 10 个项目，分别按 010305001×××～010305010×××编码，适用于各种规格的方整石、块石砌筑列项。

1) 石基础(010403001)

(1) 适用于各种规格(粗料石、细料石等)、各种材质(砂石、青石)和各种类型(柱基、墙基、直形、弧形等)的基础列项。

(2) 工程内容：砂浆制作和运输、吊装、砌石、防潮层铺设、材料运输。

(3) 清单项目描述：石料种类和规格、基础类型、砂浆强度等级等予以描述。

(4) 工程量计算：按设计图示尺寸以体积“m^3”计算，包括附墙垛基础宽出部分体积，不扣除基础砂浆防潮层及单个面积 $0.3m^2$ 以内的孔洞所占体积，靠墙暖气沟的挑檐不增加体积。基础长度，外墙按中心线、内墙按净长线计算。

2) 石勒脚、石墙、石挡土墙、石柱(010403002～010403005)

(1) 适用于各种规格(粗料石、细料石等)、各种材质(砂石、青石、大理石、花岗石等)和各种类型石砌体列项。

(2) 工程内容：砂浆制作和运输、吊装、砌石、石表面加工、勾缝、材料运输；石挡土墙增加变形缝、泄水孔、压顶抹灰和滤水层内容，无石表面加工内容。

(3) 清单项目描述：石料种类和规格、石表面加工要求、勾缝要求、砂浆强度等级和配合比。

(4) 工程量计算：石勒脚按设计图示尺寸以体积“m^3”计算，扣除单个面积大于 $0.3m^2$ 的孔洞所占的体积；石墙同实心砖墙工程量计算；石挡土墙、石柱按设计图示尺寸以体积“m^3”计算。

3) 石栏杆、石护坡、石台阶、石坡道、石地沟和明沟(010403006～010403010)

(1)“石栏杆”项目适用于无雕饰的一般石栏杆；“石护坡”项目适用于各种石质和各种石料(如石条、片石、毛石、块石、卵石等)的护坡；“石台阶”项目包括石梯带(垂带)，不包括梯膀(古建筑中称“象眼”)，石梯膀按石挡土墙列项。

(2) 工程内容。

① 石栏杆和石护坡：砂浆制作和运输、吊装、砌石、石表面加工、勾缝、材料运输。

② 石台阶和石坡道：铺设垫层、石料加工、砂浆制作和运输、砌石、石表面加工、勾缝、材料运输。

③ 石地沟、明沟：土方挖和运、砂浆制作和运输、铺设垫层、砌石、石表面加工、勾缝、回填、材料运输。

(3) 清单项目描述。

① 石栏杆：石料种类和规格、石表面加工要求、勾缝要求、砂浆强度等级和配合比。

② 石护坡、石台阶、石坡道：垫层材料种类和厚度、石料种类和规格、护坡厚度和高度、石表面加工要求、勾缝要求、砂浆强度等级和配合比。

③ 石地沟和明沟：沟截面尺寸、土壤类别和运距、垫层种类和规格、石料种类和规格、石表面加工要求、勾缝要求、砂浆强度等级和配合比。

(4) 工程量计算：石栏杆按设计图示以长度“m”计算；石护坡、石台阶按设计图示尺寸以体积“m^3”计算；石坡道按设计图示以水平投影面积“m^2”计算；石地沟、明沟按设计图示以中心线长度“m”计算。

拓展提高

1. 石基础包括剔打石料天、地座荒包等全部工序。
2. 石墙、柱包括石料天、地座打平，拼缝打平，打扁口等工序。
3. 石表面加工，包括打钻路、打麻石、垛斧、扁光等，项目清单描述时应明确具体加工程度和要求。
4. 各项目均包括搭拆简易起重架。

5. 垫层工程工程量清单编制

垫层工程量清单包括项目设置、项目特征描述的内容、计量单位及工程量计算规则。

(1) 垫层工程适用于除混凝土垫层外的其他垫层清单项目列项。

(2) 工程内容：垫层材料的拌制、垫层铺设、材料运输。

(3) 清单项目描述：垫层材料种类、配合比、厚度等。

(4) 工程量计算：按设计图示尺寸以体积“m^3”计算。

3.4.3 工程量清单计价

本部分计价基本依据是工程量清单计价规范和《浙江省建筑工程预算定额(2010版)》第三章砌筑工程。

砌筑工程一章定额计价的项目，主要有砂石垫层、基础砌筑、墙(柱)砌筑、构筑物筒(座、壁)砌筑以及一些零星砌体的砌筑。

3.4.3.1 一般规定

在计价定额中，主体砌筑按照砌体类型区分，有不同厚度的墙体、空斗墙、空花墙等；按砌筑材料区分，有烧结多孔砖墙、蒸压灰砂砖墙、加气混凝土砌块墙等。

(1) 除圆弧形构筑物以外，各类砖及砌块的砌筑定额均按直形砌筑编制，如设计为圆弧形墙，按相应定额人工乘以系数 1.10，砖(砌块)及砂浆(黏结剂)乘以系数 1.03。

实例分析 3-18

【参考图文】

某工程采用 M7.5 混合砂浆砌筑一砖厚烧结普通砖弧形墙，求其基价。

分析：根据以上计价规则，M7.5 混合砂浆一砖厚烧结普通砖定额子目为 3-45。由于是弧形墙，则其基价套定额 3-45H，计算得基价为

$$292.7+56.33\times(1.1-1)+(0.529\times360+0.236\times181.75)\times(1.03-1)=305.33\ (\text{元/m}^3)$$

(2) 本章定额中砖及砌块的用量按标准和常用规格计算，实际规格与定额不同时，砖、砌块及砌筑(黏结)材料用量应作调整，其余用量不变；定额所列砌筑砂浆种类和强度等级、砌块专用砌筑黏结剂及砌块专用砌筑砂浆品种，如设计与定额不同时，应进行换算。

实例分析 3-19

某砌筑工程采用 M10 混合砂浆砌筑一砖厚蒸压灰砂砖墙，求其基价。

分析：根据以上计价规则，混合砂浆砌筑一砖厚蒸压灰砂砖墙定额子目为 3-67，采用的 混合砂浆是 M7.5，计算得基价为

$$271.2+(184.56-181.75)\times 0.236=271.86\ (\text{元}/\text{m}^3)$$

(3) 建筑物砌筑工程基础与上部结构的划分：基础与墙身使用同一种材料时，以设计室内地面为界(有地下室者，以地下室室内设计地面为界)，以下为基础，以上为墙(身)；基础与墙身使用不同材料时，位于设计室内地面高度不大于±300mm 时，以不同材料为界，高度大于±300mm 时，以设计室内地面为分界线。砖基础不分砌筑宽度及有无大放脚，均执行对应品种及规格砖的同一定额；地下混凝土及钢筋混凝土构件的砖模、舞台地垄墙套用砖基础定额。

(4) 砖墙及砌块墙不分清水、混水和艺术形式，不分内、外墙，均执行对应品种及规格砖和砌块同一定额。墙厚一砖以上的，均套用一砖墙相应定额。

(5) 砖墙及砌块墙定额中，已包括立门窗框的调直用工以及腰线、窗台线、挑沿等一般出线用工。

(6) 夹心保温墙(包括两侧)按单侧墙厚套用墙相应定额，人工乘系数 1.15；保温填充料另行套用保温隔热工程的相应定额。

(7) 多孔砖、空心砖及砌块砌筑有防水、防潮要求的墙体时，若以实心(普通)砖作为导墙砌筑的，导墙与上部墙身主体需分别计算，导墙部分套用零星砌体相应定额。

(8) 砌体钢筋加固和墙基、墙身的防潮、防水，以及本章未包括的土方，基础，垫层，抹灰，铁件，金属构件的制作、安装、运输、油漆等，按有关章节的相应定额及规定计算。

(9) 在砌体计价时，还需要注意定额总说明第八条第 8 款中的规定。

本定额中各类砌体所使用的砂浆均为普通现拌砂浆，若实际使用预拌(干混或湿拌)砂浆，按以下方法调整定额。

① 使用干混砂浆的，除现拌砂浆单价换算为干混砂浆外，另按相应定额中每立方米砂浆扣除人工 0.2 工日，灰浆搅拌机台班数量乘以系数 0.6。

② 使用湿拌砂浆的，除将现拌砂浆单价换算为湿拌砂浆外，另按相应定额中每平方米砂浆扣除人工 0.45 工日，并扣除灰浆搅拌机台班数量。

实例分析 3-20

求采用 DM10 干混砂浆(市场价格 450 元/m^3)砌筑 190mm 厚烧结煤矸石多孔砖弧形外墙的基价。

【参考图文】

分析：根据上述计价说明(1)和(9)①条规定需进行基价换算，工程采用 190mm 厚烧结煤矸石多孔砖，则套用定额 3-61 子目，需要调价的是弧形外墙和干混砂浆。先按总说明第(9)条第①款调整单价，即干混砂浆需要调整，再按第(1)条规定调整弧形外墙，则基价为

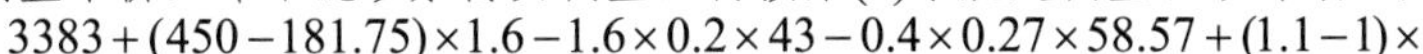

$$3383+(450-181.75)\times 1.6-1.6\times 0.2\times 43-0.4\times 0.27\times 58.57+(1.1-1)\times$$
$$(9.5-1.6\times 0.2)\times 43+(1.03-1)\times(2.66\times 1000+1.6\times 450)=3933(\text{元}/10\text{m}^3)$$

(10) 砌体钢筋加固和墙基、墙身的防潮、防水，及本章未包括的土方，基础，垫层，抹灰，铁件，金属构件的制作、安装、运输、油漆等，按有关章节的相应定额及规定计算。

拓展提高

1. 以上计价说明适用于所有砌筑工程计价。

2. 砖石基础有多种砂浆砌筑时，以多者为准。这是指同一基础中，设计规定一个标高上下为不同砂浆砌筑时的情况。如某工程砖基础底面标高为-1.2m，设计规定室内地坪在-0.06m 标高以下为 M5.0 水泥砂浆、-0.06m 标高以上为 M5.0 混合砂浆砌筑，则该砖基础全部按 M5.0 水泥砂浆计价。

3.4.3.2 砖砌体清单计价

1. 计价说明

(1) 砖砌洗涤池、污水池、垃圾箱、水槽基座、花坛及石墙定额中未包括的砖砌门窗口立边、窗台虎头砖及钢筋砖过梁等砌体，套用零星砌体定额。

空斗墙设计要求实砌的窗间墙、窗下墙的工程量另计，套用零星砌体定额。

(2) 空花墙适用于各种类型的空花墙；使用混凝土花格砌筑的空花墙，实砌墙体与混凝土花格应分别计算，混凝土花格本预算定额按第四章混凝土及钢筋混凝土工程中预制构件定额执行。

拓展提高

1. 砖柱基础工程量并入砖柱内计算，套砖柱定额。

2. 清单按零星砌砖列项的地垄墙(如舞台地垄墙)、砖胎模，套用砖基础定额。

3. 砖柱基础(包括四边大放脚)，套用砖柱定额计价。

2. 计价工程量计算规则

1) 砖基础(010401001)

(1) 计量单位：“m^3”。

(2) 工程量计算：砖基础计价工程量计算规则，与清单工程量计算规则基本一致。如遇剧院、会堂等室内地坪有坡度时，以室内地坪最低标高作为砖基础和墙身的分界。

① 条形砖基础。

a. 长度：外墙按外墙中心线长度计算。内墙砖基础按内墙墙身净长线计算，其余基础按基础底净长计算；其应增加的搭接体积，按图示尺寸计算。

b. 计算条形砖基础长度时，附墙垛凸出部分按折加长度合并计算，不扣除搭接重叠部分的长度，垛的加深部分也不增加。

附墙垛折加长度 L 按下式计算：

$$L = ab / c$$

式中　a、b——附墙垛凸出部分断面的长、宽；

　　　c——砖(石)墙厚，见图 3.11。

c. 计算条形砖基础工程量时，两边大放脚体积并入计算，大放脚体积=砖基础长度×大放脚断面积，大放脚断面积按下列公式计算：

$$(等高式) S=n(n+1)ab$$

$$(间隔式) S=\sum(a+b)+\sum\left(\frac{a}{2}\times b\right)$$

式中 n——放脚层数；

a、b——每层放脚的高、宽(凸出部分)。

对标准砖基础，a=0.126m(每层二皮砖)，b=0.063m。
基础放脚尺寸如图 3.15 所示。

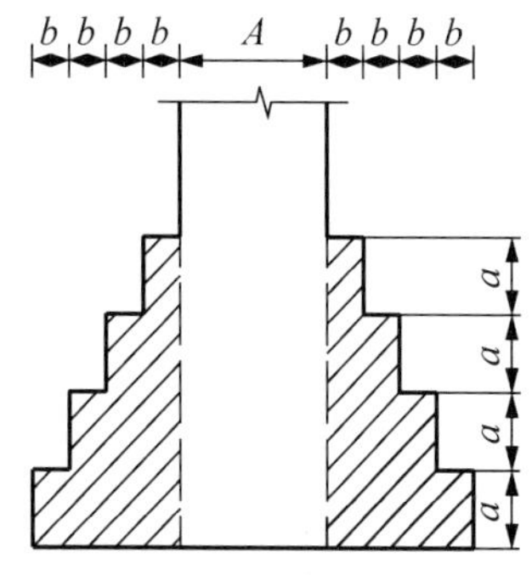

图 3.15 基础放脚示意图

② 独立砖基础：工程量并入砖柱工程量计算。

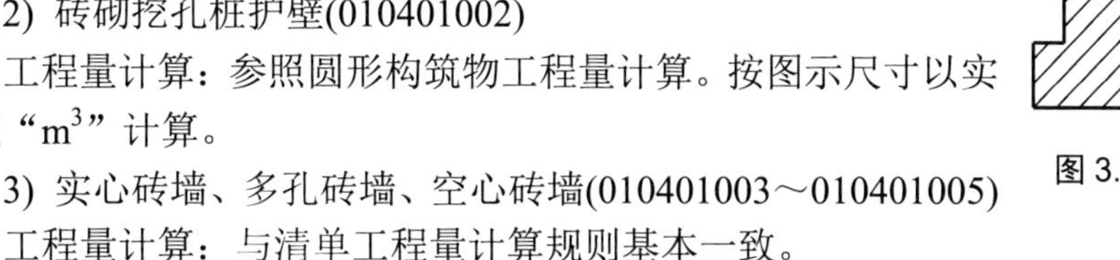

2) 砖砌挖孔桩护壁(010401002)

工程量计算：参照圆形构筑物工程量计算。按图示尺寸以实体积“m^3”计算。

3) 实心砖墙、多孔砖墙、空心砖墙(010401003～010401005)

工程量计算：与清单工程量计算规则基本一致。

计算砌体工程量时，应扣门窗洞口，过人洞，空圈，嵌入墙内的钢筋混凝土柱、梁、圈梁、挑梁、过梁、止水翻边、板，以及凹进墙内的壁龛、管槽、暖气槽、消火栓箱和每个面积在 0.3m^2 以上的孔洞所占的体积；但嵌入砌体内的钢筋、铁件、管道、木筋、钢管、基础砂浆防潮层及承台桩头，屋架、檩条、梁等伸入砌体的头子，钢筋混凝土过梁板(厚 7cm 内)、混凝土垫块，木楞头，沿椽木，木砖和单个面积不大于 0.3m^2 的孔洞等所占体积不扣；凸出墙身的窗台、1/2 砖以内的门窗套、二出檐以内的挑檐等的体积也不增加。凸出墙身的统腰线、1/2 砖以上的门窗套、二出檐以上的挑檐等的体积，应并入所依附的砖墙内计算。凸出墙面的砖垛并入墙体体积内计算。

空心砖墙的工程量，按图示尺寸以体积“m^3”计算；砌块墙的门窗洞口等镶砌的同类实心砖部分已包含在定额内，不单独计算。

请思考一下，在计算砌体工程前，应先计算哪些分项工程？

4) 空斗墙(010401006)

工程量计算：按设计图示尺寸以空斗墙外形体积“m^3”计算。空斗墙的内外墙交接处、门窗的洞口立边、窗台砖、屋檐处实砌部分，以及过人洞口、墙角、梁支座等实砌部分和地面以上、圈梁或板底以下三皮实砌砖，均已包括在定额内，其工程量应并入空斗墙内计算；砖垛工程量应另行计算，套实砌墙相应定额。

空斗墙的实砌部分工程量计算划分与清单不同之处：地面上、楼板下、梁头下的实砌部分，应把此部分工程量并入空斗墙体积计算，套用空斗墙定额计价，清单则按零星项目列项。

5) 空花墙(010401007)

工程量计算：按设计图示尺寸以空花部分外形体积“m^3”计算，不扣除空花部分体积。

【参考视频】

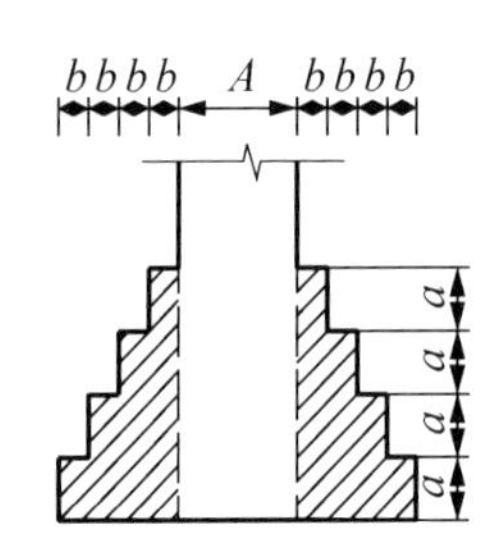

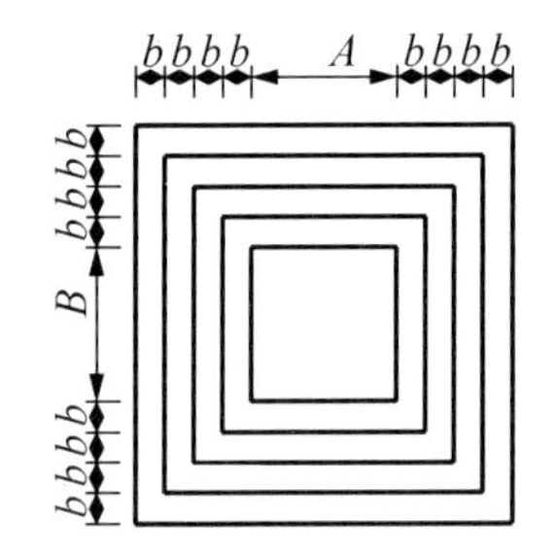

图 3.16　砖柱垛结构尺寸示意图

规则同清单工程量。

6) 填充墙(010401008)

工程量计算：同清单工程量。

7) 实心砖柱、多孔砖柱(010401009～010401010)

工程量计算：包括砖柱和独立砖柱基础工程量两部分内容。砖柱工程量同清单工程量。独立砖柱基础工程量按柱身体积加上四边大放脚体积计算，砖柱基础工程量并入砖柱计算。四边大放脚体积 V 按下式计算：

$$V = n(n+1)ab\left[\frac{2}{3}(2n+1)b + A + B\right]$$

式中　A、B——砖柱断面积的长、宽。

其余同上。

砖柱垛结构尺寸如图 3.16 所示。

8) 砖检查井(010401011)

(1) 本定额所列排水管、窨井等室外排水定额，仅为化粪池配套设施用，不包括土方及垫层，如发生时应按有关章节定额另列项目计算；窨井按 2004 浙 S1、S2 标准图集编制，如设计不同时，可参照相应定额执行；砖砌窨井按内径周长套用定额，井深按 1m 编制，实际深度不同时，套用“每增减 20cm”定额按比例进行调整。

(2) 工程量计算：按检查井数量以“只”计量。所用定额见本预算定额第九章附属工程。

9) 零星砌砖(010401012)

工程量计算：按体积以“m^3”计量。砌体设置导墙时，砖砌导墙需单独计算，厚度与长度按墙身主体，高度按实际砌筑高度计算；墙身主体的高度相应扣除。

附墙烟囱、通风道、垃圾道，按外形体积计算工程量并入所附的砖墙内，不扣除每个面积在 $0.1m^2$ 以内的孔道体积，孔内的抹灰工料也不增加；应扣除每个面积大于 $0.1m^2$ 的孔道体积，孔内抹灰按零星抹灰计算。附墙烟囱如带有瓦管、除灰门，应另列项目计算。这与清单工程量计算不同。

3/4 砖墙厚定额按 178mm，清单按 180mm。

地下混凝土、钢筋混凝土构建的砖模、舞台地垄墙计算，按砖基础计算规则。

10) 砖散水、地坪

(1) 砖散水也称护坡。计价说明在本预算定额第九章，该章定额中坡道未包括面层，如发生时应按设计面层做法，另行套用楼地面工程相应定额。

(2) 工程量计算：按外墙中心线乘以宽度以面积“m^2”计算，不扣除每个长度在 5m 以内的踏步或斜坡。

11) 砖地沟、明沟

工程量计算：墙脚护坡边明沟，长度按外墙中心线以体积“m^3”计算。

3. 砖砌体清单计价

砌筑工程项目清单计价时，排除价格因素，工程项目工料机数量的确定与计算，主要考虑的是清单项目特征的描述内容(必要时应该对照设计施工图)，以及采用的计价定额的使用规则，而与施工方案的取定和运用关系不大。

1) 砖基础

因砖基础计价工程量与清单工程量计算规则基本一致，因此计价时基础工程量不需重新计算，只需要考虑组合内容。

砖基础清单项目实际组合内容，可以参见表3-34。

表3-34 砖基础清单项目计价组价

项目编码	项目名称	可组合的主要内容	对应的定额子目	定额编码
010401001	砖基础	砖基础	混凝土实心砖	3-13～14
			烧结普通砖	3-15
			蒸压灰砂砖	3-16
		防潮层	水泥砂浆	7-40

拓展提高

水泥砂浆防潮层是在本预算定额的第七章，因此计价规则和工程量计算规则参照第七章中的说明。其工程量计算，为防水砂浆防潮层按图示面积计算。

实例分析3-21

计算实例分析3-16提供的砖砌基础工程量清单项目的综合单价。假设计价人根据取定的工料机价格按2010定额取定价位标准；企业管理费为15%，利润为10%；经市场调查和计价方案决策，不考虑市场风险因素。

分析：(1)根据清单规范有关规定、题目提供的工程条件及企业拟定的施工方案，本题中要求计价的砖砌基础(010401001)清单项目采用《浙江省建筑工程预算定额(2010版)》时应组合的定额子目见表3-35。

表3-35 砖基础清单组价表

项目编码	项目名称	可组合的主要内容	对应的定额子目	定额编码
010401001	砖基础	砖基础	混凝土实心砖	3-13
		防潮层	水泥砂浆	7-40

(2) 根据计价规则及工程量计算规则进行工程量计算。

砖基础工程量同清单工程量，因此 V_{1-1}=9.69m^3，V_{2-2}=4.63m^3。

防水砂浆防潮层工程量计算：1—1截面，根据基础长度 L=21.74m，防潮层面积为21.74×0.24= 5.22(m^2)；2—2截面，L=13.8m，防潮层面积为13.8×0.24=3.31(m^2)。

【参考图文】

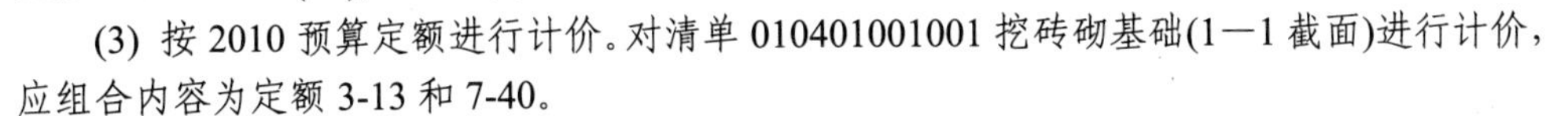

(3) 按2010预算定额进行计价。对清单010401001001挖砖砌基础(1—1截面)进行计价，应组合内容为定额3-13和7-40。

① 混凝土实心砖基础(规格为240mm×115mm×53mm)套定额3-13，计算得相应单价为

$$人工费=43.86(元/m^3)$$
$$材料费=204.187+(168.17-174.77)\times0.23=202.67(元/m^3)$$
$$机械费=2.226(元/m^3)$$
$$管理费=(43.86+2.226)\times15\%=6.91(元/m^3)$$
$$利润=(43.86+2.226)\times10\%=4.61(元/m^3)$$

② 砖基础 1：2 防水砂浆防潮层套定额 7-40，计算得相应单价为

$$人工费=0(元/m^2)$$
$$材料费=6.668(元/m^2)$$
$$机械费=0.205(元/m^2)$$
$$管理费=0.205\times15\%=0.03(元/m^3)$$
$$利润=0.205\times10\%=0.02(元/m^3)$$

③ 综合单价计算如下：

$$人工费=(43.86\times9.69+0)/9.69=43.86(元/m^3)$$
$$材料费=(202.67\times9.69+6.668\times5.22)/9.69=206.26(元/m^3)$$
$$机械费=(2.226\times9.69+0.205\times5.22)/9.69=2.34(元/m^3)$$
$$管理费=(43.86+2.34)\times15\%=6.93(元/m^3)$$
$$利润=(43.86+2.34)\times10\%=4.62(元/m^3)$$

则综合单价为

$$43.86+206.26+2.34+6.93+4.62=264.01(元/m^3)$$

合价为

$$264.01\times9.69=2558.26(元)$$

同理可以计算出 010401001002 清单的综合单价和合价，最终结果见表 3-36。

表 3-36　综合单价计算表

单位及专业工程名称：××××楼——建筑工程　　　　第　页 共　页

序号	编号	项目名称	计量单位	数量	综合单价/元							合价/元
					人工费	材料费	机械费	管理费	利润	风险费用	小计	
1	010401001001	砖基础(1—1 截面)	m^3	9.69	43.86	206.26	2.34	6.93	4.62	0	264.01	2558.26
	3-13	混凝土实心砖基础	m^3	9.69	43.86	202.67	2.226	6.91	4.61	0	260.276	2522.07
	7-40	防水砂浆防潮层(砖基础)	m^2	5.22	0	6.668	0.205	0.03	0.02	0	6.923	36.14
2	010401001002	砖基础(2—2 截面)	m^3	4.63	43.86	207.44	2.37	6.93	4.62	0	265.22	1227.97
	3-13	混凝土实心砖基础	m^3	4.63	43.86	202.67	2.226	6.91	4.61	0	260.276	1205.08
	7-40	防水砂浆防潮层(砖基础)	m^2	3.31	0	6.668	0.205	0.03	0.02	0	6.923	22.92

2) 实心砖墙、多孔砖墙、空心砖墙

因砖墙计价工程量与清单工程量计算规则基本一致，因此计价时基础工程量不需重新计算，只需要考虑组合内容。清单项目实际组合内容可以参见表 3-37。

表 3-37 实心砖墙、多空砖墙、空心砖墙清单组价

项目编码	项目名称	可组合的主要内容	对应的定额子目	定额编码
010401003	实心砖墙	混凝土实心砖墙	混凝土类实心砖	3-20～23/3-30、31
		烧结普通砖	烧结普通砖	3-45～48
		蒸压灰砂砖	蒸压灰砂砖	3-67、68
010401004	多孔砖墙	轻集料混凝土实心砖	轻集料混凝土实心砖	3-41、42
		混凝土多孔砖墙	混凝土多孔砖墙	3-36～38
		烧结多孔砖	烧结多孔砖	3-59～61
		蒸压多孔砖	蒸压多孔砖	3-71、72
010401005	空心砖墙	烧结空心砖	烧结空心砖	3-64～66

3) 空斗墙、空花墙

清单项目实际组合内容可以参见表 3-38。

表 3-38 空斗墙、空花墙清单组价

项目编码	项目名称	可组合的主要内容	对应的定额子目	定额编码
010401006	空斗墙	混凝土实心砖墙	混凝土类实心砖空斗墙	3-32～35
			烧结普通砖空斗墙	3-55～58
010401007	空花墙	烧结普通砖	烧结普通砖空花墙	3-50

4) 填充墙、实心砖柱、零星砌体

根据计价规则，对于不同于清单计价规则的应重新计算工程量，清单项目实际组合内容可以参见表 3-39。

表 3-39 填充墙、实心砖柱、多孔砖柱、砖检查井、零星砌体清单组价表

项目编码	项目名称	可组合的主要内容	对应的定额子目	定额编码
010401008	填充墙	根据材料进行计价组合	—	—
010401009	实心砖柱	混凝土实心砖	混凝土实心砖方柱	3-24
		烧结普通砖	烧结普通砖方柱	3-49
010401010	多孔砖柱	混凝土多孔砖	混凝土多孔砖方柱	3-39
		烧结多孔砖	烧结多孔砖方柱	3-62
010401011	砖检查井	砖检查井	砖砌窨井	9-8～15
010401012	零星砌体	空斗墙的窗间墙、窗台下、楼板下、梁头下的实砌部分	烧结普通砖空斗墙	3-55～58
		锅台、炉灶、不规则的洗涤池、花坛、地垄墙、屋面隔热板下的砖墩、窗间墙和窗台下的实砌部分	混凝土实心砖零星砌体	3-29
			混凝土多孔砖零星砌体	3-40
			轻集料混凝土实心砖零星砌体	3-44
			烧结普通砖零星砌体	3-54
			烧结多孔砖零星砌体	3-63
			蒸压砖零星砌体	3-70
			蒸压多孔砖零星砌体	3-73
		大小便槽、蹲台、池脚、规则的洗涤池、污水池	大小便槽	9-36～44
			污水池	9-45～46
			砖脚	9-56～57

5) 砖散水、地坪及砖地沟、明沟

清单项目实际组合内容可以参见表 3-40。

表 3-40　砖散水、地坪、砖地沟明沟清单组价

项目编码	项目名称	可组合的主要内容	对应的定额子目	定额编码
010401013	砖散水、地坪	垫层	砂垫层、砂石垫层、塘渣垫层、块石垫层、碎石垫层、灰土、三合土、混凝土垫层	3-1～12/4-1/4-73
		砌筑	混凝土多孔砖零星砌体、轻集料混凝土实心砖零星砌体、沥青胶泥铺砌沥青浸渍砖	3-40/3-44/8-116/8-117
		勾缝	水泥砂浆勾缝、零星抹灰	11-7/11-20～24
010401014	砖地沟、明沟	砖砌地沟、明沟	混凝土实心砖砌筑地沟、轻集料混凝土实心砖砌筑地沟、烧结普通砖砌筑地沟、蒸压砖砌筑地沟，明沟	3-28/3-43/3-53/3-69/9-62
		其他砖砌沟	土方、垫层、沟底、砌筑、勾缝	—

3.4.3.3　砌块砌体清单计价

1. 计价说明

(1) 蒸压加气混凝土类砌块墙定额，已包括砌块零星切割改锯的损耗及费用。

(2) 采用砌块专用黏结剂砌筑的蒸压粉煤灰加气混凝土砌块墙，若实际以柔性材料嵌缝连接墙端与混凝土柱或墙等侧面交接的，换算砌块单价，套用蒸压砂加气混凝土砌块墙的相应定额。

拓展提高

蒸压粉煤灰加气混凝土砌块墙墙顶与混凝土梁或楼板之间的缝隙，若实际采用柔性嵌缝，除柔性嵌缝按定额规则另列项目计算外，还应扣除定额中刚性材料嵌缝部分费用，具体调整方法如下:

(1) 采用普通砌筑砂浆砌筑的，每 10m^3 砌体扣除相应砌筑砂浆 0.1010^3，人工 0.50 工日，200L 灰浆搅拌机 0.02 台班;

(2) 采用砌块砌筑黏结剂的，每 10m^3 砌体扣除 1∶3 水泥砂浆 0.1010^3，人工 0.50 工日，200L 灰浆搅拌机 0.02 台班。

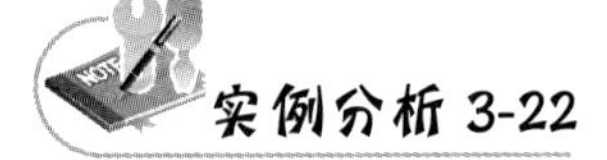

实例分析 3-22

某黏结剂砌筑的 200mm 厚蒸压粉煤灰加气混凝土砌块墙墙顶与梁之间的缝隙采用柔性材料嵌缝，求其基价。

【参考图文】

分析：根据计价说明2，对于蒸压粉煤灰加气混凝土砌块墙套用定额3-83，但基价需要换算，换算后套定额3-83H，则相应基价为

$$272.4-0.01\times195.13-0.05\times43-0.002\times58.57=268.18(\text{元}/\text{m}^3)$$

除自保温墙外，若实际以砌块专用砌筑黏结剂直接连接蒸压砂加气混凝土砌块墙的墙端与混凝土柱或墙等侧面交接的，换算砌块单价，套用蒸压粉煤灰加气混凝土砌块墙的相应定额。

(3) 柔性材料嵌缝定额已包括两侧嵌缝所需用量，其中PU发泡剂的单侧嵌缝尺寸按2.0cm×2.5cm考虑，如实际与定额不同时，PU发泡剂用量按比例调整，其余用量不变。

2. 计价工程量计算规则

1) 砌块墙(010402001)

(1) 一般砌块墙工程量计算同砖砌体工程量计算。计量单位为m^3。

(2) 柔性材料嵌缝根据设计要求，工程量按轻质填充墙与混凝土梁、楼板、柱或墙之间的缝隙长度以“m”计算。

(3) 轻质砌块专用连接件的工程量，按实际安放数量以“个”计算。

2) 砌块柱(010402002)

(1) 计量单位：m^3。

(2) 工程量计算：同砖砌体工程量计算规则。

3. 砌块砌体清单计价

砌块砌体工程项目清单计价时，排除价格因素，工程项目工料机数量的确定与计算，主要考虑的是清单项目特征的描述内容(必要时应该对照设计施工图)以及采用的计价定额的使用规则，而与施工方案的取定和运用关系不大。

砌块墙清单项目实际组合内容可以参见表3-41。

表3-41 砌块墙清单组价

项目编码	项目名称	可组合的主要内容	对应的定额子目	定额编码
010402001	砌块墙	轻集料混凝土类空心砌块	轻集料混凝土小型空心砌块	3-74～76
		烧结类空心砌块	烧结空心砌块	3-77～79
		蒸压加气混凝土类砌块	蒸压粉煤灰加气混凝土砌块	3-80～89
		轻质砌块专用连接件	L形铁件	3-90
		柔性材料嵌缝	聚氨酯(PU)发泡剂嵌缝	3-91
		勾缝	水泥砂浆勾缝、零星抹灰	11-7

3.4.3.4 石砌体清单计价

1. 计价工程量计算规则

1) 石基础、石墙

工程量计算规则：按图示尺寸以体积“m^3”计算。

2) 石挡土墙、石柱、石护坡

工程量计算规则：按设计图示尺寸以体积“m^3”计算。

2. *石砌体清单计价*

石砌体清单项目实际组合内容可以参见表 3-42。

表 3-42 石砌体清单组价

项目编码	项目名称	可组合的主要内容	对应的定额子目	定额编码
010403001	石基础	垫层	砂垫层、砂石垫层、塘渣垫层、块石垫层、碎石垫层、灰土、三合土混凝土垫层	3-1～12/4-1/4-73
		砌石	块石基础	3-17～19
		防潮层	防水砂浆防潮层	7-38～40
			石油沥青玛蹄脂卷材	7-44/7-46
			玛蹄脂玻璃纤维布	7-49/7-51
010403003	石墙	块石普通墙	块石普通墙	3-92～93
		勾缝	水泥砂浆勾缝	11-7
010403004	石挡土墙	砌石	块石挡土墙	3-94～95
		压顶	零星抹灰(一般抹灰)	11-20～22
		勾缝	水泥砂浆勾缝	11-7
010403007	石护坡	砌石	块石护坡	3-96～97
		勾缝	勾缝	11-7
010403008	石台阶	石台阶	方整石	3-98～99
010403009	石坡道	墙脚护坡	毛石	9-59～60

3.4.3.5 垫层清单计价

1. *计价说明*

本垫层定额适用于基础垫层和地面垫层。混凝土垫层套用混凝土及钢筋混凝土工程相应定额。块石基础与垫层的划分，如图纸不明确时，砌筑者为基础，铺排者为垫层。

2. *计价工程量计算规则*

(1) 条形基础垫层工程量，按设计图示尺寸以体积“m^3”计算。所采用的长度，外墙按外墙中心线长度计算，内墙按内墙基底净长计算，柱网结构的条基垫层不分内外墙均按基底净长计算。柱基垫层工程量，按设计垫层面积乘以厚度计算。

(2) 地面垫层工程量，按地面面积乘以厚度以体积“m^3”计算，地面面积按楼地面工程的工程量计算规则计算。

3. *垫层清单计价*

清单项目实际组合内容可以参见表 3-43。

表 3-43　垫层清单组价

项目编码	项目名称	可组合的主要内容	对应的定额子目	定额编码
010404001	垫层	垫层	砂垫层	3-1
			砂石垫层	3-2～3
			塘渣垫层	3-4～5
			块石垫层	3-6～8
			碎石垫层	3-9～10
			灰土	3-11
			三合土	3-12

任务 3.5　混凝土与钢筋混凝土工程

本节内容按工程部位、构件性质、施工工艺等划分，包括了工程结构实体分部分项项目的主要组成部分以及利于工程实体形成的技术措施项目。

本节项目适用于各类建筑物和构筑物混凝土浇捣、钢筋制作安装以及模板工程的项目列项和计价，也适用于其他分部分项定额及清单附录中未包括的混凝土浇捣、钢筋制作安装、模板工程的项目列项和计价。

3.5.1　基础知识

混凝土及钢筋混凝土工程，涉及模板、混凝土浇捣、钢筋制作安装项目的列项和计算，如工程设计有预制混凝土构件时，还将涉及混凝土构件的运输、安装工程，其中预制件的运输应视构件的施工实施方案来确定是否列项计算。

1. 混凝土工程

1) 现浇混凝土构件

按构件部位、作用及其性质划分，建筑物中的混凝土工程主要项目有：基础、柱(独立柱、构造柱、暗柱)、梁(基础梁、单梁、圈梁)、板、墙等工程主体结构构件，和楼梯、阳台、栏板、雨篷、檐沟等工程辅助构件。

【参考视频】

【参考视频】

2) 预制混凝土构件

为了提高工程建设进度，有的工程按照标准设计可以采用构件预制，通过(拼)安装形成建筑骨架的施工方式，主要预制构件的种类与现浇的基本相同，一般有柱、梁、板和屋架等。构件预制根据其体量的大小、施工工艺、设备和实施的要求等，可以分为加工厂制作和现场制作两种。

3) 混凝土分类

混凝土的种类按其性能、用途及配合比等划分，工程常见的普通混凝土，包括现拌现浇混凝土、现拌预制混凝土、加工厂现拌预制混凝土、灌注桩混凝土(沉管灌注、水下灌注等)、泵送混凝土(集中预拌)、防水混凝土、喷射混凝土、道路混凝土等；其他混凝土，包括加气混凝土、特种(耐热、耐碱、耐油、防射线)混凝土、

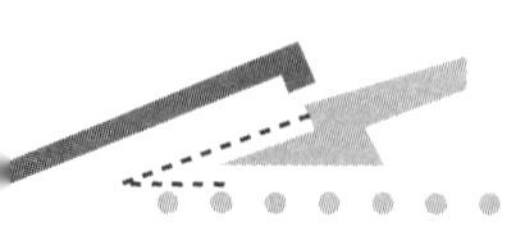

轻质混凝土、沥青混凝土等。

一般根据工程的规定，确定混凝土采用自拌还是采用商品混凝土。采用商品混凝土时，应根据工程施工方案确定采用泵送还是非泵送。

2. 钢筋工程

【参考视频】

(1) 建筑工程上常用的钢筋，按其轧制外形及加工工艺、构件力学性质等划分，包括圆钢筋、螺纹钢筋、冷拔钢丝、冷扎带肋钢筋，以及先张法预应力钢筋和后张法预应力钢筋。

(2) 钢筋伸入或穿过支座或支点的长度，应按照设计及有关规范要求保证有足够的锚固长度。

(3) 按照不同钢筋种类，对钢筋端部有不同的构造要求，如光圆钢筋端部需要设置弯钩，螺纹钢筋则不需设置半圆弯钩等。

(4) 钢筋的连接方法，按照不同构件要求、施工工艺等，有绑扎、焊接、机械连接等方法。

(5) 根据钢筋连接方法及其受力性能不同，钢筋的搭接长度各有不同；钢筋生产的定尺长度也是产生钢筋搭接的因素。

3. 预制构件的运输、安装

预制构件运输，分为场外运输和场内运输两种情况。

预制构件安装，按构件体形、制作情况等，有直接起吊就位安装和拼装后起吊就位安装两种。构件拼装有平拼和立拼两种。吊装方案一般有综合吊装法、分件吊装法、混合吊装法等。常用的构件吊装机械有履带式起重机、汽车式起重机、轮胎式起重机、塔式起重机等。具体运用时按照建筑物的形体、构件外形尺寸、重量、安装高度、工作面、工程量及工期要求等来进行选择。

3.5.2 混凝土及钢筋混凝土工程清单编制

3.5.2.1 砌筑工程量清单编制说明

混凝土及钢筋混凝土工程工程量清单，按《房屋建筑与装饰工程工程量计算规范》附录 D 进行编制，适用于建筑物和构筑物工程砌筑项目列项。

本任务项目按上述规范附录 E，分为 E.1～E.7 现浇混凝土各类构件、E.8 后浇带、E.9～E.14 预制混凝土各类构件、E.15 钢筋工程、E.16 螺栓铁件 16 个部分，共 77 个项目。

(1) 混凝土及钢筋混凝土实体清单项目划分、清单编码，按清单规范附录 E 设置。

(2) 因国家规范对技术措施项目已列出具体分项项目，本任务涉及的模板工程应根据附录 S.2 措施项目列项。

3.5.2.2 现浇混凝土构件清单编制

1. 现浇混凝土基础

清单规范将其按基础类型分为垫层、带形基础、独立基础、满堂基础、设备基础、桩承台基础6个项目，分别按010501001×××～010501006×××编码列项。

1) 垫层、带形基础、独立基础、满堂基础、桩承台基础(010501001～010501005)

(1) 垫层适用于各类基础垫层及地面垫层；带形基础适用于各种带形基础；独立基础适用于块体基础、杯形基础、柱下板式基础、无筋倒圆台基础、壳体基础、电梯井基础等；满堂基础适用于地下室箱形基础、筏形基础等；桩承台基础，适用于浇筑在群桩、单桩上的承台。

(2) 工程内容：模板及支撑制作、安装、拆除、堆放、运输及清理模内杂物、刷隔离剂等，混凝土制作、运输、浇筑、振捣、养护。

(3) 清单项目描述：混凝土种类、混凝土强度等级。若是毛石混凝土，则应描述毛石所占比例。基底埋深(自设计室外地坪算起)超过2m的，应在清单项目特征中予以描述。

(4) 工程量计算：按设计图示尺寸以体积计算，不扣除伸入承台基础的桩头所占体积。

① 基础垫层和各类基础的混凝土工程量，按设计图示尺寸以实体积计算，不扣除嵌入承台基础的桩头所占体积。

② 带形基础(垫层)工程量计算方法：

带形基础混凝土工程量=带形基础长度×截面积+T形搭接体积

带基垫层混凝土工程量=带基垫层长度×截面积

式中，带形基础(垫层)长度，外墙按外墙中心线、内墙按基底净长线计算；独立柱基间带形基础不分外、内墙，均按基底净长线计算；附墙垛折加长度合并计算。基础T形搭接体积按图示尺寸计算，并入带形基础混凝土工程量内。

锥形基础结构尺寸如图3.17所示。

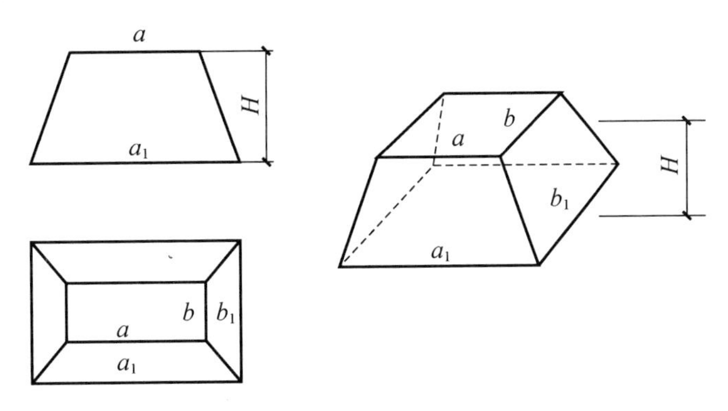

图3.17 锥形基础结构尺寸示意图

关于T形搭接体积，无梁带基每个搭接体积由V_2组成，有梁带基每个搭接体积由V_1、V_2两部分组成，如图3.18所示。计算公式为

$$V_1=LbH$$

$$V_2=Lbh_1/2+2L(B-b)/2\times h_1/2\times 1/3=Lh_1(2b+B)/6$$

$$(\text{无梁式})\ V=Lh_1(2b+B)/6$$

$$(\text{有梁式})\ V=L[h_1(2b+B)/6+bH]$$

式中 V_1——长方体体积；

V_2——两个三棱锥加上半个长方体体积；

V——一个T形搭接体积；

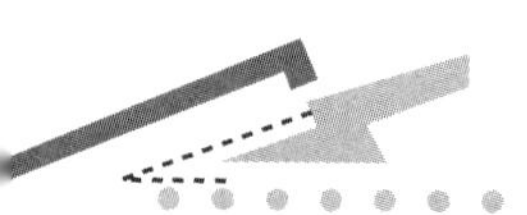

L——搭接长度；

B——带基底宽；

b——带基顶宽；

H——有梁带基梁高；

h_1——带基锥高。

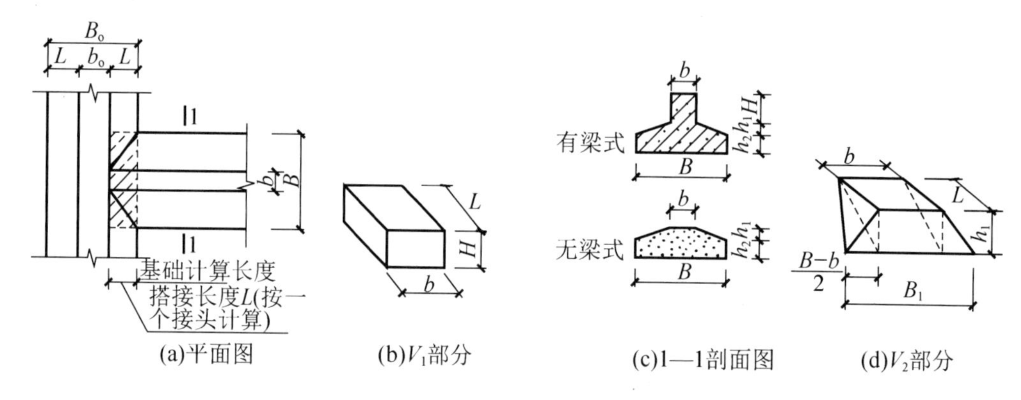

图 3.18　T 形搭接示意图

拓展提高

独立柱基间带形基础搭接体积不适用于上述T形搭接体积公式，应另按图示尺寸计算。

③ 独立基础(垫层)工程量计算方法：现浇混凝土柱下的独立基础、预制混凝土柱下的杯形基础的工程量，均按图示尺寸以体积“m^3”计算，其混凝土工程量(体积)实际上是几个几何体的组合(即通过加、减进行组合)，如遇梯形体(含四棱台)，其体积计算公式为

【参考视频】

$$V=H[ab+a_1b_1+(a+a_1)(b+b_1)]/6$$

式中　V——梯形体体积；

H——台体高度；

a、b——上底面(矩形)的长度、宽度；

a_1、b_1——下底面(矩形)的长度、宽度。

④ 满堂基础的柱墩并入满堂基础内计算。满堂基础设有后浇带时，后浇带应分别列项计算。

⑤ 基础侧边弧形增加费，按弧形接触面长度计算，每个面计算一道。

实例分析 3-23

图 3.19 所示为某基础平面及剖面图，室外地坪标高为-0.30m，室内地坪标高为 ± 0.00m，地面面层厚 10cm，基础垫层采用 C15(40)现浇混凝土，带形基础采用 C20(40)现浇混凝土，独立基础采用 C25(40)现浇混凝土，基础钢筋保护层厚度为 40mm。试编制该混凝土基础工程量清单。

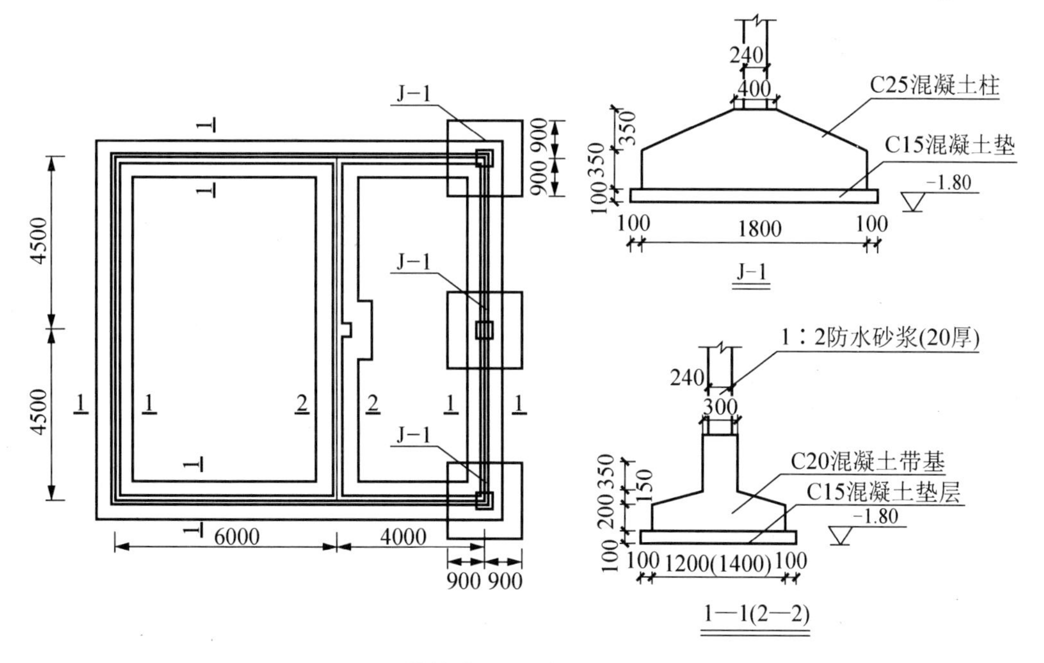

图 3.19　某基础平面及剖面图(单位：mm)

分析：根据清单规则计算。

(1) 垫层工程量为

$$V = 0.1\times1.4\times[(10+9)\times2-6]+0.1\times1.6\times(9-1.4)=5.70(\text{m}^3)$$

(2) 1—1 带形基础混凝土工程量为

$$V_1 = [0.2\times1.2+\frac{1}{2}\times(1.2+0.3)\times0.15+0.35\times0.3]\times[(9+10)\times2-0.9\times6]=14.91(\text{m}^3)$$

搭接长度部分工程量为

$$V_2 = \frac{1}{2}\times0.35\times0.3\times0.7\times6=0.22(\text{m}^3)$$

则 1—1 带形基础清单工程量为

$$V_{1-1}=0.22+14.91=15.13(\text{m}^3)$$

(3) 2—2 带形基础混凝土工程量为

$$V_1' = [0.2\times1.4+\frac{1}{2}\times(1.4+0.3)\times0.15+0.35\times0.3]\times(9-1.2)=4.00(\text{m}^3)$$

搭接长度部分工程量为

$$V_2' = \left(\frac{2}{3}\times\frac{1.4-0.3}{2}\times0.15\times\frac{1.2-0.3}{2}+\frac{1}{2}\times\frac{1.2-0.3}{2}\times0.15\times0.3+0.3\times0.35\times\frac{1.2-0.3}{2}\right)\times2$$
$$=0.16(\text{m}^3)$$

则 2—2 带形基础清单工程量为

$$V_{2-2}=4+0.16=4.16(\text{m}^3)$$

(4) 独立基础工程量为

$$V=\left\{1.8\times1.8\times0.35+\frac{1}{6}\left[1.8\times1.8+0.4\times0.4+\frac{1}{4}(1.8+0.4)\times(1.8+0.4)\right]\times0.35\right\}\times3$$
$$=4.21(\text{m}^3)$$

该基础工程混凝土工程量清单见表 3-44。

表 3-44　某基础工程混凝土工程量清单

序号	项目编码	项目名称	项目特征描述	计量单位	工程量	金额/元		
						综合单价	合价	其中：暂估价
1	010501001001	垫层	C15(40)现浇混凝土	m^3	5.70			
2	010501002001	带形基础	C20(40)现浇混凝土	m^3	19.29			
3	010501003001	独立基础	C25(40)现浇混凝土	m^3	4.21			

2) 设备基础(010501006)

(1) 设备基础适用于设备的块体基础、框架式基础等。

(2) 工程内容：模板及支撑制作、安装、拆除、堆放、运输及清理模内杂物、刷隔离剂等，混凝土制作、运输、浇筑、振捣、养护。

(3) 清单项目描述：混凝土种类、混凝土强度等级、灌浆种类。设备基础应按块体外形尺寸不同分别列项，项目特征应对基础的单体体积、设备螺栓孔尺寸和数量、二次灌浆要求及其尺寸等予以描述；二次灌浆不单独列项。

(4) 工程量计算：按设计图示尺寸以体积“m^3”计算，不扣除伸入承台基础的桩头所占体积以及设备螺栓孔体积。

1. 有肋带形基础、无肋带形基础，按带形基础项目列项。但有肋、无肋带形基础及不同断面尺寸、不同底面标高的基础应分别编码列项。
2. 箱式满堂基础和框架式设备基础中的柱、梁、板，按柱、梁、板项目列项。
3. 地下室底板施工缝设有止水带时，应另列项目。
4. 混凝土种类：指清水混凝土、彩色混凝土等，如在同一地区既可以使用预拌(商品)混凝土又允许搅拌混凝土时，也应注明(下同)。

【参考视频】

2. 现浇混凝土柱

清单规范将其分为矩形柱、构造柱、异形柱 3 个项目，分别按 010502001×××～010502003×××编码列项。

(1) 矩形柱、异形柱适用于各形柱，包括构架柱、有梁板柱、无梁板柱；单独的薄壁柱根据其截面形状，分别以矩形柱、异形柱列项；与墙连接的薄壁柱按墙项目编码。混凝土柱上的钢牛腿，按零星钢构件编码列项。

(2) 工程内容：模板及支撑制作、安装、拆除、堆放、运输及清理模内杂物、刷隔离剂等，混凝土制作、运输、浇筑、振捣、养护。

(3) 项目特征描述：混凝土强度等级、混凝土种类；异形柱还应描述柱的形状。同一类型柱可以根据高度、柱断面分别编码列项。

(4) 工程量计算：按设计图示尺寸以体积“m^3”计算，不扣除构件内钢筋、预埋件所占体积。其中对于柱高，有梁板应自柱基上表面(或楼板上表面)至上一层楼板上表面之间的高度计算，无梁板应自柱基上表面(或楼板上表面)至柱帽下表面之间的高度计算，框架柱应自柱基上表面至柱顶高度计算。依附柱上牛腿和升板的柱帽，应并入柱身体积计算。

构造柱按全高计算，嵌接墙体部分(马牙槎)并入柱身计算。构造柱一般是先砌砖后浇混凝土。在砌砖时，一般每隔五皮砖(300mm)两边各留一马牙槎，槎口宽度为 60mm，如图 3.20 所示。

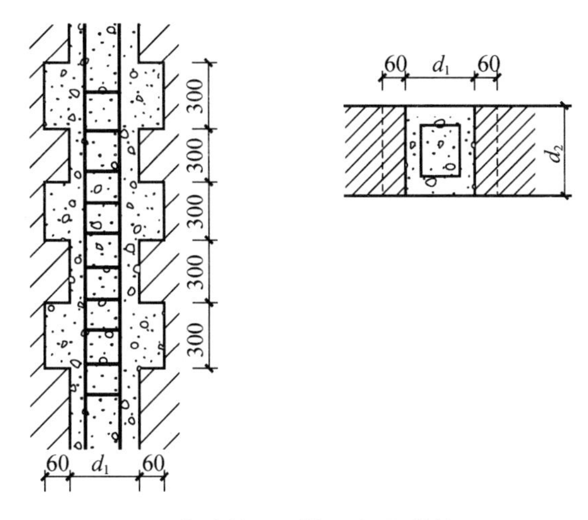

图 3.20 构造柱马牙槎示意图(单位：mm)

构造柱的高度，按基础顶面或楼面至框架梁、连续梁等单梁(不含圈梁、过梁)底标高计算。与墙咬接的马牙槎混凝土浇捣按 3cm 合并计算。预制框架结构的柱、梁现浇接头按实捣体积计算。马牙槎的工程量计算方法如图 3.21 所示。

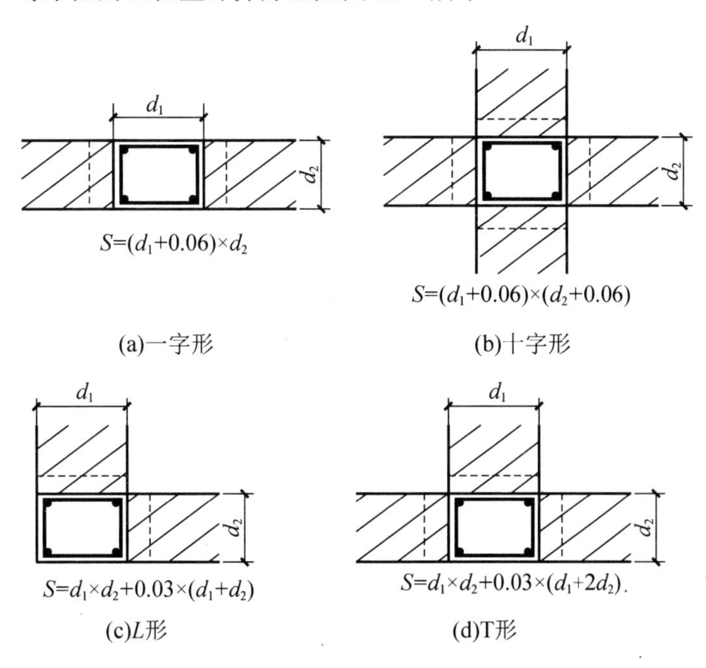

图 3.21 马牙槎工程量计算方法

实例分析 3-24

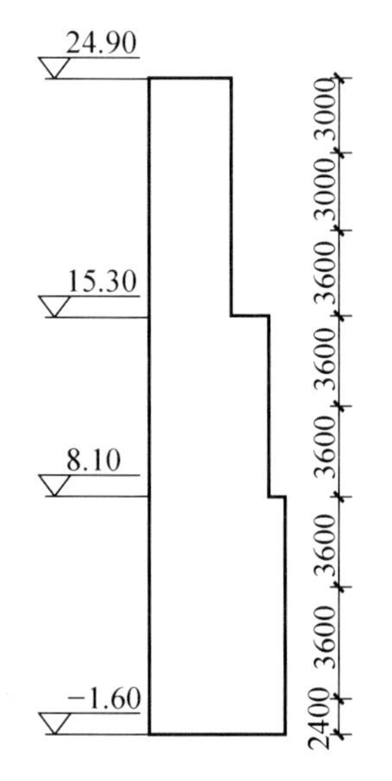

图 3.22 某现浇柱结构尺寸(单位：mm)

某 C30 混凝土现浇柱如图 3.22 所示，共七层，断面尺寸分别为 500mm×500mm、450mm×400mm、300mm×300mm。试编制该柱的工程量清单。

分析：清单项目可以分为以下四类：

断面周长为 1.8m 以上，层高 3.6m 以上(4.5m)；

断面周长 1.8m 以上，层高 3.6m 以下；

断面周长 1.8m 以内，层高 3.6m 以下；

断面周长 1.2m 以内，层高 3.6m 以下。

相应的清单工程量计算如下：

(1) 断面周长为 1.8m 以上，层高 4.5m：

$$V = 0.5\times0.5\times4.5 = 1.125(\text{m}^3)$$

(2) 断面周长 1.8m 以上，层高 3.6m 以下：

$$V = 0.5\times0.5\times(1.5+3.6) = 1.275(\text{m}^3)$$

(3) 断面周长 1.8m 以内，层高 3.6m 以下：

$$V = 0.45\times0.4\times(3.6+3.6) = 1.296(\text{m}^3)$$

(4) 断面周长 1.2m 以内，层高 3.6m 以下：

$$V = 0.3\times0.3\times(3+3+3.6) = 0.864(\text{m}^3)$$

该分部分项工程量清单见表 3-45。

表 3-45 某分部分项工程量清单

序号	项目编码	项目名称	项目特征描述	计量单位	工程量	金额/元		
						综合单价	合价	其中：暂估价
1	010502001001	矩形柱	C30 钢筋混凝土柱，断面周长为 1.8m 以上，层高 4.5m	m^3	1.125			
2	010502001002	矩形柱	C30 钢筋混凝土柱，断面周长 1.8m 以上，层高 3.6m 以下	m^3	1.275			
3	010502001003	矩形柱	C30 钢筋混凝土柱，断面周长 1.8m 以内，层高 3.6m 以下	m^3	1.296			
4	010502001004	矩形柱	C30 钢筋混凝土柱，断面周长 1.2m 以内，层高 3.6m 以下	m^3	0.864			

3. 现浇混凝土梁

【参考视频】

清单规范将其分为基础梁、矩形梁、异形梁、圈梁、过梁、弧形和拱形梁 6 个项目，分别按 010503001×××～010503006×××编码列项。

(1) 适用于各种现浇混凝土梁。

(2) 工程内容：模板及支撑制作、安装、拆除、堆放、运输及清理模内杂物、刷隔离剂等，混凝土制作、运输、浇筑、振捣、养护。

(3) 项目特征描述：混凝土种类、混凝土强度等级。

(4) 工程量计算：按设计图示尺寸以体积“m^3”计算。伸入墙内的梁头、梁垫并入梁体积内。其中对于梁长取定，梁与柱连接时，按柱与柱之间的净长计算；次梁与主梁交接时，按次梁算至主梁边；梁与混凝土墙交接时，按净空长度计算；伸入砌筑墙体内的梁头及现浇的梁垫并入梁内计算。如图 3.23 所示为梁断面结构和梁长取定示意图。圈梁与板整体浇捣的，圈梁按断面高度计算。

工程量计算公式为

$$V=\text{梁断面积}\times\text{梁长}+V_{\text{梁垫}}$$

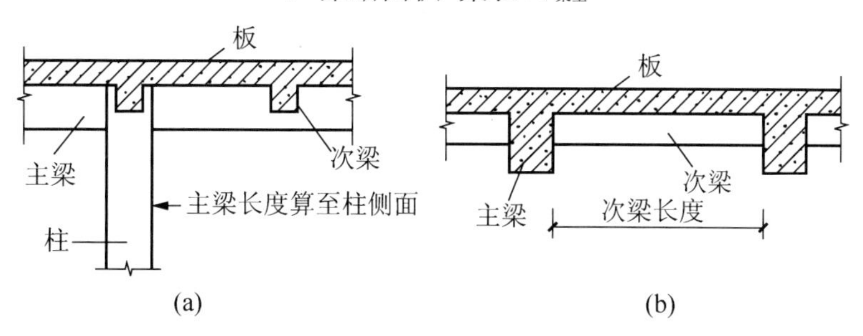

图 3.23 梁断面结构和梁长取定示意图

4. 现浇混凝土墙

清单规范将其分为直形墙、弧形墙、短肢剪力墙、挡土墙 4 个项目，分别按 010504001×××～010504004×××编码列项。

(1) 直形墙、弧形墙适用于一般混凝土墙体，也适用于电梯井。短肢剪力墙是指截面厚度不大于 300mm、各肢截面高度与厚度之比的最大值大于 4 但不大于 8 的剪力墙；各肢截面高度与厚度之比的最大值不大于 4 的剪力墙，按柱项目列项。

(2) 工程内容：模板及支撑制作、安装、拆除、堆放、运输及清理模内杂物、刷隔离剂等，混凝土制作、运输、浇筑、振捣、养护。

(3) 项目特征描述：混凝土种类、混凝土强度等级。

(4) 工程量计算：按设计图示尺寸以体积“m^3”计算。扣除门窗洞口及单个面积大于 $0.3m^2$ 的孔洞所占体积。墙垛及凸出墙面部分并入墙体体积内计算。

① 应扣除单个面积大于 $0.3m^2$ 以上的孔洞，孔洞侧边工程量另加；不扣除单个面积小于 $0.3m^2$ 以内的孔洞，孔洞侧边也不予计算。

② 墙高按基础顶面(或楼板上表面)算至上一层楼板上表面；平行嵌入墙上的梁不论凸出与否，均并入墙内计算。

③ 与墙连接的柱、暗柱并入墙内计算。

5. 现浇混凝土板

清单规范将其分为有梁板、无梁板、平板、拱板、薄壳板、栏板、天沟(檐沟)和挑檐板、雨篷(悬挑板)和阳台板、空心板、其他板 10 个项目，分别按 010505001×××～010505010×××编码列项。

1) 有梁板、无梁板、平板、拱板、薄壳板、栏板(010505001×××～010505006×××)

(1) 工程内容：模板及支撑制作、安装、拆除、堆放、运输及清理模内杂物、刷隔离剂等，混凝土制作、运输、浇筑、振捣、养护。

(2) 项目特征描述：混凝土种类、混凝土强度等级。

1. 上述现浇混凝土板结合楼盖结构类型及不同层高、板厚、性质等可分别编码列项。

2. 一般有梁板将梁和板分别编码列项，板按平板(板厚 10cm 以内和 10cm 以上)项目分别列项；当现浇钢筋混凝土板坡度大于 10° 时，应按 30° 以内、60° 以内及 60° 以上分别列项；水平弧形板应在板项目特征中增加弧形边长度的描述。

3. 薄壳板应按外形形状，如筒式、球形、双曲形等来分别列项。

(3) 工程量计算：按设计图示尺寸以体积“m^3”计算，不扣除单个面积 $0.3m^2$ 以内的柱、垛以及孔洞所占体积。

有梁板按梁、板体积之和计算，无梁板按板和柱帽体积之和计算，各类板伸入墙内的板头并入板体积内计算，薄壳板的肋、基梁并入薄壳体积内计算。

压形钢板混凝土楼板，扣除构件内压形钢板所占的体积。

2) 天沟(檐沟)和挑檐板(010505007×××)

(1) 工程内容：模板及支撑制作、安装、拆除、堆放、运输及清理模内杂物、刷隔离剂等，混凝土制作、运输、浇筑、振捣、养护。

(2) 项目特征描述：混凝土种类、混凝土强度等级。内、外檐沟按天沟列项。挑檐板应按外挑尺寸、平挑的是否带翻沿、外挑 50cm 以内、外挑 50cm 以上等分别列项。

(3) 工程量计算：按设计图示尺寸以体积计算。

【参考视频】

3) 雨篷(悬挑板)和阳台板(010505008×××)

(1) 工程内容：模板及支撑制作、安装、拆除、堆放、运输及清理模内杂物、刷隔离剂等，混凝土制作、运输、浇筑、振捣、养护。

(2) 项目特征描述：混凝土种类、混凝土强度等级。按外挑尺寸、外形及结构形式(直形或弧形、板式或梁式、悬挑式或非悬挑式)、翻沿构造等不同特征分别列项，且在项目特征中明确描述这些特征。

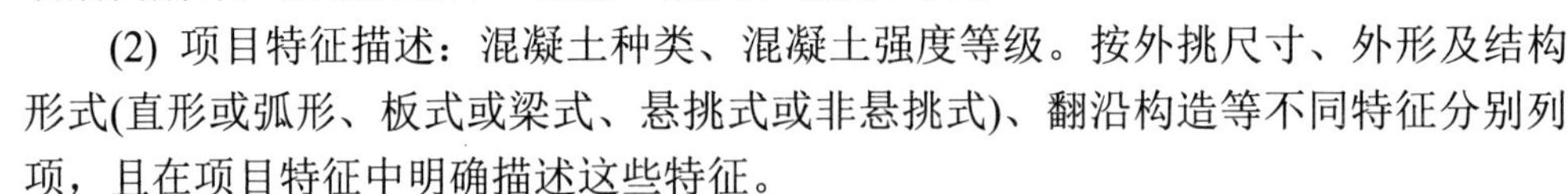

(3) 工程量计算：按设计图示尺寸以墙外部体积“m^3”计算，包括伸出墙外的牛腿和雨篷反挑檐的体积。

4) 空心板、其他板(010505009×××、010505010×××)

(1) 其他板适用于以上不能涵盖的现浇板，如砌砖或小型地沟的单独现浇盖板。

(2) 工程内容：模板及支撑制作、安装、拆除、堆放、运输及清理模内杂物、刷隔离剂等，混凝土制作、运输、浇筑、振捣、养护。

(3) 项目特征描述：混凝土种类、混凝土强度等级。

(4) 工程量计算：按设计图示尺寸以体积计算。空心板(GBF 高强薄壁蜂巢芯板等)应扣除空心部分体积。

某工程现浇框架结构，其二层结构平面图如图 3.24 所示，已知设计室内地坪标高为±0.00m，柱基顶面标高为-0.90m，楼面结构标高为 6.5m，柱、梁、板均采用 C20 现浇商品泵送混凝土，板厚度为 120mm。试计算其清单工程量，编制工程量清单。

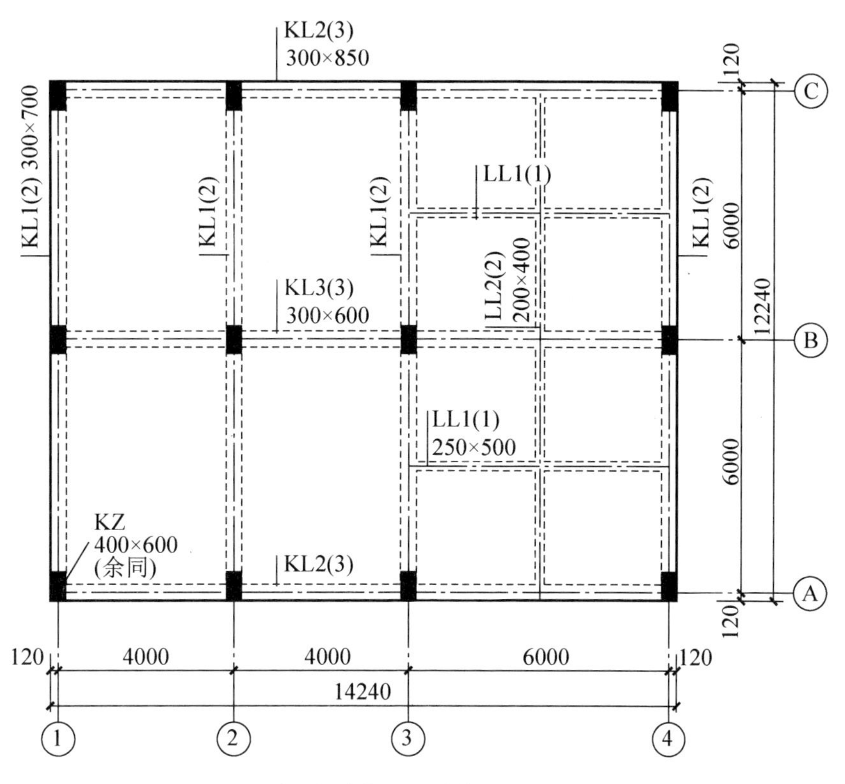

图 3.24 某框架结构二层结构平面图(单位：mm)

分析：根据清单工程量计算规则，混凝土工程量如下。

C20 商品泵送混凝土框架柱为

$$(6.5+0.9)\times 0.4\times 0.6\times 12=21.31(\mathrm{m}^3)$$

C20 商品泵送混凝土框架梁和连系梁为

$$V_{\mathrm{KL1}}=(12.24-0.6\times 3)\times 0.3\times 0.7=10.44\times 0.3\times 0.7\times 4=8.770(\mathrm{m}^3)$$

$$V_{\mathrm{KL2}}=(14.24-0.4\times 4)\times 0.3\times 0.85\times 2=12.64\times 0.3\times 0.85\times 2=6.446(\mathrm{m}^3)$$

$$V_{\mathrm{KL3}}=(14.24-0.4\times 4)\times 0.3\times 0.6=12.64\times 0.3\times 0.6=2.275(\mathrm{m}^3)$$

$$V_{\mathrm{LL1}}=(6-0.18-0.15)\times 0.25\times 0.5\times 2=5.67\times 0.25\times 0.5\times 2=1.418(\mathrm{m}^3)$$

$$V_{\mathrm{LL2}}=(6-0.18-0.15-0.25)\times 0.2\times 0.4\times 2=5.42\times 0.2\times 0.4\times 2=0.867(\mathrm{m}^3)$$

$$V_{\Sigma梁}=19.78\mathrm{m}^3$$

C20 商品泵送混凝土楼板为

$$V_{①\sim③}=(8-0.18-0.15-0.3)\times(12-0.18\times 2-0.3)\times 0.12=7.37\times 11.34\times 0.12=10.029(\mathrm{m}^3)$$

$$V_{③\sim④}=(6-0.18-0.3\times 0.15)\times(12-0.18\times 2-0.3-0.25\times 2)\times 0.12=5.67\times 10.84\times 0.12=7.376(\mathrm{m}^3)$$

$$V_{\Sigma板}=17.41\mathrm{m}^3$$

综上所得，该分部分项工程量清单见表 3-46。

表 3-46　某分部分项工程量清单

序号	项目编码	项目名称	项目特征描述	计量单位	工程量	金额/元		
						综合单价	合价	其中：暂估价
1	010502001001	矩形柱	C20 商品泵送混凝土框架柱，断面周长为 1.8m 以上，层高 6.5m	m^3	21.31			
2	010503002001	矩形梁	KL1，C20 商品泵送混凝土框架梁断面尺寸 300mm×700mm，层高 6.5m	m^3	8.770			
3	010503002002	矩形梁	KL2，C20 商品泵送混凝土框架梁断面尺寸 300mm×850mm，层高 6.5m	m^3	6.446			
4	010503002003	矩形梁	KL3，C20 商品泵送混凝土框架梁断面尺寸 300mm×600mm，层高 6.5m	m^3	2.275			
5	010503002004	矩形梁	LL1，C20 商品泵送混凝土框架梁断面尺寸 250mm×500mm，层高 6.5m	m^3	1.418			
6	010503002004	矩形梁	LL2，C20 商品泵送混凝土框架梁断面尺寸 200mm×400mm，层高 6.5m	m^3	0.867			
7	010505002001	无梁板	C20 商品泵送混凝土楼板板厚 120mm，层高 6.5m	m^3	17.41			

6. 现浇混凝土楼梯

清单规范将其分为直形楼梯、弧形楼梯两个项目，分别按 010506001×××、010506002×××编码列项。

【参考视频】

(1) 工程内容：模板及支撑制作、安装、拆除、堆放、运输及清理模内杂物、刷隔离剂等，混凝土制作、运输、浇筑、振捣、养护。

(2) 项目特征描述：混凝土种类、混凝土强度等级。

(3) 工程量计算。

① 按设计图示尺寸以水平投影面积“m^2”计算。工程量包括休息平台、平台梁、楼梯段、楼梯与楼面板连接的梁，无梁连接时，算至最上一级踏步沿加 30cm 处，不扣除宽度小于 500mm 的楼梯井，伸入墙内部分不计算。但与楼梯休息平台脱离的平台梁，按梁或圈梁计算。单跑楼梯上下平台与楼梯等宽部分，并入楼梯工程量。

② 按设计图示尺寸以体积“m^3”计算。

实例分析 3-26

某现浇整体式 C20 钢筋混凝土楼梯平面如图 3.25 所示，试计算一层楼梯混凝土的工程量并编制工程量清单。

分析： 由清单工程量计算规划，可得该工程量为

$$S=(3.72+0.3-0.12)\times(3.24-0.24)-0.5\times2.4=10.5(\mathrm{m}^2)$$

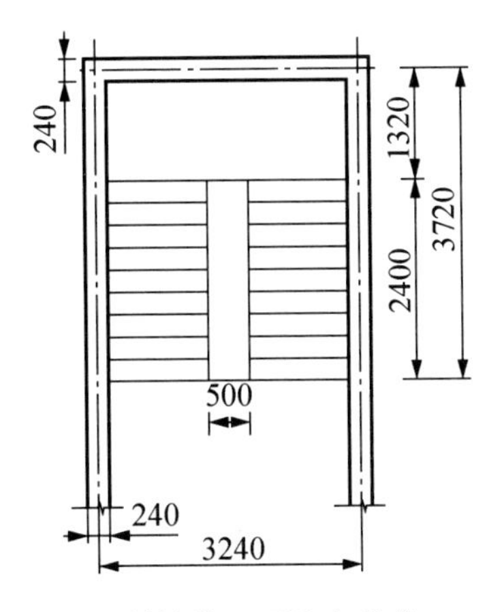

图 3.25 某楼梯平面尺寸(单位：mm)

相应工程量清单见表 3-47。

表 3-47 某分部分项工程量清单

序号	项目编码	项目名称	项目特征描述	计量单位	工程量	金额/元		
						综合单价	合价	其中：暂估价
1	010506001001	直形楼梯	C20 钢筋混凝土，直形楼梯	m^2	10.5			

7. 现浇混凝土其他构件

【参考视频】

清单规范将其分为散水和坡道、室外地坪、电缆沟和地沟、台阶、扶手和压顶、化粪池和检查井、其他构件 7 个项目，分别按 010507001×××～010507007×××编码列项。

1) 散水和坡道、室外地坪

(1) 工程内容：地基夯实，铺设垫层，模板及支撑制作、安装、拆除、堆放、运输及清理模内杂物、刷隔离剂等，混凝土制作、运输、浇筑、振捣、养护，变形缝填塞。

(2) 项目特征描述：垫层材料种类、面层厚度、混凝土种类、混凝土强度等级、变形缝填塞材料种类。室外地坪只要描述地坪厚度和混凝土强度等级即可。

(3) 工程量计算：按设计图示尺寸以水平投影面积“m^2”计算，不扣除单个 $0.3m^2$ 以内孔洞所占面积。

2) 电缆沟、地沟

(1) 工程内容：挖填运土石方，铺设垫层，模板及支撑制作、安装、拆除、堆放、运输及清理模内杂物、刷隔离剂等，混凝土制作、运输、浇筑、振捣、养护，刷防护材料。

(2) 项目特征描述：土壤类别、沟截面净空尺寸、垫层材料种类和厚度、混凝土种类、混凝土强度等级、防护种类。

(3) 工程量计算：按设计图示尺寸以中心线长度计算。

3) 台阶

(1) 工程内容：模板及支撑制作、安装、拆除、堆放、运输及清理模内杂物、刷隔离剂等，混凝土制作、运输、浇筑、振捣、养护。

(2) 项目特征描述：踏步的宽和高、混凝土种类、混凝土强度等级。

(3) 工程量计算：①以“m^2”计量，按设计图示尺寸以水平投影面积计算；②以“m^3”计量，按设计图示尺寸以体积计算。

4) 扶手、压顶

(1) 工程内容：模板及支架(撑)制作、安装、拆除、堆放、运输及清理模内杂物、刷隔离剂等，混凝土制作、运输、浇筑、振捣、养护。

(2) 项目特征描述：断面尺寸、混凝土种类、混凝土强度等级。

(3) 工程量计算。

① 按设计图示尺寸以中心线延长米“m”计算；

② 按设计图示尺寸以体积“m^3”计算。

5) 化粪池和检查井、其他构件

(1) 工程内容：模板及支架(撑)制作、安装、拆除、堆放、运输及清理模内杂物、刷隔离剂等，混凝土制作、运输、浇筑、振捣、养护。

(2) 项目特征描述：化粪池和检查井应描述部位、混凝土强度等级、防水和抗渗要求，其他构件应描述构件的类型、构件规格、部位、混凝土种类、混凝土强度等级等。

(3) 工程量计算：按设计图示尺寸以体积“m^3”计算。

化粪池和检查井还可以以“座”计量。

8. 后浇带

【参考视频】

本部分只有一个“后浇带”项目，以010508001×××编码列项。

(1) 工程内容：模板及支架(撑)制作、安装、拆除、堆放、运输及清理模内杂物、刷隔离剂等，混凝土制作、运输、浇筑、振捣、养护。

(2) 项目特征描述：部位、混凝土种类、混凝土强度等级。

(3) 工程量计算：按设计图示尺寸以体积“m^3”计算。

拓展提高

1. 因清单规范的项目内容与计价定额存在一定的差异，在按清单规范项目列项时，应考虑计价定额的使用，结合计价定额的项目划分，以便清单计价时能方便使用计价定额。如浙江省计价定额，梁、板工程量是分别列项计算的，为方便计算，在清单列项时可以不再使用“有梁板”子目来列项。

2. 现浇混凝土结构构件的清单项目一般组合内容较少，具体各省区的计价，为了能执行合适的定额子目，应根据计价定额使用时的有关要求进行项目特征描述。

3. 设计对后浇带的有关构造要求(如接缝的处理、止水带的埋设等)，应在清单项目特征中予以描述。

3.5.2.3 预制混凝土构件清单编制

1. 预制混凝土柱

清单规范将其分为矩形柱、异形柱两个项目，分别按010509001×××、010509002×××编码列项。

(1) 工程内容：模板及支架(撑)制作、安装、拆除、堆放、运输及清理模内杂物、刷隔离剂等，混凝土制作、运输、浇筑、振捣、养护，构件运输、安装，砂浆的制作、运输，接头灌缝、养护。

(2) 项目特征描述：图代号、单件体积、安装高度、混凝土强度等级、砂浆(细石混凝土)强度等级、配合比。矩形、工字形、空腹双肢柱、空心柱等形状应在项目特征中描述，柱间支撑、檩条可分别按柱、梁项目编码列项，预制支架按柱梁项目编码列项。

(3) 工程量计算。

① 按设计图示尺寸以体积“m^3”计算。

② 按设计图示尺寸以数量“根”计算。

以根计量，必须描述单件体积。

2. 预制混凝土梁

清单规范将其分为矩形梁、异形梁、过梁、拱形梁、鱼腹式吊车梁、其他梁6个项目，分别按010510001×××～010510006×××编码列项。

(1) 工程内容：模板及支架(撑)制作、安装、拆除、堆放、运输及清理模内杂物、刷隔离剂等，混凝土制作、运输、浇筑、振捣、养护，构件运输、安装，砂浆的制作、运输，接头灌缝、养护。

(2) 项目特征描述：图代号、单件体积、安装高度、混凝土强度等级、砂浆(细石混凝土)强度等级、配合比。

(3) 工程量计算。

① 按设计图示尺寸以体积“m^3”计算。

② 按设计图示尺寸以数量“根”计算。

3. 预制混凝土屋架

清单规范将其分为折线型屋架、组合屋架、薄腹屋架、门式刚架屋架、天窗架屋架5个项目，分别按010511001×××～010511005×××编码列项。

(1) 工程内容：模板及支架(撑)制作、安装、拆除、堆放、运输及清理模内杂物、刷隔离剂等，混凝土制作、运输、浇筑、振捣、养护，构件运输、安装，砂浆的制作、运输，接头灌缝、养护。

(2) 项目特征描述：图代号、单件体积、安装高度、混凝土强度等级、砂浆(细石混凝土)强度等级、配合比。

(3) 工程量计算。

① 按设计图示尺寸以体积“m^3”计算。

② 按设计图示尺寸以数量“榀”计算。

4. 预制混凝土板

清单规范将其分为平板、空心板、槽形板、网架板、折线板、带肋板、大型板、沟盖板和井盖板及井圈 8 个项目，分别按 010512001×××～010512008×××编码列项。

1) 平板、空心板、槽形板、网架板、折线板、带肋板、大型板

(1) 工程内容：模板及支架(撑)制作、安装、拆除、堆放、运输及清理模内杂物、刷隔离剂等，混凝土制作、运输、浇筑、振捣、养护，构件运输、安装，砂浆的制作、运输，接头灌缝、养护。

(2) 项目特征描述：图代号、单件体积、安装高度、混凝土强度等级、砂浆(细石混凝土)强度等级、配合比。

(3) 工程量计算。

① 按设计图示尺寸以体积“m^3”计算，不扣除单个尺寸 300mm×300mm 以内的孔洞所占体积，扣除空心板空洞体积。

② 按设计图示尺寸以数量“块”计算。

2) 沟盖板和井盖板及井圈

(1) 工程内容：模板及支架(撑)制作、安装、拆除、堆放、运输及清理模内杂物、刷隔离剂等，混凝土制作、运输、浇筑、振捣、养护，构件运输、安装，砂浆的制作、运输，接头灌缝、养护。

(2) 项目特征描述：单件体积、安装高度、混凝土强度等级、砂浆强度等级、配合比。

(3) 工程量计算。

① 按设计图示尺寸以体积“m^3”计算。

② 按设计图示尺寸以数量“块”计算。

5. 预制混凝土楼梯

【参考视频】

清单规范将其只分为“楼梯”一个项目，按 010513001×××编码列项。

(1) 工程内容：模板及支架(撑)制作、安装、拆除、堆放、运输及清理模内杂物、刷隔离剂等，混凝土制作、运输、浇筑、振捣、养护，构件运输、安装，砂浆的制作、运输，接头灌缝、养护。

(2) 项目特征描述：单件体积、安装高度、混凝土强度等级、砂浆(细石混凝土)强度等级、配合比。

(3) 工程量计算。

① 按设计图示尺寸以体积“m^3”计算，扣除空心踏步空洞体积。

② 按设计图示以数量“段”计算。

6. 其他预制构件

清单规范将其分为烟道、垃圾道、通风道，其他构件两个项目，分别按010514001×××～010514002×××编码列项。

(1) 工程内容：模板及支架(撑)制作、安装、拆除、堆放、运输及清理模内杂物、刷隔离剂等，混凝土制作、运输、浇筑、振捣、养护，构件运输、安装，砂浆的制作、运输，接头灌缝、养护。

(2) 项目特征描述：单件体积、混凝土强度等级、砂浆强度等级。“其他构件”还应描述构件的类型。

(3) 工程量计算。

① 按设计图示尺寸以体积“m^3”计算，不扣除单个尺寸 300mm×300mm 以内的孔洞所占体积，扣除烟道、垃圾道、通风道所占体积。

② 按设计图示尺寸以面积“m^2”计算，不扣除单个尺寸 300mm×300mm 以内的孔洞所占面积。

③ 按设计图示以数量“根”计算。

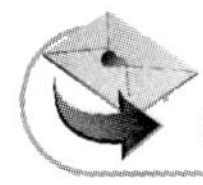
拓展提高

1. 清单项目中应区分预制构件制作工艺，如是预应力构件则应在清单中予以描述。

2. 预制梁项目编码除了考虑梁形状外，尚应按梁性质如基础梁、吊车梁、托架梁、圈梁、过梁等进行第五级编码，予以分别列项。

3. 三角形屋架应按中折线型屋架项目编码列项，屋架中钢拉杆按钢构件章节列项，但钢拉杆的运输安装应包含在屋架内。

4. 不带肋的预制遮阳板、雨篷板、挑檐板、栏板等，应按平板项目编码列项。

5. 预制 F 形板、双 T 形板、单肋板和带反挑檐的雨篷板、挑檐板、遮阳板等，应按带肋板项目编码列项。

3.5.2.4 钢筋工程量清单编制

1. 钢筋工程

清单规范将钢筋工程按构件性质、钢种及工艺，划分为现浇构件钢筋、预制构件钢筋、钢筋网片、钢筋笼、先张法预应力钢筋、后张法预应力钢筋、预应力钢丝、预应力钢绞线、支撑钢筋(铁马)、声测管 10 个项目，分别按 010515001×××～010515010×××编码列项。

1) 现浇构件钢筋、预制构件钢筋、钢筋网片、钢筋笼

(1) 现浇、预制构件普通钢筋，应按冷拔钢丝绑扎、点焊网片，圆钢、螺纹钢，冷扎带肋钢筋、预制构件的圆钢，桩基础钢筋笼圆钢、螺纹钢，地下连续墙钢筋网片制作、安装等分别列项。

【参考视频】

(2) 工作内容：钢筋制作和运输、钢筋(网或笼)安装、焊接(绑扎)。

(3) 项目特征描述：钢筋种类、规格。

(4) 工程量计算：按设计图示钢筋(网)长度(面积)乘以单位理论质量以“t”计算。

2) 先张法预应力钢筋

(1) 先张法预应力钢筋，应分别按冷拔钢丝、粗钢筋分别列项。

(2) 工作内容：钢筋制作和运输、钢筋张拉。

(3) 项目特征描述：钢筋种类、规格、锚具种类。

(4) 工程量计算：按设计图示钢筋长度乘以单位理论质量以“t”计算。

3) 后张法预应力钢筋、预应力钢丝、预应力钢绞线

(1) 后张法预应力钢筋，应分别按粗钢筋、钢丝束(钢纹线)、有黏结丝束、无黏结钢绞线分别列项。

(2) 工作内容：钢筋、钢丝、钢绞线制作和运输，钢筋、钢丝、钢绞线安装，预埋管孔道铺设、锚具安装，砂浆制作、运输，孔道制作、运输、压浆和养护。

(3) 项目特征描述：钢筋、钢丝、钢绞线种类和规格，锚具种类，砂浆强度等级。

(4) 工程量计算：按设计图示钢筋(钢丝束、钢绞线)长度乘以单位理论质量以“t”计算。

① 低合金钢筋两端均采用螺杆锚具时，钢筋长度按孔道长度减 0.35m 计算，螺杆另行计算。

② 低合金钢筋一端均采用墩头插片，另一端采用螺杆锚具时，钢筋长度按孔道长度计算，螺杆另行计算。

③ 低合金钢筋一端均采用墩头插片，另一端采用帮条锚具时，钢筋长度按增加 0.15m 计算；两端均采用帮条锚具时，钢筋长度按孔道长度增加 0.3m 计算。

④ 低合金钢筋采用后张混凝土自锚时，钢筋长度按孔道长度增加 0.35m 计算。

⑤ 低合金钢筋(钢绞线)采用 JM、XM、QM 型锚具，孔道长度不超出 20m 时，钢筋长度按增加 1m 计算；孔道长度超出 20m 时，钢筋长度按增加 1.8m 计算。

⑥ 碳素钢丝采用锥型锚具，孔道长度不超出 20m 时，钢丝束长度按孔道长度增加 1m 计算；孔道长度超出 20m 时，钢丝束长度按孔道长度增加 1.8m 计算。

⑦ 碳素钢丝采用墩头锚具时，钢丝束长度按孔道长度增加 0.35m 计算。

4) 支撑钢筋(铁马)

(1) 工作内容：钢筋的制作、焊接、安装。

(2) 项目特征：钢筋种类和规格。

(3) 工程量计算：按设计图示钢筋长度乘以单位理论质量以“t”计算。

5) 声测管

(1) 工作内容：检测管截断和封头、套管制作和焊接、定位和固定。

(2) 项目特征：材质、规格型号。

(3) 工程量计算：按设计图示尺寸以质量“t”计算。

拓展提高

1. 现浇构件中伸出构件的锚固钢筋，应并入钢筋工程量内。除设计(包括规范规定)标明的搭接外，其他施工搭接不计算工程量，在综合单价中综合考虑。

2. 现浇构件中固定位置的支撑钢筋、双层钢筋用的“铁马”，在编制工程量清单时，如果设计未明确，其工程数量可为暂估量，结算时按现场签证数量计算。

3. 砌体内的加筋、屋面(或露面)细石混凝土找平层内的钢筋制作、安装，按现浇混凝土钢筋或钢筋网片编码列项。

2. 螺栓、铁件

清单规范将螺栓、铁件划分为螺栓、预埋铁件、机械连接、化学螺栓 4 个项目，分别按 010516001×××～010516003×××、Z010516003 编码列项。

1) 螺栓、预埋铁件

(1) 螺栓仅适用于预埋螺栓。

(2) 工作内容：螺栓、铁件制作和运输、螺栓、铁件安装。

(3) 项目特征：螺栓应描述种类、规格，预埋铁件应描述钢材种类、规格、铁件尺寸。

(4) 工程量计算：按设计图示尺寸以质量“t”计算。

2) 机械连接

(1) 工作内容：钢筋套丝、套筒连接。

(2) 项目特征：连接方式、螺纹套筒种类。

(3) 工程量计算：按数量以“个”计算。

3) 化学螺栓

(1) 工作内容：钻孔和清孔、注胶、安放螺栓。

(2) 项目特征：规格型号、埋设深度、锚固胶品种和型号。

(3) 工程量计算：按设计图示数量以“个”或“套”计算。

拓展提高

1. 高强螺栓应按 Z0106014 编码列项。

2. 编制螺栓、铁件清单时，若设计未明确，其工程数量可为暂估量，实际工程量按现场签证数量计算。

3. 设计采用套筒冷压或锥形螺纹等机械接头的，清单项目特征中应描述接头规格、数量。

3.5.3 工程量清单计价

本部分计价基本依据，是《浙江省建筑工程预算定额(2010 版)》第四章混凝土及钢筋混凝土工程，以及第九章附属工程。

1. 一般规定

混凝土与钢筋混凝土工程定额，按施工工种、施工工艺、构件性质划分为现浇混凝土、现浇混凝土模板、预制和预应力构件、钢筋制作与安装、混凝土构件运输及安装共 5 小节。

本章节定额内容，按施工工艺划分为现浇混凝土模板，现浇混凝土，预制、预应力构件，钢筋制作、安装，混凝土构件运输及安装 5 部分，共计 488 个(增加了 33 个)定额子目。

(1) 本章节有关说明、工程量计算规则，除另有具体规定外均互相适用，也适用于本章节以外所涉及且未规定的相关定额。

(2) 现浇混凝土构件。

① 现浇混凝土的模板按照不同构件，分别以组合钢模、复合木模单独列项，模板的具体组成规格、比例、支撑方式及复合模板的材质等均已综合考虑；定额未注明模板类型的，均按木模考虑。

模板工程属于措施项目，应含在单元 5 的措施项目里。而模板工程和混凝土工程从施工的角度来看是不可分割的，因此包含在该任务中。

② 现浇混凝土浇捣，按现浇现拌混凝土和现浇商品混凝土(泵送)两部分列项。

a. 现浇现拌混凝土(泵送)按现浇商品混凝土(泵送)定额执行，混凝土单价按现场搅拌泵送混凝土换算，搅拌费、泵送费按构件工程量套用相应定额。

实例分析 3-27

【参考图文】

C25(20)现拌泵送混凝土矩形柱，另增加搅拌费 96 元/10m^3(其中人工费 52 元，机械费 44 元)，泵送费 54 元/10m^3(其中人工费 10 元，机械费 40 元)，檐高超过 60m 时，±0.00m 以上部分的混凝土每增高 10m 内，增加 5%泵送费。试求其基价。

分析：现浇商品混凝土(泵送)定额为 4-79，相应基价为 347.1 元/m^3。

搅拌费为 96 元/10m^3，泵送费为 54 元/10m^3，C25(20)现拌泵送混凝土费用为 235.43 元/m^3，则现拌混凝土单价为

$$9.6+5.4+235.43 = 250.43(\text{元/m}^3)$$

C25(20)现拌泵送混凝土矩形柱套定额 4-79，换算后基价为

$$347.1+(250.43-299) \times 1.015=297.80(\text{元/m}^3)$$

b. 现浇商品混凝土如非泵送时，套用现浇商品混凝土(泵送)定额，其人工乘以表 3-48 中相应系数。

表 3-48 人工调整系数表

序号	项目名称	人工调整系数	序号	项目名称	人工调整系数
一	建筑物		5	楼梯、雨篷、阳台、栏板及其他	1.05
1	基础与垫层	1.5	二	构筑物	
2	柱	1.05	1	水塔	1.5
3	梁	1.4	2	水(油)池 、地沟	1.6
4	墙、板	1.3	3	贮仓	2

实例分析 3-28

【参考图文】

求商品混凝土非泵送 C20 基础梁基价。

分析：现浇商品混凝土(泵送)定额为 4-82H，计算得相应单价为

$$\text{人工费}=131.15 \times 1.4=183.61(\text{元/10m}^3)$$

$$\text{材料费}=3096.92\ \text{元/10m}^3$$

$$\text{机械费}=4.35\ \text{元/10m}^3$$

则合计可得

$$\text{基价}=3284.88\ \text{元/10m}^3$$

③ 商品泵送混凝土的添加剂、搅拌、运输及泵送等费用，均应列入混凝土单价内。

④ 本章节混凝土定额中，混凝土强度等级和石子粒径是按常用规格编制的，当混凝土的设计强度等级与定额不同时，应作换算(石子粒径不同一般不作换算)。毛石混凝土子目中毛石的投入量按18%考虑，设计不同时混凝土及毛石按比例调整。

⑤ 现浇钢筋混凝土柱(不含构造柱)、梁(不含圈梁、过梁)、板、墙的支模高度按层高3.6m以内编制，超过3.6m时，工程量包括3.6m以下部分另按相应超高定额计算；斜板或拱形结构按平均高度确定支模高度，电梯井壁按建筑物自然层层高确定支模高度。

清单计价工程量与定额工程量计算规则相同，主要应弄清楚清单如何组价。

2. 基础工程清单计价

1) 计价说明

(1) 基础现拌混凝土定额，分为垫层、毛石混凝土基础、混凝土及钢筋混凝土基础、地下室底板及满堂基础、混凝土及钢筋混凝土挡土墙、地下室墙(直形、弧形)、毛石混凝土挡土墙等项目。

(2) 基础商品混凝土(泵送)定额子目的划分，与基础现拌混凝土完全一样。

(3) 现浇混凝土基础与上部结构的划分，以混凝土基础上表面为界。基础与垫层的划分，一般以设计确定为准，如设计不明确时，以厚度划分：厚度15cm以内的为垫层，厚度15cm以上的为基础。

(4) 有梁式基础模板定额，仅适用于基础表面有梁上凸时；仅带有下翻或暗梁的基础，套用无梁式基础定额。

(5) 满堂基础及地下室底板已包括集水井模板杯壳，不再另行计算；设计为带形基础的单位工程如仅有楼(电)梯间、厨厕间等少量满堂基础时，工程量并入带形基础计算。

(6) 箱形基础的底板(包括边缘加厚部分)套用无梁式满堂基础定额，其余套用柱、梁、板、墙相应定额。

(7) 设备基础仅考虑块体形式；其他形式设备基础分别按基础、柱、梁、板、墙等有关规定计算，套用相应定额。

(8) 地下构件采用砖模时，套用砌筑工程相应定额。

(9) 地下室内墙、电梯井壁，均套用一般墙相应定额。

(10) 杯形基础应按定额附注每10m^3工程量增加1∶2水泥砂浆0.04m^3。

2) 现浇混凝土基础计价工程量计算规则

基础清单包含垫层、带形基础、独立基础、满堂基础、桩承台基础、设备基础。其计价工程量计算，均同于清单工程量计算规则。

3) 现浇混凝土基础清单计价

因现浇基础计价工程量与清单工程量计算规则基本一致，因此计价时基础工程量不需重新计算，只需要考虑组合内容。

现浇混凝土基础工程清单项目实际组合内容可以参见表3-49。

表 3-49　现浇混凝土基础工程清单项目组价表

项目编码	项目名称	可组合的主要内容	对应的定额子目	定额编码
010501001	垫层	垫层	现浇现拌/商品泵送混凝土垫层	4-1、4-73
010501002 010501003	带形基础 独立基础	垫层	现浇现拌/商品泵送混凝土垫层	4-1、4-73
		带形基础 独立基础	现浇现拌/商品泵送混凝土毛石混凝土基础	4-2、4-74
			现浇现拌/商品泵送混凝土及钢筋混凝土基础	4-3、4-75
010501004	满堂基础	满堂基础、 地下室底板	现浇现拌/商品泵送混凝土满堂基础、地下室底板	4-4、4-76
010501005	桩承台 基础	桩承台基础	现浇现拌/商品泵送混凝土毛石混凝土基础	4-2、4-74
			现浇现拌/商品泵送混凝土及钢筋混凝土基础	4-3、4-75
010501006	设备基础	设备基础	现浇现拌/商品泵送混凝土毛石混凝土基础	4-2、4-74
			现浇现拌/商品泵送混凝土及钢筋混凝土基础	4-3、4-75

3. 现浇混凝土柱、梁、墙、板计价

1) 计价说明

(1) 地圈梁套用圈梁定额；异形梁包括十字形、T 形、L 形；梯形、变截面矩形梁，套用矩形梁定额；现浇薄腹屋面梁模板，套用异形梁定额；单独现浇过梁模板，套用矩形梁定额；与圈梁连接的过梁及叠合梁二次浇捣部分，套用圈梁定额；预制圈梁的现浇接头，套用二次灌浆相应定额。

(2) 异形柱指柱与模板接触超过四个面的柱，一字形、L 形、T 形柱。当 a 与 b 的比值大于 4 时，均套用墙相应定额。

(3) 混凝土梁、板均分别计算套用相应定额；板中暗梁并入板内计算。楼板及屋面平挑檐外挑小于 50cm 时，并入板内计算；外挑大于 50cm 时，套用雨篷定额；屋面挑出的带翻沿平挑檐，套用檐沟、挑檐定额。

弧形板并入板内计算，另按弧长计算套用增加费定额。

薄壳屋盖不分筒式、球形、双曲形等，均套用同一定额。混凝土浇捣套用拱板定额。

现浇钢筋混凝土板坡度在 10° 以内时，按定额执行；坡度大于 10°、在 30° 以内时，模板定额中钢支撑含量乘以系数 1.3，人工含量乘以系数 1.1；坡度大于 30°、在 60° 以内时，相应定额中钢支撑含量乘以系数 1.5，人工含量乘以系数 1.2；坡度在 60° 以上时，按墙相应定额执行。

斜板支模高度超过 3.6m 时，每增加 1m 定额及混凝土浇捣也适用于上述系数。

压型钢板上浇捣混凝土板，套用板相应定额。

【参考图文】

现浇混凝土板(木模)，坡度 26°，求其基价。

分析：套定额 4-174，按规则计算得基价为

$$25.10 + 4.6 \times 0.4932 \times 0.3 + 12.72 \times 0.1 = 27.05(元/m^2)$$

(4) 地下室内墙、电梯井壁，均套用一般墙相应定额；屋面女儿墙高度大于 1.2m 时套用墙相应定额，小于 1.2m 时套用栏板相应定额。

(5) 凸出混凝土柱、梁、墙面的线条，工程量并入相应构件内计算，另按凸出的棱线道数划分套用相应定额计算模板增加费；但单独窗台板、栏板扶手、墙上压顶的单阶挑檐，不另计算模板增加费；单阶线条凸出宽度大于 200mm 的按雨篷定额执行。

(6) 混凝土定额，分板与拱板等项目。

(7) 阳台、雨篷定额不分弧形、直形，按普通阳台、雨篷定额执行，弧形阳台、雨篷另行计算弧形模板增加费。

水平遮阳板、空调板，套用雨篷相应定额；拱形雨篷，套用拱形板定额。

半悬挑及非悬挑阳台、雨篷，按梁、板有关规则计算套用相应定额。

(8) 栏板(含扶手)及翻沿净高按 1.2m 以内考虑，超过时套用墙相应定额。

(9) 现浇屋脊、斜脊并入所依附的板内计算，单独屋脊、斜脊按压顶考虑套相应定额。

(10) 屋面内天沟按梁、板规则计算套用梁、板相应定额。雨篷与檐沟相连时，梁板式雨篷按雨篷规则计算并套用相应定额，板式雨篷并入檐沟计算。

2) 现浇混凝土柱、梁、墙、板计价工程量计算规则

(1) 现浇混凝土柱(矩形柱 010502001、构造柱 010502002、异形柱 010502003)，工程量计算基本同清单工程量。

① 柱高按基础顶面或楼板上表面算至柱顶面或上一层楼板上表面，无梁板柱高按基础顶面(或楼板上表面)算至柱帽下表面。

② 依附于柱上的牛腿并入柱内计算。

③ 构造柱的高度按基础顶面或楼面至框架梁、连续梁等单梁(不含圈梁、过梁)底标高计算；与墙咬接的马牙槎按柱高每侧模板以 6cm、混凝土浇捣 3cm 合并计算，模板套用矩形柱定额。

④ 预制框架结构的柱、梁现浇接头按实捣体积计算，套用框架柱接头定额。

(2) 现浇混凝土梁(基础梁 010503001、矩形梁 010503002、异形梁 010503003、圈梁 010503004、过梁 010503005)，工程量计算同清单工程量。

(3) 现浇混凝土墙(直形墙 010504001、弧形墙 010504002、短肢剪力墙 010504003、挡土墙 010504004)，工程量计算同清单工程量。

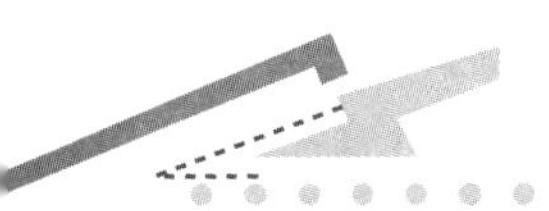

(4) 现浇混凝土板(直形墙 010504001、弧形墙 010504002、短肢剪力墙 010504003、挡土墙 010504004)。

① 有梁板、无梁板、平板、拱板、薄壳板(010505001～010505005)，工程量计算。

a. 按梁、墙间净距尺寸以体积“m^3”计算；板垫及与板整体浇捣的翻沿(净高 250mm 以内的)并入板内计算。板上单独浇捣的墙内素混凝土翻沿，按圈梁定额计算。

b. 无梁板的柱帽并入板内计算。

c. 柱的断面积超过 $1m^2$ 时，板应扣除与柱重叠部分的工程量。

d. 依附于拱形板、薄壳屋盖的梁及其他构件，工程量均并入相应构件内计算。

e. 弧形板并入板内计算，另按弧长计算弧形板增加费。梁板结构的弧形板，弧长工程量应包括梁板交接部位的弧线长度。

f. 预制板之间的现浇板带宽在 8cm 以上时，按一般板计算，套板的相应定额；宽度在 8cm 以内的已包括在预制板安装灌浆定额内，不另计算。

② 栏板、翻沿(010505006)工程量计算：按外围长度乘以设计断面积以体积“m^3”计算；花式栏板应扣除面积在 $0.3m^2$ 以上非整浇花饰面孔洞所占面积，孔洞侧边模板并入计算，花饰另计。栏板柱并入栏板内计算；弧形、直形栏板连接时，分别计算。翻沿净高都小于 25cm 时，并入所依附的构件内计算。

③ 天沟(檐沟)、挑檐板(010505007)工程量计算：按实体积“m^3”计算，包括底板、侧板及与板整浇的挑梁。

④ 雨篷、悬挑板、阳台板(010505008)工程量计算：混凝土浇捣按挑出墙(梁)外体积“m^3”计算，外挑牛腿(挑梁)、台口梁、高度小于 250mm 的翻沿均合并在阳台、雨篷内计算；模板按阳台、雨篷挑梁及台口梁外侧面范围的水平投影面积计算，阳台、雨篷外梁上挑有线条时，另行计算线条模板增加费。

阳台栏板、雨篷翻沿高度超过 250mm 的，全部翻沿另行按栏板、翻沿计算。

阳台雨篷梁按过梁相应规则计算，伸入墙内的拖梁按圈梁计算。

3) 现浇混凝土柱、梁、板、墙计价

因现浇混凝土柱、梁、板、墙计价工程量与清单工程量计算规则基本一致，因此计价时工程量不需重新计算，只需要考虑组合内容。

(1) 现浇混凝土柱清单项目实际组合内容可以参见表 3-50。

表 3-50　现浇混凝土柱清单项目组价表

项目编码	项目名称	可组合的主要内容	对应的定额子目	定额编码
010502001 010502003	矩形柱 异形柱	矩形柱、异形柱、圆形柱	现浇现拌/商品泵送混凝土矩形柱、异形柱、圆形柱	4-7、4-79
		框架柱接头	现浇现拌/商品泵送混凝土框架柱接头	4-9、4-81
010502002	构造柱	构造柱	现浇现拌/商品泵送混凝土构造柱	4-8、4-80

(2) 现浇混凝土梁清单项目实际组合内容可以参见表 3-51。

表 3-51 现浇混凝土梁清单项目组价表

项目编码	项目名称	可组合的主要内容	对应的定额子目	定额编码
010503001	基础梁	基础梁	现浇现拌/商品泵送混凝土基础梁	4-10、4-82
010503002	矩形梁	单梁、连续梁、吊车梁	现浇现拌/商品泵送混凝土单梁、连续梁、吊车梁	4-11、4-83
010503003	异形梁	异形梁	现浇现拌/商品泵送混凝土异形梁	4-11、4-83
			现浇现拌/商品泵送混凝土薄腹屋面梁	4-13、4-85
010503004 010503005	圈梁 过梁	圈梁 过梁	现浇现拌/商品泵送混凝土圈梁、过梁	4-12、4-84
010503006	弧形、拱形梁	弧形梁 拱形梁	现浇现拌/商品泵送混凝土弧形梁	4-11、4-83
			现浇现拌/商品泵送混凝土拱形梁	4-12、4-84

(3) 现浇混凝土墙清单项目实际组合内容可以参见表 3-52。

表 3-52 现浇混凝土墙清单项目组价表

项目编码	项目名称	可组合的主要内容	对应的定额子目	定额编码
010504001 010504002	直形墙 弧形墙	直形墙 弧形墙 地下室墙	现浇现拌/商品泵送混凝土直形、弧形墙	4-16、4-17、4-88、4-89
010504003	短肢剪力墙	直形墙、弧形墙	现浇现拌/商品泵送混凝土直形、弧形墙	4-16、4-17、4-88、4-89
010504004	挡土墙	挡土墙	现浇现拌/商品泵送混凝土及钢筋混凝土挡土墙、地下室墙(直形、弧形)	4-5、4-77

(4) 现浇混凝土板清单项目实际组合内容可以参见表 3-53。

表 3-53 现浇混凝土板清单项目组价表

项目编码	项目名称	可组合的主要内容	对应的定额子目	定额编码
010505001	有梁板	有梁板	现浇现拌/商品泵送混凝土板	4-14、4-86
010505002	无梁板	无梁板	现浇现拌/商品泵送混凝土板	4-14、4-86
010505003	平板	平板	现浇现拌/商品泵送混凝土板	4-14、4-86
010505004	拱板	拱板	现浇现拌/商品泵送混凝土拱板	4-15、4-87
010505005	薄壳板	拱板	现浇现拌/商品泵送混凝土拱板	4-15、4-87

续表

项目编码	项目名称	可组合的主要内容	对应的定额子目	定额编码
010505006	栏板	栏板高度大于1.2m	现浇现拌/商品泵送混凝土直形、弧形墙	4-16、4-17、4-88、4-89
		栏板高度小于或等于1.2m	现浇现拌/商品泵送混凝土栏板	4-26、4-98
010505007	天沟(檐沟)、挑檐板	天沟(檐沟)、挑檐板	现浇现拌/商品泵送混凝土檐沟、挑檐	4-27、4-99
010505008	雨篷、悬挑板、阳台板	雨篷、阳台板	现浇现拌/商品泵送混凝土雨篷	4-24、4-94
			现浇现拌/商品泵送混凝土阳台	4-25、4-97

实例分析 3-30

某工程现浇框架结构，其二层结构平面图如图 3.25 所示，已知设计室内地坪标高为 ± 0.00m，柱基顶面标高为-0.90m，楼面结构标高为 6.5m，柱、梁、板均采用 C20 现浇商品泵送混凝土，板厚度为 120mm；支模采用复合木模施工工艺。试计算柱、梁、板的混凝土和模板工程量并进行计价。其中模板工程量按混凝土与模板的接触面积计算；企业管理费为人工费及机械费之和的 15%，利润为人工费及机械费之和的 10%；并考虑工程风险，以材料费的 5%计算风险费用。

分析：(1) 计算柱、梁、板的混凝土工程量。

C20 商品泵送混凝土框架柱为

$$V_{\Sigma柱}=(6.5+0.9)\times0.4\times0.6\times12=21.31(\mathrm{m}^3)$$

C20 商品泵送混凝土框架梁、连系梁为

$$V_{KL1}=(12.24-0.6\times3)\times0.3\times0.7=10.44\times0.3\times0.7\times4=8.770(\mathrm{m}^3)$$

$$V_{KL2}=(14.24-0.4\times4)\times0.3\times0.85\times2=12.64\times0.3\times0.85\times2=6.446(\mathrm{m}^3)$$

$$V_{KL3}=(14.24-0.4\times4)\times0.3\times0.6=12.64\times0.3\times0.6=2.275(\mathrm{m}^3)$$

$$V_{LL1}=(6-0.18-0.15)\times0.25\times0.5\times2=5.67\times0.25\times0.5\times2=1.418(\mathrm{m}^3)$$

$$V_{LL2}=(6-0.18-0.15-0.25)\times0.2\times0.4\times2=5.42\times0.2\times0.4\times2=0.867(\mathrm{m}^3)$$

$$V_{\Sigma梁}=19.78\mathrm{m}^3$$

C20 商品泵送混凝土楼板为

$$V_{①\sim③}=(8-0.18-0.15-0.3)\times(12-0.18\times2-0.3)\times0.12=7.37\times11.34\times0.12=10.029(\mathrm{m}^3)$$

$$V_{③\sim④}=(6-0.18-0.3\times0.15)\times(12-0.18\times2-0.3-0.25\times2)\times0.12=5.67\times10.84\times0.12=7.376(\mathrm{m}^3)$$

$$V_{\Sigma楼板}=17.41\ \mathrm{m}^3$$

(2) 计算柱、梁、板的模板工程量。

框架柱模板为

$$V_{\Sigma柱模板}=(6.5+0.9-0.12)\times(0.4+0.6)\times 2\times 12=174.72(m^2)$$

框架梁、连系梁模板为

$$V'_{KL1}=(12.24-0.6\times 3)\times[0.3\times 4+0.7\times 2+(0.7-0.12)\times 6]=63.475(m^2)$$

$$V'_{KL2}=(14.24-0.4\times 4)\times[0.3\times 2+0.85\times 2+(0.85-0.12)\times 2]=47.526(m^2)$$

$$V'_{KL3}=(14.24-0.4\times 4)\times(0.3+0.6\times 2-0.12\times 2)=15.926(m^2)$$

$$V'_{LL1}=(6-0.18-0.15)\times(0.25+0.5\times 2-0.12\times 2)\times 2=11.453(m^2)$$

$$V'_{LL2}=(6-0.18-0.15-0.25)\times(0.2+0.4\times 2-0.12\times 2)\times 2=8.238(m^2)$$

$$V_{\Sigma梁模板}=146.62\ m^2$$

楼板模板为

$$V'_{①\sim③}=(8-0.18-0.3-0.15)\times(1-0.18\times 2-0.3)=83.576(m^2)$$

$$V'_{③\sim④}=(6-0.18-0.15)\times(12-0.18\times 2-0.3-0.25\times 2)=61.463(m^2)$$

$$V_{\Sigma楼板模板}=145.04\ m^2$$

(3) 该分部分项工程量清单综合单价计算见表3-54及表3-55。

表3-54 现浇混凝土清单项目组价表

单位及专业工程名称：××××楼——建筑工程　　　　第　页　共　页

序号	项目及定额编码	项目名称	计量单位	数量	综合单价/元							合价/元
					人工费	材料费	机械费	管理费	利润	风险费用	小计	
1	010502001001 4-7	矩形柱	m^3	21.31	72.756	200.463	7.099	11.96	7.98	0	300.26	6398.5
2	010503002001 4-11	矩形梁	m^3	19.78	49.665	203.586	7.099	8.51	5.68	0	274.54	5430.4
3	010505001001 4-14	有梁板	m^3	17.41	41.194	224.487	7.687	7.33	4.89	0	285.59	4972.09

表3-55 分部分项工程量计价表

单位及专业工程名称：××××楼——建筑工程　　　　第　页　共　页

序号	项目编码	项目名称	项目特征描述	计量单位	工程量	综合单价	合价	其中/元		备注
								人工费	机械费	
1	010502001001	矩形柱	C20 现浇商品泵送混凝土	m^3	21.31	300.26	6398.5	1550.43	149.36	
2	010503002001	矩形梁	C20 现浇商品泵送混凝土	m^3	19.78	274.54	5430.4	982.37	140.42	
3	010505001001	有梁板	C20 现浇商品泵送混凝土	m^3	17.41	285.59	4972.09	717.19	133.83	

拓展提高

1. 混凝土梁浇捣定额，按梁的部位、作用划分为四个内容。其中基础部分不分有、无底模；矩形(包括带搁板企口、变截面矩形)、异形、弧形梁及吊车梁，均套用同一定额计价；圈梁、过梁、拱形梁、叠合梁二次浇捣部分，套用同一定额计价。

2. 混凝土板浇筑仅拱板予以区别，其他板均套用同一定额计价。现浇钢筋混凝土板坡度大于 10°时，按 30°以内、30°以上区别，混凝土浇捣人工消耗量乘以相应系数予以调整；坡度大于 60°时，按墙相应定额执行。

3. 混凝土墙浇筑按墙厚区别计价，墙厚一致的直形、弧形、电梯井、地下室内墙按同一定额计价。

4. 清单内、外檐沟按“天沟”列项，而整浇的梁板组成的跨中排水沟，定额按梁板规则列项。

5. 阳台、悬挑板、雨篷定额仅适用于全悬挑的(指一边支座或 L 形支座时)，定额不分弧形、直形，套用同一定额。

4. 楼梯工程计价

1) 计价说明

(1) 楼梯设计指标超过表 3-56 中定额取定值时，混凝土浇捣定额按比例调整，其余不变。

表 3-56 楼梯底板厚度定额取定表

项目名称	指标名称	取定值	备注
直形楼梯	底板厚度	18cm	梁式楼梯的梯段梁并入楼梯底板内计算折实厚度
弧形楼梯		30cm	

实例分析 3-31

图 3.26 所示为现浇直形梁式楼梯段剖面，已知梁高 300mm，梁宽 200mm，楼梯底板厚 100mm，楼梯段宽 1150mm；C25 商品泵送混凝土浇捣。试计算该楼梯底板折实厚度并确定是否应调整定额基价；如按图调整，则求调整后的基价(已知 C25 商品混凝土单价为 317 元/m^3)。

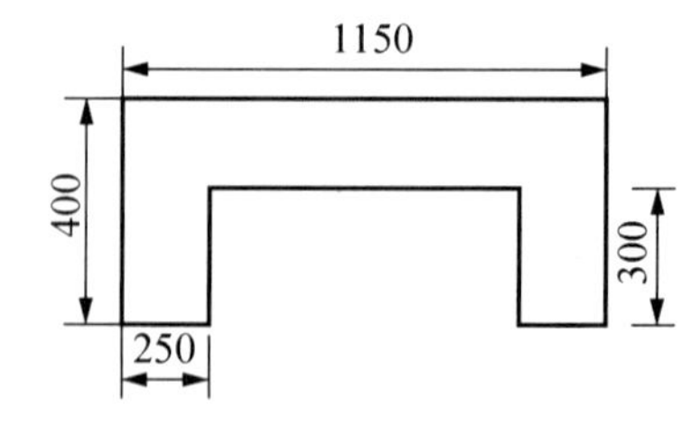

图 3.26 某现浇直形梁式楼梯剖面图(单位：mm)

分析：按图示，已知梁高含底板厚度，计算折实厚度时应扣除梁与底板重合部位，该梁式楼梯底板折实厚度为

$$(0.3-0.10)\times0.25\times2/1.15+0.10=0.187(\text{m})>0.18\text{m}$$

【参考图文】

因此，按底板折实厚度应调整基价，套用直形楼梯定额4-94H，则折算后基价为

$$[83.1+(317-299)\times0.243]\times\frac{0.187}{0.18}=90.88(\text{元}/\text{m}^2)$$

弧形楼梯指梯段为弧形的。仅平台为弧形的，按直形楼梯定额执行，平台另按弧形板增加费。

(2) 自行车坡道带有台阶的，按楼梯相应定额执行；无底模的自行车坡道及四步以上的混凝土台阶，按楼梯定额执行，其模板按楼梯相应定额乘以0.20计算。

2) 计价工程量计算规则

基本同清单工程量计算规则，按水平投影面积计算；工程量包括休息平台、平台梁、楼梯段、楼梯与楼面板连接的梁，无梁连接时，算至最上一级踏步沿加30cm处，不扣除宽度小于50cm的楼梯井，伸入墙内部分不另计算。但与楼梯休息平台脱离的平台梁，按梁或圈梁计算。

直形楼梯与弧形楼梯相连者，直形、弧形应分别计算，套相应定额。

单跑楼梯上下平台与楼梯段等宽部分，并入楼梯内计算面积。

楼梯基础、梯柱、栏板、扶手另行计算。

3) 楼梯工程清单计价

现浇混凝土楼梯清单项目实际组合内容可以参见表3-57。

表3-57 现浇混凝土楼梯清单项目组价表

项目编码	项目名称	可组合的主要内容	对应的定额子目	定额编码
010506001	直形楼梯	直形楼梯	现浇现拌/商品泵送混凝土直形楼梯	4-22、4-94
010506002	弧形楼梯	弧形楼梯	现浇现拌/商品泵送混凝土弧形楼梯	4-23、4-95

楼梯定额不包括楼梯基础、起步梯以下的基础梁、楼梯柱、栏板扶手等，应按设计内容另行列项计算。

5. 现浇混凝土其他构件计价

1) 计价说明

(1) 小型池槽外形体积大于$2m^3$时，套用构筑物水(油)池相应定额；建筑物内的梁板墙结构式水池，分别套用梁、板、墙相应定额。

(2) 地沟、电缆沟断面内空面积大于$0.4m^2$时，套构筑物地沟相应定额。

(3) 小型构件包括压顶、单独扶手、窗台、窗套线，及定额未列项目且单件构件体积在$0.05m^3$以内的其他构件。

(4) 屋顶水箱工程量，包括底、壁、现浇顶盖及支撑柱等全部现浇构件，预制构件另计；砖砌支座，套砌筑工程零星砌体定额；抹灰、刷浆、金属件制作安装等，套用相应章节定额。

(5) 窨井等室外排水定额仅为化粪池配套设施用，不包括土方及垫层，如发生

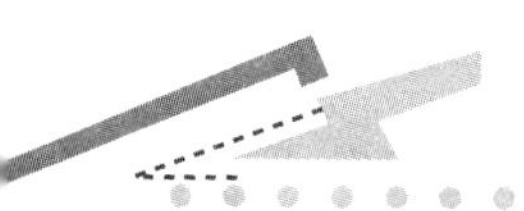

时应按有关章节定额另列项目计算。

(6) 窨井按 2004 浙 S1、S2 标准图集编制，如设计不同时，可参照相应定额执行。

(7) 化粪池按 2004 浙 S1、S2 标准图集编制，如设计采用的标准图不同，可参照容积套用相应定额。隔油池按 93S217 图集编制；隔油池池顶均按不覆土考虑。

(8) 小便槽不包括端部侧墙，侧墙砌筑及面层按设计内容另列项目计算，套用相应定额。

(9) 本章节台阶、坡道定额未包括面层，如发生时应按设计面层做法，另行套用楼地面工程相应定额。

2) 计价工程量计算规则

(1) 散水、坡道。

① 散水：按外墙中心线乘以宽度以面积“m^2”计算，不扣除每个长度在 5m 以内的踏步或斜坡。

② 坡道：按水平投影面积以“m^2”计算。

(2) 室外地坪：地面铺设按图示尺寸以“m^2”计算，不扣除 $0.5m^2$ 以内各类检查井所占面积。

(3) 电缆沟、地沟：按实体积以“m^3”计算，地沟、电缆沟应包括底、壁及整浇的顶盖工程量合并计算；预制混凝土盖板另行计算。

(4) 台阶：按水平投影面积以“m^2”计算，如台阶与平台相连时，平台面积在 $10m^2$ 以内时按台阶计算，平台面积在 $10m^2$ 以上时，平台按楼地面工程计算套用相应定额，工程量以最上一级 30cm 处为分界。

(5) 扶手、压顶：压顶、单独扶手按小型构件定额计算。单独扶手按外围长度乘以设计断面计算体积；压顶按实体积以“m^3”计算。

(6) 化粪池、检查井：化粪池以“座”计量，检查井以“只”计量。

(7) 其他构件(小型池槽、垫块、门框等)：小型构件按设计尺寸以体积“m^3”计算。小型池槽应包括底、壁及整浇的顶盖工程量合并计算；预制混凝土盖板另行计算。屋顶水箱按底、壁、现浇顶盖及支撑柱等全部现浇体积合并计算；底板利用屋楼盖时，则工程量不包括底板。

3) 清单计价

现浇混凝土其他构件清单项目实际组合内容可以参见表 3-58。

表 3-58 现浇混凝土其他构件清单项目组价表

项目编码	项目名称	可组合的主要内容	对应的定额子目	定额编码
010507001	散水、坡道	散水	墙角护坡混凝土面	9-58
		坡道	坡道	9-68
		变形缝	变形缝嵌缝	7-85～89/7-93～94
010507002	室外地坪	铺贴地坪块	铺贴地坪块、铺草皮砖	9-1～3
010507003	电缆沟、地沟	地沟、电缆沟	现浇现拌/商品泵送混凝土地沟、电缆沟	4-29、4-101
		明沟	混凝土明沟	9-61
010507004	台阶	混凝土台阶	混凝土台阶	9-66
010507005	扶手、压顶	扶手、压顶等	现浇现拌/商品泵送混凝土小型构件	4-28、4-100

续表

项目编码	项目名称	可组合的主要内容	对应的定额子目	定额编码
010507006	化粪池、检查井	标准化粪池	混凝土化粪池	9-22～31
		污水池	污水池	9-47、9-48
		洗涤槽	洗涤槽	9-53～55
		洗涤池	洗涤池	9-49～52
010507007	其他构件	小型池槽、垫块、门框	小型构件	4-28、4-100
		屋顶水箱	屋顶水箱	4-30、4-102

6. 后浇带工程清单计价

1) 计价说明

定额按地下室底板、梁板、墙分别列出混凝土浇捣和模板增加费子目。

混凝土梁、板后浇带合并，按板厚20cm以内、20cm以上分别列项执行同一定额。

2) 计价工程量计算规则

设计梁、板、墙设后浇带时，后浇带混凝土浇捣应单独列项按体积以“m^3”计算，执行后浇带相应定额，相应构件混凝土浇捣工程量应扣除后浇带体积。

3) 清单计价

后浇带工程清单项目实际组合内容可以参见表3-59。

表3-59 后浇带工程清单项目组价表

项目编码	项目名称	可组合的主要内容	对应的定额子目	定额编码
010508001	后浇带	地下室底板	现浇现拌/商品泵送混凝土后浇带地下室底板	4-18、4-90
		梁、板	现浇现拌/商品泵送混凝土后浇带梁、板	4-19～20、4-91～92
		墙	现浇现拌/商品泵送混凝土后浇带墙	4-21、4-93

7. 预制混凝土构件工程清单计价

1) 计价说明

(1) 预制混凝土构件制作。

① 先张法预应力预制混凝土构件按加工厂制作考虑，模板已综合考虑地膜、胎膜摊销，其余各类预制混凝土构件是按现场预制考虑的，模板不包含地膜、胎膜，实际施工需要地膜、胎膜时，按施工组织设计实际发生的地膜、胎膜面积套用相应定额计算。

② 混凝土构件如采用蒸汽养护时，加工厂预制者，按实际蒸养构件数量以每立方米88元(其中煤90kg)计算；现场蒸养费按实计算。

③ 后张法预应力构件制作浇捣定额不包括孔道灌浆，该工作内容已列入钢筋制作安装定额，不单独另计。

④ 混凝土及钢筋混凝土预制构件工程量计算，应按施工图构件净用量加表3-60中损耗值计算。

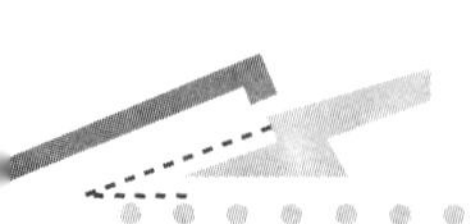

表 3-60 混凝土及钢筋混凝土预制构件损耗率表

构件名称	制作废品率/(%)	运输、堆放损耗率/(%)	安装、打桩损耗率/(%)	总损耗率/(%)
预制钢筋混凝土桩	0.1	0.4	1	1.5
除预制桩外各类预制构件	0.2	0.8	0.5	1.5

计算公式如下：

混凝土及钢筋混凝土预制构件工程量=施工图净用量×(1+总损耗率)

【参考视频】

⑤ 预制构件桩、柱、梁、屋架等定额中未编列起重机、垫木等成品堆放费的项目，是按现场就位预制考虑的，如实际发生构件运输时，套用构件运输相应定额。

⑥ 小型构件是指定额未列项目且每件体积在 0.05m^3 以内的其他构件。

(2) 预制构件运输、安装。

① 本定额仅为混凝土预制构件运输，划分为以下四类。Ⅰ、Ⅱ类构件符合其中一项指标的，均套用同一定额。

Ⅰ类构件：单件体积≤1m^3、面积≤5m^2、长度≤6m。

Ⅱ类构件：单件体积＞1 m^3、面积＞5m^2、长度＞6m。

Ⅲ类构件：大型屋面板、空心板、楼面板。

Ⅳ类构件：小型构件。

② 本定额适用于混凝土构件由构件堆放场地或构件加工厂运至施工现场的运输；定额已综合考虑城镇、现场运输道路等级、道路状况等不同因素。

③ 构件运输基本运距为 5km，工程实际运距不同时，按每增减 1km 定额调整。本定额不适用于运距超过 35km 的构件运输。

④ 本定额不包括改装车辆、搭设特殊专用支架、桥梁、涵洞、道路加固、管线、路灯迁移及因限载、限高而发生的加固、扩宽、公交管理部门措施费用等，发生时另行计算。

⑤ 小型构件，包括桩尖、窗台板、压顶、踏步、过梁、围墙柱、地坪混凝土板、地沟盖板、池槽、浴厕隔断、窨井圈盖、花格窗、花格栏杆、碗柜、壁龛及单件体积小于 0.05m^3 的其他构件。

⑥ 采用现场集中预制的构件，是按吊装机械回转半径内就地预制考虑的，如因场地条件限制，构件就位距离超过 15m 须用起重机移运就位的，运距在 50m 以内的，起重机械乘以系数 1.25，运距超过 50m 时按构件运输相应定额计算。

⑦ 现场预制的构件采用汽车运输时，按本章相应定额执行，运距在 500m 以内时，定额乘以系数 0.5。

⑧ 构件吊装采用的吊装机械种类、规格按常规施工方法取定；如采用塔式起重机或卷扬机时，应扣除定额中的起重机台班，按人工乘以系数(塔式起重机 0.66、卷扬机 1.3)调整；以人工代替机械时，按卷扬机计算。采用塔式起重机施工，因建筑物造型所限，部分构件吊装不能就位时，该部分构件可按定额执行。

⑨ 定额按单机作业考虑，如因构件超重须双机抬吊时(包括按施工方案相关工序涉及的构件)，套相应定额人工、机械乘以系数 1.2。

⑩ 构件如须采用跨外吊装时，除塔式起重机施工外，按相应定额乘以系数1.15。

⑪ 构件安装高度以20m以内为准，如檐高在20m以内，构件安装高度超过20m时，除塔式起重机施工外，相应定额人工、机械乘以系数1.2。

⑫ 定额不包括安装过程中起重机械、运输机械场内行驶道路的修整、铺垫工作消耗，发生时按实际内容另行计算。

⑬ 现场制作采用砖胎膜的构件，安装相应定额人工、机械乘以系数1.1。

⑭ 构件安装定额已包括灌浆所需消耗，不另计算。

⑮ 构件安装需另行搭设脚手架时，按施工组织设计规定计算，套用脚手架工程相应定额。

2) 计价工程量计算规则

(1) 预制构件制作。

① 预制构件模板及混凝土浇捣除定额注明外，均按图示尺寸以体积计算。

② 空心构件工程量按实体积以“m^3”计算，应扣除空心部分体积。

③ 预制方桩按设计断面乘以桩长以体积“m^3”计算，不扣除桩尖虚体积。

④ 除注明外，板厚度在4cm以内者为薄板，4cm以上者为平板。窗台板、窗套板、无梁水平遮阳板套用薄板定额，带梁垂直遮阳板套用肋形板定额，垂直遮阳板套用平板或薄板定额。

⑤ 屋架中的钢拉杆制作另行计算。

⑥ 花格窗及花格栏杆按外围面积计算，折实厚度大于4cm时，定额按比例调整。

⑦ 后张预应力构件不扣除灌浆孔道所占体积。

(2) 预制构件运输、安装。

① 构件运输、安装统一按施工图工程量以“m^3”计算，制作工程量以“m^2”计算的，按$0.1m^3/m^2$折算。

② 屋架工程量按混凝土构件体积计算，钢拉杆运输、安装不另计算。

③ 住宅排烟(气)道按设计高度以“m”计算，住宅排烟(气)帽以“座”计算。

3) 清单计价

预制构件工程清单计价包括制作、运输和安装，运输定额是按构件类型进行列项、按构件分类进行组价，列在表格最后一行。清单项目实际组合内容可以参见表3-61。

表3-61 预制构件清单组价表

项目编码	项目名称	可组合的主要内容	对应的定额子目	定额编码
010509001	矩形柱	各类预制柱制作	预制柱混凝土浇捣	4-267～272
010509002	异形柱	各类预制柱安装	各类预制柱安装	4-452～456
010510001	矩形梁	预制/预应力矩形梁制作	预制/预应力矩形梁混凝土浇捣	4-273～274、4-276、4-280/4-323、4-326、4-329
010510002	异形梁	预制/预应力异形梁制作	预制/预应力异形梁混凝土浇捣	4-275/4-324、4-332
010510003	过梁	预制/预应力过梁制作	预制/预应力圈、过梁混凝土浇捣	4-279/4-325
		各类预制梁安装	各类预制梁安装	4-457～467、4-472～473

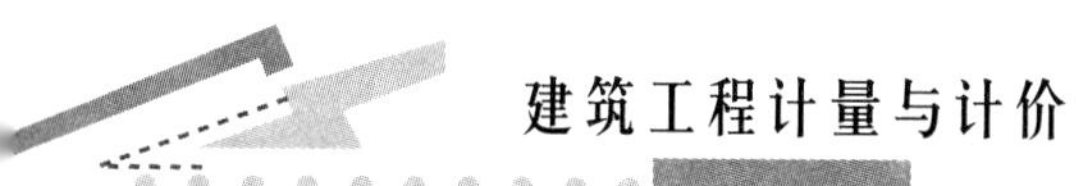

续表

项目编码	项目名称	可组合的主要内容	对应的定额子目	定额编码
010510004	拱形梁	拱形梁制作	预制/后张预应力托架梁混凝土浇捣	4-278/4-331
010510005	鱼腹式吊车梁	鱼腹式吊车梁制作	预制/后张预应力鱼腹形吊车梁	4-277/4-330
010510006	其他梁	其他梁制作	预制薄腹风道梁混凝土浇捣	4-290
		各类预制梁安装	各类预制梁安装	4-457～467、4-472～473
010511001	折线型屋架	折线型屋架制作	预制/预应力折线型屋架混凝土浇捣	4-287/4-327～328、4-333
010511002	组合屋架	组合屋架制作	组合式、人字形、锯齿形屋架	4-288
010511003	薄腹屋架	薄腹屋架制作	预制/预应力薄腹屋面梁混凝土浇捣	4-289/4-332
010511004	门式钢架	门式钢屋架制作	预制门式钢架混凝土浇捣	4-291
010511005	天窗架	天窗架制作	预制天窗架、挡风板支架、天窗端壁、支撑天窗上下挡	4-292～294
		各类预制屋架安装	各类预制屋架安装	4-468～478、4-485～486
010512001	平板	平板制作	预制/预应力平板、薄板混凝土浇捣	4-281～282、4-298/4-314～315
010512002	空心板	空心板制作	预应力空心板混凝土浇捣	4-311～313
010512003	槽形板	槽形板制作	预制/预应力槽、肋形板，檐、天沟板	4-284、4-286、4-299/4-319、4-321、4-316
010512005	折线板	折线板制作	预制脊盖瓦、预应力折板	4-304、4-320
010512006	带肋板	预带肋板制作	预制/预应力槽、肋形板	4-284/4-316、4-318
010512007	大型板	大型板制作	预制/预应力大型屋面板	4-285/4-317
010512008	沟盖板、井盖板、井圈	沟盖板、井盖板、井圈制作	预制地沟盖板、窨井圈盖	4-283、4-302
		各类预制板安装	各类预制板安装	4-479～483
010513001	楼梯	楼梯制作	预制楼梯斜梁、踏步/预应力踏步	4-295～296/4-322
		各类预制楼梯安装	楼梯段、斜梁、踏步板、平台板安装	4-484
010514001	垃圾道、通风道、烟道	垃圾道、通风道、烟道制作	预制垃圾道、通风道、烟道混凝土浇捣	4-303
			成品排烟(气)道、排烟(气)帽安装	4-487～488
010514002	其他构件	其他构件制作	花格窗(栏杆)，装配式围墙柱、压顶板，地坪混凝土板，零星构件，钢筋混凝土池槽、浴厕隔断	4-297、4-300～301、4-305～309
		其他构件安装	小型构件安装	4-485～486
		各类预制构件运输	各类预制构件运输	4-444～451

拓展提高

预制构件制作、运输仅适用于施工方自身(加工厂或现场)制作的构件，不适用于成品购入的构件。构件安装需要脚手架时按施工设计规定计算，并套用脚手架相应定额计价，列入措施项目；预制构件吊装所需机械(如履带式、轮胎式、汽车式、塔式起重机)进退场及安拆费，应列入措施项目。

8. 钢筋工程(螺栓、铁件)清单计价

1) 计价说明

(1) 钢筋工程按不同钢种，以现浇构件、预制构件、预应力构件分别列项，定额中钢筋的规格比例、钢筋品种按常规工程综合考虑。

(2) 预应力混凝土构件中的非预应力钢筋，套用普通钢筋相应定额。

(3) 除定额规定单独列项计算以外，各类钢筋、埋件的制作成型、绑扎、安装、接头、固定所用工料机消耗均已列入相应定额。多排钢筋的垫铁在定额损耗中已综合考虑，发生时不另计算。螺旋箍筋的搭接已综合考虑在灌注桩钢筋笼圆钢定额内，不再另行计算。

(4) 定额已综合考虑预应力钢筋的张拉设备，但未包括预应力筋的人工时效费用，如设计有要求时，另行计算。

(5) 除模板所用铁件及成品构件内已包括的铁件以外，定额均不包括混凝土构件内的预埋铁件，应按设计图纸另行计算。

(6) 地下连续墙钢筋网片制作定额未考虑钢筋网片的制作平台。

(7) 本章节定额钢筋机械连接所指的是套筒冷压、锥形螺纹和直螺纹钢筋接头，焊接是指电渣压力焊和气压焊方式的钢筋接头。

(8) 植筋定额不包括钢筋主材费，钢筋按设计长度计算套现浇构件定额。

(9) 表3-62所列的构件，其钢筋可按表列系数调整人工、机械用量。

表3-62 预制构件、构筑物钢筋系数调整表

项　目	预制构件		构　筑　物	
系数范围	拱形、梯形屋架	托架梁	贮仓	
			矩形	圆形
人工、机械调整系数	1.16	1.05	1.25	1.5

2) 计价工程量计算规则

(1) 钢筋工程应区别构件及钢种，以理论质量计算。理论质量按设计图示长度、数量乘以单位理论质量以“t”计算，包括设计要求的锚固、搭接和钢筋超定尺长度必须计算的搭接用量。钢筋的延伸率不扣，冷拉加工费不计。

(2) 设计套用标准图集时，按标准图集钢筋(铁件)用量表所列数量计算，图集未列钢筋(铁件)用量表时，按标准图集图示及本规则计算。

(3) 计算钢筋用量时，应扣除保护层厚度。

(4) 钢筋搭接长度及数量应按设计图示、标准图集和规范要求计算，遇设计图示、标准图集和规范要求不明确时，钢筋的搭接长度及数量可按以下规则计算。

① 灌注桩钢筋笼纵向钢筋、地下连续墙的钢筋网片按焊接考虑，搭接长度按10d计算。

② 建筑物柱、墙构件竖向钢筋搭接按自然层计算。

③ 钢筋单根长度超过8m时计算一个因超出定尺长度引起的搭接，搭接长度为35d。

④ 当钢筋接头设计采用机械连接、焊接时，应按实际采用接头种类和个数列项计算，计算该接头后不再计算该处的钢筋搭接长度。

(5) 箍筋(板筋)、拉筋的长度及数量应按设计图示、标准图集和规范要求计算，遇设计图示、标准图集和规范要求不明确时，箍筋(板筋)、拉筋的长度及数量可按以下规则计算。

① 墙板S形拉结钢筋长度按墙板厚度扣保护层加两端弯钩计算。

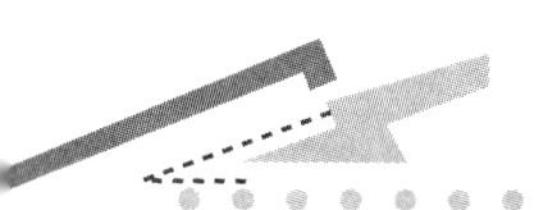

② 弯起钢筋不分弯起角度，每个斜边增加长度按梁高(或板厚)乘以 0.4 计算。

③ 箍筋(板筋)排列根数为柱、梁、板净长度除以箍筋(板筋)的设计间距；设计有不同间距时，应分段计算。柱净长度按层高计算，梁净长度按混凝土规则计算，板净长度指主(次)梁与主(次)梁之间的净长；计算中有小数时，向上取整。

实例分析 3-32

试计算图 3.27 所示钢筋长度。

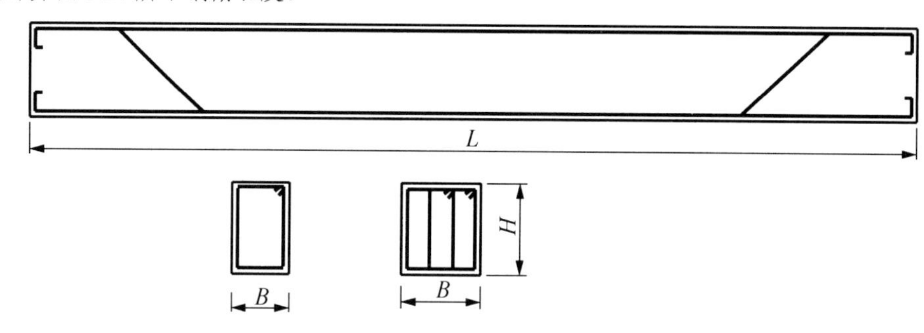

图 3.27 梁钢筋配制构造示意图

分析：按计算规则，钢筋工程量长度为

$$L_0 = L - 2n_3 + n_1 \times 6.25d + n_2 \times 35d + \text{弯起增加值}$$

$$L_{\text{双肢}} = 2(B + H)$$

$$L_{\text{四肢}} = 2.7B + 4H$$

$$\text{每米理论重量} = 0.00617D^2 (\text{kg/m})$$

式中 n_1——钢筋弯钩个数；

n_2——搭接个数；

n_3——保护层厚度(mm)；

d——钢筋直径(mm)；

B、H——梁宽和梁高(mm)；

D——钢筋直径(mm)。

弯钩长度：180mm 时，取 6.25d；90mm 时，取 3.5d；135mm 时，取 4.9d。保护层厚度图纸有说明的按设计说明确定，无说明的按规范要求确定。

④ 桩螺旋箍筋长度计算，为螺旋箍筋长度加水平箍筋长度。计算公式为

$$\text{螺旋箍筋长度} = \sqrt{[(D - 2C + d)\pi]^2 + h^2}\, n$$

$$\text{水平箍筋长度} = \pi(D - 2C + d) \times (1.5 \times 2)$$

式中 D——桩直径(m)；

C——保护层厚度(m)；

d——螺纹箍筋直径(m)；

h——螺旋箍筋螺距(m)；

n——螺旋箍筋的圈数。

(6) 双层钢筋撑脚按设计规定计算，设计未规定时，均按同板中小规格主筋计算，基

础底板每平方米 1 只，长度按板厚乘以 2 加再 1m 计算；板每平方米 3 只，长度按板厚度乘以 2 再加 0.1m 计算。双层钢筋的撑脚均按板(不包括柱、梁)的净面积计算。

(7) 后张预应力构件不能套用标准图集计算时，其预应力筋按设计构件尺寸，并区别不同的锚固类型，分别按下列规定计算。

① 低合金钢筋两端均采用螺杆锚具时，钢筋长度按孔道长度减 0.35m 计算，螺杆另行计算。

② 低合金钢筋一端采用镦头插片、另一端采用螺杆锚具时，钢筋长度按孔道长度计算，螺杆另行计算。

③ 低合金钢筋一端采用镦头插片、另一端采用帮条锚具时，钢筋长度按孔道长度减 0.15m 计算；两端均采用帮条锚具时，钢筋长度按孔道长度减 0.3m 计算。

④ 低合金钢筋采用后张混凝土自锚时，钢筋长度按孔道长度减 0.35m 计算。

⑤ 低合金钢筋(钢绞线)采用 JM、XM、QM 型锚具，孔道长度在 20m 以内时，钢筋(钢绞线)长度按孔道长度增加 1m 计算；孔道长度在 20m 以上时，钢筋(钢绞线)长度按孔道长度增加 1.8m 计算。

⑥ 碳素钢丝采用锥形锚具，孔道长度在 20m 以内时，钢丝束长度按孔道长度增加 1m 计算；孔道长度在 20m 以上时，钢丝束长度按孔道长度增加 1.8m 计算。

⑦ 碳素钢丝束采用镦头锚具时，钢丝束长度按孔道长度增加 0.35m 计算。

(8) 变形钢筋的理论质量按实计算，制作绑扎变形钢筋套用螺纹钢相应定额。

(9) 混凝土构件及砌体内预埋的铁件，均按图示尺寸以净重量计算。

(10) 墙体加固筋及墙柱拉接筋，并入现浇构件钢筋内计算。

(11) 沉降观测点列入钢筋(或铁件)工程量内计算，采用成品的按成品计算。

(12) 植筋按定额划分的规格以“根”计算。

(13) 声测管按打桩前的自然地坪标高至设计桩底标高的长度另加 0.2m 计算。

(施工图注明Φ6 的钢筋，实际使用的是Φ6.5 时，按Φ6.5 的钢筋重量计算。)

3) 清单计价

钢筋工程清单计价清单项目实际组合内容可以参见表 3-63。

表 3-63 钢筋工程清单组价表

项目编码	项目名称	可组合的主要内容	对应的定额子目	定额编码
010515001	现浇混凝土钢筋	现浇混凝土构件钢筋	冷拔钢丝	4-414
			现浇构件、冷轧带肋钢筋	4-416～417、4-420
			桩钢筋笼	4-421～422
			地墙钢筋	4-440～443
010515002	预制构件钢筋	预制构件钢筋	冷拔钢丝、冷轧带肋钢筋、预制构件钢筋	4-414、4-420、418～419
		机械连接	机械连接	4-435～436
010515003	钢筋网片	钢筋网片	冷拔钢丝、地下连续墙钢筋网片	4-414～415、4-423～424

续表

项目编码	项目名称	可组合的主要内容	对应的定额子目	定额编码
010515004	钢筋笼	钢筋笼	桩钢筋笼	4-421～422
		钢筋连接	机械连接	4-435～436
010515005	先张法预应力钢筋	先张法预应力钢筋	先张法预应力钢筋制作安装	4-425～426
010515006	后张法预应力钢筋	后张法预应力钢筋	后张法预应力粗钢筋制作安装	4-427
010515007	预应力钢丝	预应力钢丝	先张法预应力钢丝、后张法预应力钢丝制作安装	4-425、4-428～429
010515008	预应力钢绞线	预应力钢绞线	后张法预应力钢绞线	4-30～31
010515009	支撑钢筋(铁马)		现浇构件圆钢、螺纹钢	4-416～417
010515010	声测管	声测管埋设	声测管埋设	2-90～91
010516001	螺栓	预埋螺栓	预埋螺栓	4-432
010516002	预埋铁件	预埋铁件	预埋铁件	4-433～434
010516003	机械连接	钢筋机械连接	钢筋机械连接	4-435～437
Z010516004	化学螺栓	植筋	植筋	4-440～443

声测管如遇材质、规格不同时，材料单价进行换算，其余不变。

任务 3.6　金属结构工程

3.6.1　基础知识

【参考视频】

金属结构是用各类型钢、钢板以及钢管、圆钢等钢材制造而成的构件，主要有钢网架、钢屋架、钢柱、钢梁、钢支撑、钢栏杆、钢梯、钢平台等。在实际施工工艺中，主要涉及金属结构构件的制作、运输及安装等过程。

1. 钢种

金属结构常用钢材，按化学成分可分为普通碳素钢(代表性牌号有 Q195、Q215、Q235、Q255、Q275)和普通低合金钢(Q295、Q345、Q390、Q420、Q460)。

2. 钢材类型表示方法

(1) 圆钢：圆钢断面呈圆形，一般用直径 d 表示，“Φ”表示一级钢，“$\underline{\Phi}$”表示二级钢，“$\underline{\underline{\Phi}}$”表示三级钢。例如，Φ10 表示直径为 10mm 的圆钢，$\underline{\Phi}$22 表示直径为 22mm 的二级螺纹钢。

(2) 方钢：方钢断面呈正方形，一般用边长 a 表示，其符号为“□a”。例如，“□18”表示边长为 18mm 的方钢。

(3) 角钢。

① 等肢角钢：等肢角钢的断面呈∟形，角钢的两肢宽度相等，一般用 $b \times d$ 表示。例如，∟50×4 表示肢宽为 50mm、肢板厚为 4mm 的等肢角钢。

② 不等肢角钢：不等肢角钢的断面呈"L"形，角钢的两肢宽度不相等，一般用 $B \times b \times d$ 表示。例如，∟56×36×4 表示长肢宽为 56mm、短肢宽为 36mm、肢板厚为 4mm 的不等肢角钢。

(4) 槽钢：槽钢的断面呈"［"形，一般用型号来表示。例如，[25 表示 25 号槽钢，槽钢的号数为槽钢高度的 1/10，即[25 槽钢的高度是 250mm。同一型号的槽钢，其宽度和厚度均有差别，分别用 a、b、c 来表示。例如，［25a 表示肢宽为 78mm、高为 250mm、腹板厚为 7mm，［25c 表示肢宽为 82mm、高为 250mm、腹板厚为 11mm。

(5) 工字钢：工字钢断面呈工字形，一般用型号来表示。例如，I32 表示 32 号工字钢，工字钢的号数为工字钢高度的 1/10，即 I32 钢的高度是 320mm。同一型号工字钢的宽度和厚度均有差别，分别用 a、b、c 来表示。例如，I32a 表示 32 号工字钢宽为 130mm、厚度为 9.5mm，I32b 表示工字钢宽为 132mm、厚度为 11.5mm，I32c 表示工字钢宽为 134mm、厚度为 13.5mm。

(6) 钢板：钢板一般用厚度来表示，符号为"—δ"，其中"—"为钢板代号，δ为板厚。例如，"—8"表示厚度为 8mm 的钢板。

(7) 扁钢：扁钢为长条式钢板，一般宽度均有统一标准，它的表示方法为"—$a \times \delta$"，其中"—"表示钢板，a 表示钢板宽度，δ表示钢板厚度。例如，"—60×5"表示宽度为 60mm、厚度为 5mm 的扁钢。

(8) H 形钢：H 形钢有钢厂热轧成品(定型 11 钢)和钢板焊接两种类型，一般用 $H \times B \times t_1 \times t_2$ 表示断面型号，其中 H 为腹板高度、B 为翼缘宽度、t_1 为腹板厚度、t_2 为翼缘厚度。例如，350×200×8×12 表示 H 形钢的高度为 350mm、翼缘宽为 200m、腹板厚为 8mm、翼缘厚为 12mm。

按 GB/T 11263—2010，热轧 H 形钢按翼缘宽度分类，其代号如下：HW 表示宽翼缘 H 形钢，HM 表示中翼缘 H 形钢，HN 表示窄冀缘 H 形钢，HT 表示薄壁 H 形钢。

(9) C 形钢、Z 形钢：一般为薄钢板冷弯成型，型材的截面分别呈 C 形、Z 形。规格型号均按其断面各向尺寸(单位为 mm)表示，表示方法为符号加上 $H \times B \times C \times d$，其中 H 为高、B 为宽、C 为卷边高、d 为厚度。例如，C160×60×20×3 表示高度为 160mm、底宽为 60mm、卷边(弯起)高 20mm、厚度 3mm 的 C 形钢。Z 形钢表示方法类同。

(10) 钢管：圆钢管一般用$\Phi D \times t \times L$ 来表示。例如，Φ102×4×700 表示外径为 102mm、厚度为 4mm、长度为 700mm 的钢管。设计图中标有长度尺寸时，"L"不再表示。

方钢管的表示与方钢相似，但应标注管壁厚度。例如，"□18×0.8"表示边长为 18mm、厚度为 0.8mm 的方钢管。

3. 钢材理论重量计算方法

(1) 各种规格型钢的计算：各种型钢包括等边角钢、不等边角钢、槽钢、工字钢、热轧 H 形钢、C 形钢、Z 形钢等，每米理论重量均可从相应标准、五金手册等型钢表中查得。

(2) 可按设计材料规格直接计算单位重量，钢材的密度为 7850kg/m^3 或 7.85g/cm^3。

① 钢板的计算：

$$1\text{mm 厚钢板每平方米重量}=7850\text{kg/m}^3\times0.001\text{m}=7.85\text{kg/m}^2$$

计算不同厚度钢板时，其每平方米理论重量为 $7.850\text{kg/m}^2\times\delta$，式中$\delta$为钢板厚度(mm)。

② 扁钢、钢带的计算：

$$\text{不同厚度扁钢、钢带每米理论重量}=0.00785\text{kg/m}\times a\times\delta$$

式中 a、δ——扁钢的宽度及厚度(mm)。

③ 方钢的计算：

$$G=0.00785\text{kg/m}\times a^2$$

式中 a——方钢的边长。

④ 圆钢的计算：

$$G=0.00617\text{kg/m}\times d^2$$

式中 d——圆钢的直径。

⑤ H 形钢的计算：

a. 钢板焊接 H 形钢的计算公式[各参数含义见图 3.28(a)]为

$$G=[t_1(H-2t_2)+2Bt_2]\times0.00785$$

b. 定型 H 形钢按 GB/T 11263—2010 的截面积公式，单位重量计算公式为

$$G=\left[t_1\left(H-2t_2\right)+2Bt_2+0.858r^2\right]\times0.00785$$

式中各参数含义见图 3.28(b)，因型号标注与各参数不一定是同一数值，各参数值应按国家标准提供的有关表格查得。

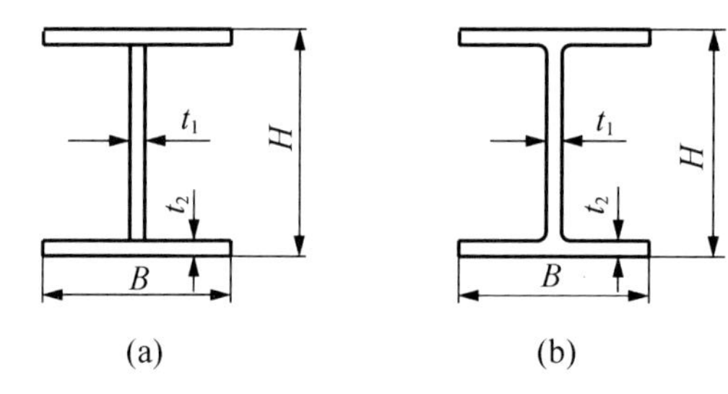

图 3.28 H 形钢尺寸示意图

⑥ 钢管的计算：

$$(\text{圆管})\ G=0.02466\times\delta\times(D-\delta)$$

式中 δ——钢管的壁厚；

D——钢管的外径。

$$(\text{方管})\ G=0.00785\times4(a-\delta)\delta$$

式中 δ——钢管的壁厚；

a——方管边长。

以上公式中未注明单位的，G 为每米长度的重量(kg/m)，其他计算单位均为 mm。

实例分析 3-33

试计算 700 × 350 × 12 × 16 钢板焊接 H 形钢每米质量。即图 3.28(a)中，H=700mm，B=350mm，t_1=12mm，t_2=16mm。

分析：由H形钢的计算公式得

$$G=[(700-16\times2)\times12+350\times2\times16]\times0.00785=151(\text{kg/m})$$

3.6.2 工程量清单编制

1. 清单说明

金属结构工程清单，按《房屋建筑与装饰工程工程量计算规范》附录F进行编制，适用于建筑物和构筑物工程金属结构项目列项。

本任务项目按上述规范附录F，分为F.1钢网架，F.2钢屋架、钢托架、钢桁架、钢桥架，F.3钢柱，F.4钢梁，F.5钢板楼板、墙板，F.6钢构件，F.7金属制品7个部分，共31个项目。

2. 钢网架

(1) 清单规范仅“钢网架”一个项目，项目编码为010601001×××。

① 工程内容：拼装、安装、探伤、补刷油漆。

② 项目特征：钢材品种、规格，网架节点形式、连接方式，网架跨度、安装高度，探伤要求，油漆品种、刷漆遍数。

(2) 工程量计算：按设计图示尺寸以质量“t”计算，不扣除孔眼，焊条、铆钉、螺栓等不另增加质量。

3. 钢屋架、钢托架、钢桁架、钢桥架

(1) 清单规范分为钢屋架、钢托架、钢桁架、钢桥架4个项目，分别按010602001×××～010602004×××设置项目编码。

① 工程内容：拼装、安装、探伤、补刷油漆。

② 项目特征：钢材品种、规格，单榀质量，安装高度，探伤要求，防火要求。

(2) 工程量计算：按设计图示尺寸以质量“t”计算，不扣除孔眼，焊条、铆钉、螺栓等不另增加质量。钢屋架也可以按设计图示数量以“榀”计算。

拓展提高

以榀为单位计量时，按标准图设计的应注明标准图代号，按非标准图设计的清单项目特征必须描述单榀屋架的质量。

4. 钢柱

(1) 清单规范将其分为实腹钢柱、空腹钢柱、钢管柱三个项目，分别按010603001×××～010603003×××设置项目编码。

【参考视频】

① 工程内容：拼装、安装、探伤、补刷油漆。

② 项目特征：钢材品种、规格，单根柱质量，螺栓种类，探伤要求，防火要求。

(2) 工程量计算：按设计图示尺寸以质量“t”计算，不扣除孔眼的质量，焊条、铆钉、螺栓等不另增加质量；依附在钢柱上的牛腿及悬臂梁等，并入钢柱工程量内；钢管柱上的节点板、加强环、内衬管、牛腿等，并入钢管柱工程量内。

拓展提高

在项目特征描述时，要注意对钢柱类型进行描述，如实腹钢柱有十字形、T 形、L 形、H 形等，空腹钢柱有箱形、格构等。

5. 钢梁

(1) 清单规范将其分为钢梁、钢吊车梁两个项目，分别按 010604001×××、010604002×××设置项目编码，适用于各类钢梁及劲性混凝土构件内的钢骨架列项。

① 工程内容：拼接、安装、探伤、补刷油漆。

② 项目特征：钢材品种、规格，单根重量，螺栓种类、安装高度，探伤要求、防火要求。

(2) 工程量计算：按设计图示尺寸以质量“t”计算，不扣除孔眼的质量，焊条、铆钉、螺栓等不另增加质量，制动梁、制动板、制动桁架、车档并入钢吊车梁工程量内。

拓展提高

梁类型指十字形、L 形、H 形、箱形、格构等；若为型钢混凝土梁浇筑钢筋混凝土，其混凝土和钢筋按规范附录 E 执行。

6. 钢板楼板、墙板

【参考视频】

(1) 清单规范分为钢板楼板和钢板墙板两个项目，分别按 010605001×××、010605002×××设置项目编码。

① 工程内容：拼接、安装、探伤、补刷油漆。

② 项目特征。

a. 钢板楼板：钢材品种、规格、厚度，螺栓种类、防火要求。

b. 钢板墙板：钢材品种、规格、厚度，复合板厚度，螺栓种类，复合板夹芯材料种类、层数、型号、规格、防火要求。

(2) 工程量计算。

① 钢板楼板：按设计图示尺寸以铺设水平投影面积“m^2”计算，不扣除单个 $0.3m^2$ 以内的柱、垛及孔洞所占面积。

② 钢板墙板：按设计图示尺寸以铺挂面积计算，不扣除单个 $0.3m^2$ 以内的梁、孔洞所占面积，包角、包边、窗台泛水等不另增加面积。

③ 钢板楼板上浇钢筋混凝土，混凝土和钢筋按规范附录 E 执行。

7. 钢构件

(1) 清单规范将其分为钢支撑、钢拉条、钢檩条、钢天窗架、钢挡风架、钢墙架、钢平台、钢走道、钢梯、钢护栏、钢漏斗、钢板天沟、钢支架、零星钢构件、高强螺栓等共 14 个项目，分别按 010606001×××～0l0606013×××、Z010606014 设置项目编码。

① 工程内容：拼接、安装、探伤、补刷油漆。

② 项目特征描述：各构件项目均应描述的有钢材品种、规格，油漆品种、刷漆遍数。不同构件中的特征应按清单规范要求描述，如：

a. 钢支撑应描述其形式(如水平、垂直、单式、复式等)、支撑高度、探伤要求；

b. 钢檩条应描述其类型(如型钢式、格构式)、单根重量、安装高度；

c. 钢天窗架应描述单榀重量、安装高度、探伤要求；

d. 钢挡风架、钢墙架应描述单榀重量、探伤要求；

e. 钢梯应描述其形式；

f. 钢漏斗应描述形状(方形、圆形)、安装高度、探伤要求；

g. 钢支架应描述单件重量；

h. 零星钢构件应描述具体的构件名称；

i. 高强螺栓应描述强度性能等级。

(2) 工程量计算。

① 按设计图示尺寸以质量“t”计算，不扣除孔眼、切边、切肢的质量，焊条、铆钉、螺栓等不另增加质量，不规则或多边形钢板以其外接矩形面积乘以厚度乘以单位理论质量计算。

② 依附漏斗的型钢，并入漏斗工程量内计算。

③ 高强螺栓按设计图示数量计算。

拓展提高

1. 钢墙架项目，包括墙架柱、墙架梁和连接杆件。

2. 钢支撑、钢拉条类型，指单式、复式；钢檩条类型，指型钢式、格构式；钢漏斗形式，指方形、圆形；天沟形式，指矩形沟或半圆形沟。

3. 加工铁件等小型构件，应按零星钢构件项目编码列项。

8. 金属制品

(1) 清单规范将其分为成品空调百叶、成品栅栏、成品雨篷、金属栅栏、砌块墙钢丝网加固、后浇带金属网共 6 个项目，项目编号为 010607001×××～010607006×××。

① 工程内容。

a. 成品空调百叶、成品栅栏、成品雨篷、金属栅栏：安装、校正、预埋铁件及安装螺栓、金属立柱。

b. 砌块墙钢丝网加固、后浇带金属网：铺贴、铆固。

② 项目特征描述：材料品种规格、边框材质、立柱型钢的品种和规格、雨篷宽度、晾衣杆品种和规格、加固方式。

(2) 工程量计算。

① 成品空调百叶、成品栅栏、金属栅栏：按设计图示尺寸以框外围展开面积“m^2”计算。

② 成品雨篷：按设计图示接触边以长度“m”计算；按设计图示尺寸以展开面积“m^2”计算。

③ 砌块墙钢丝网加固、后浇带金属网：按设计图示尺寸以面积“m^2”计算。

抹灰钢丝网加固，按规范中砌块墙钢丝加固项目编码列项。

9. 清单编制时应注意的共性事项

(1) 劲性构件及压型钢楼板上混凝土浇捣和混凝土配筋，应按规范附录 E 中相关项目编码列项。

(2) 同一清单项目名称需分别列项时，以第五级清单编码按顺序予以划分，如：

① 构件类型、钢材品种、用材比例、节点构造等不同时，应分别列项。

② 单榀重量不同时，应分别列项。

③ 具体构件所涉及的工程内容有所不同时，应分别列项。

(3) 清单项目工程量计算的注意事项：

① 应注意在钢板的质量计算时，清单工程量与计价工程量的计算规则是有所不同的。

② 按自然单位计算，以设计图纸标注数量计算。

③ 选用自然单位如“榀”“根”等计算时，清单项目特征必须描述构件设计钢材不同品种的施工图净用量。

除按工程量清单规范附录表内所列项目特征描述以外，为了清单投标的合理性及准确性，还需进一步作具体的描述，如:

(1) 各钢构件用钢不是单一品种时，应描述不同的钢材规格、品种比例或数量。同一项目不同构件用材品种、用钢比例等不同时，应分别列项。

(2) 工程设计用材有关特殊要求应予以描述，如 H 形钢是钢板焊接还是定型 H 钢、钢管是否采用钢板自行卷管、采用镀锌成品钢材还是要求后镀锌等，均应按设计要求描述。

(3) 工程设计的工艺要求，如构件是否机械除锈、采用抛丸还是喷砂工艺等，应按要求描述。

(4) 涉及计价的组合工程量(如高强螺栓、剪力栓钉等)，应按设计用量予以描述。

(5) 涉及施工方案、图纸设计有关内容的，清单项目应予以描述。

3.6.3 工程量清单计价

本部分计价基本依据，是清单计价规范和《浙江省建筑工程预算定额(2010 版)》第六章金属构件工程部分。

3.6.3.1 一般说明

金属结构工程定额，划分为金属结构制作，金属构件运输，金属结构安装，钢结构屋、楼、墙面板，机械除锈，其他金属构件等 6 个小节，共计 129 个子目。

(1) 定额适用于加工厂制作，也适用于现场加工制作的构件。

(2) 金属构件的制作定额是按焊接编制的，钢材及焊条以 Q235B 为准，如设计采用 Q345B 等，钢材及焊条单价作相应调整，用量不变。

(3) 除螺栓、铁件以外，设计钢材规格、比例与定额不同时，可按实调整，但钢材总用量不变。

实例分析 3-34

某工程型钢实腹柱按设计图纸计算得一根柱的工程量为 3.35t，其中角钢 1.98t，钢板 1.27t，Ⅱ级螺纹钢 0.1t。设工料机价格与定额取定相同，试确定该钢柱的定额基价。

【参考图文】

分析：该钢柱设计用钢比例与定额不同，角钢为 1.98/3.35=59.1%，钢板为 1.27/3.35=37.91%，Ⅱ级螺纹钢为 100%−59.1%−37.91%=2.99%；按单根柱小于 5t，套定额 6-32H。定额钢材消耗量为 1.06t/t 不变，仅调整不同钢材类别用量。则换算后基价为

5287+(1.06 × 59.1%−0.007) × 3650+(1.06 × 37.91%−1.053] × 3800+1.06 × 2.99% × 3780=5193.45(元/t)

(4) 构件制作包括分段制作和整体预装配的工料及机械台班，整体预装配及锚固零星构件使用的螺栓已包括在定额内。现场制作使用的台座，按实际发生另行计算。

(5) 定额中按重量划分的子目，均指设计规定的单个构件重量。

(6) 本定额构件制作已包括一般除锈工艺，如设计有特殊要求除锈(机械除锈、抛丸除锈等)，另行套用定额。

(7) 定额金属构件制作、安装均已包括焊缝无损探伤及被检构件的退磁费用。如构件需做第三方检测，相应费用另行计算。

(8) 定额内 H 形钢构件是按钢板焊接考虑编制的，如为定型 H 形钢，除主材价格进行换算外，人工、机械及其他材料乘以系数 0.95。

(9) 型钢混凝土劲性构件的钢构件，套用本章相应定额子目，定额未考虑开孔费，如需开孔，钢构件制作定额的人工乘以系数 1.15。

(10) 构件制作项目均已包括刷一遍红丹防锈漆的工料。如设计要求刷其他防锈漆，应扣除定额内红丹防锈漆、油漆溶剂油含量及人工 1.2 工日/t，其他防锈漆另行套用油漆工程定额。

3.6.3.2 金属结构制作计价

1. 定额说明

1) 钢网架制作

钢网架定额分为焊接空心球、螺栓球节点、不锈钢三类。焊接空心球、螺栓球节点网架定额中的钢球，按钢板制作考虑；不锈钢网架钢球，按成品不锈钢球考虑。

(1) 定额中的网架系平面网络结构，如设计成筒壳、球壳及其他曲面状，制作定额的人工乘以系数 1.3。

(2) 焊接空心球网架的焊接球壁、管壁厚度大于 12mm 时，其焊条用量乘以系数 1.4，其余不变。

(3) 螺栓球节点网架定额内，用高强螺栓仅列制作、预装配过程中的损耗用量，其实际施工用量另行套用定额。

2) 钢屋架、钢托架、钢桁架制作

(1) 钢屋架定额主要按用钢类型及单榀重量划分。

① 轻钢屋架是指单榀重量在 1t 以内，且用角钢或钢筋、管材作为支撑拉杆的

钢屋架。

② 钢管屋架不论圆管、方管均执行同一定额，钢材类型按设计所采用进行换算，数量及其他不变。

(2) 钢托架定额按 H 形和箱形编制，并以单榀重量划分列项，托架与托架梁均执行同一定额。

(3) 钢桁架：按用钢类型及单榀重量划分列项。

① H 形和箱形桁架执行同一定额，圆管、方管桁架执行同一定额，钢材类型按设计采用进行换算，数量及其他不变。

② 定额中的桁架为直线型桁架，如设计为曲线、折线型桁架，制作定额的人工乘以系数 1.3。

3) 钢柱制作

(1) 定额分实腹钢柱、空腹钢柱、钢管柱三类并按相应单根柱重量划分。

(2) 钢管柱按成品(圆)焊接钢管考虑，若设计采用钢板自行卷管，除主材换算外，人工、机械、其他材料按相应定额乘以系数 0.8，卷管材料费另行计算。

4) 钢梁制作

定额按 H 形、箱形及钢管以单根梁重量划分，普通钢梁与吊车梁执行同一定额，圆钢管和方钢管执行同一定额。

5) 钢支撑、钢檩条等构件制作

定额包括钢支撑、檩条、天窗架、挡风架、墙架、平台、栏杆、楼梯、漏斗及零星金属构件制作。

(1) 钢支撑：定额不分具体设置部位，仅按采用的材料不同(钢管、圆钢、H 形、箱形、其他型钢)划分项目。

① 定额不包括花篮螺栓，实际采用时，花篮螺栓另行计算。

② 钢拉条、钢支架，均按材料分类套用钢支撑相应定额。

(2) 钢檩条：定额按钢管、H 形钢、C(Z)形钢分别列项，其中 C(Z)形钢檩条按非镀锌材料考虑，如设计为镀锌的成品材料，则单价换算，其余不变；如要求采用非镀锌材料进行镀锌的，按油漆分部相应定额另行计算镀锌费用。

(3) 钢天窗架、钢挡风架、钢墙架。

① 定额不分材料做法，均执行同一相应定额。

② 墙架内的钢柱、钢梁及连系杆件，均合并在墙架内套用定额，但山墙设计有防风桁架时，该防风桁架不并入墙架内计算。

(4) 钢平台：定额按平台材料列有花纹钢板、圆钢、钢格栅板三个子目，按设计内容选用。

① 钢平台的柱、梁、板、斜撑等的重量，应并入钢平台工程量内套用相应定额。

② 依附于钢平台上的钢扶梯及平台栏杆重量，应按相应的构件另行列项计算。

(5) 钢栏杆(钢护栏)：定额适用于钢楼梯及钢平台、钢走道板上的栏杆。其他部位的栏杆、扶手，应套用楼地面工程相应定额。

(6) 钢梯。

① 定额按楼梯形式，分为踏步式钢梯、爬式钢梯、螺旋式钢梯，应根据设计钢梯形式选用相应定额子目。

② 定额中三种楼梯均有不同钢材类型制作，且需制作后安装而非直接在建筑构件(混凝土、砌体)内制作的，如为单一钢材下料、成形后直埋在建筑构件内的，应按混凝土及钢筋混凝土工程钢筋或埋件相应定额执行。

③ 钢楼梯平台、楼梯梁、楼梯踏步等重量，并入钢楼梯工程量内套用相应定额。

④ 钢楼梯上的扶手、栏杆另行列项计算。

(7) 钢漏斗：按形状分为方形和圆形两个子目，依附钢漏斗的型钢并入钢漏斗工程量内套用相应定额。

(8) 零星金属构件，是指晒衣架、垃圾门、烟囱紧固件及定额未列项目且单件重量在50kg以内的小型构件。

2. 计价工程量计算

(1) 金属构件工程量，按设计图示尺寸以质量“t”计算。

(2) 工程量计算时，不扣除孔眼、切边、切肢的质量，焊条、铆钉、螺栓等不另增加质量。

(3) 不规则或多边形钢板，以其面积乘以厚度乘以单位理论质量计算。

(4) 依附在钢柱上的牛腿及悬臂梁、节点板、加强环、内衬管等，并入钢柱工程量内。

(5) 制动梁、制动板、制动桁架均按吊车梁计算。

(6) 车档并入钢吊车梁工程量。

3. 钢结构制作计价实例

实例分析 3-35

计算图3.29所示型钢支撑工程量(共8榀)，并按定额取定工料机价格，计算支撑制作的基价直接费。

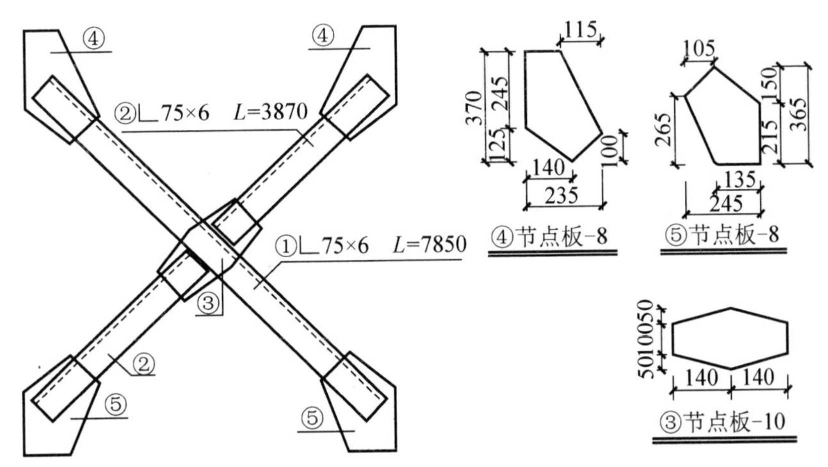

图3.29 某型钢支撑结构尺寸(单位：mm)

分析：(1) 工程量计算。查计算手册，∟75×6 角钢每米质量为 6.905kg。

① 杆件：$w_1 = 7.85 \times 6.905 \times 8 = 433.63(\text{kg})$。

② 杆件：$w_2 = 3.87 \times 2 \times 6.905 \times 8 = 427.56(\text{kg})$。

③ 节点板：$w_3 = (0.28 \times 0.2 - 0.14 \times 0.05 / 2 \times 4) \times 10 \times 7.85 \times 8 = 26.38(\text{kg})$。

【参考图文】

④ 节点板：w_4=[0.235×0.37−(0.14×0.125+0.095×0.1+0.115×0.27)/2]×8×7.85×16−0.057925×8×7.85×16= 58.20(kg)。

⑤ 节点板：w_5=[0.245×0.365−(0.11×0.265+0.105×0.10+0.14×0.15)/2]×8×7.85×16=0.0591×8×7.85× 16=59.38(kg)。

合计：w=(433.63+427.56+26.38+58.20+59.38)/1000=1.005(t)。

其中角钢比例=(433.63+427.56)÷1005×100%=85.69%;

钢板比例=100%−85.69%=14.31%。

(2) 定额基价换算。套用定额 6-58H，查定额附录四，角钢预算价为 3650 元/t，则可得

$$
\begin{aligned}
\text{换算后基价} &= 5242 + 1.06 \times 85.69\% \times 3650 - 0.91 \times 3850 + \left(1.06 \times 14.31\% - 0.15\right) \times 3800 \\
&= 5242 + 3315.35 - 3503.50 + 6.41 \\
&= 5060.26\ (\text{元}/\text{t})
\end{aligned}
$$

(3) 该支撑制作直接费为

1.005×5060.26=5085.56(元)

3.6.3.3 金属构件运输与安装

1. 定额应用

1) 构件运输

(1) 金属构件运输定额，适用于构件从加工地点到现场安装地点的场外运输，未涉及的相关内容，按混凝土及钢筋混凝土构件运输有关规定执行。

(2) 各类构件运输定额基本运距按 5km 考虑，实际运输距离不同时，按每增减 1km 定额调整。

(3) 构件运输不适用于购置商品构件的场外运输及专业运输部门的运输计价。

(4) 构件运输定额按表 3-64 分类，套用相应定额。

表 3-64 金属结构构件运输分类表

类别	构件名称
一	钢柱、屋架、托架、桁架、吊车梁、网架
二	钢梁、檩条、支撑、拉条、栏杆、钢平台、钢走道、钢楼梯、钢漏斗、零星构件
三	墙架、挡风架、天窗架、轻钢屋架、其他构件

2) 构件安装

(1) 构件安装高度均按檐高 20m 以内考虑。如檐高在 20m 以内，构件安装高度超过 20m 时，除塔式起重机施工以外，相应安装定额子目的人工、机械乘以系数 1.2；檐高超过 20m 时，有关费用按定额相应章节另行计算。

(2) 网架安装如需搭设脚手架，可按脚手架相应定额执行。

(3) 钢柱安装在钢筋混凝土柱上，其人工、机械乘以系数1.43。

2. 计价工程量计算

金属构件运输、安装工程量，与制作工程量相同。

3.6.3.4 钢结构屋面、楼面、墙面板

1. 定额运用

1) 屋面、楼面板

(1) 屋面板按材料做法，列有彩钢夹心板、采光板、压型钢板3个子目。

① 彩钢板屋面分别按成品夹心彩钢板、成品压型单层板考虑。

② 夹心彩钢板定额按厚度75mm取定，实际厚度不一致时，板材、槽铝、固定卡子按设计规格材料单价换算，定额消耗量不变。

③ 单层压型板为波型板，定额综合考虑了波高、宽规格，实际工程设计规格不同的板材作相应价格调整。

④ 屋面板项目不含屋面天沟、屋脊、泛水、山墙包边等构造，应按设计做法，另行按其他金属构件相应定额列项、计算。

(2) 压型钢板楼板定额适用于钢板、混凝土组合结构的底板制作、安装，混凝土浇捣按混凝土及钢筋混凝土分部定额执行。

2) 墙面板

按材料做法，列有彩钢夹心板、采光板、压型钢板3个子目。

(1) 本定额适用于钢结构围护墙，装饰工程中的彩钢夹心板隔墙按本预算定额第十一章墙柱面工程相应隔墙定额执行。

(2) 彩钢夹心板墙面板按厚度 75mm 取定，设计厚度不同时，板材、槽铝作价格换算。

(3) 墙面板定额不包括转角包墙、包边、窗台、内衬彩钢板等，后者应按设计内容另行列项计算。

2. 计价工程量计算

(1) 屋楼面板按设计图示尺寸以铺设面积“m^2”计算，不扣除单个面积小于或等于$0.3m^2$的柱、垛及孔洞所占面积。

(2) 墙面板按设计图示尺寸以铺挂面积“m^2”计算，不扣除单个面积小于或等于$0.3m^2$的梁、孔洞所占面积，包角、包边、窗台泛水等不另加面积(即不予展开计算)。

拓展提高

1. 屋、楼面板与底板采用保温时，执行保温工程相应章节定额。
2. 楼板栓钉套用本章第六小节相应定额。
3. 固定压型钢板楼板的支架费用，按设计图纸另列项目计算。

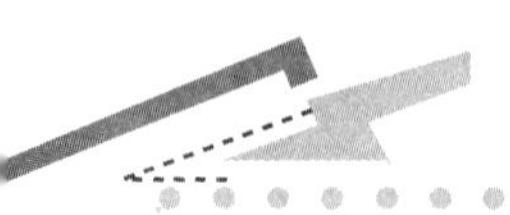

3.6.3.5 机械除锈及其他

1. 定额应用

1) 机械除锈

定额按除锈工艺，列有喷砂除锈和抛丸除锈两个子目。

金属构件制作定额已经包括的除锈为一般人工除锈，如设计要求机械除锈时，应另行列项计算，但原制作定额中综合考虑的除锈不需扣除、调整。

2) 其他金属构件

定额列有屋面、墙面有关附件构造、构件特殊紧固件等辅佐项目。

(1) 钢天沟：按材料划分为钢板天沟、不锈钢天沟、彩钢板天沟。

① 天沟定额包括彩钢堵头、封边，不应单独计算。

② 天沟支架制作安装，套用相应钢结构(支撑)定额计算。

③ 钢板天沟内衬型钢、扁钢包括在天沟内一并计算，不单独列项。

④ 不锈钢天沟、单层彩钢板天沟展开宽度为 600mm，若设计天沟展开宽度与定额不同时，板材按比例调整，其他不变。

(2) 彩钢板屋脊、屋面泛水、墙面包墙、包角等项目：按设计要求及布置内容列项计算。

① 设计彩钢板展开宽度与定额取定不同时，按每增减 100mm 调整。其中：

a. 屋脊彩钢板定额按展开宽度 600mm 考虑；

b. 屋面泛水等项目定额按展开宽度 500mm 考虑；

c. 墙面包角等项目定额按展开宽度 300mm 考虑。

② 如设计板材厚度规格与定额不同时，单价换算，其余不变。

3) 高强螺栓、剪力栓钉、花篮螺栓

(1) 金属结构构件制作、安装定额除说明外，均按不用紧固螺栓考虑编制，如设计钢构件采用高强螺栓、剪力栓钉、花篮螺栓时，按设计图纸注明规格另行列项计算。

(2) 设计采用上述特殊紧固件后，钢构件制作、安装定额中原已包含的普通螺栓不需扣除。

2. 计价工程量计算

(1) 机械除锈工程量同构件制作工程量以“t”计算。

(2) 钢板天沟按设计用钢尺寸计算钢材的重量以“t”计算，工程量包括沟内侧重量。

(3) 不锈钢、彩钢板天沟按图示尺寸延长米以“m”计算。

(4) 彩钢板屋脊、屋面泛水、墙面包墙、包角等项目，按设计图示尺寸延长米以“m”计算。

(5) 高强螺栓、剪力栓钉、花篮螺栓，按设计图纸标注数量以“套”计算。

3.6.3.6 工程量清单计价的项目组合

(1) 根据工程量清单项目的特征描述，确定清单项目计价需组合的主项和次项。

(2) 工程量清单计价项目的组合应结合项目特征的描述、工程内容及计价定额使用规则确定适用的计价定额子目。如钢梯工程量清单项目计价可组合的内容及对应定额项目可参见表 3-65。

表 3-65 钢梯工程量清单项目可组价内容

项目编码(一～四级)	项目名称	可组合的计价项目	定额编号
010606008	钢梯	钢梯制作	6-71～73
		钢梯运输	6-80～81
		钢梯安装	6-107
		机械除锈	6-118～119
		高强螺栓	6-127
		油漆	14-138～148
		防腐	8-140
		其他	按清单描述内容选用或补充子目

表 3-65 中可组合计价项目中的“其他”，是指按计价定额使用规则应该另行计算的内容，如无合适的计价定额可使用，则需要计价人自行补充定额子目。

(3) 工程量清单项目的综合单价的确定。

① 确定了工程量清单项目的计价组合子目以后，首先应确定工料机及企业管理费、利润、风险费的计算标准。

② 若清单计价组合的内容涉及定额子目的计量单位、工程量计算规则不一致等，必要时应分别计算各组合主、次项的计价工程量。

③ 根据组合子目使用的定额及前述计算标准，确定各组合子目的综合单价。

④ 结合各组合子目及计价定额的有关说明，还应该考虑措施项目中有关内容的计价因素。

实例分析 3-36

表 3-66 所列为钢梯工程量清单，钢梯做法按 02J401 图集钢梯代号 T512-33；用钢比例为槽钢 36.55%、角钢 3.43%、扁豆型 4 厚花纹钢板 60.02%；假设取定的计价标准为槽钢 4500 元/t、角钢 4300 元/t、花纹钢板 4600 元/t，人工、其他材料及机械台班按定额取定价格不变，企管费 15%，利润 8.5%，风险费不考虑。试计算该钢梯工程量清单综合单价，并列出综合单价计算表(假设防腐油漆的工程量为 28.99m^2)。

表 3-66 土方工程工程量清单编制

序号	项目编码	项目名称	项目特征描述	计量单位	工程量	综合单价	合价	其中/元		备注
								人工费	机械费	
F.6 钢构件										
1	010606008001	钢梯	踏步式钢梯，钢梯场外运输运距 6km，喷砂除锈，钢梯环氧富锌底漆一度，钢梯防火漆(耐火极限 1.5h)，钢梯氯磺化聚乙烯防腐漆三遍	t	0.63					

分析：(1) 计价工程量计算如下。

① 踏步式钢梯制作工程量为 0.63t。

② 钢梯场外 6km 运输工程量为 0.63t。

③ 钢梯安装工程量为 0.63t。

④ 钢梯喷砂除锈工程量为 0.63t。

⑤ 钢梯环氧富锌底漆一度工程量：根据本预算定额第十四章的计算规则，其计价工程量按制作工程量乘以工程量系数 1.05。则工程量为 0.63×1.05=0.662(t)。

【参考图文】

⑥ 钢梯防火漆(耐火极限 1.5h)工程量为 0.63×1.05=0.662(t)。

⑦ 钢梯氯磺化聚乙烯防腐漆三遍工程量为 28.99m^2。

(2) 套用定额，确定各组合子目的工料计费如下。

① 踏步式钢梯制作套用定额 6-71H，根据本定额说明，构件防锈底漆做法与定额不同时应另行列项，人工扣除 1.2 工日/t。则可得

人工费=666−1.2×50=606(元/t)

根据定额说明，因构件用钢类型与定额取定不同，故扣除定额中的钢板和型钢；防锈底漆做法不同，扣除定额中的油漆及溶剂油，按清单描述另行计算。则可得

$$
\begin{aligned}
\text{材料费} &= 4368.7-0.766\times3800-0.294\times3850+1.06\times \\
&\quad (36.55\%\times4500+3.43\%\times4300+60.06\%\times4600)-5.58\times12.8-0.7\times2.66 \\
&= 5081.01\text{元/t}
\end{aligned}
$$

机械费=573.73 元/t

② 钢梯场外 6km 运输套用定额 6-80～81，计量单位为 t，则可得

人工费=(50+3)/10=5.30(元/t)

材料费=6.428 元/t

机械费=(237.89+12.22)/10=25.01(元/t)

③ 钢梯安装套用定额 6-107，则可得

人工费=408 元/t

材料费=63.39 元/t

机械费=18.97 元/t

④ 钢梯喷砂除锈套用定额 6-118，则可得

人工费=40 元/t

材料费=73.92 元/t

机械费=87.09 元/t

⑤ 钢梯环氧富锌底漆一度套用定额 14-145，则可得

人工费=111.50 元/t

材料费=215.09 元/t

⑥ 钢梯防火漆(耐火极限 1.5h)套用定额 14-146～147，则可得

人工费=261+130.5=391.50(元/t)

材料费=471.80+243.32=715.12(元/t)

⑦ 钢梯氯磺化聚乙烯防腐漆三遍套用定额 8-140，则可得

人工费=11.266 元/m^2

材料费=10.6498 元/m^2

机械费=11.907 元/m^2

以上各子目的工料机费计算均可采用计价软件完成，再按取定的计价费用标准计算项目的综合单价，所得结果见表 3-67。表中综合单价“小计”一列为清单项目及各组合子目每一计量单位的综合单价，表中清单项目综合单价中的各项费用=$\sum$(综合子目各项费用×组合子目工程量)/清单项目工程量。如：

清单项目综合单价中人工费=[(606+5.3+408+40)×0.630+(111.50+391.50)×0.662+12.266×28.99] /0.635

=2152.28(元/t)

表3-67 某分部分项工程量清单综合单价计算表

序号	编号	项目名称	计量单位	数量	综合单价							合价/元
					人工费	材料费	机械费	管理费	利润	风险费用	小计	
1	010606008001	钢梯	t	0.630	2152.28	6692.28	1252.71	510.75	289.42	—	10897.43	6865.38
	6-7H	踏步式钢梯制作	t	0.630	606	5081.01	573.73	176.96	100.28	—	6537.98	4118.93
2	6-80～81	钢梯场外运输运距6km	t	0.630	5.30	6.428	25.01	4.55	2.58	0	43.86	27.63
3	6-107	钢梯安装(采用塔吊吊装)	t	0.630	408	63.39	18.97	64.05	36.29	0	590.70	372.14
4	6-118	钢梯喷砂除锈	t	0.630	40.00	73.92	87.09	19.06	10.80	0	230.88	145.45
5	14-145	钢梯环氧富锌底漆一度	t	0.662	111.50	215.09	—	16.73	9.48	0	352.79	233.55
6	14-146～147	钢梯防火漆(耐火极限1.5h)	t	0.662	391.50	715.12	—	58.73	33.28	0	1198.62	793.49
7	8-140	钢梯氯磺化聚乙烯防腐漆三遍	m^2	28.99	12.266	10.6498	11.907	3.63	2.05	0	40.50	1174.19

任务3.7 木结构工程

3.7.1 基础知识

按《房屋建筑与装饰工程工程量计算规范》附录G，木结构工程主要包括木屋架、木构件、屋面木基层，涉及相关定额为《浙江省建筑工程预算定额(2010版)》第五章木结构工程和《仿古建筑》相关定额。本任务主要介绍木屋架、木结构中的木楼梯和木楼地楞、屋面木基层。

屋面系统木结构，主要包括屋架和基层两个部分，其中屋架分为木屋架和钢木屋架；木基层包括在屋架之上的檩条、椽子、屋面板、挂瓦条等木构件或木构造层，设在房屋屋面外沿的封檐板、博风板等。

木结构主要包括了木楼地楞和木楼梯。

拓展提高

木楼梯的栏杆(栏板)、扶手，清单按其他装饰工程，计价按浙江省预算定额楼地面工程执行。

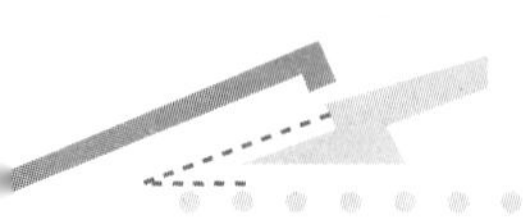

3.7.2 木结构工程清单编制

1. 清单编制说明

木结构工程清单，按《房屋建筑与装饰工程工程量计算规范》附录G进行编制，适用于建筑物和构筑物工程土石方项目列项。

本任务项目按上述规范附录G，分为G.1木屋架、G.2木构件、G.3屋面木基层三个部分，共8个项目。

2. 木屋架清单的编制

木屋架工程包括木屋架、钢木屋架两个项目，分别按010701001×××、010701002×××编码。

1) 木屋架(010701001)

(1) 适用于各种方木、圆木屋架。

(2) 工程内容：制作、运输、安装、刷防护材料。

(3) 清单项目描述：跨度，材料品种、规格，刨光要求，拉杆及夹板种类，防护材料种类。

(4) 工程量计算：①按设计图示数量以“榀”计算；②按设计图示的规格尺寸以体积“m^3”计算。

2) 钢木屋架(010701002)

(1) 适用于各种方木、圆木的钢木组合屋架。

(2) 工程内容：制作、运输、安装、刷防护材料。

(3) 清单项目描述：跨度，木材和钢材品种、规格，刨光要求，拉杆及夹板种类，防护材料的种类。

(4) 工程量计算：按设计图示数量以“榀”计算。

拓展提高

1. 屋架的跨度应以上、下弦中心线两交点之间的距离计算。

2. 在清单编制项目设置时，应注意清单与计价计量的区别，设计屋架的尺寸、类型等所有项目特征只要有不同的，均应分别列项。

3. 与屋架相连的挑檐木，应并入屋架材积内计算。

3. 木结构清单的编制

木屋架工程包括木柱、木梁、木檩、木楼梯、其他木结构5个项目，分别按010702001×××～010702005×××编码。

1) 木檩(010702003)

(1) 适用于各种方木、圆木木檩。

(2) 工程内容：制作、运输、安装、刷防护材料。

(3) 清单项目描述：构件规格尺寸，木材种类，刨光要求，防护材料种类。

(4) 工程量计算：①按设计图示尺寸以体积“m^3”计算；②按设计图示尺寸以长度“m”计算。

2) 木楼梯(010702004)

(1) 适用于踏步式楼梯，不适用于竖式的爬梯。

(2) 工程内容：制作、运输、安装、刷防护材料。

(3) 清单项目描述：楼梯的形式，木材种类，刨光要求，防护材料种类。

(4) 工程量计算：按设计图示尺寸以水平投影面积“m^2”计算，不扣除宽度不超出300mm的楼梯井，伸入墙内部分不计算。

3) 其他木构件(010702005)

(1) 适用于木楼地楞、博风板、封檐板等构件。

(2) 工程内容：制作、运输、安装、刷防护材料。

(3) 清单项目描述：构件名称，构件规格尺寸，木材种类，刨光要求，防护材料种类。

(4) 工程量计算：①按设计图示尺寸以体积“m^3”计算；②按设计图示尺寸以长度“m”计算。

4. 屋面木基层清单的编制

屋面木基层工程仅包括“屋面木基层”一个项目，按010703001×××编码。

(1) 适用于椽子基层、混凝土基层单独钉挂瓦条(钉顺水条、挂瓦条)、屋面板基层、小青瓦屋面等。

(2) 工程内容：椽子制作和安装、望板的制作和安装、顺水条和挂瓦条制作和安装、刷防护材料。

(3) 清单项目描述：椽子断面尺寸及椽距，望板材料种类、厚度，防护材料种类。

(4) 工程量计算：按设计图示尺寸以斜面积“m^2”计算，不扣除房上烟囱、风帽底座、风道、小气窗、斜沟等所占面积。小气窗的出檐部分不增加面积。

实例分析 3-37

某屋面构造如图3.30所示，试计算屋面木基层、封檐板和博风板的清单工程量。

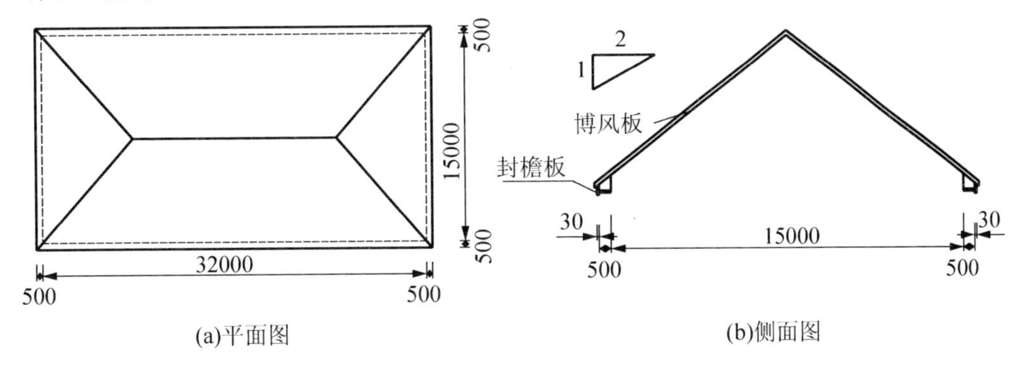

(a)平面图 (b)侧面图

图3.30 屋面木基层构造尺寸(单位：mm)

分析：根据清单计算规则可得

$$木基层工程量=(32+0.5\times2)\times(15+0.5\times2)\times\frac{\sqrt{5}}{2}=590.30(m^2)$$

$$封檐板工程量=(32+0.5\times2)\times2=66(m)$$

$$博风板工程量=(15+0.5\times2+0.03\times2)\times2\times\frac{\sqrt{5}}{2}=35.91(m)$$

相应清单编制见表 3-68。

表 3-68　某木结构工程量清单编制

序号	项目编码	项目名称	项目特征描述	计量单位	工程量	综合单价	合价	其中/元		备注
								人工费	机械费	
		G.1 土结构工程								
1	010703001001	屋面木基层	屋面木基层板厚 15mm	m^2	590.3					
2	010702005001	其他木构件	封檐板，板高度 15cm 以内	m	66					
3	010702005002	其他木构件	博风板，板高度 15cm 以内	m	35.91					

3.7.3　木结构工程清单计价

本部分计价基本依据，是《浙江省建筑工程预算定额(2010 版)》第五章土方工程，包括木屋架、檩木、覆木，屋面木基层、封檐板，其他三个小节，共 26 个子目。

1. 一般规定

(1) 木种设计不同时应作换算。预算定额采用的木种除另有规定外，均按一、二类为准，如采用三、四类木种时，木材单价调整，相应定额制作人工和机械乘以系数 1.3。换算公式如下：

换算后基价=原基价+(设计木材单价−定额木材单价)×定额用量+人工或机械差价

(2) 木材断面设计不同时应作换算。定额所注明的木材断面、厚度均以毛料为准，设计为净料时，应另加刨光损耗，板枋材单面刨光加 3mm，双面刨光加 5mm，直径加 5mm。屋面木基层中的椽子断面是按杉圆木ϕ70mm 对开、松枋 40mm×60mm 确定的，如设计不同时，木材用量按比例计算，其余用量不变。屋面木基层中屋面板的厚度是按 15mm 确定的，实际厚度不同时，单价换算。

实例分析 3-38

某工程屋面的屋面板木基层，设计采用有油毡的错口板，板厚 1.5cm(净料)。试求该项目单价。

分析：定额套 5-16，基价 70.34 元/m^2。查定额计价规则可知，屋面木基层屋面板定额毛料厚度为 1.5cm。本例设计板厚为净料尺寸，故应加刨光损耗 3mm，设计毛料屋面板厚度为 1.5+0.3=1.8(cm)。

【参考图文】

因设计厚度与定额规定厚度不同，木材用量应换算。计算得

换算后木材用量=设计断面(或厚度)/定额断面(或厚度)×定额用量

$=1.8/1.5\times1.05=1.26(m^2/m^2$ 屋面板)

换算后的基价=原基价+木材量差引起价差=70.34+(1.19−1.05)×58.20=78.49(元/m^2)

(3) 预算定额是按机械和手工操作综合编制的，实际不同时均按定额执行。

2. 木屋架清单计价

1) 计价说明

(1) 木屋架：屋架材积包括剪刀撑、挑檐木、上下弦之间的拉杆、夹木等，不包括中立人在下弦上的硬木垫块。气楼屋架、马尾屋架、半屋架均按正屋架计算。

(2) 屋架定额已包括屋架的制作、拼装、安装屋架、搁墙部分刷防腐油、铁件刷防锈漆一遍。

2) 计价工程量计算

木屋架、钢木屋架计算规则：按木材体积以“m^3”计算，不扣除孔眼、开榫、切肢、切边的体积。

3) 清单计价

工程量清单计价包括招标控制价、投标报价，清单计价时应按清单项目的列项及其描述结合定额使用规则进行。

(1) 工程量清单计价涉及的各清单项目的组合不尽相同，在对清单项目进行计价分析时，应结合项目特征的描述、工程内容及计价定额使用规则进行计价子目的组合，同时还应该考虑措施项目中有关内容的计价因素。

(2) 根据清单规范有关规定，清单项目采用《浙江省建筑工程预算定额(2010版)》定额计价时，木屋架工程清单项目可以组合的内容参见表3-69。

表3-69 木屋架工程组价内容

项目编码	项目名称	可组合的主要内容	对应的定额子目
010701001	木屋架	人字屋架	5-1～5
		刷防火涂料、油漆	14-107～108、14-138～148、8-140
		其他	视设计要求内容选用
010701002	钢木屋架	钢木屋架	5-6
		刷防火涂料、油漆	14-107～108、14-138～148、8-140
		其他	视设计要求内容选用

3. 木构件和屋面木基层清单计价

1) 计价说明

设计木构件中的钢构件及铁件用量与定额不同时，按设计图示用量调整。

2) 计价工程量计算

(1) 木楼梯计算规则：按楼梯水平投影面积以“m^2”计算，不扣除宽度小于300mm的楼梯井，其踢脚、平台和伸入墙内部分不另计算。

(2) 其他木构件。

① 封檐板：按延长米以“m”计算。

② 木楼地楞：按木材材积以“m^3”计算，定额已包括平撑、剪刀撑、沿油木的材积。

(3) 屋面木基层。

① 檩条：按木材材积以“m^3”计算，檩条垫木包括在檩条定额中，不另计算。

② 屋面木基层：计量单位为 m^2，按设计图示尺寸以斜面积计算。不扣除房上烟囱、风帽底座、风道、小气窗和斜沟等所占的面积。

任务 3.8 门窗工程

3.8.1 门窗基础知识

门窗包括门窗框和门窗扇两部分，其构造如图 3.31 所示。除门窗框和门窗扇外，通常还做有门窗套。

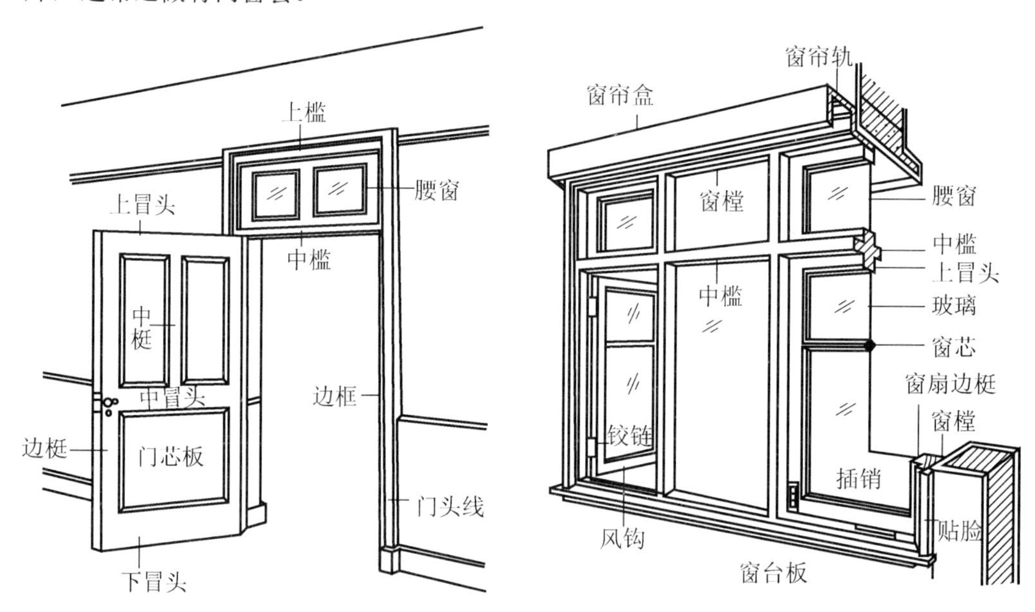

图 3.31 木门窗构造示意图

1. 门的种类

【参考图文】

门可按材料分为木门、金属门、玻璃门等。木门按门扇结构形式，有镶板门、胶合板门等。镶板门是将实木板镶入门扇木框的凹槽装配而成；胶合板门也称夹板门，其两侧是三夹板，中间是木楞，现在很多厂家出的套装门多数是这种门。木门表面常需装饰各种线条或木单板、胶合板拼纹图案，此外门扇还可以用其他材料进行装饰，如铝合金、钛合金、不锈钢、玻璃、织物或皮革软包等，将多种材料混合使用。

门按开启方式，可分为平开门、推拉门、卷帘门等。

【参考图文】

2. 窗的种类

按材料划分：木窗、铝合金窗、塑钢窗、防盗窗、纱窗等。

按开启方式划分：平开窗、推拉窗、翻窗、固定窗等。

3.8.2 工程量清单编制

1. 清单编制说明

本项目清单包括 H.1 木门，H.2 金属门，H.3 金属卷帘(闸)门，H.4 厂库房大门、特种门，H.5 其他门，H.6 木窗，H.7 金属窗，H.8 门窗套，H.9 窗台板，H.10 窗帘、窗帘盒、轨十节，共 55 个项目。

2. 门窗工程量清单编制

1) 木门(010801)

木门清单项目，分为木质门、木质门带套、木质连窗门、木质防火门、木门框、门锁安装 6 个子目，分别按 010801001×××～010801006×××编码列项。

(1) 工程内容：门安装，五金、玻璃安装，木门框制作、安装，运输，刷防护材料。

(2) 项目特征描述。

① 木质门、木质门带套、木质连窗门、木质防火门：门代号及洞口尺寸，镶嵌玻璃品种、厚度。

② 木门框：门代号及洞口尺寸，框截面尺寸，防护材料种类。

③ 门锁安装：锁品种，锁规格。

(3) 工程量计算：木门框按设计图示数量以“樘”或按设计图示框的中心线以延长米“m”计算；门锁安装按图示数量计算；其余项目均按设计图示数量以“樘”或按设计洞口尺寸以面积“m^2”计算。

拓展提高

木质门应区分镶板木门、企口木板门、实木装饰门、胶合板门、夹板装饰门、木纱门、全玻门(带木质扇框)等项目，分别列项。

2) 金属门(010802)

金属门清单项目，分为金属(塑钢)门、彩板门、钢质防火门、防盗门 4 个子目，分别按 010802001×××～010802004×××编码列项。

(1) 工程内容：同木门。

(2) 项目特征描述：门代号及洞口尺寸，门框或扇外围尺寸，门框、扇材质，玻璃品种、厚度。

(3) 工程量计算：按设计图示数量以“樘”或按设计图示洞口尺寸以面积“m^2”计算。

3) 金属卷帘门(010803)

金属卷帘门清单项目，分为金属卷帘(闸)门、防火卷帘(闸)门两个子目，分别按 010803001×××、010803002×××编码列项。

(1) 工程内容：门运输、安装，启动装置、活动小门五金安装。

(2) 项目特征描述：门代号及洞口尺寸，门材质，启动装置品种、规格。

(3) 工程量计算：按设计图示数量以“樘”或按设计图示洞口尺寸以面积“m^2”计算。

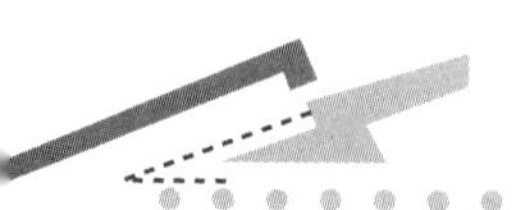

4) 厂库房大门、特种门(010804)

清单项目将其分为木板大门、钢木大门、全钢板大门、防护铁丝门、金属格栅门、钢质花饰大门、特种门 7 个子目，分别按 010804001×××～010804007×××编码列项。

(1) 工程内容。

① 木板大门、钢木大门、全钢板大门、防护铁丝门：门(骨架)制作、运输，门、五金配件安装，刷防护材料。

② 金属格栅门、钢质花饰大门、特种门：门安装，启动装置、五金配件安装。

(2) 项目特征描述：门代号及洞口尺寸，门框或扇外围尺寸，门框、扇材质，五金种类、规格，防护材料种类，启动装置品种、规格。

(3) 工程量计算：均按设计图示数量以“樘”和按设计图示洞口尺寸以面积“m^2”计算。

5) 其他门(010805)

清单项目将其分为电子感应门、旋转门、电子对讲门、电动伸缩门、全玻自由门、镜面不锈钢饰面门、复合材料门 7 个子目，分别按 010805001×××～010805008×××编码列项。

(1) 工程内容：门安装，启动装置、五金、电子配件安装。

(2) 项目特征描述：门代号及洞口尺寸，门框或扇外围尺寸，门、框、扇材质，玻璃品种、厚度，启动装置的品种、规格，电子配件的品种、规范。按实际情况选择描述。

(3) 工程量计算：按设计图示数量以“樘”或按设计图示洞口尺寸以面积“m^2”计算。

6) 木窗(010806)

木窗清单项目，分为木质窗、木飘(凸)窗、木橱窗、木纱窗 4 个子目，分别按 010806001×××～010806004×××编码列项。

(1) 工程内容：窗安装，五金、玻璃安装，窗制作、运输，刷防护材料。

(2) 项目特征描述：窗代号及洞口尺寸，玻璃品种厚度，框截面及外围展开面积，防护材料种类，窗纱材料品种、规格。

(3) 工程量计算。

① 木质窗：按设计图示数量以“樘”或按设计图示洞口尺寸以面积“m^2”计算。

② 木飘(凸)窗、木橱窗：按设计图示数量以“樘”或按设计图示尺寸以框外围展开面积“m^2”计算。

③ 木纱窗：按设计图示数量以“樘”或按设计图示尺寸以框外围展开面积“m^2”计算。

【参考视频】

7) 金属窗(010807)

金属窗清单项目，分为金属(塑钢、断桥)窗、金属百叶窗、金属纱窗、金属格栅窗、金属(塑钢、断桥)橱窗、金属(塑钢、断桥)飘(凸)窗、彩板窗、复合材料窗 9 个子目，分别按 010807001×××～010807009×××编码列项。

(1) 工程内容：同木窗。

(2) 项目特征描述：同木窗。

(3) 工程量计算。

① 金属(塑钢、断桥)窗、金属百叶窗、金属格栅窗：同木质窗。

② 金属纱窗：同木纱窗。

③ 金属(塑钢、断桥)橱窗、金属(塑钢、断桥)飘(凸)窗：同木飘(凸)窗、木橱窗。

④ 彩板窗、复合材料窗：按设计图示数量以“樘”或按设计图示洞口尺寸或框外围以面积“m^2”计算。

8) 门窗套(010808)

门窗套清单项目，分为木门窗套、木筒子板、饰面夹板筒子板、金属门窗套、石材门窗套、门窗木贴脸、成品木门窗套7个子目，分别按010808001×××～010808007×××编码列项。

(1) 工程内容。

① 木门窗套、木筒子板、饰面夹板筒子板、金属门窗套、石材门窗套：清理基层，立筋制作、安装，基层板安装，面层铺贴，线条安装，刷防护材料等。

② 门窗木贴脸：安装。

③ 成品木窗套：清理基层，立筋制作、安装，板安装。

(2) 项目特征描述。

① 门窗套：窗代号及洞口尺寸、门窗套展开宽度、基层材料种类、面层材料品种和规格、线条品种和规格、防护材料种类等。

② 筒子板：筒子板宽度、基层材料种类、面层材料品种和规格、线条品种和规格、防护材料种类等。

③ 木贴脸：门窗代号及洞口尺寸、贴脸板宽度、防护材料种类等。

(3) 工程量计算。

① 木门窗套、木筒子板、饰面夹板筒子板、金属门窗套、石材门窗套、成品木窗套：按设计图示数量以“樘”计算，或按设计图示尺寸以展开面积“m^2”计算，或按设计图示中心以延长米“m”计算。

② 门窗木贴脸：按设计图示数量以“樘”或按设计图示中心以延长米“m”计算。

9) 窗台板(010809)

窗台板清单项目，分为木窗台板、铝塑窗台板、金属窗台板、石材窗台板4个子目，分别按010809001×××～010809004×××编码列项。

(1) 工程内容：基层清理，基层制作安装，抹找平层，窗台板制作、安装，刷防护材料。

(2) 项目特征描述：基层材料种类，(石材窗台板)黏结层厚度和砂浆配合比，窗台板材质、规格、颜色，防护材料种类。

(3) 工程量计算：按设计图示尺寸以展开面积“m^2”计算。

10) 窗帘、窗帘盒、窗帘轨(010810)

窗帘、窗帘盒轨清单项目，分为窗帘，木窗帘盒，饰面夹板、塑料窗帘盒，铝合金属窗帘盒，窗帘轨5个子目，分别按010810001×××～010810005×××编码列项。

(1) 工程内容：制作、运输、安装，刷防护材料。

(2) 项目特征描述。

① 窗帘：窗帘材质，窗帘高度、宽度，窗帘层数，带幔要求。

② 窗帘盒：窗帘盒材质、规格，防护材料种类。

③ 窗帘轨：窗帘轨材质、规格，轨的数量，防护材料种类。

(3) 工程量计算。

① 窗帘：按设计图示尺寸以成活后长度“m”计算，或按图示尺寸以成活后展开面积“m^2”计算。

② 其他项目：按设计图示尺寸以长度“m”计算。

实例分析 3-39

某工程有 1500mm×2100mm 双开无框 12mm 厚钢化玻璃门 1 樘，900mm×2100mm 榉木装饰夹板实心平面普通门 3 樘。其中钢化玻璃门配置ϕ50 不锈钢门拉手 1 付、地弹簧 1 付、门夹 2 只、地锁 1 把；装饰夹板门安装门锁、门吸(安装在抹灰面上)，涂聚酯清漆 3 遍。试编制该工程门的工程量清单。

分析：(1) 根据清单规范列出清单项目：全玻自由门(无框)，夹板装饰门。

(2) 清单工程量：按樘计。

(3) 该工程门的工程量清单见表 3-70。

表 3-70 某分部分项工程量清单

序号	项目编码	项目名称	项目特征描述	计量单位	工程量	金额/元		
						综合单价	合价	其中：暂估价
1	010805005001	全玻自由门(无框)	1500mm×2100mm 双开无框门，12mm 厚钢化玻璃，配置ϕ50 不锈钢门拉手、地弹簧、门夹、地锁	樘	1			
2	010801001	木质门(夹板装饰门)	900mm×2100mm 榉木装饰夹板实心平面普通门，安装门锁、门吸(安装在抹灰面上)，涂聚酯清漆 3 遍	樘	3			

3.8.3 工程量清单计价

1. 计价说明

门窗工程定额，按材料、施工工艺等划分为木门、金属门、金属卷帘门、其他门、木窗、金属窗、门窗套、窗帘盒、门窗五金等十个小节，共 165 个子目。

(1) 本章木门窗定额中的木材按一、二类木材木种编制，如设计采用三、四类木种时，除木材单价调整外，定额人工和机械乘以系数 1.35。

实例分析 3-40

某工程有亮镶板门，采用 3600 元/m^3 的硬木制作，试求其基价。

分析：套定额 13-1H，计算得其基价为

$117.39+(3600-1450)\times(0.01908+0.01632+0.01016+0.00461)+(31.435+1.0625)\times0.35$
$=236.63(元/m^2)$

【参考图文】

(2) 定额所注木材断面、厚度均以毛料为准，如设计为净料，应另加刨光损耗，板枋材单面加 3mm，双面加 5mm，其中普通门门板双面刨光 3mm；木材断面、厚度如设计与定额不同时，木材用量按比例调整，其余不变。

(3) 厂库房大门、特种门定额取定的钢材品种、比例与设计不同时，可按设计比例调整；设计木门中的钢构件及铁件用量与定额不同时，按设计图示用量调整。

(4) 厂库房大门、特种门定额中的金属件已包括刷一遍防锈漆的工料。

(5) 普通木门窗一般小五金，如普通折页、蝴蝶折页、铁插销、风钩、铁拉手、木螺钉等已综合在五金材料费内，不另计算；地弹簧、门锁、门拉手、闭门器及铜合页，另套用相应定额计算。

(6) 木门窗定额采用普通玻璃，如设计玻璃品种与定额不同时，作单价调整；厚度增加时，另按定额的玻璃面积每 10m^2 增加玻璃工 0.73 工日。

(7) 铝合金门窗制作、安装定额子目中，如设计门窗所用的型材重量与定额不同时，定额型材用量进行调整，其他不变；设计玻璃品种与定额不同时，玻璃单价进行调整。

(8) 断桥铝合金门窗成品安装套用相应铝合金门窗定额，除材料单价换算外，人工乘以系数 1.1。

(9) 弧形门窗套用相应定额，人工乘以系数 1.15；型材弯弧形费用另行增加；内开内倒窗套用平开窗相应定额，人工乘以系数 1.1。

(10) 门窗木贴脸、装饰线，套用本预算定额第十五章“其他工程”中的相应定额。

2. 计价工程量计算

(1) 木门窗。

① 普通木门窗：按设计门窗洞口面积以“m^2”计算。

② 单独木门框：按设计框外围尺寸以延长米“m”计算。

③ 装饰木门扇：按门扇外围面积以“m^2”计算。

④ 成品木门安装：按“扇”计算。

(2) 金属门窗安装：按设计门窗洞口面积以“m^2”计算。其中纱窗扇按扇外围面积以“m^2”计算，防盗窗按外围展开面积以“m^2”计算，不锈钢拉栅门按框外围面积以“m^2”计算。

(3) 金属卷帘门：按设计门洞口面积计算。电动装置按“套”计算，活动小门按“个”计算。

(4) 木板大门、钢木大门、特种门及铁丝门的制作与安装工程量，均按设计门洞口面积以“m^2”计算。无框门按扇外围面积以“m^2”计算。

(5) 全钢板大门及大门钢骨架制作：按设计图纸的全部钢材几何尺寸以“t”计算，不包括电焊条重量，不扣除孔眼、切肢、切边的重量。

(6) 电子电动门：按“樘”计算。

(7) 无框玻璃门：按门扇外围面积计算，固定门扇与开启门扇组合时，应分别计算工程量。无框玻璃门门框及横梁的包面工程量以实包面积“m^2”展开计算。

(8) 弧形门窗：按展开面积以“m^2”计算。

(9) 门与窗相连时，应分别计算工程量，门算至门框外边线。

(10) 门窗套：按设计图示尺寸以展开面积“m^2”计算。

(11) 窗帘盒基层按单面展开面积以“m^2”计算；饰面板按实铺面积以“m^2”计算。

3. 工程量清单计价实例

实例分析 3-41

求实例分析 3-39 中夹板装饰门的综合单价。假设工料机价格按《浙江省建筑工程预算定额(2010版)》取定，企业承包管理费、利润分别按人工费和机械费之和的 15%、8.5%计算，暂不考虑风险金。

分析：(1) 单项目设置：010801001001 夹板装饰门。

(2) 清单工程量计算：3 樘。

(3) 确定可组合的主要内容：①榉木装饰夹板实心平面普通门；②门锁、门吸安装；③涂聚酯清漆 3 遍。

(4) 计价工程量：榉木装饰夹板实心平面普通门工程量为

$$S=0.9\times2.1\times3=5.67(m^2)$$

(5) 套定额，计算综合单价，结果见表 3-71。

表 3-71　某分部分项工程量清单综合单价计算表

序号	编号	名称	计量单位	数量	综合单价/元							合计/元
					人工费	材料费	机械费	管理费	利润	风险费用	小计	
1	010801001001	夹板装饰门	樘	3	116.88	438.07	0.62	17.63	9.98	0.00	583.18	1750
	13-16	普通平面实心装饰夹板门	m^2	5.67	38.25	110.54	0.33	5.79	3.28	0.00	158.19	897
	13-43	铝合金推拉门安装	m^2	3.00	10.22	191.51	0.00	1.53	0.87	0.00	204.13	612
	13-159	抹灰面门碰头、门吸安装	副	3.00	2.75	6.06	0.00	0.41	0.23	0.00	9.45	28
	14-1	单层木门涂刷聚酯清漆 3 遍	m^2	5.67	16.73	16.71	0.00	2.51	1.42	0.00	37.37	212

任务3.9 屋面及防水工程

3.9.1 基础知识

屋面就是建筑物屋顶的表面，主要是指屋脊与屋檐之间的部分，用来抵抗风、霜、雨、雪的侵袭，并减少日晒、寒冷等自然条件对室内的影响。屋面的首要功能是防水和排水，在寒冷地区还要求具有保温的功能，在炎热地区要求具有隔热的功能。屋面工程可以划分为屋面，屋面防水，墙地面防水、防潮三部分。

1. 屋面工程

屋面按结构形式，可分为平屋面和坡屋面；按屋面使用材料，可分为瓦屋面、型材屋面及膜结构屋面。

(1) 平屋面是指屋面坡度较小(倾斜度一般为2%～3%)的屋面。

(2) 坡屋面。

① 坡屋面类型：坡屋面常用木结构、钢筋混凝土结构或钢结构承重，用瓦来防水，常用的有黏土平瓦、小青瓦、彩色水泥瓦、石棉水泥瓦、玻璃钢瓦、多彩油毡瓦及卡普隆板。

② 坡屋面的局部构造：檐口部分的重量通过檐檩、挑檩木传到墙上。檐口下边常做吊顶。檐口上边第一排瓦下端的瓦条要比其他瓦条加高，使瓦面与上边瓦尽量平行。瓦和油毡必须盖过封檐板50mm，防止雨水流到檐口内部。

坡屋面分两坡和四坡，两坡屋面在尽端山墙外有两种做法，一种叫作“悬山”，另一种叫作“硬山”。一般坡屋面的雨水从檐口自由下落，也可以在封檐板下设镀锌铁皮天沟和落水管，把雨水引至地面排出。

【参考图文】

③ 瓦屋面：是用平瓦(黏土瓦)，根据防水、排水要求，将瓦互相排列在挂瓦条或其他基层上的屋面，是常见的坡屋面之一。

瓦屋面有平瓦、小青瓦、筒板瓦、鸳鸯瓦、平板瓦、石片瓦等，这些瓦主要以黏土成型后烧制为主，尺寸基本在200～500mm之间。

波形瓦屋面有纤维水泥波瓦、镀锌铁皮波瓦、玻璃钢波瓦及压型薄钢板波瓦等，波形瓦一般宽度为600～1000mm，长度为1800～2800mm，厚度较薄，上下左右具有一定的搭接。排水坡度一般比瓦屋面稍微小些。

(3) 膜结构屋面：膜结构也称索膜结构，膜结构屋面是一种以膜布支撑(柱、网架等)和拉结结构(拉杆、钢丝绳等)组成的屋盖、篷顶结构，如图3.32所示。

图3.32 膜结构屋面

2. 防水、防潮工程

根据所用防水材料不同，可分为刚性防水、柔性防水。

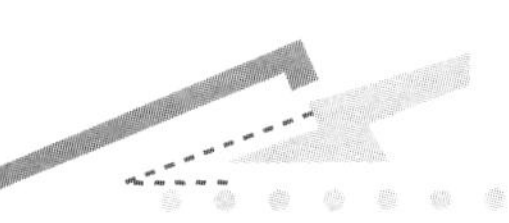

1) 刚性防水

依靠结构构件自身的密实性或采用刚性材料作防水层以达到建筑物的防水目的，称为刚性防水。刚性防水的部位可以是平面或立面，其中屋面刚性防水施工中，为了防止屋面因受温度变化或房屋不均匀沉陷而引起开裂，在细石混凝土或防水砂浆面层中应设分格缝。

刚性防水层有下列特点。

(1) 刚性防水所用的材料没有伸缩性。比如常见的刚性防水材料，有细石混凝土、防水砂浆及水泥基渗透结晶型防水涂料等。

(2) 与柔性防水屋面比较，刚性防水屋面的主要优点是造价低、耐久性好、施工工序步骤明确、维修方便。

但刚性防水屋面存在的主要问题是，对地基的不均匀沉降造成的房屋构件的微小变形、温度变形较敏感，容易产生裂缝和渗漏水。

2) 柔性防水

以沥青、油毡等柔性材料铺设和黏结或将以高分子合成材料为主体的材料涂布于防水面形成防水层，称为柔性防水。

柔性防水层按材料不同，分为卷材防水和涂膜防水。卷材防水材料常见的有石油沥青卷材、氯化聚乙烯橡胶共混卷材、三元乙丙丁基橡胶卷材、改性沥青卷材、土工膜、铝合金防水卷材等；涂膜防水材料常见的有刷冷底子油、氯偏共聚乳液、铝基反光隔热涂料、JS 涂料、聚氨酯涂料等。

3) 屋面排水工程

屋面的排水系统一般由檐沟、天沟、泛水、落水管等组成。常见的有铸铁(或 PVC)落水管排水，它由雨水口、弯头、雨水斗(又称接水口)、铸铁(或 PVC)落水管等组成。排水的方式还应与檐部做法互相配合。

(1) 自由落水：屋面板伸出外墙做成平挑檐，屋面雨水经挑檐自由落下。挑檐的作用是防止屋面落水冲刷墙面、渗入墙内，檐口下面要做出滴水。这种排水方法适用于低层的建筑物。

(2) 檐沟外排水：屋面伸出墙外做成檐沟，屋面雨水先排入檐沟，再经落水管排到地面，檐沟纵坡度应不小于 0.5%。落水管常采用镀锌铁皮管、铸铁落水管、PVC 塑料排水管，间距一般在 15m 左右。

(3) 女儿墙外排水：屋顶四周做女儿墙，在女儿墙根部每隔一定距离设排水口，雨水经排水口、落水管排到地面。

(4) 内排水：有些建筑屋面面积大，雨水流经屋面的距离过长，可在屋顶中间相应部位隔一定距离设排水口。

图 3.33　变形缝实例

3. 变形缝

变形缝包括沉降缝、伸缩缝，如图 3.33 所示。

(1) 沉降缝：将建筑物或构筑物从

基础到顶部分隔成段的竖直缝，或是将建筑物、构筑物的地面或屋面分隔成段的水平缝，借以避免因各段荷载不匀引起下沉而产生裂缝。它通常设置在荷载或地基承载力差别较大的各部分之间，或在新旧建筑的连接处。

(2) 伸缩缝：又称“温度缝”，即在长度较大的建筑物或构筑物中，在基础以上设置直缝，把建筑物或构筑物分隔成段，借以适应温度变化而引起的伸缩，以免产生裂缝。

(3) 变形缝的构造做法有嵌缝、盖缝和贴缝三种。

3.9.2 屋面及防水工程工程量清单编制

1. 清单说明

屋面及防水工程工程量清单，按《房屋建筑与装饰工程工程量计算规范》附录 J 进行编制，分四个部分 21 个项目，包括 J.1 瓦、型材及其他屋面，J.2 屋面防水及其他，J.3 墙面防水、防潮，J.4 楼(地)面防水、防潮。

2. 瓦、型材及其他屋面工程量清单编制

型材及其他屋面工程量清单包括 5 个项目，即瓦屋面、型材屋面、阳光板屋面、玻璃钢板屋面及膜结构屋面等，分别按 010901001×××～010901005×××编码列项。

(1) 适用范围：“瓦屋面”项目，适用于彩色水泥瓦、小青瓦、黏土平瓦、玻璃瓦、石棉水泥瓦、玻璃钢瓦、多彩油毡瓦等；“型材屋面”项目，适用于压型钢板、金属压型夹心板等。

(2) 工程内容：瓦屋面包括砂浆制作、运输、摊铺、养护，安瓦、作瓦脊；型材屋面包括檩条制作、运输、安装，屋面型材安装，接缝、嵌缝。阳光板屋面(玻璃钢屋面)包括骨架制作、运输、安装、刷防护材料、油漆，阳光板(玻璃钢制作)安装，接缝、嵌缝；膜结构屋面包括膜布热压胶接，支柱(网架)制作、安装，膜布安装、穿钢丝绳、锚头锚固、锚固基座、挖土回填，刷防护材料、油漆。

(3) 清单项目描述：材料品种、规格、颜色，基层做法，防水材料种类，保温材料种类，接缝、嵌缝材料种类，油漆品牌等。

(4) 工程量计算：计量单位为 m^2。除膜结构屋面外，其余按设计图示尺寸以斜面积计算，不扣除面积小于 0.3m^2 孔洞所占的面积。膜结构屋面按需要覆盖的水平投影面积计算。

1. 项目计价时，应注意清单工程数量与基层其他工程数量是不一定相同的。
2. 型材屋架、阳光板屋架等柱梁构架，按照相应的附录执行。

3. 屋面防水及其他(010902)

屋面防水及其他包括 8 个项目，即屋面卷材防水，屋面涂膜防水，屋面刚性层，屋面排水管，屋面排(透)气管，屋面(廊、阳台)吐水管，屋面天沟、檐沟，屋面变形缝，按 010902001×××～010902008×××设置项目编号。

(1) 适用范围：“屋面卷材防水”项目适用于石油沥青玛蹄脂卷材、玛蹄脂卷材玻璃纤维布、冷贴法防水卷材、热熔法防水卷材、热风焊接法防水卷材、干铺法自粘防水卷材、湿铺法自粘防水卷材等；“屋面涂膜防水”项目适用于刷冷底子油、氯偏共聚乳液、铝基反光隔热涂料、刷热沥青、水乳型防水涂料、溶剂型防水涂料等；“屋面刚性防水”项目适用于细石混凝土防水层、预制混凝土板保护层、水泥砂浆保护层、砾石保护层、隔离层、防水砂浆防潮层、水泥基渗透结晶型防水涂料等；“屋面排水管”项目适用于各种排水管材，如金属管、树脂制品管、玻璃钢管等；“屋面天沟、檐沟”项目适用于水泥砂浆天沟、细石混凝土天沟、卷材天沟、玻璃钢天沟、金属天沟等，以及水泥砂浆檐沟、细石混凝土檐沟、树脂制品檐沟、玻璃钢檐沟等。

【参考视频】

(2) 工程内容：屋面卷材防水、屋面涂膜防水、屋面刚性层包括基层处理、基层处理剂及防水层施工；屋面排水管、屋面排(透)气管、屋面(廊、阳台)吐水管包括排水管或排气管及配件安装、固定各接口箅子安装、接缝和嵌缝、刷漆；屋面天沟、檐沟包括天沟材料铺设，天沟配件安装，接缝、嵌缝，刷防护材料；变形缝包括清缝、填塞防水材料、止水带安装、盖缝制作和安装、刷防护材料。

(3) 清单项目描述：材料品种、规格、品牌、颜色，防水材料种类、厚度或混凝土厚度强度，保温材料种类，基层材料种类，接缝、嵌缝材料种类，防护材料种类。

拓展提高

1. 屋面卷材防水、屋面涂膜防水和屋面刚性防水三种类型屋面之间的项目设置划分，以设计屋面结构层以上的面层材料品种为标准确定。

2. 抹屋面找平层，基层处理(清理修补、刷基层处理剂等)应包括在报价内。

3. 檐沟、天沟、落水口、泛水收头、变形缝等处的卷材附加层应包括在报价内。

4. 浅色、反射涂料保护层、绿豆砂保护层、细砂、云母及蛭石保护层应包括在报价内。

5. 屋面涂膜防水需加强材料的，应包括在报价内。

6. 刚性防水屋面的分格缝、泛水、密封材料、背衬材料、沥青麻丝等应包括在报价内。

(4) 工程量计算。

① 屋面卷材防水、屋面涂膜防水工程：按设计图示尺寸以面积“m^2”计算。斜屋顶(不包括平屋顶找坡)按斜面积计算，平屋顶以水平投影面积计算，不扣除房上烟囱、风帽底座、风道、屋面小气窗和斜沟所占面积；屋面的女儿墙、伸缩缝和天窗等处的弯起部分，并入屋面工程量内。

② 屋面刚性防水：按设计图示尺寸以面积“m^2”计算，不扣除房上烟囱、风帽底座、风道等所占面积。

③ 屋面排水管：按设计图示尺寸以长度“m”计算。如设计未标注尺寸，以檐口至设计室外散水上表面垂直距离计算。

④ 屋面排气管、屋面变形缝：按设计图示尺寸以长度“m”计算。

⑤ 屋面(廊、阳台)吐水管：按设计图示数量以“根”计算。

⑥ 屋面天沟、檐沟：按设计图示尺寸以面积“m^2”计算；铁皮和卷材按展开面积以“m^2”计算。

4. 墙面防水、防潮(010903)

墙面防水、防潮包括4个项目，即墙面卷材防水、墙面涂膜防水、墙面砂浆防水(潮)、墙面变形缝，按010903001×××～010903004×××设置项目编号。

(1) 适用范围：“卷材防水、涂膜防水”项目适用于基础、地下室地板、楼地面、墙面等平、立面部位的防水；“砂浆防水(潮)”项目适用于基础、地下室地板、楼地面、墙面等部位的防水、防潮；“变形缝”项目适用于基础、墙体、屋面等部位的抗震缝、温度缝(伸缩缝)、沉降缝。

(2) 工程内容：墙面卷材防水包括基层处理、刷黏结剂、铺防水卷材、接缝、嵌缝；墙面涂膜防水包括基层处理、刷基层处理剂、铺布、喷涂防水层；墙面砂浆防水(潮)包括基层处理，挂钢丝网片，设置分格缝，砂浆制作、运输、摊铺、养护；墙面变形缝包括清缝基层处理、填塞防水材料、止水带安装、盖缝制作和安装、刷防护材料。

(3) 清单项目描述：材料品种、规格、厚度、品牌，防水部位、做法、遍数，保温材料种类、做法，基层材料种类、砂浆配合比，接缝、嵌缝、止水带、盖板材料种类，防护材料种类。

抹找平层、刷基础处理剂、刷胶粘剂、胶粘防水卷材应包括在报价内；特殊处理部位(如管道的通道部位)的嵌缝材料、附加卷材衬垫等应包括在报价内；永久保护层(如砖墙、混凝土地坪等)应按相关项目编码列项；防水防潮的外加剂应包括在报价内；止水带安装、盖板制作、安装应包括在报价内。

(4) 工程量计算。

① 卷材防水、涂膜防水、砂浆防水(潮)：按设计图示尺寸以面积“m^2”计算。

② 变形缝：按设计图示以长度“m”计算。

5. 楼(地)面防水、防潮(010904)

楼(地)面防水、防潮包括 4 个项目，即楼(地)面卷材防水、楼(地)面涂膜防水、楼(地)面砂浆防水(潮)、楼(地)面变形缝，分别按 010904001×××～010904004×××编码列项。该部分清单编制，类似于墙面防水、防潮。

【参考视频】

3.9.3 屋面及防水工程工程量清单计价

3.9.3.1 屋面工程清单计价

1. 清单计价说明

屋面工程分刚性屋面、瓦屋面、覆土屋面、屋面排水四部分，不包括水泥砂浆找平层，发生时按第十章楼地面工程相应定额计算。

1) 刚性屋面

(1) 细石混凝土防水层定额子目基本层按 4cm 厚考虑，设计厚度不同时，套用每增减 1cm 定额子目调整换算。定额已综合考虑了檐口滴水线加厚和伸缩缝翻边加高的工料，实际不同时不调整，但伸缩缝应另列项目计算。细石混凝土内的钢筋，按第四章相应定额另行计算。

(2) 预制混凝土板保护层安装定额子目，预制混凝土薄板的制作、运输费另行套用第四章混凝土及钢筋混凝土工程相应定额计算。

(3) 保护层定额子目，水泥砂浆厚度按 2cm、砾石厚度按 4cm 考虑，设计厚度不同时，材料按比例换算，其他不变。定额已综合了预留伸缩缝的工料，但掺防水剂时材料费另加。

2) 瓦屋面

(1) 本定额瓦规格(单位为 mm)按以下考虑：彩色水泥瓦 420×330、彩色水泥天沟瓦及脊瓦 420×220、小青瓦 200×(180～200)、黏土平瓦(380～400)×240、黏土脊瓦 460×200、石棉水泥瓦及玻璃钢瓦 1800×720。如设计规格不同，瓦的数量按比例调整，其余不变。

水泥瓦屋面设有收口线时，每 100 延长米收口线，另计收口瓦 0.342 千张、扣除水泥瓦 0.342 千张；屋面斜沟设有沟瓦时，每 100 延长米增加沟瓦 0.32 千张，其余不变；屋脊的锥脊、封头等配件，安装费已计入定额中，材料费应按实际块数加损耗另计。

(2) 瓦屋面基层采用角钢条时，若角钢设计不同，用量换算，其余不变；刷防腐漆另按第十四章油漆、涂料、裱糊工程相应定额子目计算。

(3) 瓦的搭接按常规尺寸编制，小青瓦按 2/3 长度搭接，搭接不同时可调整瓦的数量，其余瓦的搭接尺寸均按常规工艺要求综合考虑。小青瓦屋面斜沟设有沟瓦时，每延长米增加沟瓦 146 张，其余不变。

(4) 瓦屋面定额未包括木基层，发生时另按第五章木结构工程相应定额计算；定额未包括抹瓦出线，发生时按实际延长米计算，套水泥砂浆泛水定额。

3) 覆土屋面

覆土屋面的挡土构件及人行道板等，发生时按其他章节相应定额执行。

4) 屋面排水

屋面金属面板泛水未包括基层做水泥砂浆，发生时另按水泥砂浆泛水计算。

2. 计价工程量计算

屋面、防水、防潮的工程量计算，均不扣除房上烟囱、风帽底座、通风道、屋面小气窗、屋脊、斜沟、伸缩缝、屋面检查洞及 0.3m^2 以内孔洞所占面积，除另有规定外也不加洞口翻边。

1) 刚性屋面

(1) 工程量计算：按设计图示面积以“m^2”计算，细石混凝土防水层的滴水线、伸缩缝翻边加厚加高不另计。计算公式为

$$S = ab$$

(2) 屋面检查洞盖工程量，按设计图示数量以“个”计算。

2) 瓦屋面

(1) 工程量计算：按设计图示以斜面积“m^2”计算，挑出基层的尺寸，按设计规定计算，如设计无规定时，彩色水泥瓦、黏土平瓦按水平尺寸加 70mm、小青瓦按水平尺寸加 50mm 计算。多彩油毡瓦工程量按实铺面积计算。

(2) 屋脊工程量，按设计图示以延长米“m”计算。

3) 覆土屋面

(1) 工程量计算：按实铺面积乘以设计厚度以体积“m^3”计算。

(2) 玻璃布过滤层工程量，按设计图示面积以“m^2”计算。

4) 屋面排水

(1) 金属板泛水、檐沟、水管工程量计算：按设计图示延长米乘以展开宽度以面积“m^2”计算。

(2) 其他泛水工程量计算：按设计图示以延长米“m”计算。

(3) 屋面排水水斗工程量计算：按设计图示数量以“只”计算。

3.9.3.2 防水防潮工程清单计价

1. 清单计价说明

防水、防潮分刚性防水和柔性防水两部分。

定额防水卷材的接缝、收头、冷底子油、胶结剂等工料已计入定额内，不另行计算。设计有金属压条时，套用第十五章其他工程相应定额子目计算。采用冷粘法防水卷材工艺施工时，定额中的胶粘剂是按点、条综合编制，如设计要求胶粘剂采用满铺的，人工乘以系数 1.09，黏结剂增加 37kg/m^2。

涂膜防水定额中的子目，涂刷厚度调整除另有注明外，其他厚度已综合考虑取定，如设计不同，不调整换算。JS 防水涂料、聚氨酯防水涂料涂刷厚度定额是按 1.5mm 以内和 2.0mm 以内两个步距编制，如设计厚度大于 2.0mm 的，套用厚 2.0mm 以内定额子目，其主材料按比例调整换算，其余不变。

冷底子油定额适用于单独刷冷底子油。

设计采用的卷材及涂膜防水材料品种与定额取定不同时，材料及价格按实际调整换算，其余不变。

2. 计价工程量计算

1) 刚性防水、防潮

按设计图示面积计算。

(1) 平面防水、防潮层，按主墙间净面积“m^2”计算，应扣除凸出地面的构筑物、设备基础等所占面积，不扣除柱、垛、间壁墙、附墙烟囱及每个面积在 0.3m^2 以内的孔洞所占面积。

(2) 立面防水、防潮层，按实铺面积“m^2”计算，应扣除每个面积在 0.3m^2 以上的孔洞面积，孔侧展开面积并入计算。

(3) 平面与立面连接处高度在 500mm 以内的立面，面积并入平面防水项目计算。立面高度在 500mm 以上的，其立面部分均按立面防水项目计算。

2) 柔性防水

按设计图示面积计算。

(1) 卷材和涂膜防水，按露面实铺面积“m^2”计算。天沟、挑檐按展开面积计算，并入相应防水工程量。伸缩缝、女儿墙和天窗处的弯起部分，按图示尺寸计算，如设计无规定时，伸缩缝、女儿墙的弯起部分按 250mm、天窗的弯起部分按 500mm 计算，并入相应防水工程量。卷材防水附加层，按图示尺寸展开计算，并入相应防水工程量。

(2) 平面防水、防潮层，按主墙间净面积“m^2”计算，应扣除凸出地面的构筑物、设备基础等所占的面积，不扣除柱、垛、间壁墙、附墙烟囱及每个面积在 0.3m^2 以内的孔洞所占面积。

(3) 立面防水、防潮层，按实铺面积“m^2”计算，应扣除每个面积在 0.3m^2 以上的孔洞面积，孔侧展开面积并入计算。

(4) 平面与立面连接处高度在 500mm 以内的立面，面积应并入平面防水项目计算。立面高度在 500mm 以上的，其立面部分均按立面防水项目计算。

3.9.3.3 变形缝工程清单计价

1. 清单计价说明

变形缝分嵌缝、盖缝、止水带三部分，适用于伸缩缝、沉降缝、抗震缝。

(1) 盖缝定额中的子目，金属盖板盖缝按镀锌薄钢板编制，展开宽度，平面按 590mm、立面按 250mm。设计使用材料或规格不同时，镀锌薄钢板材料换算，其余不变；玻璃纤维布盖缝定额子目，只适用单独伸缩缝上的盖缝。

(2) 止水带定额中的子目，按紫铜板止水带、钢板止水带编制，展开宽度按 450mm。设计使用材料或规格不同时，紫铜板、钢板材料换算，其余不变。

2. 计价工程量计算

变形缝以延长米“m”计算，断面或展开尺寸与定额不同时，材料用量按比例换算。

任务 3.10 保温、隔热、防腐工程

3.10.1 基础知识

1. 保温隔热分类

保温隔热常用的材料，有聚苯颗粒保温砂浆、泡沫玻璃、聚氨酯硬泡、保温板材、加气混凝土块、软木板、膨胀珍珠岩板、沥青玻璃棉、沥青矿渣棉、微孔硅酸钙、稻壳等，可用于屋面、墙体、柱子、楼地面、天棚等部位。屋面保温层中还设有排气管或排气孔。

1) 保温材料种类

保温材料按照不同容重、成分、温度、形状和施工方法来划分类别。

(1) 按照不同容重，分为重质(400～600kg/m^3)，轻质(150～350kg/m^3)和超轻质(小于150kg/m^3)三类。

(2) 按照不同成分，分为有机和无机两类。

(3) 按照使用温度不同，可分为高温用(700℃以上)、中温用(100～700℃)和低温用(小于 100℃)三类。

(4) 按照不同形状，分为粉末状、粒状、纤维状、块状等，又可分为多孔、矿纤维和金属等。

(5) 按照不同施工方法，分为湿抹法、填充式、绑扎式、包裹缠绕式等。

2) 保温隔热层的作用

保温隔热层能减弱室外气温对室内的影响，或保持因采暖、降温措施而形成的室内气温。保温隔热所用的材料，要求相对密度小、耐腐蚀并有一定的强度。

2. 防腐工程分类

1) 刷油防腐

刷油是一种经济而有效的防腐措施，不仅施工方便，而且具有优良的物理性能和化学性能，因此应用范围很广。刷油除了防腐作用外，还能起到装饰和标志作用。目前常用的防腐材料，有沥青漆、酚树脂漆、酚醛树脂漆、氯磺化聚乙烯漆、聚氨酯漆等。

2) 耐酸防腐

它是运用人工或机械方法，将具有耐腐蚀性能的材料浇筑、涂刷、喷涂、粘贴或铺砌在应防腐的工程构件表面上，以达到防腐蚀的效果。常用的防腐蚀材料，有水玻璃耐酸砂浆、混凝土，耐酸沥青砂浆、混凝土，环氧砂浆、混凝土，及各类玻璃钢等。根据工程需要，可用防腐块料或防腐涂料做面层。耐酸防腐工程施工前，应将基层清扫干净，调配好材料。

3.10.2 工程量清单编制

1. 清单编制说明

保温、隔热、防腐工程清单，按《房屋建筑与装饰工程工程量计算规范》附录K进行编制，适用于建筑物和构筑物工程土石方项目列项。

本任务项目按上述规范附录K，分为K.1保温、隔热，K.2防腐面层，K.3其他防腐三部分，共19个项目。

2. 保温、隔热(编码011001)

【参考视频】

1) 清单项目设置

(1) 保温、隔热项目包括保温隔热屋面、保温隔热天棚、保温隔热墙、保温柱和梁、保温隔热楼地面、其他保温隔热 6 个项目，分别按 0110001001×××～011001006×××编码设置。

(2) 项目适用范围：“保温隔热屋面”项目适于工业与民用建筑物外墙、内墙保温隔热工程；“保温柱”项目适用于工业与民用建筑物外柱、内柱保温隔热工程；“隔热楼地面”项目适用于工业与民用建筑物室内地面、楼面保温隔热工程。

2) 工程内容

保温隔热屋面、保温隔热天棚、保温隔热楼地面包含了基层清理、刷黏结材料、铺粘保温层、铺和刷(喷)防护材料；保温隔热墙面、保温柱和梁、其他保温材料包含了基层清理、刷界面剂、安装龙骨、填贴保温材料、保温板安装、粘贴面层、铺设增强格网、抹抗裂及防水砂浆面层、嵌缝、铺和刷(喷)防护材料等。

3) 项目特征描述

(1) 保温隔热屋面：保温隔热材料品种、规格、厚度，隔气层材料品种、厚度，

黏结材料种类、做法，防护材料种类、做法。

(2) 保温隔热天棚：保温隔热面层材料品种、规格、性能，保温隔热材料品种、规格、厚度，黏结材料种类、做法，防护材料种类、做法。

(3) 保温隔热墙面、保温柱和梁：保温隔热部位，保温隔热方式，踢脚线、勒脚线保温做法，龙骨材料品种、规格，保温隔热面层材料品种、规格、性能，保温隔热材料品种、规格、厚度，增强网及抗裂防水砂浆种类，黏结材料种类、做法，防护材料种类、做法。

(4) 保温隔热楼地面：保温隔热部位，保温隔热材料品种、规格、厚度，隔气层材料品种、厚度，黏结材料种类、做法，防护材料种类、做法。

(5) 其他保温隔热：保温隔热部位，保温隔热方式，隔气层材料品种、厚度，保温隔热面层材料品种、规格、性能，保温隔热材料品种、规格、厚度，增强网及抗裂防水砂浆种类，黏结材料种类、做法，防护材料种类、做法。

拓展提高

1. 保温隔热屋面上的找坡层、保温层、防水层、找平层、保护层及刚性屋面等，应按不同的屋面做法并入相应屋面清单，不单独列项。

2. 预制隔热板屋面的隔热板，按混凝土及钢筋混凝土工程相关项目编码列项。清单应明确描述砖墩砌筑规格。

3. 屋面保温隔热的找坡、找平层应包括在报价内，如果屋面防水层项目已包括找平层和找坡，屋面保温隔热不再计算，以免重复。

4. 下贴式如需底层抹灰时，应包括在报价内，清单应明确描述抹灰的具体材料和做法。

5. 保温隔热材料需加药物防虫剂时，应在清单中进行描述。

6. 外墙内保温和外保温的面层应包括在报价内，装饰面层应按清单计算规范附录B相关项目编码列项。

7. 外墙内保温的内墙保温踢脚线应包括在报价内。

8. 外墙外保温、内保温、内墙保温基层抹灰或刮腻子应包括在报价内。

9. 柱帽保温隔热应并入天棚保温隔热工程量内。

10. 池槽保温隔热，池壁、池底分别编码列项，池壁应并入墙面保温隔热工程量内，池底应并入地面隔热保温工程量内。

4) 工程量计算

(1) 保温隔热屋面、其他保温隔热：按设计图示尺寸以面积“m^2”计算，扣除面积大于0.3 m^2孔洞所占面积。

(2) 保温隔热天棚：按设计图示尺寸以面积“m^2”计算，扣除面积大于0.3m^2的柱、垛、孔洞所占面积，与天棚相连的梁按展开面积计算，并入天棚工程量。

(3) 隔热楼地面：按设计图示尺寸以面积“m^2”计算，扣除门窗洞口及面积大于0.3m^2的梁、孔洞所占面积；门窗洞口侧壁以及与墙相连的柱，并入保温墙体工程量内。

(4) 保温柱、梁：按设计图示尺寸以面积“m^2”计算，柱按设计图示柱断面保温层中心线展开长度乘以保温层高度以面积计算，扣除面积大于0.3 m^2的梁所占面积。

(5) 保温隔热楼地面：按设计图示尺寸以面积“m^2”计算，扣除面积大于0.3m^2的柱、垛、孔洞所占面积，门洞、空圈、暖气包槽、壁龛的开口部分不另增加面积。

实例分析 3-42

某住宅屋面如图 3.34 所示，用 40mm 厚挤塑板保温板聚合物砂浆粘贴；CL7.5 炉渣混凝土找坡，最薄处 30mm 厚。墙厚 240mm。檐沟部分做法略。请按清单计价规范编制其工程量清单。

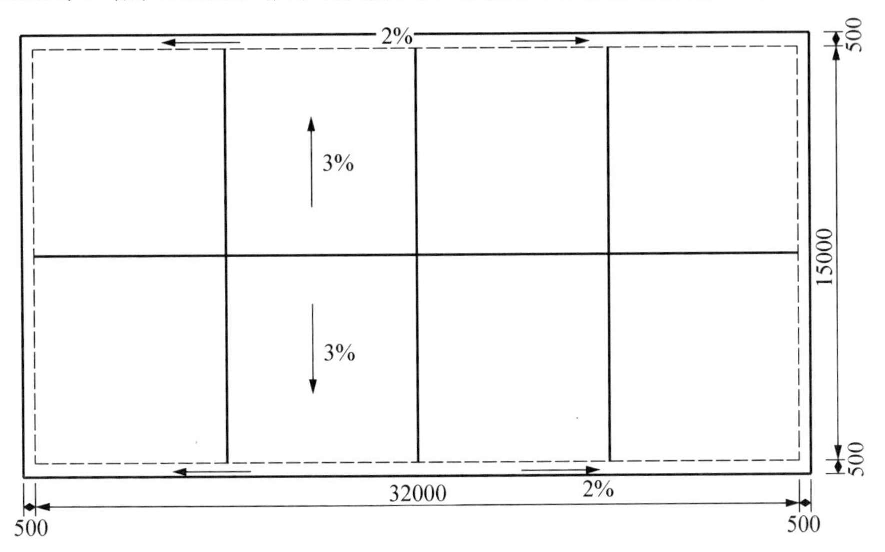

图 3.34 某屋面尺寸(单位：mm)

分析：该项目应按保温隔热屋面列项，清单工程量为

$$S=(32+0.12\times2)\times(15+0.12\times2)=491.34(\mathrm{m}^2)$$

相应工程量清单见表 3-72。

表 3-72 某分部分项工程量清单

序号	项目编码	项目名称	项目特征描述	计量单位	工程量	综合单价	合价	其中/元		备注
								人工费	机械费	
		K.1 保温隔热								
1	011001001001	保温隔热屋面	40mm 厚挤塑板保温板聚合物砂浆粘贴；CL7.5 炉渣混凝土找坡，最薄处 30mm 厚	m^2	491.34					

实例分析 3-43

某住宅外墙做外保温设计。自内而外设计为：基层墙体、107 胶素水泥浆界面处理、30mm 厚无机集料保温砂浆、4mm 厚聚合物抗裂砂浆、耐碱玻纤网格布一层(面层略)。假设外墙外保温工程量为 6000m^2，请按清单计价规范编制其工程量清单。

分析：该工程量清单见表 3-73。

表 3-73 某保温工程量清单编制

序号	项目编码	项目名称	项目特征描述	计量单位	工程量	综合单价	合价	其中/元		备注
								人工费	机械费	
		K.1 保温隔热								
1	011001003001	保温隔热墙面	基层墙体、107 胶素水泥浆界面处理、30mm 厚无机集料保温砂浆、4mm 厚聚合物抗裂砂浆、耐碱玻纤网格布一层	m^2	6000					

3. 防腐面层(编码 011002)

1) 清单项目设置

(1) 防腐面层项目包含了防腐混凝土面层、防腐砂浆面层、防腐胶泥面层、玻璃钢防腐面层、聚氯乙烯板面层、块料防腐面层、池和槽块料防腐面层共 7 个项目，分别按 01100200×××～011002007×××编码设置。

(2) 适用范围：“防腐混凝土面层”“防腐砂浆面层”“防腐胶泥面层”项目适用于平面或立面的水玻璃混凝土、水玻璃砂浆、水玻璃胶泥、沥青混凝土、沥青砂浆、沥青胶泥、树脂混凝土、树脂砂浆、树脂胶泥及聚合物水泥砂浆等防腐工程；“玻璃钢防腐面层”项目适用于树脂胶料与增强材料(如玻璃纤维丝、布、玻璃纤维表面毡、玻璃纤维短切毡或涤布、涤纶毡、丙纶布、丙纶毡等)复台塑制而成的玻璃钢防腐；“聚氯乙烯板面层”项目适用于地面和墙面的软、硬聚氯乙烯板防腐工程；“块料防腐面层”项目适用于地面、沟槽、基础的各类块料防腐工程。

2) 工程内容

(1) 防腐混凝土(防腐砂浆)面层：基层清理，基层刷稀胶泥，混凝土(砂浆)制作、运输、摊铺、养护。

(2) 防腐胶泥面层：基层清理，胶泥调制、摊铺。

(3) 玻璃钢防腐面层：基层清理，刷底漆、刮腻子，胶浆配制、涂刷，粘布、涂刷面层。

(4) 聚氯乙烯板面层：基层清理，配料、涂胶，聚氯乙烯板铺设。

(5) 块料防腐面层、池槽块料防腐面层：基层清理，铺贴块料，胶泥调制、勾缝。

3) 项目特征描述

(1) 防腐混凝土(防腐砂浆)、胶泥面层：防腐部位，面层厚度，混凝土(砂浆)种类，胶泥种类、配合比。

(2) 玻璃钢防腐面层：防腐部位，玻璃钢种类，贴布材料种类、层数、面层材料品种。

(3) 聚氯乙烯板面层：防腐部位，面层材料品种、厚度，黏结材料种类。

(4) 块料(池槽块料)防腐面层：防腐(池槽名称、代号)部位，块料品种、规格，黏结材料种类，勾缝材料种类。

1. 因防腐材料不同，价格差异较大，清单项目中必须列出混凝土、砂浆、胶泥的材料种类，如水玻璃混凝土、沥青混凝土等，并明确其配合比。

2. 如遇池槽防腐，池底和池壁可合并列项，也可分池底面积和池壁面积分别列项。

3. 玻璃钢项目名称应描述构成玻璃钢、树脂和增强材料名称，如环氧酚醛(树脂)玻璃钢、酚醛(树脂)玻璃钢、环氧煤焦油(树脂)玻璃钢、环氧呋喃(树脂)玻璃钢、不饱和(树脂)玻璃钢，增强材料玻璃纤维布毡、涤纶布毡。

4. 玻璃钢项目应描述防腐部位和立面、平面。

5. 聚氯乙烯板的焊接应包括在报价内。

6. 防腐蚀块料粘贴部位(地面、沟槽、基础、踢脚线)应在清单项目中进行描述。

7. 防腐蚀块料的规格、品种(瓷板、铸石板、天然石板等)应在清单项目中进行描述。

8. 防腐工程中需酸化处理时，应包括在报价内。

9. 防腐工程中的养护应包括在报价内。

4) 工程量计算

按设计图示尺寸以面积“m^2”计算。

(1) 平面防腐：扣除凸出地面的构筑物、设备基础等，以及面积大于 0.3m^2 的柱、垛、孔洞所占面积，门洞、空圈、暖气包槽、壁龛的开口部分不增加面积。

(2) 立面防腐：扣除门窗洞口以及面积大于 0.3m^2 的梁、孔洞所占面积，门窗洞口侧壁垛凸出部分按展开面积并入墙面积内。

4. 其他防腐(编码 011003)

1) 清单项目

(1) 其他防腐包含设置隔离层、砌筑沥青浸渍砖、防腐涂料三个项目，分别按 011003001×××～011003003×××编码列项。

（2）适用范围：“隔离层”项目适用于楼地面的沥青类、树脂玻璃钢类防腐工程隔离层；“砌筑沥青浸渍砖”项目适用于浸渍标准砖的铺筑；“防腐涂料”项目适用于建筑物、构筑物及钢结构的防腐。

2) 工程内容

“隔离层”包含基层清理、煮沥青、胶泥调制、隔离层铺设等内容；“砌筑沥青浸渍砖”项目包含基层清理、胶泥调制、浸渍砖铺砌等内容；“防腐涂料”项目包含基层清理、刮腻子、刷涂料等内容。

3) 项目特征描述

“隔离层”主要描述隔离层部位、隔离层材料品种、隔离层做法、粘贴材料种类；“砌筑沥青浸渍砖”主要描述砌筑部位、浸渍砖规格、胶泥种类、浸渍砖砌法；“防腐涂料”主要描述涂刷部位、基层材料类型、刮腻子的种类及遍数、材料品种、刷涂遍数。

4) 工程量计算

（1）隔离层、防腐涂料：按设计图示尺寸以面积“m^2”计算。平面防腐扣除凸出地面的构筑物、设备基础等，以及面积大于 0.3m^2 的柱、垛、孔洞所占面积，门洞、空圈、暖气包槽、壁龛的开口部分不增加面积。立面防腐扣除门窗洞口以及面积大于 0.3m^2 的梁、

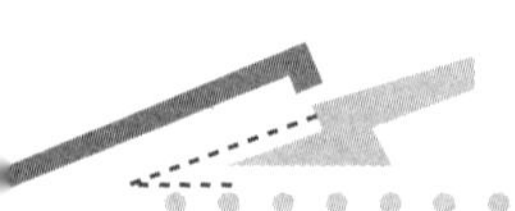

孔洞所占面积，门窗洞口侧壁垛凸出部分按展开面积并入墙面积内。

（2）砌筑沥青浸渍砖：按设计图示尺寸以体积“m^3”计算。

项目名称应对涂刷基层(混凝土、抹灰面)及部位进行描述；需括腻子时，应包括在报价内；应对涂料底漆层、中间漆层、面漆涂刷(或刮)遍数进行描述。

3.10.3 工程量清单计价

本部分计价基本依据，是《浙江省建筑工程预算定额（2010 版）》第八章保温隔热耐酸防腐工程。

1. 一般规定

保温隔热、耐酸防腐蚀工程包括保温、隔热，耐酸、防腐蚀两部分，共有 144 个定额子目，其中保温、隔热 63 个子目，耐酸、防腐 81 个子目。使用本章定额时，应注意三方面问题：一是本章定额中保温砂浆及耐酸材料的种类、配合比，以及保温板材料的品种、型号、规格和厚度等设计不同时，应按设计规定进行调整；二是本章中未包含基层界面剂涂刷、找平层、基层抹灰及装饰面层，发生时应套用相应章节定额子目另行计算；三是保温、隔热项目中有采用石油沥青作为胶结材料的子目，其一般只适用于有保温、隔热要求的工业建筑及构筑物工程。

2. 保温、隔热计价规定

保温、隔热包括墙、柱面保温隔热，屋面保温隔热，天棚保温隔热、吸声及楼地面保温隔热、吸声四部分，未包括保温和隔热面基层界面处理、面层饰面施工等，发生时套用相应章节定额计算。树脂珍珠岩板、天棚保温吸声层、超细玻璃棉、装袋矿棉、聚苯乙烯泡沫板厚度定额按 50mm 编制，如设计厚度不同则作单价换算，其余不变。

1) 墙、柱面保温隔热

(1) 墙体保温砂浆子目按外墙外保温考虑，如实际为外墙内保温，人工乘以系数 0.75，其余不变。

(2) 抗裂防护层中抗裂砂浆厚度设计与定额不同时，抗裂砂浆及搅拌机台班定额用量按比例调整，其余不变。

(3) 抗裂防护层网格布(钢丝网)之间的搭接及门窗洞口周边加固，定额中已综合考虑，不另行计算；设计要求增加膨胀锚栓固定时，每 100m^2 增加膨胀锚栓 612 套、人工 3 工日、其他机械费 5 元。

(4) 弧形墙、柱、梁等保温砂浆抹灰，抗裂防护层抹灰，保温板铺贴，按相应项目人工乘以系数 1.15，材料乘以系数 1.05。

2) 屋面保温隔热

保温层排气管按ϕ50UPVC 管及综合管件编制，排气孔ϕ50UPVC 管按 180° 单出口考虑(由 2 只 90° 弯头组成)，双出口时应增加三通 1 只；ϕ50 钢管、不锈钢管按 180° 煨制弯考虑，当采用管件拼接时，另增加弯头 2 只，管材用量乘以 0.7。管材、管件的规格、材质不同时，做单价换算，其余不变。

3) 天棚保温隔热吸声

天棚混凝土板下安装聚苯乙烯泡沫保温板，定额是按天棚不带龙骨编制，如设计有带木龙骨的，每 10m^3 增加杉板枋 0.75m^3、增加铁件 45.45kg、扣除聚苯乙烯泡沫板 0.63m^3。

3. 保温、隔热计价工程量计算规则

1) 墙、柱面保温隔热

(1) 保温砂浆、泡沫玻璃、聚氨酯硬泡、保温板材(不包括膨胀珍珠岩板、软木板以及用石油沥青作为胶结材料的聚苯乙烯泡沫板子目，如 8-17～19)，抗裂防护层工程量计量单位为 m^2。

铺贴面积按设计图示尺寸的保温层中心线长度乘以高度计算，应扣除门窗洞口和 0.3m^2 以上的孔洞所占面积，不扣除踢脚线、挂镜线和墙与构件交接处面积。门窗洞口的侧壁和顶面、附墙柱、梁、垛、烟道等侧壁，并入相应的墙面面积内计算。

(2) 膨胀珍珠岩板、软木板以及用石油沥青作为胶结材料的聚苯乙烯泡沫板子目、加气混凝土块、沥青玻璃(矿渣)棉、现浇水泥珍珠岩，工程量计量单位为 m^3。

外墙按围护结构的隔热层中心线、内墙按隔热层净长乘以图示尺寸的高度及厚度以体积计算，应扣除门窗洞口、管道穿墙洞口所占体积。

2) 屋面保温隔热

(1) 保温砂浆、泡沫玻璃、聚氨酯硬泡、保温板材(不包括膨胀珍珠岩板)工程量，按设计图示铺贴面积以“m^2”计算，不扣除屋面排烟道、通风孔、伸缩缝、屋面检查洞及 0.3m^2 以内孔洞所占面积，洞口翻边也不增加。

(2) 膨胀珍珠岩板、加气混凝土块、炉(矿)渣混凝土、石灰炉(矿)渣、沥青玻璃棉毡、现浇水泥珍珠岩、干铺珍珠岩、干铺炉渣、微孔硅酸钙工程量，按设计图示铺贴面积乘以厚度以体积“m^3”计算，不扣除屋面排烟道、通风孔、伸缩缝、屋面检查洞及 0.3m^2 以内孔洞所占面积，洞口翻边也不增加。

(3) 保温层排气管安装工程量，按设计图示尺寸以延长米“m”计算，不扣除管件所占长度。

(4) 保温层排气孔安装工程量，按设计数量、分不同材料以“个”计算。

3) 天棚保温隔热、吸声

(1) 保温砂浆、天棚保温吸声层工程量，按设计图示尺寸以水平投影面积“m^2”计算，不扣除间壁墙(包括半砖墙)、垛、柱、附墙烟囱、检查口和管道所占的面积。带梁天棚，梁侧面的工程量并入天棚内计算。

(2) 软木板、聚苯乙烯泡沫板工程量，按设计图示尺寸以水平投影面积乘以厚度以体积“m^3”计算，不扣除间壁墙(包括半砖墙)、垛、柱、附墙烟囱、检查口和管道所占的面积。带梁天棚，梁侧面的工程量并入天棚内计算。

4) 楼地面保温隔热、吸声

(1) 挤塑泡沫保温板工程量，按围护结构墙间净面积“m^2”计算，不扣除柱、垛及每个面积 0. 3 m^2 内的孔洞所占面积。

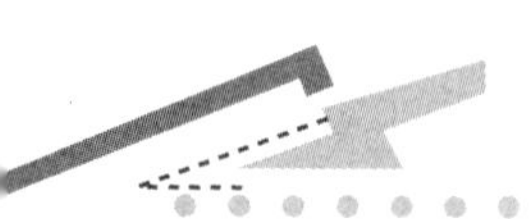

(2) 软木板、加气混凝土块、聚苯乙烯泡沫板工程量，按围护结构墙间净面积乘以厚度以体积“m^3”计算，不扣除柱、垛及每个面积 0.3 m^2 内的孔洞所占面积。

拓展提高

保温隔热层的厚度，按隔热材料净厚度(不包括胶结材料厚度)计算；柱包隔热层，按图示柱的隔热层中心线的展开长度乘以图示高度及厚度计算；柱帽保温隔热，按设计图示尺寸并入天棚保温隔热工程量内；池槽保温隔热，池壁并入墙面保温隔热工程量内，池底并入地面保温隔热工程量内。

4. 耐酸、防腐计价规定

耐酸、防腐工程，包括整体面层、隔离层、瓷砖面层、花岗岩面层、池沟槽瓷砖面层及防腐涂料 6 部分。

(1) 耐酸防腐整体面层、隔离层不分平面、立面，均按材料做法套用同一定额；块料面层以平面铺贴为准，立面铺贴套用平面定额，人工乘以系数 1.38，踢脚板人工乘以系数 1.56，其余不变。

池、沟、槽瓷砖面层定额不分平、立面，适用于小型池、沟、槽(划分标准见本预算定额第四章)。

(2) 水玻璃面层及结合层定额中，均已包括涂稀胶泥工料，树脂类及沥青均未包括树脂打底及冷底子油工料，发生时应另列项目计算。

(3) 耐酸定额按自然养护考虑，如需要特殊养护者，费用另计。

(4) 耐酸面层均未包括踢脚线，如设计有踢脚线时，套用相应面层定额。

(5) 防腐卷材接缝、附加层、收头等人工材料已计入定额中，不再另行计算。

5. 耐酸、防腐计价工程量计算规则

(1) 耐酸防腐工程(除花岗岩面层中的胶泥勾缝子目外)工程量，计量单位为 m^2。

该工程项目应区分不同材料种类及厚度，按设计实铺面积计算，平面项目应扣除凸出地面的构筑物、设备基础等所占的面积，但不扣除柱、垛所占面积。柱、垛等凸出墙面部分按展开面积计算，并入墙面工程量内。

(2) 胶泥勾缝分项工程量计量单位为 m，按设计图示尺寸以延长米计算。

(3) 踢脚板按实铺长度乘以高度以面积“m^2”计算，应扣除门洞所占的面积，并相应增加侧壁展开面积。

(4) 平面砌双层耐酸块料时，按单层面积乘以系数 2 计算。

(5) 硫黄胶泥二次灌缝，按实体积以“m^3”计算。

6. 清单计价实例

根据清单规范有关规定，以具体工程发生的内容及施工组织设计内容进行选项组合，举例如下。

实例分析 3-44

某住宅屋面如图 3.34 所示，用 50mm 厚挤塑板保温板聚合物砂浆粘贴；CL7.5 炉渣混凝土找坡，最薄处 30mm 厚。假设 40mm 厚挤塑板保温板材料信息价为 20 元/m^2，其他人工、材料、机械价格同 2010 版材料基期价格，试求刚性屋面中 40mm 厚挤塑板保温板、CL7.5 炉渣混凝土找坡最薄处 30mm 厚部分工程量，并套用定额进行清单计价(其中管理费和利润的取费基数均为人工费和机械费之和，费率分别为 15%和 8.5%)。

分析：(1) 工程量计算如下。

【参考图文】

① 40mm 厚挤塑板保温板为

$$S=(32+0.12\times2)\times(15+0.12\times2)=491.34(\text{m}^2)$$

② CL7.5 炉渣混凝土找坡最薄处 30mm 厚为

$$V=491.34\times[0.03+(7.5+0.12)\times3\%/2]=70.90(\text{m}^3)$$

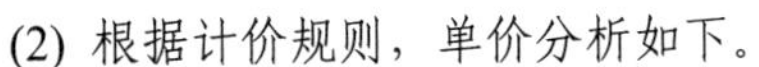

(2) 根据计价规则，单价分析如下。

① 50mm 厚挤塑板保温板套定额 8-35H，按规则计算得

$$人工费=3.3\ 元/\text{m}^2$$

$$材料费=29.1953+(20-26)\times1.02=23.083(元/\text{m}^2)$$

$$机械费=0.018233\ 元/\text{m}^2$$

$$管理费=(3.3+0.018233)\times15\%=0.52(元/\text{m}^2)$$

$$利润=(3.3+0.018233)\times8.5\%=0.28(元/\text{m}^2)$$

② CL7.5 炉渣混凝土找坡最薄处 30mm 厚套定额 8-41，按规则计算得

$$人工费=31.39\ 元/\text{m}^3$$

$$材料费=129.605\ 元/\text{m}^3$$

$$机械费=6.173\ 元/\text{m}^3$$

$$管理费=(31.39+6.173)\times15\%=5.63(元/\text{m}^3)$$

$$利润=(31.39+6.173)\times8.5\%=3.19(元/\text{m}^3)$$

相应结果见表 3-74。

表 3-74 某分部分项工程量清单综合单价计算表

单位及专业工程名称：××××楼——建筑工程　　　　第　页　共　页

序号	编号	项目名称	计量单位	数量	综合单价/元							合价/元
					人工费	材料费	机械费	管理费	利润	风险费用	小计	
1	011001001001	保温隔热屋面	m^2	491.34	7.83	41.78	0.91	1.33	0.74	0	52.60	25842.6
	8-35H	挤塑泡沫保温板	m^2	491.34	3.3	23.083	0.018233	0.52	0.28	0	27.20	13365.05
	8-41	炉渣混凝土找坡	m^3	70.9	31.39	129.605	6.173	5.63	3.19	0	175.99	12477.55

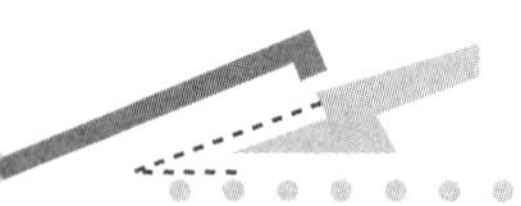

单元小结

本单元介绍了房屋建筑工程相关的计量与计价，主要包括土石方工程、地基处理与边坡支护工程、桩基础工程、砌筑工程、混凝土与钢筋混凝土工程、金属结构工程、木结构工程、门窗工程、屋面及防水工程、保温隔热工程的工程量清单编制、清单计价规范和编制要求。

同步测试

一、单项选择题

1．土石方工程中，建筑物场地厚度在±30cm 以内的，平整场地清单工程量(　　)。

A．按建筑物自然层面积计算　　B．按建筑物首层面积计算

C．按建筑有效面积计算　　D．按设计图示厚度计算

2．在编制工程量清单时，内墙土方地槽长度按(　　)计算。

A．内墙中心线长度　　B．内墙净长线长度

C．内墙基础垫层净长线长度　　D．内墙基础净长线长度

3．某房屋工程拟建于半山腰，如图 3.35 所示，需对拟建范围石方(场地石方类别为次坚石)开挖到设计室外标高 22.45m，开挖范围为 15.5m×20.55m。如开挖高度按平均高度计算，则石方爆破开挖的费用为(　　)元。

A．15240.83　　B．6082.51　　C．4186.66　　D．25544.56

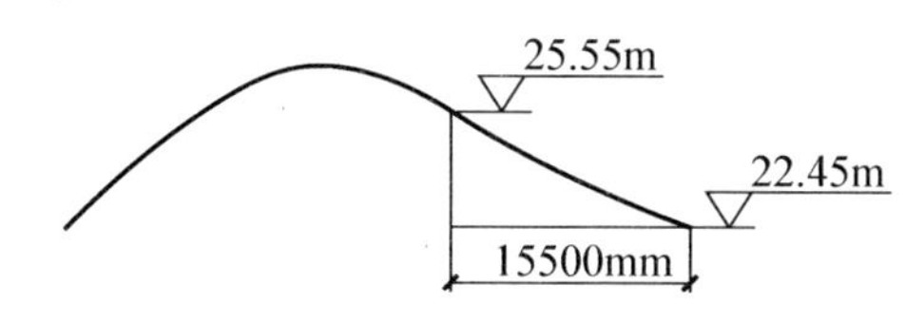

图 3.35　某房屋工程范围示意图

4．单位工程挖土，挖掘机需在不同单项工程之间转移，转移距离在(　　)m 以内的定额已综合考虑，不另增加。

A．100　　B．150　　C．200　　D．300

5．不属于土方工程清单项目的是(　　)。

A．平整场地　　B．挖土方　　C．挖基础土方　　D．土方回填

6．挖土方的工程量按设计图示尺寸以体积计算，此处的体积是指(　　)。

A．虚方体积　　B．夯实后体积　　C．松填体积　　D．天然密实体积

7．平整场地计价工程量计算规则是(　　)。

A．按建筑物外围面积乘以平均挖土厚度计算

B．按建筑物外边线外加 2m 以平面面积计算

C．按建筑物首层面积乘以平均挖土厚度计算

D．按设计图示尺寸以建筑物首层面积计算

8．设备基础挖土方，设备混凝土垫层为5m×5m的正方形建筑面积，每边需工作面0.3m，挖土深度1m，其挖方量是(　　)m^3。

A．18.63　　B．25　　C．20.28　　D．31.36

9．关于基础土方的清单工程量计算，正确的是(　　)。

A．基础设计底面积×基础埋深

B．基础设计底面积×基础设计高度

C．基础垫层设计底面积×挖土深度埋深

D．基础垫层设计底面积×基础设计高度和垫层厚度之和

10．地下连续墙的清单工程量(　　)。

A．按设计图示槽横断面积乘以槽深以体积计算

B．按设计图示尺寸以支护面积计算

C．按设计图示以墙中心线长度计算

D．按设计图示墙中心线长度乘以厚度乘以槽深，以体积计算

11．边坡土钉支护清单工程量(　　)。

A．按设计图示尺寸以支护面积计算

B．按设计土钉数量以根数计算

C．按设计土钉数量以质量计算

D．按设计支护面积乘以土钉长度以体积计算

12．关于清单工程量计算的说法，正确的是(　　)。

A．混凝土桩只能按根数计算

B．喷粉桩按设计图示尺寸以桩长(包括桩尖)计算

C．地下连续墙按长度计算

D．锚杆支护按支护土体体积计算

13．关于计价工程量描述，错误的是(　　)。

A．打、拔钢板桩，定额仅考虑打、拔施工费用，包含钢板桩费用，发生时另行计算

B．水泥搅拌桩的水泥掺入量按加固土重(1800kg/m^3)的13%考虑，如设计不同时，按每增减1%定额计算

C．喷射混凝土按喷射厚度及边坡坡度不同分别设置子目，其中钢筋网片制作、安装套用混凝土及钢筋混凝土工程中相应定额子目

D．地下连续墙的钢筋笼、钢筋网片及护壁、导墙的钢筋制作、安装，套用钢筋混凝土及钢筋混凝土工程相应定额

14．关于地基与桩基础工程的工程量计算规则，正确的说法是(　　)。

A．预制钢筋混凝土方桩，按设计图示桩长度(包括桩尖)以m为单位计算

B．钻孔灌注桩成孔工程量，按成孔长度乘以设计桩径截面积以m^3计算

C．人工挖孔灌注桩按桩长计算

D．预制钢筋混凝土管桩，按设计图示桩长度(包括桩尖)乘以桩截面积以m^3为单位计算

15. 根据《房屋建筑与装饰工程工程量计算规范》，关于实心砖外墙高度的计算，正确的是(　　)。

A. 平屋面算至钢筋混凝土板顶

B. 无天棚者算至屋架下弦底另加 300mm

C. 内外山墙按其平均高度计算

D. 有屋架且室内外均有天棚者，算至屋架下弦底另加 300mm

16. 根据《房屋建筑与装饰工程工程量计算规范》，关于砖基础工程量计算中基础与墙身的划分，正确的是(　　)。

A. 以设计室内地坪为界(包括有地下室建筑)

B. 基础与墙身使用材料不同时，以材料界面为界

C. 基础与墙身使用材料不同时，以材料界面另加 300mm 为界

D. 围墙基础应以设计室外地坪为界

17. 作计价工程量计算，基础与墙体使用不同材料时，工程量计算规则规定以不同材料为界分别计算基础和墙体工程量，范围是(　　)。

A. 室内地坪±300mm 以内　　B. 室内地坪±300mm 以外

C. 室外地坪±300mm 以内　　D. 室外地坪±300mm 以外

18. 根据《房屋建筑与装饰工程工程量计算规范》，关于砖砌体工程量计算，正确的是(　　)。

A. 砖砌台阶按设计图示尺寸以体积计算

B. 砖散水按设计图示尺寸以体积计算

C. 砖地沟按图示尺寸以中心线长度计算

D. 砖明沟按设计图示以水平面积计算

19. 根据《房屋建筑与装饰工程工程量计算规范》，关于零星砌砖项目中的台阶工程量的计算，正确的是(　　)。

A. 按实砌体积并入基础工程量中计算

B. 按砌筑纵向长度以 m 计算

C. 按水平投影面积以 m^2 计算

D. 按设计尺寸体积以 m^3 计算

20. 根据《建设工程工程量清单计价规范》，关于实心砖外墙高度的计算，正确的是(　　)。

A. 平屋面算至钢筋混凝土板顶

B. 无顶棚者算至屋架下弦底另加 200mm

C. 内外山墙按其平均高度计算

D. 有屋架且室内外均有顶者，算至屋架下弦底另加 300mm

21. 关于现浇混凝土工程量计算，正确的是(　　)。

A. 有梁板柱高自柱基上表面至上层楼板上表面

B. 无梁板柱高自柱基上表面至上层楼板下表面

C. 框架柱柱高自柱基上表面至上层楼板上表面

D. 构造柱柱高自柱基上表面至顶层楼板下表面

22．现浇混凝土挑檐、雨篷与圈梁连接时，其工程量计算的分界线应为(　　)。

A．圈梁外边线　　B．圈梁内边线

C．外墙外边线　　D．板内边线

23．计算现浇混凝土楼梯工程量时，正确的是(　　)。

A．以斜面积计算　　B．扣除宽度小于 500mm 的楼梯井

C．伸入墙内部分不另增加　　D．整体楼梯不包括连接梁

24．现浇钢筋混凝土楼梯的工程量，应按设计图示尺寸(　　)。

A．以体积计算，不扣除宽度小于 500mm 的楼梯井

B．以体积计算，扣除宽度小于 500mm 的楼梯井

C．以水平投影面积计算，不扣除宽度小于 500mm 的楼梯井

D．以水平投影面积计算，扣除宽度小于 500mm 的楼梯井

25．关于钢筋工程量的计算，正确的是(　　)。

A．碳素钢丝束采用镦头锚具时，其长度按孔道长度增加 0.30m 计算

B．直径为 d 的 I 级受力钢筋，端头 90°弯钩形式，其弯钩增加长度为 $3.5d$

C．冷拔低碳钢丝搭接长度，图纸未标注时，一般按 500mm 计算

D．钢筋混凝土梁柱的箍筋长度，仅按梁柱设计断面外围周长计算

26．现浇混凝土楼梯的工程量(　　)。

A．按设计图示尺寸以体积计算

B．按设计图示尺寸以水平投影面积计算

C．扣除宽度不小于 300mm 的楼梯井

D．包含伸入墙内部分

27．根据《房屋建筑与装饰工程工程量计算规范》，关于后张法预应力低合金钢筋长度的计算，正确的是(　　)。

A．两端采用螺杆锚具时，钢筋长度按孔道长度计算

B．采用后张混凝土自锚时，钢筋长度按孔道长度增加 0.35m 计算

C．两端采用帮条锚具时，钢筋长度按孔道长度增加 0.15m 计算

D．采用 JM 型锚具时，孔道长度在 20m 以内时，钢筋长度按孔道长度增加 1.8m 计算

28．根据《房屋建筑与装饰工程工程量计算规范》附录 F，关于金属结构工程的工程量计算，错误的是(　　)。

A．钢构件工程量不扣除孔眼、切边、切肢的质量，焊条、铆钉、螺栓等质量不另增加

B．钢管柱上牛腿的质量不增加

C．钢板墙板，按设计图示尺寸以铺挂展开面积计算

D．后浇带金属网，按设计图示尺寸以面积计算

29．根据《房屋建筑与装饰工程工程量计算规范》附录 F，关于金属结构工程量计算，正确的说法是(　　)。

A．钢板墙板按设计图示尺寸以铺挂面积计算

B．钢屋架按设计图示规格、数量以榀计算

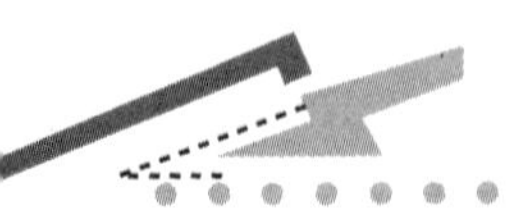

C．钢天窗架按设计图示规格、数量以榀计算

D．钢网架按设计图示尺寸以水平投影面积计算

30．计算不规则或多边形钢板质量，应按其(　　)。

A．实际面积乘以厚度乘以单位理论质量计算

B．最大对角线面积乘以厚度乘以单位理论质量计算

C．外接矩形面积乘以厚度乘以单位理论质量计算

D．实际面积乘以厚度乘以单位理论质量再加上裁剪损耗质量计算

31．关于金属计价，错误的是(　　)。

A．金属构件制作、安装定额均已包括焊缝无损探伤及被检构件的退磁费用

B．构件制作项目均已包括一遍红丹防锈漆的工料

C．定额内 H 形钢构件是按定型 H 形钢考虑编制的

D．钢栏杆的扶手并入钢栏杆工程量内

32．按清单计价规范，关于清单规则描述，错误的是(　　)。

A．屋架的跨度应以上、下弦中心线两交点之间的距离计算

B．与屋架相连的挑檐木应并入屋架材积内计算

C．木楼梯项目适用于竖立的爬式梯

D．木基层工程量按设计图示尺寸以斜面积(m^2)计算，不扣除房上烟囱、风帽、底座、风道、小气窗、斜沟等所占面积

33．按《浙江省建筑工程预算定额(2010 版)》，正确的是(　　)。

A．定额所注明的木材断面、厚度均以毛料为准，设计为净料时，应加刨光损耗

B．设计木构件中的钢构件及铁件用量与定额不同时，按设计图示用量调整

C．木楼梯工程量计算包括扶手、栏杆

D．气楼屋架、马尾屋架、半屋架均按正屋架计算

34．预算定额中，木门窗是按(　　)木材木种编制的。

A．一、二类　　B．三类　　C．四类　　D．三、四类

35．木门窗定额采用普通玻璃，如设计玻璃品种与定额不同时，单价调整；厚度增加时，另按定额的玻璃面积每 $10m^2$ 增加玻璃工(　　)工日。

A．0.75　　B．0.73　　C．1.5　　D．0.5

36．根据《房屋建筑与装饰工程工程量计算规范》，关于屋面卷材防水工程量，正确的是(　　)。

A．平屋顶按水平投影面积计算　　B．平屋顶找坡按斜面积计算

C．扣除房上烟囱、风道所占面积　　D．女儿墙、伸缩缝的弯起部分不另增加

37．根据《房屋建筑与装饰工程工程量计算规范》，膜结构屋面的工程量(　　)。

A．按设计图示尺寸以斜面积计算

B．按设计图示尺寸以长度计算

C．按设计图示尺寸以需要覆盖的水平面积计算

D．按设计图示尺寸以面积计算

38．根据《房屋建筑与装饰工程工程量计算规范》，屋面及防水工程中变形缝的工程量(　　)。

A．按设计图示尺寸以面积计算　　B．按设计图示尺寸以体积计算

C．按设计图示以长度计算　　　　D．不计算

39．根据《房屋建筑与装饰工程工程量计算规范》附录J，关于屋面及防水工程的工程量计算，正确的是(　　)。

A．瓦屋面、型材屋面，按设计图示尺寸以水平投影面积计算

B．屋面涂膜防水中，女儿墙的弯起部分不增加面积

C．屋面排水管，按设计图示尺寸以长度计算

D．变形缝防水、防潮按面积计算

40．关于屋面及防水工程量计算，正确的工程量清单计算规则是(　　)。

A．瓦屋面、型材屋面，按设计图示尺寸以水平投影面积计算

B．膜结构屋面，按设计尺寸以需要覆盖的水平面积计算

C．斜屋面卷材防水，按设计尺寸以斜面积计算

D．屋面排水管，按设计尺寸以理论质量计算

41．根据《房屋建筑与装饰工程工程量计算规范》，关于分项工程的工程量计算，正确的是(　　)。

A．瓦屋面按设计图示尺寸以斜面积计算

B．膜结构屋面，按设计图示尺寸以需要覆盖的水平面积计算

C．屋面排水管，按设计室外散水上表面至檐口的垂直距离以长度计算

D．变形缝防水，按设计尺寸以面积计算

42．根据《房屋建筑与装饰工程工程量计算规范》，关于分项工程的工程量计算，正确的是(　　)。

A．瓦屋面按设计图示尺寸以斜面积计算

B．屋面刚性防水按设计图示尺寸以面积计算，不扣除房上烟囱、风道所占面积

C．膜结构屋面按设计图示尺寸以需要覆盖的水平面积计算

D．涂膜防水按设计图示尺寸以面积计算

43．根据《房屋建筑与装饰工程工程量计算规范》附录K，计算墙体保温隔热工程量时，对于有门窗洞口且其侧壁需做保温的，正确的计算方法是(　　)。

A．扣除门窗洞口所占面积，不计算其侧壁保温隔热工程量

B．不扣除门窗洞口所占面积，不计算其侧壁保温隔热工程量

C．不扣除门窗洞口所占面积，计算其侧壁保温隔热工程量

D．扣除门窗洞口所占面积，计算其侧壁保温隔热工程量

44．保温隔热层的工程量，一般应按设计图示尺寸以(　　)计算。

A．面积(m^2)　　B．厚度(mm)　　C．长度(m)　　D．体积(m^3)

45．根据《房屋建筑与装饰工程工程量计算规范》附录K，关于保温柱的工程量计算，正确的是(　　)。

A．按设计图示尺寸以体积计算

B．按设计图示尺寸以保温层外边线展开长度乘以其高度计算

C．按设计图示尺寸以柱体积计算

D．按设计图示尺寸以保温层中心线展开长度乘以其高度计算

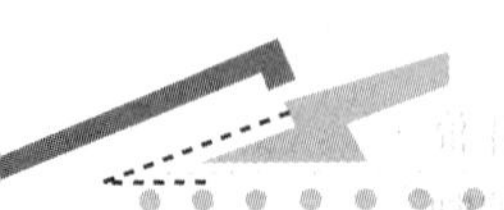

二、多项选择题

1．关于人工挖房屋基础综合土方定额，错误的是(　　)。

A．适用于综合单价法计价

B．适用于工料单价法计价

C．适用于土方深度超过 4.5m

D．适用于土方深度在 4.5m 以内

E．适用于单独地下室土方

2．关于土方工程，正确的是(　　)。

A．机械挖土中，修整底边所需的人工按当地人工单价另行计算

B．井点降水已包括井点管的场外运输费用

C．综合土方坑底面积大于 $20m^2$ 时，套平基土方定额

D．单独地下室土方套单项土方定额

E．干、湿土应分别列项计算

3．房屋综合土方，综合的内容包括(　　)。

A．平整场地

B．地槽、坑挖土

C．槽、坑底原土打夯

D．200m 弃土运输

E．湿土排水

4．(　　)工程基础土方应套单项定额。

A．地沟土方

B．房屋工程大开口挖土的基础土方

C．单独地下室土方

D．构筑物土方

E．局部满堂基础土方

5．以下说法正确的是(　　)。

A．地下构件设有砖模的，挖土工程量按砖模下设计垫层面积乘以下翻深度计算，不另增加工作面

B．在计算土方工程量时，清单和计价工程量的计算高度是不一致的

C．就地回填土指的是将挖出的土方在运距 5m 内就地回填；运距超过 5m 时，按人力车运土定额计算

D．同一槽、坑内土壤类别不同时，分别按其放坡起点、放坡系数依不同土壤类别厚度加权平均计算

E．爆破定额已经综合了不同阶段的高度、坡面、改炮、找平等因素；如设计规定爆破有粒径要求时，需增加的人工、材料和机械费用应按实计算

6．根据《建设工程工程量清单计价规范》，关于建筑工程工程量计算，正确的是(　　)。

A．砖围墙如有混凝土压顶时，算至压顶上表面

B．砖基础的垫层通常包括在基础工程量中，不另行计算

C．砖墙外凸出墙面的砖垛，应按体积并入墙体内计算

D．砖地坪通常按设计图示尺寸以面积计算

E．通风管、垃圾道通常按图示尺寸以长度计算

7．砖基础砌筑工程量按设计图示尺寸以体积计算，但应扣除(　　)。

A．地梁所占体积　　B．构造柱所占体积
C．嵌入基础内的管道所占体积　　D．砂浆防潮层所占体积
E．圈梁所占体积

8．根据《房屋建筑与装饰工程工程量计算规范》，关于砖基础工程量计算，正确的是(　　)。

A．按设计图示尺寸以体积计算
B．扣除大放脚T形接头处的重叠部分
C．内墙基础长度按净长线计算
D．材料相同时，基础与墙身划分通常以设计室内地坪为界
E．基础工程量不扣除构造柱所占面积

9．关于墙高度计算方法，正确的是(　　)。

A．内、外山墙按平均高度计算
B．女儿墙算至混凝土压顶上表面
C．外墙平屋面算至混凝土板面
D．内墙算至屋架下弦底
E．内墙有框架梁时算至梁底

10．根据《房屋建筑与装饰工程工程量计算规范》，关于混凝土及钢筋混凝土工程量计算，正确的是(　　)。

A．天沟、挑檐板按设计厚度以面积计算
B．现浇混凝土墙的工程量不包括墙垛体积
C．散水、坡道按图示尺寸以面积计算
D．地沟按设计图示以中心线长度计算
E．沟盖板、井盖板以个计算

11．凸出墙面但不另行计算工程量的砌体包括(　　)。

A．腰线　　B．砖过梁　　C．压顶
D．虎头砖　　E．砖垛

12．关于现浇混凝土工程量计算，正确的是(　　)。

A．构造柱工程量包括嵌入墙体部分
B．梁工程量不包括伸入墙内的梁头体积
C．墙体工程量包括墙垛体积
D．有梁板按梁、板体积之和计算工程量
E．无梁板伸入墙内的板头和柱帽并入板体积内计算

13．关于混凝土工程量计算，正确的是(　　)。

A．框架柱的柱高，按柱基上表面至上层楼板上表面之间的高度计算
B．依附柱上的牛腿及升板的柱帽，并入柱身体积内计算
C．现浇混凝土无梁板，按板和柱帽的体积之和计算
D．预制混凝土楼梯，按水平投影面积计算

E．预制混凝土沟盖板、井盖板、井圈，按设计图示尺寸以体积计算

14．关于工程量计算，正确的是(　　)。

A．现浇混凝土整体楼梯按设计图示的水平投影面积计算，包括休息平台、平台梁、斜梁和连接梁

B．散水、坡道按设计图示尺寸以面积计算，不扣除单个面积在 $0.3m^2$ 以内的孔洞面积

C．电缆沟、地沟和后浇带，均按设计图示尺寸以长度计算

D．混凝土台阶按设计图示尺寸以体积计算

E．混凝土压顶按设计图示尺寸以体积计算

15．定额所注木材断面、厚度均以毛料为准，如设计为净料，应另加刨光损耗，对此说法正确的是(　　)。

A．板枋材单面加 3mm

B．板枋材单面加 5mm

C．板枋材双面加 5mm

D．普通门门板双面刨光加 3mm

E．普通门门板双面刨光加 5mm

16．关于木门计价工程量计算，正确的是(　　)。

A．普通木门窗按设计门窗洞口面积计算

B．单独木门框按设计门窗洞口面积计算

C．单独木门框按设计框外围尺寸以延长米计算

D．装饰木门扇工程量按门扇外围面积计算

E．成品木门安装工程量按“扇”计算

三、简答题

1．土石方工程量清单项目的工程内容和特征描述应考虑哪些因素？

2．房屋基础土方综合定额，综合了哪些内容？未综合哪些内容？发生时应如何套用定额？

3．土方开挖遇到地下水，在清单编制及计价时应如何考虑？

4．桩基工程遇到哪些情况定额需乘以系数？

5．各类桩基的加灌部分在计价时怎样体现？

6．清单零星砌体与定额零星砌体在内容上有什么区别？砖柱与柱基础定额划分是如何规定的？

7．砌筑工程计价时，主项内容涉及预算定额中哪几个章节的定额？

8．试论述砖砌基础大放脚的尺寸确定和工程量计算。

9．砖垛折加长度应如何计算？

10．在清单和定额工程量计算规则中，关于墙体中应扣体积和面积及不扣体积和面积有哪些不同？

11．试论述当设计的混凝土强度等级不同或需要掺入添加剂时，计价定额的换算方法。
12．简述基础、柱、梁、板、墙、楼梯、阳台雨篷定额子目的使用和工程量计算规则。
13．哪些项目计价与建筑物层高有关？
14．现浇雨篷、阳台的混凝土浇捣及模板工程量分别如何计算？
15．设计有混凝土装饰线时，应怎样计算线条工程量？
16．定额列项中有哪几类钢筋和钢筋接头？各类钢筋接头分别适用于何种情况？
17．预制构件制作、运输、安装工程量如何计算？清单计价时应组合的内容有哪些？
18．计价时，哪些内容在设计与定额取定不同时定额应作换算？
19．屋面木基层定额项目如何划分？
20．工程量清单附录与定额项目的列项、计量单位是否一致？计价时如何进行组价？
21．“瓦屋面”清单编制特征描述的主要内容有哪些？
22．“防水、防潮”项目按不同材料可分为哪几种？
23．屋面防水清单项目设置内容包括哪些？屋面卷材、涂膜、刚性防水之间如何划分？
24．“保温、隔热”常用的材料有哪些？计价工程量计算应注意什么问题？
25．保温、隔热项目特征描述应包含哪些内容？

四、定额换算

试完成表 3-75 中的内容。

表 3-75 土石方工程清单与定额工程量计算规则差异示例

序号	定额编号	工程名称	计量单位	基价	基价计算公式
1		人工挖房屋单独地下室三类湿土，深 1.5m			
2		人工挖房屋独立桩承台二类湿土，深 2m			
3		正铲挖掘机在垫板上挖三类土基坑(含装车)，含水率 25%，挖土深度 3m			
4		SMW 工法水泥搅拌桩(二搅二喷)，水泥掺入量为 20%			
5		ϕ500mm 单头喷水泥浆搅拌桩每米桩水泥掺量 60kg，实际工程加固土重 1500kg/m^3			
6		20mm 厚 1∶3 水泥砂浆楼地面			
7		1∶1.5 白水泥白石子浆现浇水磨石楼地面			
8		1∶2 水泥砂浆铺贴大理石螺旋楼梯			
9		M10 烧结普通砖一砖墙厚基价			

续表

序号	定额编号	工程名称	计量单位	基价	基价计算公式
10		200mm 厚砌块墙墙端、墙顶均以发泡剂嵌缝柔性连接，黏结剂砌筑的蒸压粉煤灰加气混凝土砌块墙			
11		M7.5 水泥砂浆砌圆弧形蒸压灰砂砖基础			
12		DM7.5 干混砂浆砌筑一砖半厚蒸压灰砂砖墙			
13		C25 非泵送混凝土矩形柱浇捣			
14		某斜屋面坡度 26.5%，平均层高 4.25m，求该屋面板商品泵送混凝土浇捣计价			
15		C20 商品混凝土电梯井墙浇捣，墙厚 200mm，非泵送			
16		C25 现浇混凝土直形楼梯浇捣，底板厚 220mm			

五、综合训练题

1. 如图 3.36 所示，某房屋工程有 J-1 基础 20 个(C20 钢混凝土现捣现拌)，垫层采用 C10 混凝土，基础下有ϕ1000 钻孔混凝土灌注桩，需混凝土灌芯与凿桩头，桩尖标高-23.50m，室外地坪标高-0.35m，地下水位标高-0.80m，人力开挖土方，土方类别为一、二类，回填土与弃土外运不考虑。

(1) 计算土方清单工程量并列取工程量清单项目。

(2) 计算土方清单项目综合单价。其中管理费 15%，利润 8%。

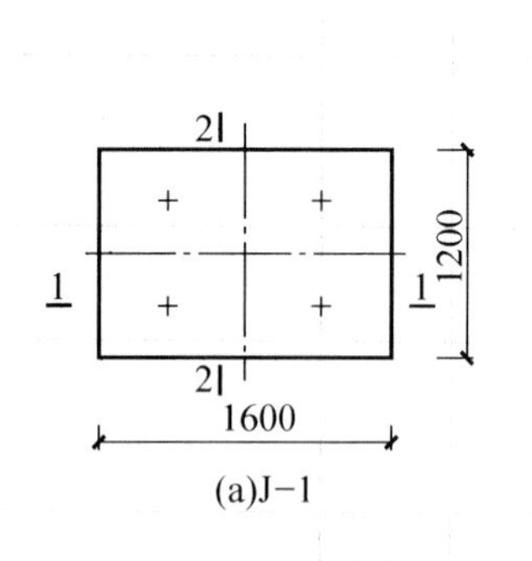

(a)J-1

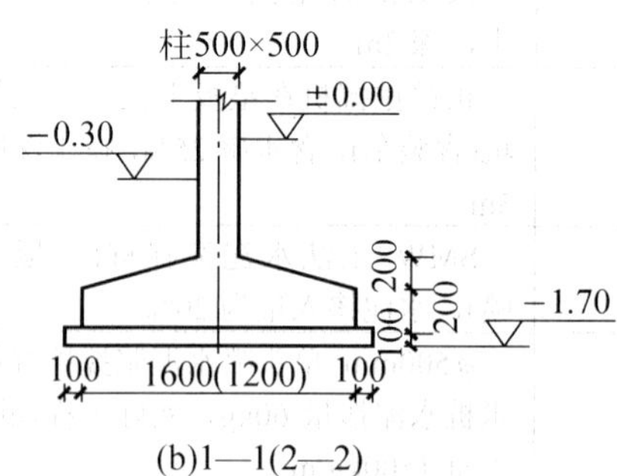

(b)1—1(2—2)

图 3.36　某房屋基础工程(单位：mm)

2. 某工程基础平面及断面如图 3.37 所示，已知为二类土，地下静止水位标高-1.0m，设计室外地坪标高-0.3m。人力开挖土方，土方类别为一、二类，回填土与弃土外运不考虑。

(1) 计算土方清单工程量并列取工程量清单项目，完成表 3-76。

(2) 计算土方清单项目综合单价，完成表 3-77。其中管理费 15%，利润 8%。

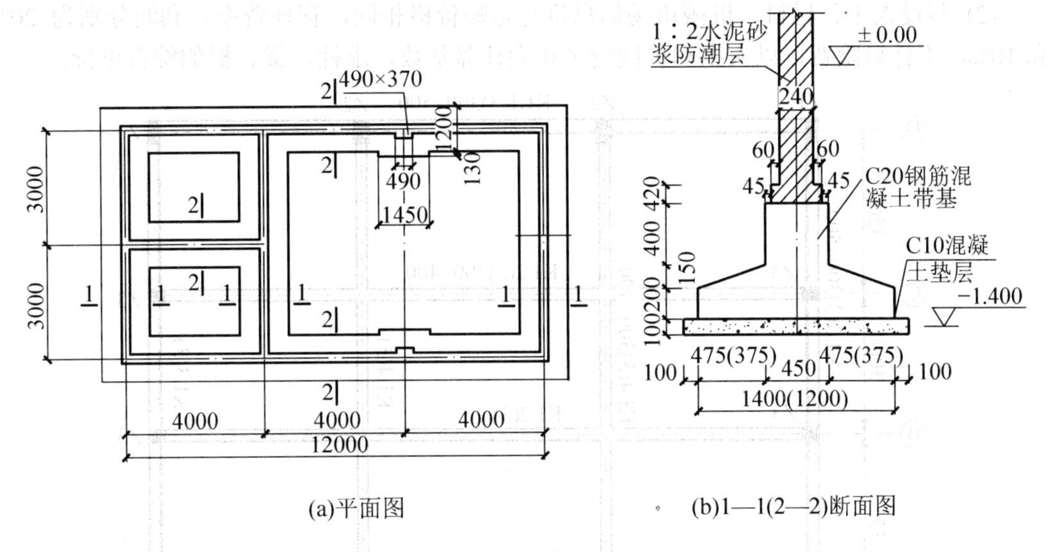

(a)平面图　　(b)1—1(2—2)断面图

图 3.37　某基础工程(单位：mm)

表 3-76　某分部分项工程量清单

序号	项目编码	项　目　名　称	计量单位	工程数量

表 3-77　某分部分项工程量清单综合单价计算表

工程名称：　　　　　　　　计量单位：

项目编码：　　　　　　　　工程数量：

项目名称：　　　　　　　　综合单价：

序号	定额编号	工程内容	单位	数量	其中						
					人工费	材料费	机械使用费	管理费	利润	风险费用	小计

3. 图 3.38 所示为某现浇混凝土单层厂房，层高 5m，梁、板、柱均采用 C30 混凝土。板厚 100mm，柱基础顶标高为-0.500m。柱截面尺寸：Z1 为 300mm×500mm，Z2 为 400mm×500mm，Z3 为 300mm×400mm。

(1) 试计算柱、梁、板清单工程量，并编制工程量清单。

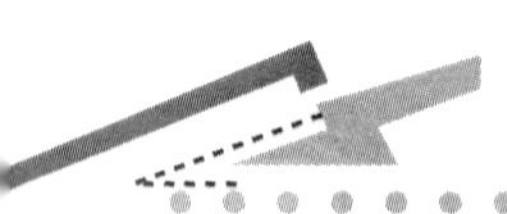

(2) 假设人工、材料、机械市场信息价与定额价格相同，管理费率、利润分别为 20%和 10%，不计风险费，以人工和机械费之和为计算基数，求柱、梁、板的综合单价。

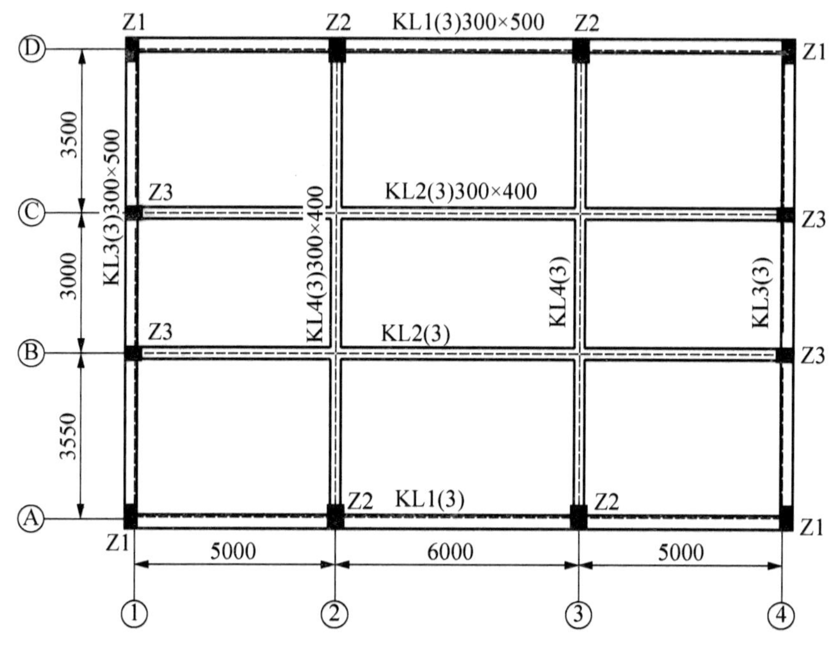

图 3.38 某楼面结构平面图(单位：mm)

4. 某工程有 1800mm×2100mm 单开无框 12mm 厚钢化玻璃门 1 樘，配置ϕ50 不锈钢门拉手 1 付，地弹门 1 付，门夹 2 只，地锁 1 把。求该玻璃门的综合单价。假设工料机价格按《浙江省建筑工程预算定额(2010 版)》取定，企业承包管理费、利润分别按人工费和机械费之和的 15%、8.5%计算，风险金暂不考虑。

单元 4

装饰工程计量与计价

知识目标

1. 楼地面工程、墙柱面工程、天棚工程等装饰工程的构造做法、施工工艺及常用材料等基础知识；

2. 装饰工程清单工程量计算规则及清单编制方法；

3. 装饰工程各分部分项工程定额说明及定额应用；

4. 装饰工程各分部分项工程计价工程量计算及定额应用。

能力目标

1. 能够进行装饰工程清单工程量的计算并能进行清单编制；

2. 能够计算楼地面工程、墙柱面工程、天棚工程、门窗工程、油漆、涂料、裱糊工程的定额工程量；

3. 能正确套用相关定额项目并进行定额换算；

4. 能够进行装饰工程的清单计价。

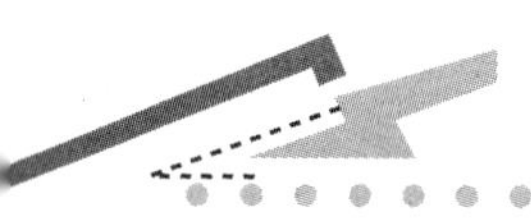

引入案例

图 4.1 为某住户的二层平面图，若需要一笔资金对房屋作简单装潢，请问需要准备多少资金？分别包含哪些项目费用？应如何计算？

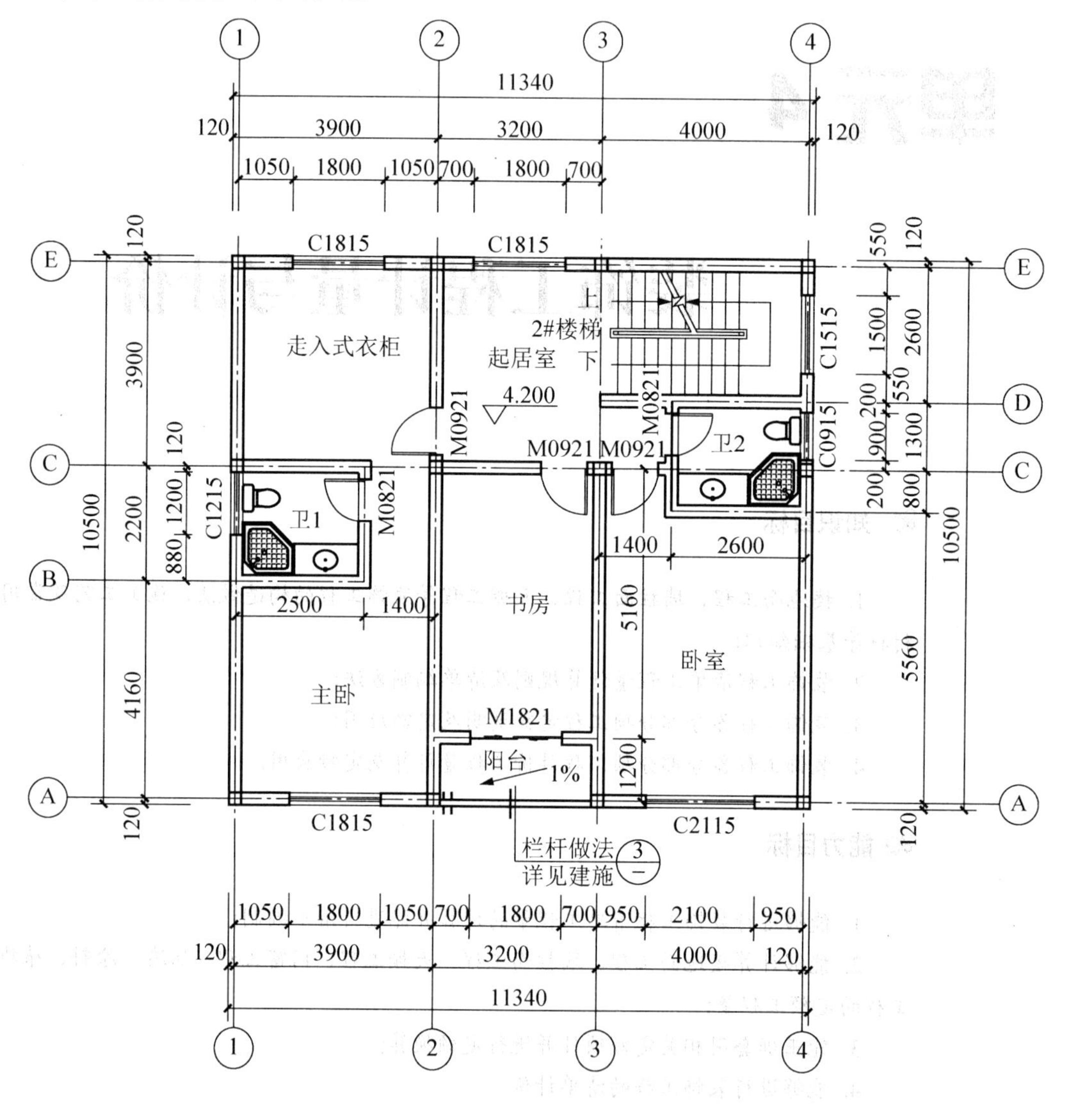

图 4.1　某住户二层平面图(单位：mm)

任务 4.1　楼地面工程

4.1.1　楼地面基础知识

楼地面工程，指使用各种面层材料对楼地面进行装饰的工程。楼地面是地面和楼面的总称，其构造做法如图 4.2 所示。

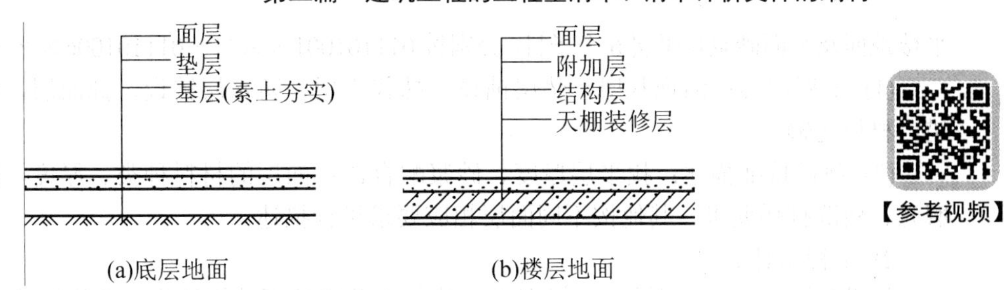

图 4.2 楼地面构造示意图

1. 基层

基层是楼地面的基体，作用是承担其上部的全部载荷。地面基层多为素土夯实，楼面的基层一般是钢筋混凝土板。

2. 垫层

垫层在面层之下、基层之上，承受由面层传来的荷载，并将荷载均匀地传至基层，同时还起隔水、找坡、改善基层和土基的作用。垫层常用材料有混凝土、砂、炉渣、碎(卵)石、灰土等。

3. 附加层

附加层是当地面和楼层地面的基本构造不能满足使用或构造要求时增设的构造层，如找平层、结合层、隔离层、填充层等。找平层材料常用水泥砂浆和混凝土；结合层材料常用水泥砂浆、干硬性水泥砂浆、黏结剂等；隔离层材料有防水砂浆、防水涂料、热沥青、油毡等；填充层材料有水泥炉渣、加气混凝土块、水泥膨胀珍珠岩块等。

4. 面层

面层是人们日常生活、工作、生产直接接触的地方，是直接承受各种物理和化学作用的地面与楼面表层。它根据所用的材料，分为整体面层、块料面层、橡塑面层、其他面层。其中整体面层常用材料有水泥砂浆、细石混凝土、现浇水磨石等；块料面层常用材料有天然石材(大理石、花岗岩等)、缸砖、陶瓷锦砖、地砖、广场砖等；橡塑面层常用材料有橡胶地板、橡胶卷材；其他面层常用材料有地毯、木地板等。

4.1.2 工程量清单编制

1. 清单编制说明

本项目清单包括 L.1 整体面层及找平层、L.2 块料面层、L.3 橡塑面层、L.4 其他材料面层、L.5 踢脚线、L.6 楼梯面层、L.7 台阶装饰、L.8 零星装饰项目八个部分，共 43 个项目。

2. 整体面层及找平层清单编制(011101)

1) 清单项目划分

整体面层清单项目，分为水泥砂浆、现浇水磨石、细石混凝土、菱苦石、自流

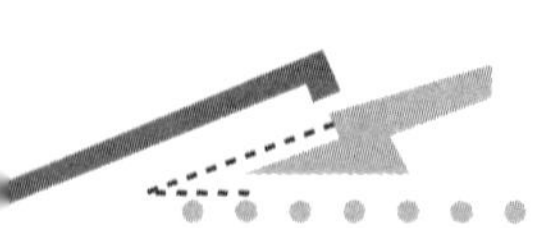

平楼地面及平面砂浆找平层6个子目，分别按011101001×××～011101006×××编码列项。

(1) 工程内容：清理基层，垫层铺设，抹找平层，防水层铺设，抹面层，磨光酸洗打蜡，材料运输。

(2) 项目特征描述：找平层厚度、砂浆配合比；面层的材料种类、厚度，图案要求，磨光、酸洗打蜡要求。其他按不同面层相应要求进行描述。

2) 工程量计算

按设计图示尺寸以面积“m^2”计算，应扣除凸出地面的构筑物、设备基础、室内管道、地沟等所占面积，不扣除间壁墙及0.3m^2以内的柱、垛、附墙烟囱及孔洞所占面积，门洞、空圈、暖气包槽、壁龛的开口部分也不增加。

3. 块料面层清单编制(011102)

1) 清单项目划分

块料面层清单项目，分为石材、碎石材、块料楼地面3个子目，分别按011102001×××～011102003×××编码列项。

(1) 工程内容：基层清理，抹找平层，面层铺设、磨边，嵌缝，刷防护涂料，酸洗打蜡，材料运输。

(2) 项目特征描述：找平层、结合层、面层、嵌条的材料种类、厚度、防护层材料种类及酸洗、打蜡要求等。

2) 工程量计算

按设计图示尺寸以面积“m^2”计算。门洞、空圈、暖气包槽、壁龛的开口部分并入相应的工程量。

拓展提高

1. 在描述碎石材项目的面层材料特征时，可不用描述规格、颜色。
2. 石材、块料与黏结材料的结合面刷防渗材料的种类，在防护层材料种类中描述。
3. 该项目中的磨边，指施工现场磨边。

4. 橡塑面层清单编制(011103)

1) 清单项目划分

橡塑面层清单项目，分为橡胶板、橡胶板卷材、塑料板、塑料卷材楼地面4个子目，分别按011103001×××～011103004×××编码列项。

(1) 工程内容：基层清理，面层铺贴，压缝条装订，材料运输。

(2) 项目特征描述：黏结层厚度、材料种类，面层材料品种、规格、颜色，压线条种类等。

2) 工程量计算

按设计图示尺寸以面积“m^2”计算。门洞、空圈、暖气包槽、壁龛的开口部分并入相应的工程量。

5. 其他材料面层清单编制(011104)

1) 清单项目划分

其他材料面层清单项目，分为地毯楼地面，竹、木(复合)地板，金属复合地板，防静电活动地板4个子目，分别按011104001×××～011104004×××编码列项。

(1) 工程内容：基层清理，龙骨铺设，基层铺设，活动基层安装，面层铺设，刷防护材料，材料运输。

(2) 项目特征描述：面层材料品种、规格、颜色，龙骨材料种类、规格、铺设间距，黏结层材料种类，基层材料种类、支架高度、材料种类，防护材料种类等。

2) 工程量计算

工程量计算规则同橡塑面层。

6. 踢脚线清单编制(011105)

1) 清单项目划分

踢脚线清单项目，分为水泥砂浆、石材、块料、塑料板、木质、金属、防静电踢脚线7个子目，分别按011105001×××～011105007×××编码列项。

(1) 工程内容：基层清理，底层抹灰，面层铺贴、磨边、擦缝，材料运输。若涉及磨光、酸洗、打蜡，也包含在本内容中。

(2) 项目特征描述：踢脚线高度，黏结层厚度、材料种类，面层材料品种、规格、颜色，防护材料种类等。

2) 工程量计算

工程量计算规则。

(1) 按设计图示长度乘以高度以面积“m^2”计算；

(2) 按延长米以“m”计算。

7. 楼梯面层清单编制(011106)

1) 清单项目划分

楼梯装饰清单项目，分为石材、块料、拼碎块料、水泥砂浆、现浇水磨石、地毯、木板、橡胶板、塑料板楼梯面9个子目，分别按011106001×××～011106009×××编码列项。

【参考视频】

(1) 工程内容：基层清理，抹找平层或基层铺贴，面层抹灰或面层铺贴、磨边，刷防护材料，压缝条装订，固定配件安装，材料运输。

(2) 项目特征描述：找平层厚度、砂浆配合比，黏结层厚度、材料种类，面层材料品种、规格、颜色，压线条、防滑条、固定配件、勾缝的材料种类，酸洗、打蜡要求等。

2) 工程量计算

按设计图示尺寸以楼梯水平投影面积“m^2”计算(包括踏步、休息平台及500mm以内的楼梯井)，楼梯与楼地面相连时，算至梯口梁内侧边沿；无梯口梁者，算至最上一层踏步边沿加300mm。

8. 台阶装饰清单编制(011107)

1) 清单项目划分

台阶装饰清单项目，分为石材、块料、拼碎块料、水泥砂浆、现浇水磨石、剁假石台阶面6个子目，分别按011107001×××～011107006×××编码列项。

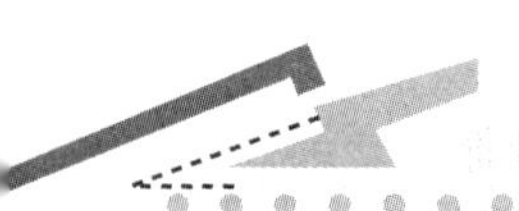

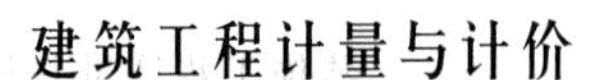

(1) 工程内容：基层清理，抹找平层，抹面层或铺设铺贴，贴防滑条，勾缝、刷防护材料，材料运输。现浇水磨石还包括打磨、酸洗、打蜡；剁假石台阶还包括剁假石。

(2) 项目特征描述：找平层厚度、砂浆配合比，面层材料品种、规格、颜色等。石材、块料、拼碎块料还需描述黏结层、勾缝、防滑条材料种类，防护材料种类；水泥砂浆台阶面还需描述防护材料种类；现浇水磨石台阶面还需描述防滑材料种类，石子种类、规格、颜色，磨光、酸洗、打蜡要求；剁假石台阶面还需描述剁假石要求。

2) 工程量计算

按设计图示尺寸以台阶水平投影面积“m^2”计算(包括最上层踏步边沿加300mm)。

9. 零星装饰项目清单编制(011108)

1) 清单项目划分

零星装饰项目适用于小面积(0.5m^2以内)、少量分散的楼地面装饰。清单项目分为石材零星项目、拼碎石材零星项目、块料零星项目、水泥砂浆零星项目 4 个子目，分别按011108001×××～011108004×××编码列项。

(1) 工程内容：基层清理，抹找平层，面层铺设、磨边，勾缝，刷防护材料，酸洗、打蜡，材料运输。

(2) 项目特征描述：工程部位，找平层厚度、砂浆配合比，贴结合层厚度、材料种类，面层材料品种、规格、颜色，勾缝材料种类，防护材料种类，酸洗、打蜡要求等。

2) 工程量计算

按设计图示尺寸以面积“m^2”计算。

水泥砂浆、现浇水磨楼梯装饰定额子目已含相应踢脚线，所以此两类踢脚线不另列项计算。

实例分析 4-1

某建筑物二层平面图及楼面做法如图 4.3 和表 4-1 所示，墙厚 240mm，门框厚 90mm，居墙内侧平。试编制该楼地面工程工程量清单。

表 4-1 楼面做法

序号	部位	做法
1	客厅、楼梯	1. 20mm 厚 1∶2 水泥白石子浆磨光 2. 20mm 厚 1∶2.5 水泥砂浆找平层 3. 素水泥浆结合层一道 4. 钢筋混凝土结构板，踢脚线：1∶2 水泥砂浆踢脚线，*H*=150mm
2	卧室	1. 长条复合地板铺在细木工板上 2. 钢筋混凝土结构板，踢脚线：装饰夹板踢脚，*H*=150mm。门口做金属压条

续表

序号	部位	做法
3	卫生间	1. 8～10mm 厚 300mm×300mm 防滑地砖，干水泥浆擦缝 2. 20mm 厚 1∶3 干硬性水泥砂浆结合层 3. 1.5mm 厚丙烯酸复合防水涂料，沿墙上翻 500mm 4. 20mm 厚 1∶3 水泥砂浆找平层 5. 钢筋混凝土结构板

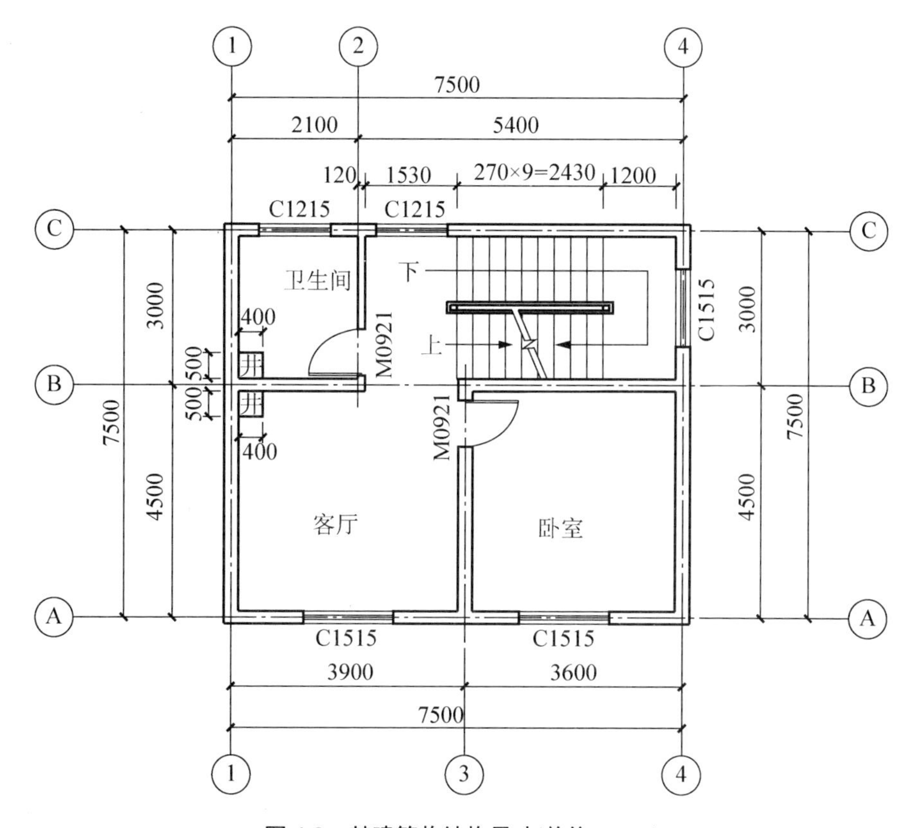

图 4.3 某建筑物结构尺寸(单位：mm)

分析：(1) 根据地面做法，参照清单规范，列出清单项目：现浇水磨石楼地面、水泥砂浆踢脚线、现浇水磨石楼梯面、竹木地板、木质踢脚线、块料楼地面。

(2) 根据清单规则，计算相应的清单工程量。

① 现浇水磨石楼地面：20mm 厚 1∶2 水泥白石子浆磨光，计算得

$$S=(3.9-0.24)\times(4.5-0.24)+(1.53-0.3)\times(3-0.24)=18.99(\mathrm{m}^2)$$

② 水泥砂浆踢脚线，计算得

$$S=0.15\times[(3.9-0.24+4.5-0.24)\times2+3-0.9\times2+(0.24-0.09)\times4]=2.65(\mathrm{m}^2)$$

③ 现浇水磨石楼梯面，计算得

$$S=(2.43+1.2+0.3)\times(3-0.24)=10.85(\mathrm{m}^2)$$

④ 竹木地板：长条复合地板铺在细木工板上，计算得

$$S=(3.6-0.24)\times(4.5-0.24)=14.31(\mathrm{m}^2)$$

⑤ 木质踢脚线，计算得

$$S = 0.15\times[(3.6-0.24+4.5-0.24)\times2-0.9] = 2.15(\text{m}^2)$$

⑥ 块料楼地面：20mm 厚 1∶3 干硬性水泥砂浆铺贴防滑地砖，计算得

$$S = (3-0.24)\times(2.1-0.12)-0.4\times0.5 = 5.26(\text{m}^2)$$

该楼地面工程工程量清单见表 4-2。

表 4-2 某分部分项工程量清单

序号	项目编码	项目名称	项目特征描述	计量单位	工程量	金额/元		
						综合单价	合价	其中：暂估价
1	011101002001	现浇水磨石楼地面	1. 20mm 厚 1∶2 水泥白石子浆磨光 2. 20mm 厚 1∶2.5 水泥砂浆找平层	m^2	18.99			
2	011102003001	块料楼地面	1. 8～10mm 厚 300mm×300mm 防滑地砖，干水泥浆擦缝 2. 20mm 厚 1∶3 干硬性水泥砂浆结合层 3. 1.5mm 厚丙烯酸复合防水涂料，沿墙上翻 500mm 4. 20mm 厚 1∶3 水泥砂浆找平层	m^2	5.26			
3	011104002001	竹木地板	长条复合地板铺在细木工板上	m^2	14.31			
4	011105001001	水泥砂浆踢脚线	1∶2 水泥砂浆踢脚线，H=150mm	m^2	2.65			
5	011105005001	木质踢脚线	装饰夹板踢脚，H=150mm	m^2	2.15			
6	011106005001	现浇水磨石楼梯面	1. 20mm 厚 1∶2 水泥白石子浆磨光 2. 20mm 厚 1∶2.5 水泥砂浆找平层	m^2	10.85			

拓展提高

1. 块料面层在同一部位有面层颜色或规格不同时，可按不同颜色或规格分开列清单，也可合并在一个清单中，. 但必须在特征中加以明确，同时描述各类颜色或规格及各自的面积。

2. 因《浙江省建筑工程预算定额(2010 版)》中楼梯装饰定额包括了楼梯侧面、底面的抹灰，编制楼梯装饰项目清单时，楼梯抹灰可不单独列项，但须在项目特征中加以描述。若楼梯、台阶侧面单独(或不同)装饰，可按零星项目的编码列项，并在清单项目中进行描述。

4.1.3 楼地面工程清单计价

1. 计价说明

楼地面工程定额，按工程部位、工程材料、施工工艺等划分为整体面层、块料面层、

橡塑面层、其他材料面层、踢脚线、楼梯装饰、扶手栏杆栏板装饰、台阶看台及其他装饰、零星装饰项目9个部分，共132个子目。

此定额章节中的扶手、栏杆、栏板装饰清单不在此处列项，按清单附录Q列项。

(1) 本章定额中，凡砂浆、混凝土的厚度、种类、配合比及装饰材料的品种、型号、规格、间距设计与定额不同时，可按设计规定调整。

(2) 整体面层设计厚度与定额不同时，根据厚度增减按比例调整。

实例分析 4-2

求22mm厚1∶3水泥砂浆找平层的基价。

分析：套用定额10-1+10-2，计算得

$$基价=7.81+1.39\times0.4=8.37(元/m^2)$$

【参考图文】

(3) 整体面层、块料面层中的楼地面项目，均不包括找平层，发生时套用找平层相应子目。楼地面找平层上如单独找平扫毛，每平方米增加人工费0.04工日，其他材料费0.50元。

(4) 块料面层黏结层厚度设计与定额不同时，按水泥砂浆找平层厚度增减进行调整换算。结合层如采用干硬性水泥砂浆的，除材料单价换算外，人工乘以系数0.85。

实例分析 4-3

求30mm厚1∶3干硬性水泥砂浆铺贴广场砖(离缝，不拼图案)的基价。

分析：套用定额10-38+10-2×2，计算得

$$基价=55.35+1.39\times2=58.13(元/m^2)$$

实例分析 4-4

求20mm厚1∶3干硬性水泥砂浆铺贴花岗岩的基价。

分析：套用定额10-17H，计算得

$$基价=182.93+(199.35-210.26)\times0.0204+14.14\times(0.85-1)=180.59(元/m^2)$$

(5) 除整体面层(水泥砂浆、现浇水磨石)楼梯外，楼地面和其他楼梯子目均不包括踢脚线。水泥砂浆、现浇水磨石及块料面层的楼梯均包括底面及侧面抹灰。

(6) 块料面层铺贴定额子目包括块料安装的切割，未包括块料磨边及弧形块的切割。如设计要求磨边者，套用磨边相应子目；如设计弧形块贴面时，弧形切割费另行计算。

(7) 块料离缝铺贴灰缝宽度均按8mm计算，设计块料规格及灰缝大小与定额不同时，面砖及勾缝材料用量作相应调整。

(8) 木地板铺贴基层如采用毛地板的，套用细木工板基层定额，除材料单价换算外，人工含量乘以系数1.05。采用平口木地板时，套用企口地板项目，人工乘以系数0.9。

实例分析 4-5

【参考图文】

求硬木长条地板楼地面铺设(平口，铺在木楞上)的基价。

分析：套用定额 10-52H，计算得

$$基价=235.19+16.97\times(0.9-1)=233.49(元/m^2)$$

(9) 踢脚线高度超过 30cm 者，按墙、柱面工程相应定额执行。弧形踢脚线按相应项目人工乘以系数 1.10，材料乘以系数 1.02。

(10) 螺旋形楼梯的装饰，按相应定额子目，人工与机械乘以系数 1.1，块料面层材料用量乘以系数 1.15，其他材料用量乘以系数 1.05。

(11) 扶手、栏杆、栏板定额适用于楼梯、走廊、回廊及其他装饰性扶手、栏杆、栏板，定额已包括扶手弯头制作、安装需增加的费用。但遇木扶手、大理石扶手有整体弯头时，弯头另行计算，扶手工程量计算时扣除整体弯头的长度，设计不明确者，每只整体弯头按 400mm 扣除。

(12) 零星装饰项目适用于楼梯、台阶侧面装饰及 $0.5m^2$ 以内少量分散的楼地面装修项目。

2. 计价工程量计算

(1) 整体面层楼地面按设计图示尺寸以面积“m^2”计算，应扣除凸出地面的构筑物、设备基础、室内管道、地沟等所占面积，不扣除间壁墙及 $0.3m^2$ 以内的柱、垛、附墙烟囱及孔洞所占面积，门洞、空圈的开口部分也不增加。所谓间壁墙，指在地面面层做好后再进行施工的墙体。

(2) 块料、橡胶及其他材料等面层楼地面，按设计图示尺寸以“m^2”计算，门洞、空圈的开口部分工程量并入相应面层内计算，不扣除点缀所占面积，点缀按个计算。镶贴块料拼花图案的工程量，按设计图示尺寸以“m^2”计算。

(3) 水泥砂浆、水磨石的踢脚线，按延长米乘以高度计算，不扣除门洞、空圈的长度，门洞、空圈和垛的侧壁也不增加；块料面层、金属板、塑料板踢脚线，按设计图示尺寸以“m^2”计算；木基层踢脚线的基层按设计图示尺寸计算，面层按展开面积以“m^2”计算。

(4) 楼梯装饰的工程量，按设计图示尺寸以楼梯(包括踏步、休息平台及 500mm 以内的楼梯井)水平投影面积计算；楼梯与楼面相连时，算至梯口梁外侧边沿，无楼梯口梁者，算至最上一级踏步边沿加 300mm。

(5) 扶手、栏板、栏杆，按设计图示扶手中心线长度以延长米计算。

(6) 块料面层台阶工程量，按设计图示尺寸以展开面积计算，整体面层台阶、看台按水平投影面积计算。如与平台相连时，平台面积在 $10m^2$ 以内时，按台阶计算；平台面积在 $10m^2$ 以上时，台阶算至最上层踏步边沿加 300mm，平台按楼地面工程计算，套用相应定额。

实例分析 4-6

求实例分析 4-1 中楼地面工程计价工程量。

分析：(1) 客厅、楼梯间(楼板部分)。

① 20mm 厚 1∶2.5 水泥砂浆找平层：

$$S=(3.9-0.24)\times(4.5-0.24)+(1.53-0.3)\times(3-0.24)=18.99(\text{m}^2)$$

② 20mm 厚 1∶2 水泥白石子浆磨光：

$$S=18.99\text{m}^2$$

③ 水泥砂浆踢脚线：

$$S=0.15\times[(3.9-0.24+4.5-0.24)\times2+3]=2.83(\text{m}^2)$$

注意：水泥砂浆、水磨石踢脚线的定额规则与清单规则不同。

(2) 楼梯装饰(计算一层)。计算得

$$S=(2.43+1.2+0.3)\times(3-0.24)=10.85(\text{m}^2)$$

(3) 卧室。

① 长条复合地板铺在细木工板上：

$$S=(3.6-0.24)\times(4.5-0.24)=14.31(\text{m}^2)$$

② 装饰夹板踢脚：

$$S=0.15\times[(3.6-0.24+4.5-0.24)\times2-0.9]=2.15(\text{m}^2)$$

③ 金属压条：

$$L=0.9\text{m}$$

(4) 卫生间。

① 20mm 厚 1∶3 水泥砂浆找平层：

$$S=(3-0.24)\times(2.1-0.12)=5.46(\text{m}^2)$$

② 1.5mm 厚丙烯酸复合防水涂料，沿墙上翻 500mm：

$$S=(3-0.24)\times(2.1-0.12)-0.4\times0.5+0.5\times[(3-0.24+2.1-0.12)\times2-0.9]=9.55(\text{m}^2)$$

③ 20mm 厚 1∶3 干硬性水泥砂浆铺贴 8～10mm 厚 300mm × 300mm 防滑地砖，干水泥浆擦缝：

$$S=(3-0.24)\times(2.1-0.12)-0.4\times0.5=5.26(\text{m}^2)$$

拓展提高

石材、块料面层与基层的工程量规则不同。

3. 工程量清单计价实例

实例分析 4-7

求实例分析 4-1 中卫生间防滑砖地面的综合单价。假设工料机价格按《浙江省建筑工程预算定额(2010 版)》取定，企业承包管理费、利润分别按人工费和机械费之和的 15%、8.5%计算，风险金暂不考虑。

分析：(1) 清单项目设置：编号 011102003001，块料楼地面。

(2) 清单工程量计算：见实例分析 4-1 计算结果，$S=5.26\text{m}^2$。

(3) 确定可组合的主要内容：①找平层；②防水层；③面层。

(4) 计价工程量：见实例分析 4-6 计算结果。

(5) 套定额，计算综合单价，结果见表 4-3。

表 4-3　某分部分项工程量清单综合单价计算表

工程名称：****工程

序号	编号	名称	计量单位	数量	综合单价/元							合计/元
					人工费	材料费	机械费	管理费	利润	风险费用	小计	
1	011102003001	块料楼地面	m^2	5.26	21.69	77.50	0.62	3.33	1.89	0.00	105.04	552
	10-1	水泥砂浆找平层，厚 20mm	m^2	5.46	3.25	4.38	0.18	0.51	0.29	0.00	8.61	47
	7-75	水乳型防水涂料 JS，厚 1.5mm 以内，平面	m^2	9.55	2.02	23.84	0.00	0.30	0.17	0.00	26.33	251
	10-29 换	地砖楼地面周长 1200mm 以内密缝，干硬水泥砂浆 1∶3	m^2	5.26	14.65	29.67	0.44	2.26	1.28	0.00	48.30	254

任务 4.2　墙柱面工程

4.2.1　墙柱面工程基础知识

墙柱面工程，指使用各种装饰材料对墙柱面进行装饰的工程。在现代建筑室内外装修中，各种新型装饰材料层出不穷。根据所用装饰材料不同，墙面装饰通常分以下几类。

1. 抹灰

抹灰一般由底层、中层和面层组成。根据抹灰等级不同、抹灰层数不同，抹灰厚度也不一样，见表 4-4。

表 4-4　抹灰参数

名　称	抹灰的一般分类		
	普通抹灰	中级抹灰	高级抹灰
抹灰层次	一底层一面层	一底层一中层一面层	一底层二中层一面层
厚度	18mm	20mm	25mm

2. 镶贴块料

【参考视频】

镶贴块料主要指石材和瓷砖的墙面装饰，其构造做法有湿法贴挂和干挂法。湿法贴挂采用水泥砂浆或胶粘剂与墙体连接，干挂法则采用不锈钢挂件或膨胀螺栓与墙体连接。

3. 金属、织物等饰面

墙饰面一般由基层和面层构成。基层主要有龙骨基层和夹板基层，面层材料有墙纸、墙布、木质板材、金属板、镜面玻璃、织物等。

4. 幕墙

幕墙是现代大型和高层建筑常用的具有装饰效果的轻质墙体，是一种由结构框架与镶嵌板材组成、不承担主体结构载荷与作用的建筑围护结构。建筑幕墙按照其面层材料的不同，分为玻璃幕墙、金属板幕墙、石材幕墙等。

4.2.2 工程量清单编制

本项目清单，包括 M.1 墙面抹灰、M.2 柱(梁)面抹灰、M.3 零星抹灰、M.4 墙面块料面层、M.5 柱(梁)面镶贴块料、M.6 镶贴零星块料、M.7 墙饰面、M.8 柱(梁)饰面、M.9 幕墙、M.10 隔断十个部分，共 38 个项目。

1. 墙面抹灰(011201)

1) 清单项目划分

【参考视频】

墙面抹灰清单项目，分为墙面一般抹灰、墙面装饰抹灰、墙面勾缝、立面砂浆找平层、阳台雨棚板抹灰、檐沟抹灰、装饰线条抹灰 7 个子目，分别按 011201001×××～011201004×××、Z011201005×××～Z011201007×××编码列项。

(1) 工程内容：清理基层，砂浆制作运输，底层抹灰，抹面层，抹装饰面，勾(分格)缝等。

(2) 项目特征描述。

① 墙面一般抹灰、墙面装饰抹灰：墙体类型，底层、面层厚度、砂浆配合比，装饰面材料种类，分隔缝宽度、材料种类等。

② 墙面勾缝：勾缝类型；勾缝材料种类。

③ 立面砂浆找平层：基层类型、找平层砂浆厚度和配合比。

2) 工程量计算

按设计图示尺寸以面积计算，扣除墙裙、门窗洞口及单个 0.3m^2 以外的孔洞面积，不扣除踢脚线、挂镜线以及墙与构件交接处的面积，门窗洞口和孔洞的侧壁及顶面不增加面积。附墙柱、梁、垛、烟囱侧壁并入相应的墙面面积内。内墙抹灰有天棚而不抹到顶者，高度算至天棚底面。

① 外墙：按垂直投影面积以“m^2”计算。

② 外墙裙：按其长度乘以高度以面积“m^2”计算。

③ 内墙：按主墙间的净长乘以高度以面积“m^2”计算(高度取定：无墙裙的，

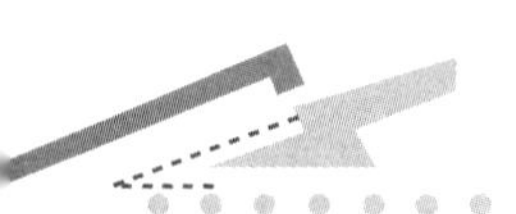

按室内楼地面至天棚底面计；有墙裙的，按墙裙顶至天棚底面计；有吊顶天棚抹灰的，高度算至天棚底)。

④ 内墙裙：按内墙净长乘以高度以面积“m^2”计算。

1. 关于墙面抹灰设计，如需增加钢丝网、钢板网和玻璃纤网时，钢丝网、钢板网按“砌块墙钢丝网加固”(010607005)编制，玻纤网安装作为抹灰项目的组合内容，并入相应抹灰清单项目工作内容，并在项目特征中加以描述。

2. 飘窗凸出外墙面，增加的抹灰并入外墙工程量。

3. 有吊顶天棚的内墙抹灰，抹至吊顶以上部分在综合单价里考虑。

2. 柱(梁)面抹灰(011202)

1) 清单项目划分

柱面抹灰清单项目，分为柱、梁面一般抹灰，柱、梁面装饰抹灰，柱、梁面砂浆找平，柱面勾缝4个子目，分别按011202001×××～011202004×××编码列项。

(1) 工程内容：同墙面抹灰。

(2) 项目特征描述：柱体类型，底层、面层厚度，砂浆配合比，装饰面材料种类，分隔缝宽度、材料种类等。

2) 工程量计算

柱面抹灰按设计图示柱结构断面周长乘以高度以面积“m^2”计算；梁面抹灰按设计图示梁断面周长乘以高度以面积“m^2”计算；柱面勾缝按设计图示柱断面周长乘以高度以面积“m^2”计算。

3. 零星抹灰(011203)

1) 清单项目划分

零星抹灰面积适用于0.5m^2以内的少量分散抹灰。清单项目分为零星项目一般抹灰、零星项目装饰抹灰、零星项目砂浆找平3个子目，分别按011203001×××～011203003×××编码列项。

(1) 工程内容：同墙面抹灰。

(2) 项目特征描述：墙体类型，底层、面层厚度，砂浆配合比，装饰面材料种类，分隔缝宽度、材料种类等。

2) 工程量计算

按设计图示尺寸以面积“m^2”计算。

4. 墙面块料面层(011204)

1) 清单项目划分

【参考视频】

墙面块料面层清单项目，分为石材墙面、拼碎石材墙面、块料墙面、干挂石材钢骨架4个子目，分别按011204001×××～011204004×××编码列项。

(1) 工程内容：清理基层，砂浆制作、运输，底层抹灰，结合层铺贴，面层铺贴，面层挂贴，面层干挂，嵌缝，刷防护材料，抹装饰面，磨光、酸洗、打蜡等。

(2) 项目特征描述：墙体类型，底层厚度、砂浆配合比，贴结层厚度、材料种类，挂贴方式，干挂方式，面层材料品种、规格、品牌、颜色，缝宽、嵌缝材料种类，磨光、酸洗、打蜡要求等。

2) 工程量计算

镶贴块料按设计图示尺寸以面积“m^2”计算；钢骨架按设计图示尺寸以质量“t”计算。

5. 柱(梁)面镶贴块料(011205)

1) 清单项目划分

柱(梁)面镶贴块料清单项目，分为石材柱面、块料柱面、拼碎块柱面、石材梁面、块料梁面 5 个子目，分别按 011205001×××～011205005×××编码列项。

(1) 工程内容：同墙面块料面层。

(2) 项目特征描述：应描述柱截面类型、尺寸，安装方式，面层材料品种、规格、颜色，缝宽、嵌缝材料种类，防护材料种类，磨光、酸洗、打蜡要求等。

2) 工程量计算

按镶贴表面积以“m^2”计算。

6. 镶贴零星块料(011206)

(1) 清单项目划分：零星镶贴块料项目适用于面积小于 $0.5m^2$ 的少量分散块料面层。清单项目分为石材零星项目、拼碎石材零星项目、块料零星项目 3 个子目，分别按 011206001×××～011206003×××编码列项。

(2) 项目特征、工程内容、工程量计算规则同墙面块料面层。

7. 墙饰面(011207)

1) 清单项目划分

墙饰面清单项目，适用于金属、塑料、木质及软包带衬板等装饰板墙面，有墙面装饰板、墙面装饰浮雕两个子目，按 011207001×××、011207002×××编码列项。

(1) 工程内容：清理基层，龙骨制作、运输、安装，钉隔离层，基层铺钉，面层铺贴，材料运输制作，安装成型。

(2) 项目特征描述：墙体类型，底层厚度、砂浆配合比，龙骨材料种类、规格、中距，隔离层、基层材料种类、规格，面层材料种类、品种、规格、品牌、颜色，压条种类、规格，防护材料种类，油漆品种、刷漆遍数等。

2) 工程量计算

按设计图示墙净长乘以净高以面积“m^2”计算，扣除门窗洞口及单个 $0.3m^2$ 以上的孔洞所占面积。

8. 柱(梁)饰面(011208)

1) 清单项目划分

柱(梁)饰面清单项目，适用于金属、塑料、木质及软包带衬板等装饰板柱(梁)面，有柱(梁)面装饰、成品装饰柱两个子目，按 011208001×××、011208002×××编码列项。

其项目特征描述、工程内容与墙饰面相同。

2) 工程量计算

柱(梁)面装饰按设计图示饰面外围尺寸以面积“m^2”计。柱帽、柱墩并入相应柱饰面工程量内。

实例分析 4-8

某建筑物二层平面图如图 4.4 所示，内墙净高 3.3m，卫生间吊顶高 3.0m，墙面为 15mm 厚水泥砂浆抹底灰，152mm × 152mm 瓷砖面水泥砂浆粘贴，其他墙面为石灰砂浆一般抹灰。门窗框厚 90mm，窗居墙中心线安装，门居墙内平。试编制该墙柱面工程内墙工程量清单。

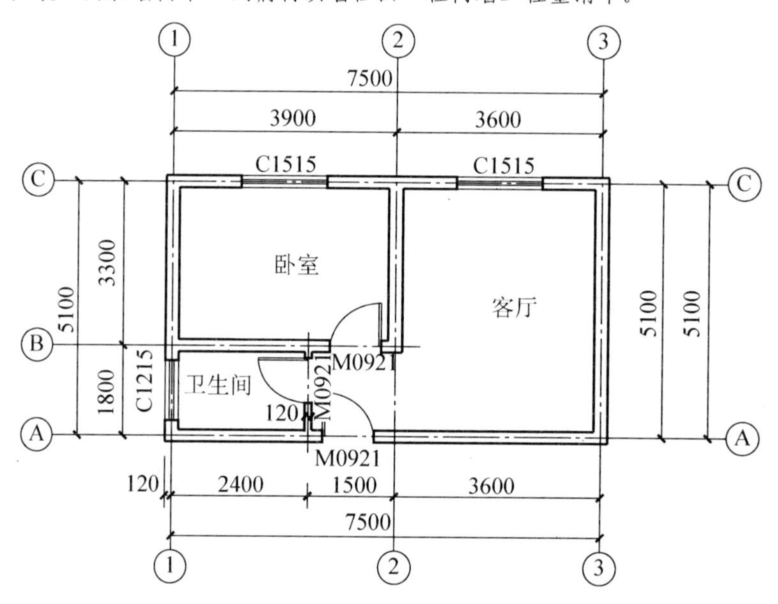

图 4.4　某建筑物二层平面图(单位：mm)

分析：(1) 根据墙面做法，参照清单规范列出清单项目：墙面一般抹灰、块料墙面。

(2) 根据清单规则，计算相应的工程量。

① 墙面为石灰砂浆一般抹灰，计算得

$$S=[(3.6-0.24+5.1-0.24)\times2+(1.5-0.06+0.12)\times2+(3.9-0.24+3.3-0.24)\times2]\times 3.3-0.9\times2.1\times4-1.5\times1.5\times2=96.84(\mathrm{m}^2)$$

② 块料墙面，计算得

$$S=(2.4-0.12-0.06+1.8-0.24)\times2\times3-1.2\times1.5-0.9\times2.1+(1.2+1.5)\times2\times(0.24-0.09)/2 =19.40(\mathrm{m}^2)$$

该楼地面工程工程量清单见表 4-5。

表 4-5　某分部分项工程量清单

序号	项目编码	项目名称	项目特征描述	计量单位	工程量	综合单价	合价	其中/元		备注
								人工费	机械费	
		M.1 墙面抹灰								
1	011201001001	墙面一般抹灰	客厅、卧室砖墙面石灰砂浆一般抹灰	m^2	96.84					
2	011204003001	块料墙面	卫生间：砖墙面 15mm 厚水泥砂浆抹底灰；水泥砂浆贴 152mm×152mm 瓷砖	m^2	19.40					

9. 幕墙工程(011209)

1) 清单项目划分

幕墙清单项目分为带骨架幕墙、全玻(无框)幕墙两个子目，按 011209001×××、011209002×××编码列项。

(1) 工程内容：骨架制作、运输、安装，面层安装，隔离带、框边封闭，嵌缝、塞口，清洗。

(2) 项目特征描述。

① 带骨架幕墙：骨架材料种类、规格、中距，面层材料品种、规格、品牌、颜色，面层固定方式，嵌缝、塞口材料种类。

② 全玻幕墙：玻璃品种、规格、品牌、颜色，黏结塞口材料种类，固定方式。

2) 工程量计算

① 带骨架幕墙：按设计图示框外围尺寸以面积“m^2”计算，与幕墙同种材质的窗所占面积不扣除。

② 全玻幕墙：按设计图示尺寸以面积“m^2”计算，带肋全玻幕墙按展开面积以“m^2”计算。

10. 隔断(011210)

1) 清单项目划分

隔断清单项目，包括木隔断、金属隔断、玻璃隔断、塑料隔断、成品隔断、其他隔断共6个项目，分别按 011210001×××～011210006×××编码列项。

(1) 工程内容：骨架及边框制作、运输、安装，隔板及玻璃制作、运输、安装，嵌缝、塞口，装钉压条等。

(2) 项目特征描述：骨架、边框材料种类、规格，隔板或玻璃材料品种、规格、颜色，嵌缝、塞口材料品种，压条材料种类，防护材料种类，油漆品种、刷漆遍数。

2) 工程量计算

(1) 木隔断、金属隔断：按设计图示框外围尺寸以面积“m^2”计算，扣除单个 $0.3m^2$ 以上的孔洞所占面积。浴厕门的材质与隔断相同时，门的面积并入隔断面积内。

(2) 玻璃隔断、塑料隔断、其他隔断：按设计图示框外围尺寸以面积“m^2”计算，扣除单个 $0.3m^2$ 以上的孔洞所占面积。

(3) 成品隔断：①以“m^2”计量，按设计图示框外围尺寸以面积计算；②以“间”计量，按设计间的数量计算。

4.2.3 墙柱面工程量清单计价

1. 清单计价说明

墙柱面工程定额，包括抹灰、镶贴块料、饰面、隔墙隔断、幕墙等。墙柱面工程按部位可划分为墙面、柱(梁)面、零星工程等，还包括了砂浆厚度调整、阳台、雨篷、檐沟、线条等特殊部位以及基层的界面处理和特殊砂浆的抹灰。

(1) 本章定额中，凡砂浆的厚度、种类、配合比及装饰材料的品种、型号、规格、间距等设计与定额不同时，可按设计规定调整。

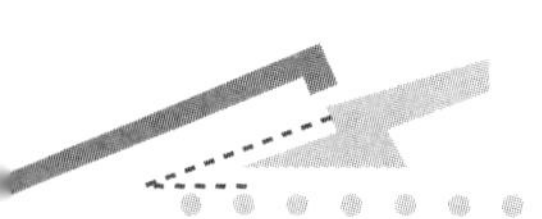

(2) 墙柱面抹灰遍数除定额另有说明外，均按三遍考虑。实际抹灰厚度、遍数与设计不同时，按以下原则调整：抹灰厚度设计与定额不同时，按抹灰砂浆厚度每增减 1mm 定额进行调整；抹灰遍数设计与定额不同时，每 100m^2 人工另增加(或减少)4.89 工日。

实例分析 4-9

【参考图文】

求外墙面 16mm 厚 1∶3 水泥砂浆底，6mm 厚 1∶2.5 水泥砂浆面三遍抹灰的基价。

分析：套用定额 11-2+11-26H，计算得

基价=12.02+[0.39+0.12 × (195.13−228.22)/100] × 2=12.72(元/m^2)

(3) 水泥砂浆抹底灰定额：适用于镶贴块料面的基层抹灰，定额按两遍考虑。

(4) 女儿墙、阳台栏板的装饰，按墙面相应定额执行；飘窗、空调搁板粉刷，按阳台、雨篷粉刷定额执行。

(5) 阳台、雨篷、檐沟抹灰定额，包括底面和侧板抹灰；檐沟包括细石混凝土找坡。雨篷翻檐高 250mm 以内(从板顶面起算)、檐沟侧板高 300mm 以内，定额已综合考虑，超过时按每增加 100mm 计算；如檐沟侧板高度超过 1200mm 时，套墙面相应定额。檐沟宽以 500mm 以内为准，如宽度超过 500mm 时，定额按比例换算。

实例分析 4-10

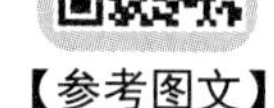

某檐沟宽 600mm，侧板高 250mm，求该檐沟水泥砂浆抹灰的基价。

分析：套用定额 11-31H，计算得

基价=28.95 × 600/500=34.74(元/m^2)

(6) 水平遮阳板抹灰：套用雨篷定额。

(7) 一般抹灰的“零星项目”，适用于各种壁柜、碗柜、过人洞、暖气壁龛、池槽以及 1m^2 以内的抹灰。雨篷、檐沟等抹灰，如局部抹灰种类不同时，另按相应“零星项目”计算差价。

(8) 块料镶贴和装饰抹灰的“零星项目”，适用于挑檐、天沟、腰线、窗台线、门(窗)套线、扶手、雨篷周边等。

(9) 弧形的墙、柱、梁等抹灰、镶贴块料，按相应项目人工乘以系数 1.10，材料乘以系数 1.02。

(10) 木龙骨基层定额中的木龙骨按双向考虑，如设计采用单向时，人工乘以系数 0.75，木龙骨用量做相应调整。

(11) 玻璃幕墙设计有窗时，仍执行幕墙定额，窗五金相应增加，其他不变。玻璃幕墙定额中的玻璃是按成品考虑的；幕墙中的避雷装置、防火隔离层定额已综合考虑，但幕墙的封边、封顶等未包括。

弧形幕墙套幕墙定额，面板单价调整，人工乘以系数 1.15，骨架弯弧费另计。

2. 计价工程量计算

1) 抹灰

(1) 墙面：按设计图示尺寸以面积“m^2”计算，扣除墙裙、门窗洞口及单个 0.3m^2

以外的孔洞面积，不扣除踢脚线、装饰线以及墙与构件交接处的面积，门窗洞口和孔洞的侧壁及顶面不增加面积。附墙柱、梁、垛、烟囱侧壁并入相应的墙面面积内。内墙抹灰有天棚而不抹到顶者，高度算至天棚底面。

(2) 女儿墙(包括泛水、挑砖)、栏板的内侧：不扣除 0.3 m^2 以内的花格孔洞所占面积，按投影面积乘以系数 1.1 计算，带压顶者乘以系数 1.3。

(3) 阳台、雨篷、水平遮阳板：按水平投影面积以“m^2”计算。

(4) 檐沟、装饰线条：按檐沟及装饰线条的中心线长度计算。凸出的线条抹灰增加费以凸出棱线的道数不同分别按延长米“m”计算，两条及多条线条相互之间净距 100mm 以内的，每两条线条按一条计算工程量。

(5) 柱面：按设计图示尺寸以柱断面周长乘以高度以面积“m^2”计算。

(6) 零星抹灰：按设计图示尺寸以展开面积“m^2”计算。

2) 镶贴块料

(1) 墙、柱、梁面：按设计图示尺寸以实铺面积计算。附墙柱、梁等侧壁并入相应的墙面面积内计算。

(2) 抹灰、镶贴块料及饰面的柱墩、柱帽(大理石、花岗岩除外)：工程量并入相应柱内计算，每个柱墩、柱帽另增加人工，抹灰增加 0.25 工日，镶贴块料增加 0.38 工日，饰面增加 0.5 工日。

(3) 大理石(花岗岩)柱墩、柱帽：按其设计最大外径周长乘以高度以“m^2”计算。

3) 饰面

(1) 墙饰面：基层与面层面积按设计图示尺寸净长乘以净高以面积“m^2”计算，扣除门窗洞口及每个在 0.3m^2 以上孔洞所占的面积；增加层按其增加部分计算工程量。

(2) 柱、梁饰面：按图示外围饰面面积以“m^2”计算。

4) 隔断

按设计图示尺寸以框外围面积“m^2”计算，扣除门窗洞口及每个在 0.3m^2 以上孔洞所占面积。浴厕门的材质与隔断相同时，门的面积并入隔断面积内计算。

5) 幕墙

按设计图示尺寸以外围面积计算。全玻幕墙带肋部分并入幕墙面积内计算。

实例分析 4-11

某雨篷尺寸如图 4.5 所示，求该雨篷水泥砂浆抹灰的计价工程量。

分析：(1) 雨篷水泥砂浆抹灰工程量为

$$S = 1.2 \times 2.9 = 3.48(\text{m}^2)$$

(2) 套定额 11-29+11-30 × 2，计算得

$$\text{基价}=46.50+6.16 \times 2=58.82(\text{元}/\text{m}^2)$$

【参考图文】

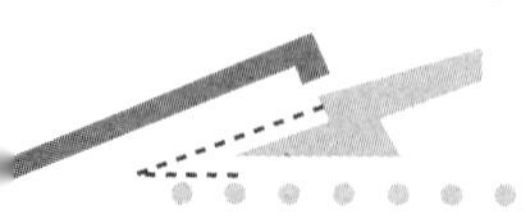

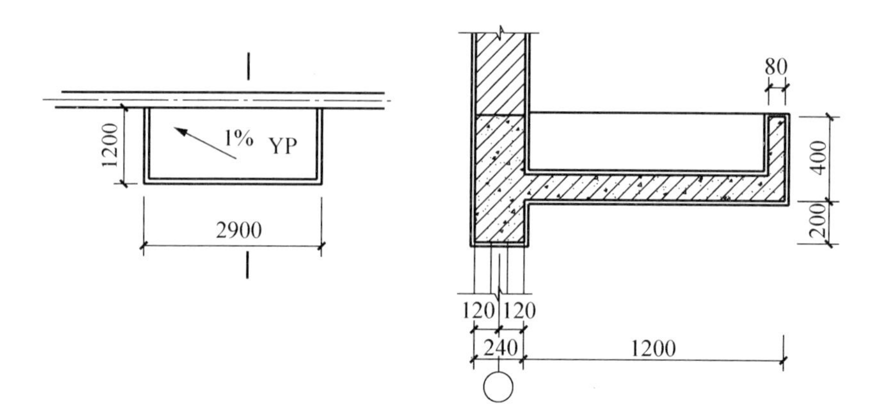

图 4.5　某雨篷尺寸(单位：mm)

3. 工程量清单计价实例

实例分析 4-12

求实例分析 4-8 中卫生间块料墙面的综合单价。假设工料机价格按《浙江省建筑工程预算定额(2010 版)》取定，企业承包管理费、利润分别按人工费和机械费之和的 15%、8.5%计算，风险金暂不考虑。

分析：(1) 清单项目设置：011204003001，块料墙面。

(2) 清单工程量计算：$S=19.40\text{m}^2$。

(3) 确定可组合的主要内容：底层抹灰；水泥砂浆铺贴 152mm × 152mm 瓷砖。

(4) 计价工程量计算：底层抹灰为

$$S=(2.4-0.12-0.06+1.8-0.24)\times2\times3-1.2\times1.5-0.9\times2.1=19.00(\text{m}^2)$$

水泥砂浆铺贴 152 mm × 152mm 瓷砖为 $S=19.40\text{m}^2$。

(5) 套定额，计算综合单价，所得结果见表 4-6。

表 4-6　某分部分项工程量清单综合单价计算表

工程名称：****工程

序号	编号	名称	计量单位	数量	综合单价/元							合计/元
					人工费	材料费	机械费	管理费	利润	风险费用	小计	
1	011204003001	块料墙面	m^2	19.4	28.73	23.74	0.24	4.36	2.47	0.00	59.54	1155
	11-8	墙面水泥砂浆抹底灰厚 15mm	m^2	19.00	4.65	3.16	0.12	0.72	0.41	0.00	9.06	172
	11-54	水泥砂浆粘贴墙面瓷砖(周长650mm 以内)	m^2	19.40	24.18	20.65	0.12	3.65	2.07	0.00	50.67	983

任务 4.3 天棚工程

4.3.1 天棚工程基础知识

【参考视频】

天棚装饰根据外观形式、饰面材料等的不同，主要分为天棚抹灰、天棚吊顶装饰和天棚其他装饰。

天棚抹灰按抹灰材料，又分为石灰砂浆、混合砂浆、水泥砂浆、纸筋灰面抹灰。

吊顶由天棚龙骨、天棚基层、天棚面层三部分组成。常用的吊顶龙骨，按材质分为木龙骨和金属龙骨两大类，金属龙骨主要有轻钢龙骨和铝合金龙骨。面层常用材料有石膏板、铝合金扣板、铝塑板、吸声板、防火板等。而根据采用的材料、工艺不同，吊顶常在装饰面层和龙骨之间以细木工板、夹板等作为基层板。

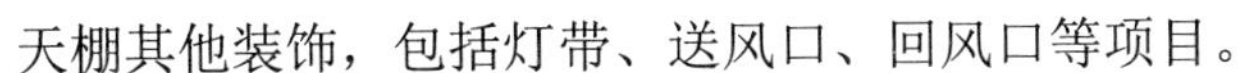

天棚其他装饰，包括灯带、送风口、回风口等项目。

4.3.2 工程量清单编制

本项目清单，包括 N.1 天棚抹灰、N.2 天棚吊顶、N.3 采光天棚、N.4 天棚其他装饰四个部分，共 10 个项目。

1. 天棚抹灰(011301)

1) 清单项目划分

本部分仅天棚抹灰一个子目，按 011301001×××编码列项，适用于各类天棚的抹灰、楼梯底板单独抹灰。

(1) 工程内容：基层清理，底层抹灰，抹面层。

(2) 项目特征描述：基层的类型，抹灰厚度、材料种类，砂浆配合比等。

2) 工程量计算

按设计图示尺寸以水平投影面积“m^2”计算；不扣除间壁墙、垛、柱、附墙烟囱、检查口和管道所占的面积；带梁天棚、梁两侧抹灰面积并入计算。板式楼梯底面抹灰按斜面积以“m^2”计算；锯齿形楼梯底板抹灰按展开面积以“m^2”计算。

2. 天棚吊顶(011302)

1) 清单项目划分

【参考视频】

天棚吊顶清单项目，分为吊顶天棚、格栅吊顶、吊筒吊顶、藤条造型悬挂吊顶、织物软雕吊顶、装饰网架吊顶 6 个子目，分别按 011302001×××～011302006×××编码列项。

(1) 工程内容：基层清理、吊杆安装，吊筒龙骨安装，网架制作安装，基层板铺贴，面层铺贴，嵌缝，刷防护材料。

(2) 项目特征描述。

① 吊顶天棚、隔栅吊顶：吊顶形式、吊杆规格、高度，龙骨材料种类、规格、中距，基层材料种类、规格，面层材料品种、规格，压条材料种类、规格，嵌缝材料种类，防护材料种类。

② 吊筒吊顶：吊筒形状、规格，吊筒材料种类，防护材料种类。

③ 藤条造型悬挂吊顶、织物软雕吊顶：骨架材料种类、规格，面层材料规格。

④ 装饰网架吊顶：网架材料品种规格。

2) 工程量计算

天棚吊顶按设计图示尺寸以水平投影面积“m^2”计算，不扣除间壁墙、检查口、附墙烟囱、柱、垛和管道所占面积，扣除单个 $0.3m^2$ 以外的独立柱、孔洞及与天棚相连的窗帘盒所占的面积；其余吊顶均按设计图示尺寸以水平投影面积“m^2”计算。

3. 采光天棚(011303)

1) 清单项目划分

清单项目只包含采光天棚一个项目，编码为011303001×××。

(1) 工程内容：清理基层，面层制作安装，嵌缝，塞口、清洗。

(2) 项目特征描述：骨架类型，固定类型、固定材料品种、规格，面层材料品种、规格，嵌缝、塞口材料种类等。

2) 工程量计算

按框外围展开面积以“m^2”计算。

4. 天棚其他装饰(011304)

1) 清单项目划分

天棚其他装饰清单项目，分为灯带(槽)，送风口、回风口两个子目，分别按011304001×××、011304002×××编码列项。

(1) 工程内容：安装、固定、刷防护材料等。

(2) 项目特征描述：灯带形式、尺寸，格栅片材料品种、规格，风口材料品种、规格，安装固定方式，防护材料种类等。

2) 工程量计算

(1) 灯带(槽)：按设计图示尺寸以框外围面积“m^2”计算。

(2) 送风口、回风口：按设计图示数量以“个”计算。

实例分析 4-13

某建筑物局部天棚做法如图 4.6 所示，卧室为 1∶1∶4 水泥纸筋灰砂浆底，白色乳胶漆二遍；客厅为单层木龙骨 80mm × 60mm，双向中距 600mm，9.5mm 厚纸面石膏板饰面，白色乳胶漆二遍；卫生间为嵌入式铝合金方板天棚。试编制该天棚工程工程量清单。

分析：(1) 根据清单规则，计算相应的工程量。

① 卧室为

$$S=(3.9-0.24)\times(3.3-0.24)=11.20(m^2)$$

② 客厅为

$$S=(3.6-0.24)\times(5.1-0.24)+(1.8-0.24)\times(1.5-0.06+0.12)=18.76(m^2)$$

③ 卫生间为

$$S=(1.8-0.24)\times(2.4-0.24)=3.37(m^2)$$

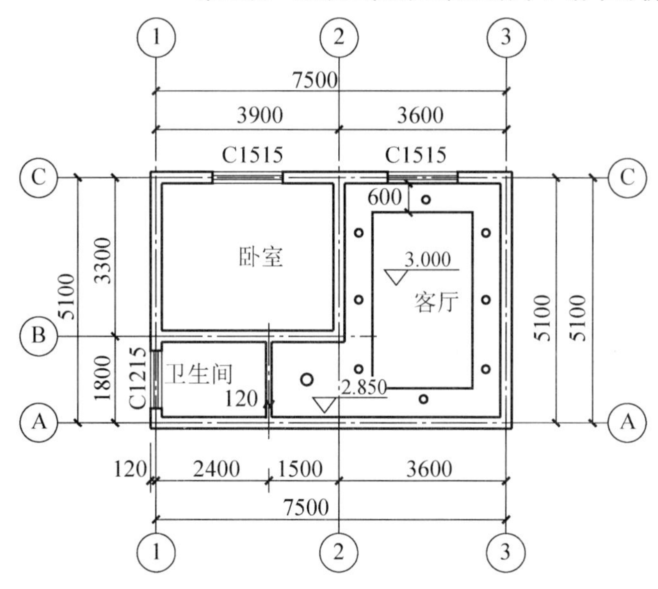

图 4.6 某局部天棚做法(单位：mm)

(2) 列出该楼地面工程工程量清单，见表 4-7。

表 4-7 某分部分项工程量清单编制

序号	项目编码	项目名称	项目特征描述	计量单位	工程量	综合单价	合价	其中/元		备注
								人工费	机械费	
1	011301001001	天棚抹灰	卧室：现浇混凝土板抹 1∶1∶4 水泥纸筋灰砂浆；白色乳胶漆二遍	m^2	11.20					
2	011302001001	天棚吊顶	客厅：跌级吊顶，单层木龙骨 80mm×60mm，双向中距 600mm，9.5mm 厚纸面石膏板饰面，胶带贴缝、点锈，白色乳胶漆二遍	m^2	18.76					
3	011302001002	天棚吊顶	卫生间：嵌入式铝合金方板天棚	m^2	3.37					

拓展提高

天棚其他装饰中的灯带，是指与天棚顶面保持在同一个平面带有灯光片或格栅的灯槽，或悬挑于天棚顶面的灯槽；嵌入式灯槽如龙骨与天棚龙骨一致，应并入天棚吊顶，描述中明确。采光天棚和天棚设保温、隔热、吸声层时，应按“清单工程量计算规范 K.1”相关项目编码列项。

4.3.3 工程量清单计价

1. 清单计价说明

天棚工程定额，分为混凝土面天棚抹灰、天棚吊顶、灯槽灯带及风口三个部分，共 64 个子目。

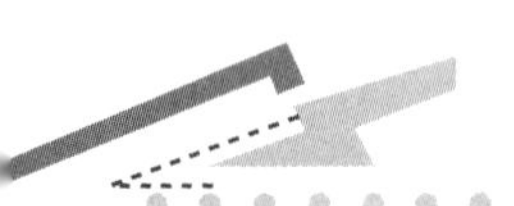

(1) 本章定额抹灰厚度及砂浆配合比，如设计与定额不同时可以换算。

(2) 天棚抹灰，设计基层需涂刷水泥浆或界面剂的，按本预算定额第十一章相应定额执行，人工乘以系数 1.10。

(3) 楼梯底面单独抹灰，套用天棚抹灰定额。

(4) 在夹板基层上贴石膏板，套用每增加一层石膏板定额。

(5) 天棚不锈钢板嵌条、镶块等小型块料，套用零星、异形贴面定额。

(6) 定额中玻璃按成品玻璃考虑，送风口和回风口按成品安装考虑。

(7) 定额已综合考虑石膏板、木板面层上开灯孔、检修孔等孔洞的费用，如在金属板、玻璃、石材面板上开孔时，费用另行计算。

(8) 天棚吊筋高按 1.5m 以内综合考虑。如设计需做二次支撑时，应另行计算。

(9) 灯槽内侧板高度在 15cm 以内的套用灯槽子目，高度大于 15cm 的套用天棚侧板子目。

2. 计价工程量计算

(1) 天棚抹灰面积：工程量计算规则与清单相同。

(2) 天棚吊顶不分跌级天棚与平面天棚，基层和饰面板工程量均按设计图示尺寸以展开面积“m^2”计算，不扣除间壁墙、检查口、附墙烟囱、柱、垛和管道所占面积，扣除单个 $0.3m^2$ 以外的独立柱、孔洞(石膏板、夹板天棚面层的灯孔面积不扣除)及与天棚相连的窗帘盒所占的面积。

(3) 天棚侧龙骨工程量，按跌级高度乘以相应的跌级长度以“m^2”计算。

(4) 灯槽按展开面积以“m^2”计算。

实例分析 4-14

求实例分析 4-13 中客厅天棚工程的计价工程量(乳胶漆另计)。

分析：(1) 天棚骨架。

【参考图文】

平面为

$$S=(3.6-0.24)\times(5.1-0.24)+(1.8-0.24)\times(1.5-0.06+0.12)=18.76(m^2)$$

套定额 12-16，基价为 22.30 元/m^2。

侧面为

$$S=(3.6-0.24-1.2+5.1-0.24-1.2)\times2\times0.15=1.75(m^2)$$

套定额 12-17，基价为 20.09 元/m^2。

(2) 天棚面层：9.5mm 厚纸面石膏板饰面。

平面为 $S=18.76m^2$；套定额 12-42，基价为 16.77 元/m^2。

侧面为 $S=1.75m^2$；套定额 12-43，基价为 18.68 元/m^2。

3. 工程量清单计价实例

实例分析 4-15

求实例分析 4-13 中客厅天棚吊顶的综合单价。假设工料机价格按《浙江省建筑工程预算定额(2010 版)》取定，企业承包管理费、利润分别按人工费和机械费之和的 15%、8.5%计算，风险金暂不考虑。

分析：(1) 清单项目设置：011302001001，天棚吊顶。

(2) 清单工程量计算：见实例分析 4-13 计算结果，$S = 18.76\text{m}^2$。

(3) 确定可组合的主要内容：天棚骨架；天棚饰面；油漆、涂料。

(4) 计价工程量：见实例分析 4-14 计算结果。

(5) 套定额，计算综合单价，结果见表 4-8。

表 4-8 某分部分项工程量清单综合单价计算表

工程名称：****工程

序号	编号	名称	计量单位	数量	综合单价/元							合计/元
					人工费	材料费	机械费	管理费	利润	风险费用	小计	
1	011302001001	天棚吊顶	m^2	18.76	14.24	44.98	0.03	2.14	1.22	0.00	62.61	1175
	12-7	平面单层方木天棚龙骨	m^2	18.76	6.50	31.40	0.03	0.98	0.56	0.00	39.47	740
	12-9	侧面直线型方木天棚龙骨	m^2	1.75	9.75	20.30	0.02	1.47	0.83	0.00	32.37	57
	12-42	钉在木龙骨上石膏板平面	m^2	18.76	6.14	10.63	0.00	0.92	0.52	0.00	18.21	342
	12-43	钉在木龙骨上石膏板侧面	m^2	1.75	7.37	11.31	0.00	1.11	0.63	0.00	20.42	36

任务 4.4 油漆、涂料、裱糊工程

4.4.1 基础知识

1. 油漆

油漆分为天然漆和人造漆两大类。建筑工程一般用人造漆，常用油漆种类如下。

(1) 调和漆：以干性油为黏结剂的色漆称为油性调和漆，在干性油中加入适量树脂为黏结剂的色漆称为磁性调和漆。调和漆具有适当稠度，可以直接涂刷，是建筑工程上室内外大量应用的品种。

(2) 清漆：以树脂或干性油和树脂为黏结剂的透明漆，多用于室内装修，漆膜光亮坚固，可以透出原始木纹。

(3) 厚漆：又称铅油，是在干性油中加入较多的颜料、填料等制成的一种色漆，呈软膏状，使用时需以稀释剂稀释，常用作底油。

(4) 清油：是经过炼制的干性油，如熟桐油等。漆膜无色透明，常用作木门窗、木装修的面漆或底漆。

(5) 磁漆：以树脂为黏结剂的色漆。漆膜比调和漆坚硬光亮，耐久性也好，一般多用于室内木制品和金属物件上。

(6) 防锈漆：有油性和树脂两类。常用油性防锈漆，如红丹等。油性防锈漆的漆膜渗透性、调温性、柔韧性好，附着力强，但漆膜弱、干燥慢，主要用于钢结构表面，作防锈打底用。

2. 涂料

【参考视频】

建筑涂料按使用部位，分内墙涂料、外墙涂料、地面涂料等；按化学组成，分无机高分子涂料和有机高分子涂料，其中有机高分子涂料又分为水溶性涂料、水乳性涂料、溶剂涂料等。

3. 裱糊

裱糊是将壁纸、锦缎织物贴于墙面的一种装饰方法。其中壁纸分塑料壁纸、金属壁纸两大类；锦缎织物色彩华丽、质感温暖、格调高雅，常用于高级建筑装饰。

另外，在油漆、涂料的施工中，常用腻子填嵌基层表面的孔洞、裂缝及披抹基层表面，干后用砂纸打磨，使其平整。腻子常用石膏粉、桐油、水等调制。

4.4.2 工程量清单编制

本项目清单，包括 P.1 门油漆，P.2 窗油漆，P.3 木扶手及其他板条，线条油漆，P.4 木材面油漆，P.5 金属面油漆，P.6 抹灰面油漆，P.7 喷刷涂料，P.8 裱糊八个部分，共 36 个项目。

1. 门油漆(011401)

1) 清单项目划分

门油漆清单项目，分为木门油漆和金属门油漆两个子目，按 011401001×××、011401002×××编码列项。

(1) 工程内容：除锈、基层清理，刮腻子，刷防护材料、油漆。

(2) 项目特征描述：门类型，门代号及洞口尺寸，腻子种类，刮腻子遍数，防护材料种类，油漆品种、刷漆遍数。

2) 工程量计算

按设计图示数量(樘)或按设计图示洞口尺寸以面积“m^2”计算。

2. 窗油漆(011402)

1) 清单项目划分

窗油漆清单项目，分为木窗油漆和金属窗油漆两个子目，按 011402001×××、011402002×××编码列项。

(1) 工程内容：同门油漆。

(2) 项目特征描述：同门油漆。

2) 工程量计算

同门油漆。

3. 木扶手及其他板条、线条油漆(011403)

1) 清单项目划分

本节清单项目，分为木扶手油漆，窗帘盒油漆，封檐板、顺水板油漆，挂衣板、黑板框油漆，挂镜线、窗帘棍、单独木线油漆 5 个子目，分别按 011403001×××～

011403005×××编码列项。

(1) 工程内容：同门油漆。

(2) 项目特征描述：断面尺寸，腻子种类，刮腻子遍数，防护材料种类，油漆品种、刷漆遍数。

2) 工程量计算

按设计图示尺寸以长度“m”计算。

4. 木材面油漆(011404)

1) 清单项目划分

木材面油漆清单项目，分为木护墙、木墙裙油漆，窗台板、筒子板、盖板、门窗套、踢脚线油漆，清水板条天棚、檐口油漆，木方格吊顶天棚油漆，吸声板墙面、天棚面油漆，暖气罩油漆，其他木材面，木间壁、木隔断油漆，玻璃间壁露明墙筋油漆，木栅栏、木栏杆(带扶手)油漆，衣柜、壁柜油漆，梁柱饰面油漆，零星木装修油漆，木地板油漆，木地板烫硬蜡面共15个子目，分别按011404001×××～011404015×××编码列项。

(1) 工程内容：基层清理，刮腻子，刷防护材料、油漆；木地板烫硬蜡面工作内容，包括基层清理、烫蜡。

(2) 项目特征描述：腻子种类，刮腻子遍数，防护材料种类，油漆品种、刷漆遍数；木地板烫硬蜡面，应描述硬蜡品种、面层处理要求。

2) 工程量计算

按设计图示尺寸以面积“m^2”计算。其中衣柜、壁柜、梁柱饰面、零星木装修油漆，按设计图示尺寸以油漆部分展开面积“m^2”计算；木间壁、木隔断、玻璃间壁露明墙筋、木栅栏、木栏杆油漆，按设计图示尺寸以单面外围面积“m^2”计算；木地板烫硬蜡面，按设计图示尺寸以面积“m^2”计算。空洞、空圈、暖气包槽、壁龛的开口部分，并入相应的工程量内。

5. 金属面油漆(011405)

1) 清单项目划分

金属面油漆清单项目，只包含金属面油漆一个子目，按011405001×××编码列项。

(1) 工程内容：基层清理，刮腻子，刷防护材料、油漆。

(2) 项目特征描述：构件名称，腻子种类，刮腻子要求，防护材料种类，油漆品种、刷漆遍数。

2) 工程量计算

(1) 按设计图示尺寸以质量计算，以“t”为单位。

(2) 按设计展开面积以“m^2”计算。

6. 抹灰面油漆(011406)

1) 清单项目划分

抹灰面油漆清单项目，分为抹灰面油漆、抹灰线条油漆、满刮腻子3个子目，分别按011406001×××～011406003×××编码列项。

(1) 工程内容：基层清理，刮腻子，刷防护材料、油漆。

(2) 项目特征描述：基层类型，线条宽度、道数，腻子种类，刮腻子遍数，防护材料种类，油漆品种、刷漆遍数。

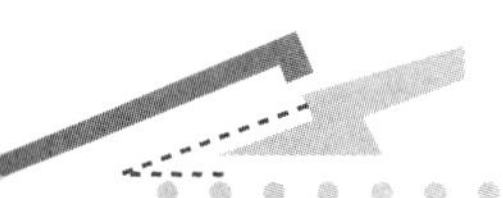

2) 工程量计算

按设计图示尺寸以面积“m^2”计算；抹灰线条油漆按设计图示尺寸以长度“m”计算。

7. 喷刷涂料(011407)

1) 清单项目划分

喷刷涂料油漆清单项目，包含墙面喷刷涂料，天棚喷刷涂料，空花格、栏杆刷涂料，线条刷涂料，金属构件刷防火涂料，木材构件喷刷防火涂料 6 个子目，按 011407001×××～011407006×××编码列项。

(1) 工程内容：基层清理，刮腻子，刷、喷涂料；刷防火涂料、油漆。

(2) 项目特征描述：基层类型，喷刷涂料部位、腻子种类，刮腻子要求，涂料品种、喷刷遍数，线条的宽度，喷刷防火涂料构件名称，防火等级要求。

2) 工程量计算

墙面喷刷涂料、天棚喷刷涂料，按设计图示尺寸以面积“m^2”计算；空花格、栏杆刷涂料，按设计图示尺寸以单面外围面积“m^2”计算；线条刷涂料，按设计图示尺寸以长度“m”计算；金属构件刷防火涂料，按设计图示尺寸以质量“t”计算，或按设计展开面积以“m^2”计算；木材构件喷刷防火涂料，按设计图示尺寸以面积“m^2”计算。

8. 裱糊(011408)

1) 清单项目划分

裱糊清单项目，分为墙纸裱糊、织锦缎裱糊两个子目，分别按 011408001×××、011408002×××编码列项。

(1) 工程内容：基层清理，刮腻子，面层铺贴，刷防护材料。

(2) 项目特征描述：基层类型，腻子种类，裱糊构件部位，刮腻子遍数，黏结材料、防护材料种类，面层材料品种、规格、颜色等。

2) 工程量计算

按设计图示尺寸以面积“m^2”计算。

实例分析 4-16

某工程有 8 扇 900mm×2100mm 单层平板普通门扇，2 扇 800mm×2100mm 木百叶门，16 扇 1500mm×1800mm 木百叶窗扇，门窗油漆均为硝基清漆五遍。试编制该油漆工程的工程量清单。

分析：(1) 参照清单规范，列出清单项目：门油漆 2 项，窗油漆 1 项。

(2) 工程量清单编制，见表 4-9。

表 4-9　某油漆工程工程量清单编制

序号	项目编码	项目名称	项目特征描述	计量单位	工程量	综合单价	合价	其中/元		备注
								人工费	机械费	
1	011401001001	门油漆	900mm×2100mm 单层平板普通门扇，硝基清漆五遍	樘	8					
2	011401001002	门油漆	800mm×2100mm 木百叶门，硝基清漆五遍	樘	2					
3	011402001001	窗油漆	1500mm×1800mm 木百叶窗扇，硝基清漆五遍	樘	16					

1. 门油漆应区分单层木门、双层(一玻一纱)木门、双层(单裁口)木门、全玻自由门、半玻自由门、装饰门及有框门或无框门等，分别编码列项。

2. 窗油漆应区分单层玻璃窗、双层(一玻一纱)木窗、双层框扇(单裁口)木窗、双层框三层(二玻一纱)木窗、单层组合窗、双层组合窗、木百叶窗、木推拉窗等，分别编码列项。

4.4.3 工程量清单计价

1. 定额套用说明

油漆、涂料工程定额，划分为木门油漆、木窗油漆、木扶手(木线条、木板条)油漆、其他木材面油漆、木地板油漆、木材面防火涂料、板面封油刮腻子、金属面油漆、抹灰面油漆、涂料、裱糊十一个部分，共 193 个子目。

(1) 本定额中油漆不分高光、半哑光、哑光，已综合考虑。

(2) 调和漆定额按二遍考虑，聚酯清漆、聚酯混漆定额按三遍考虑，磨退定额按五遍考虑。硝基清漆、硝基混漆按五遍考虑，磨退定额按十遍考虑。木材面金漆按底漆一遍、面漆(金漆)二遍考虑。设计遍数与定额取定不同时，按每增减一遍定额调整计算。

实例分析 4-17

单层木窗刷聚酯清漆四遍，试求其基价。

分析：套定额 14-20+14-21，计算得

$$基价=22.75+5.56=28.31(元/m^2)$$

【参考图文】

(3) 裂纹漆做法为腻子两遍，硝基色漆三遍，喷裂纹漆一遍和喷硝基清漆三遍。

(4) 木线条、木板条适用于单独木线条、木板条油漆。

(5) 乳胶漆定额中的腻子按满刮一遍、复补一遍考虑。

(6) 隔墙、护壁、柱、天棚面层及木地板刷防火涂料，执行其他木材面刷防火涂料相应子目。

(7) 乳胶漆线条定额，适用于木材面、抹灰面的单独线条面刷乳胶漆项目。

(8) 本定额中的氟碳漆子目，仅适用于现场涂刷。

2. 计价工程量计算

(1) 楼地面、墙柱面、天棚的喷(刷)涂料及抹灰面油漆，其工程量，除本章定额另有规定外，按设计图示尺寸以面积“m^2”计算。

(2) 混凝土栏杆、花格窗按单面垂直投影面积以“m^2”计算；套用抹灰面油漆时，工程量乘以系数 2.5。

(3) 木材面油漆、涂料的工程量计算。

① 木门：按类型不同，以门洞口面积乘以相应定额系数计算；无框装饰门、成品门按门扇面积乘以 1.1 系数计算。

② 木窗：按类型不同，以窗洞口面积乘以相应定额系数计算。

③ 木扶手、宽度60mm以内的木线条：按延长米计算；其他套用木扶手、木线条、木板条定额项目的工程量，按延长米乘以相应定额系数计算。

④ 套用其他木材面油漆的项目，按相应计算规则乘以对应的定额系数计算。

(4) 金属构件油漆或防火涂料：按相应计算规则乘以对应的定额系数计算。其中套用钢门窗定额的项目，以“m^2”计算；套用其他金属门定额的项目，以“t”计算。

3. 工程量清单计价实例

实例分析4-18

某工程有2扇木百叶窗，尺寸为1500mm×1800mm，窗油漆为硝基清漆五遍。试求该窗油漆的综合单价。假设工料机价格按《浙江省建筑工程预算定额(2010版)》取定，企业承包管理费、利润分别按人工费和机械费之和的15%、8.5%计算，风险金暂不考虑。

分析：(1) 清单项目设置：011402001001，窗油漆。

(2) 清单工程量计算：2樘。

(3) 确定可组合的主要内容：单层木窗硝基清漆五遍。

(4) 计价工程量：$S=1.5\times1.8\times1.5\times2=8.1(m^2)$。

(5) 计算综合单价，结果见表4-10。

表4-10 某分部分项工程量清单综合单价计算表

工程名称：****工程

序号	编号	名称	计量单位	数量	综合单价/元							合计/元
					人工费	材料费	机械费	管理费	利润	风险费用	小计	
1	011402001001	窗油漆	樘	1	142.24	80.60	0.00	21.30	12.07	0.00	256.21	256
	14-28	单层木窗硝基清漆五遍	m^2	8.1	17.56	9.95	0.00	2.63	1.49	0.00	31.63	256

任务4.5 其他装饰工程及拆除工程

4.5.1 基础知识

1. 其他装饰工程

本任务的装饰工程，主要包括公共、民用、工业等各类建筑工程中的台、柜架等，如厨房壁柜和吊柜，住宅和办公家具饰面，浴厕配件，压条装饰线，以及雨篷吊顶(只限雨篷下的吊顶)，招牌、灯箱、美术字等。

2. 拆除工程

本任务中，拆除工程是指非整体拆除工程。

4.5.2 工程量清单编制

1. 其他装饰工程(0115)

本项目清单，包括 Q.1 柜类、货架，Q.2 压条、装饰线，Q.3 扶手、栏杆、栏板装饰，Q.4 暖气罩，Q.5 浴厕配件，Q.6 雨篷、旗杆，Q.7 招牌、灯箱，Q.8 美术字八个部分，共 62 个项目。

1) 柜类、货架

柜类、货架清单项目，包括柜台、酒柜、衣柜、存包、鞋柜、书柜、厨房壁柜、木壁柜、厨房低柜、厨房吊柜、矮柜、吧台背柜、酒吧吊柜、酒吧台、展台、收银台、试衣间、货架、书架、服务台 20 个子目，分别按 011501001×××～011501020×××编码列项。

(1) 工程内容：台柜制作、运输、安装(安放)，刷防护材料、油漆，五金件安装。

(2) 项目特征描述：台柜的规格，材料种类、规格，五金种类、规格，防护材料种类，油漆品种、刷漆遍数。

(3) 工程量计算：①按设计图示数量以“个”计算；②按设计图示尺寸以延长米“m”计算；③按设计图示尺寸以体积“m^3”计算。

2) 压条、装饰线

压条、装饰线清单项目，包括金属装饰线、木质装饰线、石材装饰线、石膏装饰线、镜面玻璃线、铝塑装饰线、塑料装饰线、GRC 装饰线条 8 个子目，分别按 011502001×××～011502008×××编码列项。

(1) 工程内容：线条制作安装、刷防护材料。

(2) 项目特征描述：基层类型，线条材料品种、规格、颜色，防护材料种类，线条安装部位，填充材料种类。

(3) 工程量计算：按设计图示尺寸以长度“m”计算。

3) 扶手、栏杆、栏板装饰

扶手、栏杆、栏板装饰清单项目，包括金属扶手、栏杆、栏板装饰，硬木扶手、栏杆、栏板装饰，塑料扶手、栏杆、栏板装饰，GRC 扶手、栏杆，金属靠墙扶手，硬木靠墙扶手，塑料靠墙扶手，玻璃栏板 8 个子目，分别按 011503001×××～011503008×××编码列项。

(1) 工程内容：制作、运输、安装、刷防护材料。

(2) 项目特征描述：扶手材料种类、规格，栏杆的材料种类、规格、颜色，固定配件种类，防护材料种类，安装间距，填充材料种类。

(3) 工程量计算：按设计图示以扶手中心线长度(包括弯头长度)“m”计算。

4) 暖气罩

暖气罩清单项目，分为饰面板暖气罩、塑料板暖气罩、金属暖气罩 3 个子目，分别按 011504001×××～011504003×××编码列项。

(1) 工程内容：暖气罩制作、运输、安装。

(2) 项目特征描述：暖气罩材质、防护材料种类。

(3) 工程量计算：按设计图示尺寸以垂直投影面积(不展开)“m^2”计算。

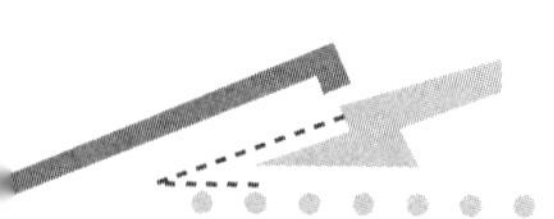

5) 浴厕配件

浴厕配件清单项目，包含洗漱台、晒衣架、帘子杆、浴缸拉手、卫生间扶手、毛巾杆(架)、毛巾环、卫生纸盒、肥皂盒、镜面玻璃、镜箱 11 个子目，分别按 011505001×××～011505011×××编码列项。

(1) 工程内容。

① 洗漱台、晒衣架、帘子杆、浴缸拉手、卫生间扶手、毛巾杆(架)、毛巾环、卫生纸盒、肥皂盒：台面及支架运输、安装，杆、环、盒、配件安装，刷油漆。

② 镜面玻璃：基层安装，玻璃及框制作、运输、安装。

③ 镜箱：基层安装，箱体制作、运输、安装，玻璃安装，刷防护材料、油漆。

(2) 项目特征描述。

① 洗漱台、晒衣架、帘子杆、浴缸拉手、卫生间扶手、毛巾杆(架)、毛巾环、卫生纸盒、肥皂盒：材料品种、规格、颜色，支架、配件品种、规格。

② 镜面玻璃：镜面玻璃品种、规格，框材质、断面尺寸，基层材料种类，防护材料种类。

③ 镜箱：箱体材质、规格，玻璃品种、规格，基层材料种类，防护材料种类，油漆品种、刷漆遍数。

(3) 工程量计算。

① 洗漱台：按设计图示数量以“个”计算，或按设计图示尺寸以台面外接矩形面积“m^2”计算。不扣除孔洞、挖弯、削角所占面积，挡板、吊沿板面积并入台面面积内。

② 晒衣架、帘子杆、浴缸拉手、卫生间扶手、毛巾杆(架)、毛巾环、卫生纸盒、肥皂盒、镜箱：按设计图示数量以“个”计算。

③ 镜面玻璃：按设计图示尺寸以边框外围面积“m^2”计算。

6) 雨篷、旗杆

雨篷、旗杆清单项目，包含雨篷吊挂饰面、金属旗杆、玻璃雨篷 3 个子目，分别按 011506001×××～011506003×××编码列项。

(1) 工程内容。

① 雨篷吊挂饰面：基层类型，龙骨材料种类、规格、中矩，面层材料品种、规格，吊顶(天棚)材料品种、规格，嵌缝材料种类，防护材料种类。

② 金属旗杆：土石挖、填、运，基础混凝土浇筑，旗杆制作、安装，旗杆台座制作饰面。

③ 玻璃雨篷：龙骨基层安装，面层安装，刷防护材料、油漆。

(2) 项目特征描述。

① 雨篷吊挂饰面：底层抹灰，龙骨基层安装，面层安装，刷防护材料、油漆。

② 金属旗杆：旗杆的材料种类、规格，旗杆高度，基础材料种类，基座材料种类，基座面层材料、种类、规格。

③ 玻璃雨篷：玻璃雨篷的固定方式，龙骨材料种类、规格、中距，玻璃材料品种、规格，嵌缝材料种类，防护材料种类。

(3) 工程量计算。

① 雨篷吊挂饰面、玻璃雨篷：按设计图示尺寸以水平投影面积“m^2”计算。

② 金属旗杆：按设计图示数量以“根”计算。

7) 招牌、灯箱

招牌、灯箱清单项目，包含平面、箱式招牌，竖式标箱，灯箱，信报箱4个子目，分别按011507001×××～011507004×××编码列项。

(1) 工程内容：基层安装，箱体及支架制作、运输、安装，面层制作、安装，刷防护材料、油漆。

(2) 项目特征描述：箱体规格，基层材料种类，面层材料种类，防护材料种类，户数。

(3) 工程量计算。

① 平面、箱式招牌：按设计图示尺寸以正立面边框外围面积“m^2”计算；复杂形状的凸凹造型部分不增加面积。

② 竖式标箱、灯箱、信报箱：按设计图示数量以“个”计算。

8) 美术字

美术字清单项目，分为泡沫塑料字、有机玻璃字、木质字、金属字、吸塑字5个子目，分别按011508001×××～011508005×××编码列项。

(1) 工程内容：字制作、运输、安装，刷油漆。

(2) 项目特征描述：基层类型，镌字材料品种、颜色，字体规格，固定方式，油漆品种、刷漆遍数。

(3) 工程量计算：按设计图示数量以“个”计算。

2. 拆除工程(0116)

拆除工程项目清单，包括R.1砖砌体拆除(项目编码为011601001)，R.2混凝土及钢筋混凝土构件拆除(011602001～011602002)，R.3 木构件拆除(011603001)，R.4 抹灰层拆除(011604001～011604003)，R.5 块料面层拆除(011605001～011605002)，R.6 龙骨及饰面拆除(011606001～011606003)，R.7 屋面拆除(011607001～011607002)，R.8 铲除油漆涂料裱糊层(011608001～011608003)，R.9栏杆栏板、轻质隔断隔墙拆除(011609001～011609002)，R.10门窗拆除(011610001～011610002)，R.11金属构件拆除(011611001～011611005)，R.12管道及卫生洁具拆除(011612001～011612002)，R.13灯具、玻璃拆除(011613001～011613002)，R.14其他构件拆除(011614001～011614006)，R.15开孔、打洞(011615001)共十五个部分，共37个项目。

1) 工程内容和项目特征

拆除，控制扬尘，清理，建筑渣土场内、场外运输。

2) 工程量计算

(1) 砖砌体拆除：①按拆除的体积以立方米“m^3”计算；②按拆除的延长米以“m”计算。

(2) 混凝土及钢筋混凝土、木结构拆除：①按拆除的体积以“m^3”计算；②按拆除部位的面积以“m^2”计算；③按拆除的延长米以“m”计算。

(3) 抹灰层、块料面层、龙骨及饰面、隔断隔墙、玻璃拆除：按拆除部位的面积以“m^2”计算。

(4) 屋面拆除：按拆除部位的面积以“m^2”计算。

(5) 铲除油漆涂料表面、栏杆栏板的拆除：①按拆除部位的面积以“m^2”计算；②按拆除的延长米以“m”计算。

(6) 门窗拆除：①按拆除部位的面积以“m^2”计算；②按拆除的数量以“樘”计算。

(7) 金属构件拆除：①按拆除构件的质量以“t”计算；②按拆除的延长米以“m”计算。

(8) 管道拆除：按拆除管道延长米以“m”计算。

(9) 卫生洁具、开孔打洞、灯具拆除：按拆除的数量以“个、套”计算。

(10) 暖气罩、柜体、窗台板、洞子板拆除：①按拆除的延长米以“m”计算；②按拆除的数量以“个”计算。

(11) 窗帘盒、窗帘轨拆除：按拆除的延长米以“m”计算。

(12) 开孔(打洞)：按数量以“个”计算。

拓展提高

1. 洗漱台项目适用于石质(天然石材、人造石材、人造板等)和玻璃等。

2. 旗杆的砌砖或混凝土台座的饰面，可按相关附录的章节另行编码列项，也可以纳入旗杆报价内。

3. 镜面玻璃和灯箱等的基层材料，是指玻璃背后的衬垫材料，如胶合板、油毡等。

4.5.3 工程量清单计价

1. 柜类、货架清单计价

1) 计价说明

本部分包括定额中的柜台、货架、住宅及办公家具。

柜类、货架、住宅及办公家具设计使用的材料品种、规格与定额取定不同时，按设计调整。

住宅及办公家具除注明外，定额均不包括柜门，柜门另套用相应定额，柜内除注明者外，定额也均不考虑饰面，发生时另行计算。五金配件、饰面板上贴其他材料的花饰，发生时另列项目计算。弧形家具(包括家具柜类和服务台)定额乘以系数 1.15。

拓展提高

【参考图文】

定额 15-17 平板柜门书柜，门未包括在内；无框玻璃柜门、木框玻璃柜门书柜，门已包括在书柜内，并含柜内饰面及五金配件。

2) 计价工程量计算

(1) 货架、收银台按正立面面积以“m^2”计算(包括脚的高度在内)。

(2) 柜台、吧台、服务台等以延长米计算；石材台面以“m^2”计算。

(3) 家具衣柜、书柜按图示尺寸的正立面面积以“m^2”计算，电视柜、矮柜、写字台等以延长米“m”计算；博古架、壁柜、家具门等按设计图示尺寸以“m^2”计算。

(4) 磨边与线条均按延长米以“m”计算。

2. 压条装饰线条清单计价

1) 计价说明

各种装饰线条定额均按成品安装考虑，装饰线条做图案者，人工乘以系数 1.80，材料乘以系数 1.10。

弧形石材装饰线条安装，套相应石材装饰线条定额，石线条用量不变，单价换算，人工、机械乘系数 1.10，其他材料乘系数 1.05。

2) 计价工程量计算

压条、装饰线条，按图示尺寸以延长米“m”计算。

3. 扶手、栏杆、栏板装饰清单计价

1) 计价说明

(1) 扶手、栏杆、栏板装饰计价，参照本预算定额第十章楼地面工程。

(2) 扶手、栏杆、栏板装饰的材料品种、规格、用量设计与定额不同时，按设计规定调整。铁艺栏杆、铜艺栏杆、铸铁栏杆、车花木栏杆等，定额均按成品考虑。

(3) 扶手、栏杆、栏板定额适用于楼梯、走廊、回廊及其他装饰性扶手、栏杆、栏板，定额已包括扶手弯头制作、安装需增加的费用。但遇木扶手、大理石扶手有整体弯头时，弯头另行计算，扶手工程量计算时扣除整体弯头的长度，设计不明确者，每只整体弯头按 400mm 扣除。

1. 钢结构中钢平台、楼梯、走道的栏杆扶手，按第六章定额子目(6-68～70)计算，计量单位为“t”。
2. 木扶手定额分直形、弧形的，木材是硬木。
3. 钢管扶手按不锈钢扶手相应定额执行，价格换算，其他不变。

2) 计价工程量计算

按设计图示尺寸以扶手中心线长度，以延长米“m”计算。

4. 浴厕配件清单计价

1) 计价说明

本部分主要包括卫生间大理石台板，镜面玻璃，帘子杆、浴缸拉手、毛巾架、手纸盒等五金。

(1) 大理石台板的石材开孔、磨边不包括在定额中，此项费用需另行计算。

(2) 镜面玻璃定额中的镜子玻璃如采用钢化玻璃(镜子)，定额中的镜面玻璃消耗量 11.8 调整为 10.5。

2) 计价工程量计算

(1) 大理石洗漱台，按设计图示尺寸的台面外接矩形面积以“m^2”计算，不扣除孔洞面积及挖弯、削角面积，挡板、挂板面积并入台面面积内计算。

(2) 石材磨边按设计图示尺寸以延长米“m”计算。

(3) 镜面玻璃按设计图示尺寸的边框外围面积计算，成品镜箱安装以“个”计算。

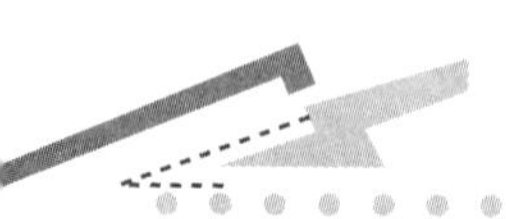

5. 雨篷、旗杆清单计价

1) 计价说明

雨篷为平面雨篷，雨篷侧面的饰面定额未包括。

2) 计价工程量计算

吊挂雨篷按设计图示尺寸的水平投影面积以“m^2”计算。

6. 招牌、灯箱清单计价

1) 计价说明

(1) 平面招牌是指直接安装在墙上的平板式招牌；箱式招牌是指直接安装在墙上或挑出墙面的箱体招牌。

(2) 平面招牌定额分钢结构及木结构，又分一般与复杂，复杂指平面招牌基层有凸凹或造型等复杂情况。

(3) 招牌的灯饰均不包括在定额内。招牌面层，套用天棚或墙面相应子目。

2) 计价工程量计算

(1) 平面招牌基层按正立面面积以“m^2”计算，复杂形的凹凸造型部分不增减。

(2) 钢结构招牌基层按设计图示钢材的净用量以“t”计算。

(3) 招牌、灯箱面层按展开面积以“m^2”计算。

7. 美术字清单计价

1) 计价说明

美术字不分字体，定额均以成品安装为准。美术字安装基层分混凝土面、砖墙面及其他面，混凝土面、砖墙面包括粉刷或贴块料后的基层，其他面指铝合金扣板面、幕墙玻璃面、铝塑板面等。

2) 计价工程量计算

美术字安装按字的最大外围矩形面积以“个”计算。

8. 拆除工程清单计价

1) 计价说明

(1) 本部分拆除子目适用于建筑物非整体拆除，饰面拆除子目包含基层拆除工作内容。门窗套拆除包括与其相连的木线条拆除。

(2) 混凝土拆除中，未考虑钢筋、铁件等的残值回收费用。

(3) 垃圾外运按人工装车、5t以内自卸汽车考虑。

2) 计价工程量计算

饰面拆除，按装饰工程相应工程量计算规则计算；栏板、窗台板、门窗套等拆除工程，工程量以延长米“m”计算；结构拆除，按拆除体积以“m^3”计算。

1. 暖气罩和旗杆清单计价，需要本地参照补充定额。

2. 定额中的装饰线，主要适用于天棚与墙面的阴角、门窗套贴面、内外墙面的腰线及外墙装饰线，也适用于各类柜中线条。木质线条定额按直线考虑，弧线时材料单价换算，人工乘以系数 1.15。

3. 招牌定额仅含骨架(钢骨架和木骨架)费用，骨架上木板基层、招牌饰面、油漆按墙柱面、天棚、油漆相关定额子目套用。

4. 箱式招牌，清单工程量按正立面框外围面积计算，定额按展开面积计算。

5. 石材磨边、磨斜边、磨半圆边、块料倒角磨边、铣槽及台面开孔子目均考虑现场磨制。石材、块料磨边定额按磨单边考虑，设计图纸磨双边时，定额乘以系数 1.85。

单元小结

本单元主要介绍了装饰工程相关内容的计量与计价，主要包括楼地面工程、墙柱面工程、天棚工程、油漆涂料裱糊工程、其他装饰工程及拆除工程的工程量清单编制，以及清单计价文件编制的相关规范、计价规范和编制要求。

同步测试

一、单项选择题

1．块料面层结合砂浆如采用干硬性水泥砂浆的，除材料单价换算外，人工乘以系数(　　)。

A．0.75　　B．0.85　　C．0.5　　D．0.3

2．以下定额子目中，(　　)已包括踢脚线。

A．水泥砂浆楼地面　　B．大理石楼梯面

C．细石混凝土楼地面　　D．水泥砂浆楼梯面

3．整体面层楼地面的工程量，应扣除(　　)。

A．$0.3m^2$ 以内孔洞　　B．设备基础

C．附墙烟囱　　D．间壁墙

4．关于踢脚线的定额工程量计算，错误的是(　　)。

A．水泥砂浆踢脚线按 m^2 计算

B．块料面层踢脚线按设计图示尺寸以“m^2”计算

C．水泥砂浆踢脚线按延长米乘以高度计算，扣除门洞、空圈的长度

D．块料面层踢脚线按实计算

5．零星装饰项目适用于楼梯、台阶侧面装饰及(　　)以内少量分散的楼地面装修项目。

A．$0.3m^2$　　B．$0.5m^2$　　C．$0.05\ m^2$　　D．$0.03m^2$

6．抹灰厚度设计与定额不同时，按抹灰砂浆厚度每增减(　　)定额进行调整。

A．1mm　　B．5mm　　C．0.5mm　　D．3mm

7．雨篷、檐沟等抹灰，如局部抹灰种类不同时，另按(　　)相应计算差价。

A．墙面抹灰　　B．抹灰单价　　C．零星项目　　D．柱面抹灰

8．弧形的墙、柱、梁等抹灰、镶贴块料，按相应项目人工乘以系数(　　)，材料乘以系数(　　)。

A．1.10，1.2　　B．1.10，1.02　　C．1.02，1.10　　D．1.10，1.10

9．关于阳台、雨篷的抹灰面积，说法正确的是(　　)。

A．按实际抹灰面积计算　　B．按侧面投影面积计算

C．按展开面积计算　　D．按水平投影面积计算

10．关于墙柱面工程量的计算，说法错误的是(　　)。

A．大理石(花岗岩)柱墩、柱帽，按其设计最大外径周长乘以高度以“m^2”计算

B．墙、柱、梁面镶贴块料，按设计图示尺寸以实铺面积计算

C．墙饰面的基层按设计图示尺寸净长乘以净高计算，不扣除门窗洞口及每个在 $0.3m^2$ 以上孔洞所占的面积

D．柱、梁饰面面积按图示外围饰面面积计算

11．在夹板基层上贴石膏板，套用(　　)定额。

A．钉在木龙骨上石膏板　　B．每增加一层石膏板

C．安在轻钢龙骨上石膏板　　D．钉在夹板上石膏板

12．板式楼梯底面抹灰按(　　)计算。

A．斜面积　　B．水平投影面积

C．垂直投影面积　　D．体积

13．天棚吊筋高按(　　)以内综合考虑。如设计需做二次支撑时，应另行计算。

A．1.0m　　B．1.5m　　C．0.5m　　D．0.6m

14．调和漆定额按(　　)遍考虑。

A．一　　B．二　　C．三　　D．四

15．成品木门油漆工程量按(　　)计算。

A．门扇面积　　B．门扇面积乘以系数 1.1

C．门扇面积乘以系数 0.9　　D．展开面积

16．楼梯木扶手油漆工程量按扶手中心线斜长计算，弯头长度应计算在扶手长度内，乘以系数(　　)。

A．0.9　　B．1.0　　C．1.1　　D．1.2

17．木材踢脚板按相应装饰面工程量乘以系数(　　)。

A．1.0　　B．1.1　　C．1.2　　D．1.3

18．其他金属面油漆工程量按(　　)计算。

A．重量　　B．体积　　C．展开面　　D．厚度

19．关于货架的计量方式中，错误的是(　　)。

A．按设计图示数量计算，单位为“个”

B．按设计图示尺寸以延长米计算，单位为“m”

C．按设计图示尺寸以面积计算，单位为“m^2”

D．按设计图示尺寸以体积计算，单位为“m^3”

20．根据清单工程量计算规则，下列计算错误的是(　　)。

A．金属装饰线按设计图示尺寸以长度计算，单位为“m”

B．暖气罩按设计图示尺寸以水平投影面积计算

C．金属旗杆按设计图示数量计算，单位为“根”

D．金属栏杆按设计图示尺寸以扶手中心线长度计算，单位为“m”

21．在拆除工程中，既可以按拆除部位的面积计算，又可以按延长米计算的是(　　)。

A．砖砌体　　B．抹灰面

C．龙骨及饰面　　D．油漆涂料裱糊面

22．拆除混凝土及钢筋混凝土构件，不可采用的计量单位是(　　)。

A．块　　B．m　　C．m^2　　D．m^3

23．在拆除工程中，对于暖气罩、柜体、窗台板、筒子板、窗帘盒、窗帘轨均可使用的单位是(　　)。

A．个　　B．m　　C．m^2　　D．m^3

二、多项选择题

1．关于螺旋形楼梯的装饰定额套用，正确的是(　　)。

A．人工乘以系数1.1　　B．机械乘以系数1.15

C．机械乘以系数1.1　　D．块料面层材料用量乘以系数1.15

E．其他材料用量乘以系数1.05

2．关于整体面层楼地面工程量计算，正确的是(　　)。

A．按设计图示尺寸以面积计算

B．扣除凸出地面的构筑物、设备基础、室内管道、地沟等所占面积

C．扣除间壁墙

D．扣除$0.3m^2$以内柱、垛、附墙烟囱及孔洞所占面积

E．门洞、空圈的开口部分不增加

3．楼地面工程中，清单与定额工程量计算规则不同的是(　　)。

A．水泥砂浆踢脚线　　B．块料面层、金属板、塑料板踢脚线

C．石材、块料面层楼地面　　D．橡塑面层楼地面

E．现浇水磨石楼梯面

4．阳台、雨篷、檐沟抹灰定额中，说法正确的是(　　)。

A．雨篷翻檐高250mm以内(从板顶面起算)，檐沟侧板高300mm以内定额已综合考虑

B．雨篷翻檐超过定额高度时，按每增加100mm计算

C．阳台、雨篷、檐沟抹灰包括底面和侧板抹灰

D．檐沟侧板高度超过1200mm时，套墙面相应定额

E．檐沟未包括细石混凝土找坡

5．抹灰、镶贴块料及饰面的柱墩、柱帽(大理石、花岗岩除外)，其工程量并入相应柱内计算，每个柱墩、柱帽另增加人工(　　)。

A．抹灰增加0.25工日　　B．抹灰增加0.5工日

C．镶贴块料增加0.38工日　　D．饰面增加0.5工日

E．饰面增加0.05工日

6．关于墙面抹灰工程量计算，正确的是(　　)。

A．按设计图示尺寸以面积计算

B．扣除墙裙、门窗洞口及单个$0.3m^2$以外的孔洞面积

C．扣除踢脚线、装饰线以及墙与构件交接处的面积

D．扣除 $0.3m^2$ 以内柱、垛、附墙烟囱及孔洞所占面积

E．门窗洞口和孔洞的侧壁及顶面面积不增加

7．块料镶贴和装饰抹灰的“零星项目”适用于(　　)等。

A．水平遮阳板　B．腰线　C．窗台线

D．雨篷周边　E．扶手

8．关于天棚抹灰工程量，说法正确的是(　　)。

A．按设计图示尺寸以水平投影面积计算

B．不扣除间壁墙、垛、柱、附墙烟囱所占的面积

C．不扣除检查口和管道所占的面积

D．带梁天棚梁两侧抹灰面积并入天棚面积内计算

E．带梁天棚梁两侧抹灰不计算

9．关于天棚吊顶的工程量计算，正确的是(　　)。

A．跌级天棚与平面天棚计算规则相同

B．跌级天棚与平面天棚计算规则不同

C．饰基层工程量按设计图示尺寸以展开面积计算

D．饰面板工程量按设计图示尺寸以水平投影面积计算

E．饰面板工程量按设计图示尺寸以展开面积计算

10．其他金属面油漆适用于(　　)项目。

A．钢爬梯　B．钢栏杆　C．窗栅

D．干挂钢骨架　E．钢折门

11．其他木材面油漆适用的项目包括(　　)。

A．木扶手　B．门窗套　C．零星木装修

D．木屋架　E．木线条

三、定额换算

试完成表 4-11 中的内容。

表 4-11　某定额换算表

序号	定额编号	工程名称	计量单位	基价	基价计算公式
1		20mm 厚 1∶3 水泥砂浆楼地面			
2		25mm 厚 1∶3 水泥砂浆找平层			
3		1∶1.5 白水泥白石子浆现浇水磨石楼地面			
4		1∶2 水泥砂浆铺贴大理石螺旋楼梯			
5		25mm 厚水泥砂浆墙面抹灰			
6		弧形墙面水泥砂浆湿挂大理石面层			
7		檐沟抹水泥砂浆，宽 550mm，侧板高 250mm			
8		木龙骨细木工板饰面基层			
9		U38 型轻钢龙骨(平面)			
10		石膏板安在 T 形铝合金龙骨上			

四、综合训练题

1. 某房屋工程平面如图 4.7 所示，地面做法为：20mm 厚 1∶3 水泥砂浆密缝铺贴 600mm×600mm 玻化砖；100mm 厚 C15 细石混凝土找平层；150mm 厚碎石垫层；素土夯实。踢脚线为用 1∶2 水泥砂浆铺贴同质玻化砖，高 120mm。

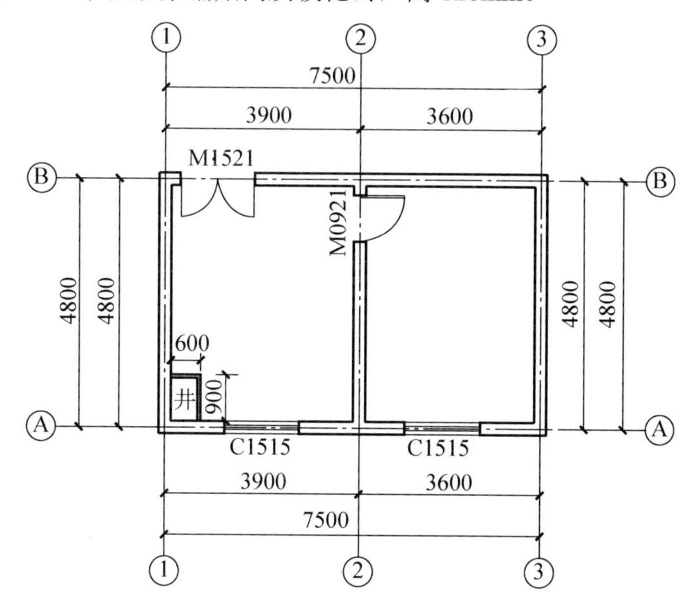

图 4.7　某房屋工程平面图(单位：mm)

(1) 计算该地面清单工程量并编制工程量清单。

(2) 计算对应清单项目的综合单价(管理费 15%，利润 8.5%，风险费 0)。

2. 某房屋工程平面如图 4.8 所示，外墙顶面标高为 3.6m，室内外高差-0.3m，外墙采用 1∶3 水泥砂浆打底，45mm×95mm 外墙面砖贴面。

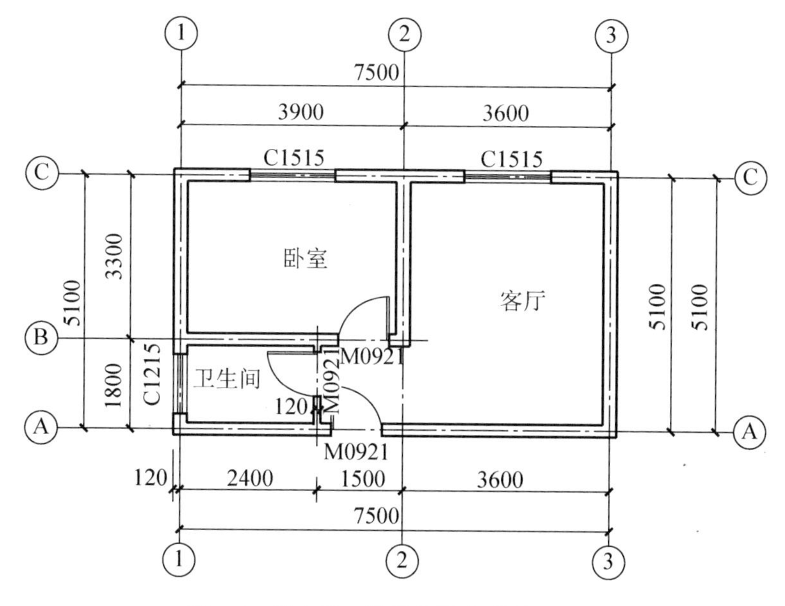

图 4.8　某房屋工程平面尺寸(单位：mm)

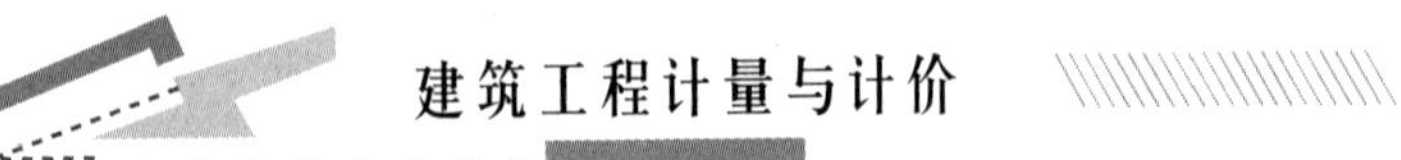

(1) 计算该墙面清单工程量并编制工程量清单。

(2) 计算对应清单项目的综合单价(管理费 15%，利润 8.5%，风险费 0)。

3. 某餐厅的天棚构造如图 4.9 所示，试编制该天棚的工程量清单并计算其综合单价(管理费 15%，利润 8.5%，风险费 0)。

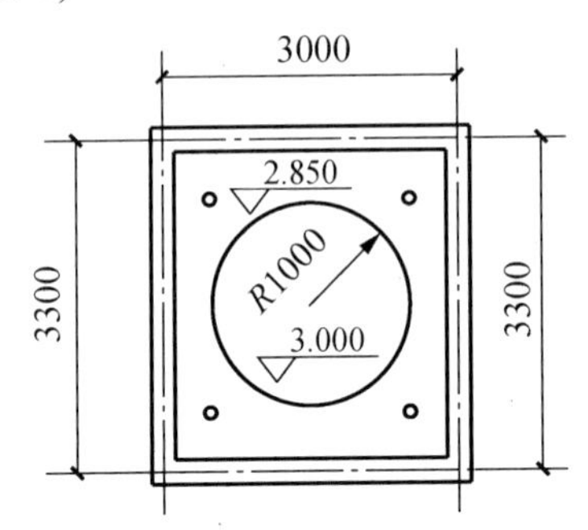

图 4.9　某天棚构造尺寸(单位：mm)

单元5 措施项目计量与计价

知识目标

1. 了解措施项目基础知识;
2. 掌握措施项目清单编制;
3. 掌握措施项目计价方法。

能力目标

1. 能理解措施项目相关的工艺内容;
2. 掌握措施项目清单工程量计算和清单编制方法;
3. 能结合实际工程运用所学知识。

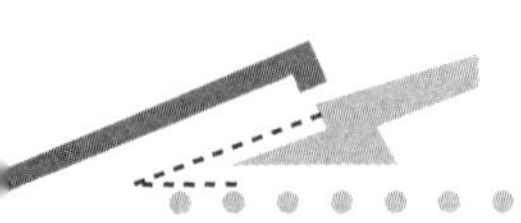

引入案例

某超高层写字楼项目，位于某市中央商务区，地下5层，地上69层，高度约353m，建筑面积122m²。该超高层写字楼结构体系由钢筋混凝土筒体及钢结构外框架构成，钢筋混凝土筒体截面尺寸约为27m×25m，核心筒结构为钢筋混凝土墙体，六层以下埋设型钢劲性柱；钢结构外框架截面尺寸为46m×46m，由钢管混凝土柱及型钢梁组成。钢结构采用钢筋混凝土筒体-钢结构外框架的混合体系，决定了钢结构施工必须以筒体施工为前提，后者选用“液压爬升模架、提升大模板体系”进行施工。垂直运输选用一大一小2台动臂式塔式起重机来搭配使用，结合核心筒的液压爬升模架，解决土建与钢结构的吊运需求；主楼310m标高以上设置由桁架组成的塔冠，塔冠最高处43m，塔冠钢结构由内爬式塔式起重机TCR-6055负责吊装；投入4台中、高速变频施工电梯，供人员上下和物资进出，装饰阶段后期，实现施工电梯与永久电梯的有序转换使用。在安全防护上，建立“以操作层的全封闭围护为重点，兼顾主体结构分段隔离以及受落点的预先设防”的多层次防坠落体系。该超高层写字楼的总包工程措施费报价约为3000万元，分部分项工程费用报价约为1.2亿元，措施费用占分部分项工程费用的比例约为25%。措施费用报价3000万元中，塔式起重机、人货梯、脚手架等措施费用约为2200万元。

请思考：超高层建筑与多层、第一类高层、第二类高层等建筑的施工会有什么不一样？措施费用包含哪些内容？

措施项目作为施工过程中必不可少的且不形成最终的实体工程的非工程实体项目，随施工工艺而产生，随工程结束而结束。措施项目按清单规范，分为通用措施项目和专业措施项目；按定额，分为组织措施项目和技术措施项目。技术措施又分为通用技术措施和专业技术措施。

通用技术措施项目，包括大型机械设备进出场及安拆，施工排水、降水，地上、地下设施、建筑物的临时保护设施；专业技术措施项目，包括打桩工程技术措施费，混凝土、钢筋混凝土模板及支架费，脚手架费，垂直运输费，建筑物超高施工增加费。

任务5.1　脚手架工程

5.1.1　基础知识

本任务主要学习脚手架措施项目的计量与计价。外墙脚手架除了承担主体施工功能外，对外墙砌筑施工、外墙的装修也起着重要作用。外墙脚手架按搭设的材料，分为扣件式脚手架、门式脚手架、承插式脚手架、碗口式脚手架、毛竹脚手架等；按搭设的方式，可分为落地式脚手架、悬挑式脚手架、吊挂式脚手架、爬架(一般用于高度大于80m的建筑物，通常有自升降式脚手架、互升架式脚手架、整体升降式脚手架等形式)。

5.1.2　脚手架工程工程量清单编制

1. 清单编制说明

根据《房屋建筑与装饰工程工程量计算规范》，脚手架工程工程量清单项目包括综合脚手架、外脚手架、里脚手架、悬空脚手架、挑脚手架、满堂脚手架、整体提升架、外装饰吊篮、电梯井脚手架9个项目，分别按011701001×××～011701008×××、Z011701009×××编码列项。

2. 清单编制

1) 综合脚手架(011701001)

综合脚手架适用于能够按建筑面积计算规则计算建筑面积的建筑工程脚手架，不适用于房屋加层、构筑物及附属工程脚手架。使用综合脚手架时，不再使用外脚手架、里脚手架等单项脚手架。建筑物有不同檐高时，按建筑物竖向切面分别按不同檐高编码列项。

(1) 工程内容：场内、场外材料搬运，搭、拆脚手架、斜道、上料平台，安全网的铺设，选择附墙点与主体连接，测试电动装置、安全锁等，拆除脚手架后材料的堆放。

(2) 项目特征描述：建筑结构形式、檐口高度。

(3) 工程量计算：按建筑面积以“m^2”计算。

拓展提高

此处建筑面积除按建筑面积计算规定考虑外，另加以下内容。

1. 骑楼、过街楼下的人行通道、建筑物通道及架空层，层高2.2m及以上者按墙(柱)外围水平面积计算(与有无围护无关)；层高不足2.2m者计算1/2面积。

2. 设备夹层(技术层)层高在2.2m及以上者，按墙外围水平面积计算；层高不足2.2m者，计算1/2面积。

3. 有墙体、门窗封闭的阳台，按其外围水平投影面积计算。

以上涉及面积计算内容，仅适用于计取综合脚手架、垂直运输费和建筑物超高施工用水加压增加的水泵台班费用。

2) 里、外脚手架(011701003、011701002)

(1) 工程内容：场内、场外材料搬运，搭、拆脚手架、斜道、上料平台，安全网的铺设，拆除脚手架后材料的堆放。

(2) 项目特征描述：搭设方式、搭设高度、脚手架材质。

(3) 工程量计算：按所服务对象的垂直投影面积以“m^2”计算。

3) 悬空脚手架(011701004)

(1) 工程内容：场内、场外材料搬运，搭、拆脚手架、斜道、上料平台，安全网的铺设，拆除脚手架后材料的堆放。

(2) 项目特征描述：搭设方式、悬挑宽度、脚手架材质。

(3) 工程量计算：按搭设的水平投影面积以“m^2”计算。

4) 挑脚手架(011701005)

(1) 工程内容：场内、场外材料搬运，搭、拆脚手架、斜道、上料平台，安全网的铺设，拆除脚手架后材料的堆放。

(2) 项目特征描述：搭设方式、悬挑宽度、脚手架材质。

(3) 工程量计算：按搭设长度乘以搭设层数以延长米“m”计算。

5) 满堂脚手架(011701006)

满堂脚手架适用于工作面高度超过3.6m的天棚抹灰，或吊顶安装及基础深度超过2m的混凝土运输脚手架(地下室及使用泵送混凝土的除外)。工作面高度为设计室内地面(楼面)

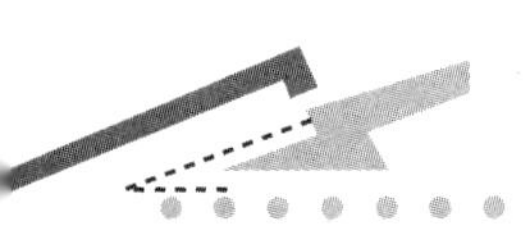

至天棚底的高度，斜天棚按平均高度计算。基础深度自室外设计地坪算起。

(1) 工程内容：场内、场外材料搬运，搭、拆脚手架、斜道、上料平台，安全网的铺设，拆除脚手架后材料的堆放。

(2) 项目特征描述：搭设方式、搭设高度、脚手架材质。

(3) 工程量计算：按搭设水平投影面积以“m^2”计算。

6) 整体提升架(011701007)

整体提升架已包括2m高的防护架体设施。

(1) 工程内容：场内、场外材料搬运，搭、拆脚手架、斜道、上料平台，安全网的铺设，选择附墙点与主体连接，测试电动装置、安全锁等，拆除脚手架后材料的堆放。

(2) 项目特征描述：搭设方式及启动装置、搭设高度。

(3) 工程量计算：按所服务对象的垂直投影面积以“m^2”计算。

7) 外装饰吊篮(011701008)

(1) 工程内容：场内、场外材料搬运，吊篮的安装，测试电动装置、安全锁、平衡控制器等，吊篮的拆卸。

(2) 项目特征描述：升降方式及启动装置、搭设高度及吊篮型号。

(3) 工程量计算：按所服务对象的垂直投影面积以“m^2”计算。

8) 电梯井脚手架(Z011701009)

(1) 工程内容：搭设拆除脚手架、安全网，铺、翻脚手板。

(2) 项目特征描述：电梯井高度。

(3) 工程量计算：按设计图示数量以“座”计算。

实例分析 5-1

某建筑物如图5.1所示，地下2层，地上裙房3层，主楼15层，第15层层高为7m，第5层为设备夹层，层高为2.2m，其余层高均在3.6～5m之间，主楼每层建筑面积为600m^2，天棚投影面积500m^2，裙房每层建筑面积为400m^2。天棚投影为320m^2。试编制该建筑物脚手架清单。

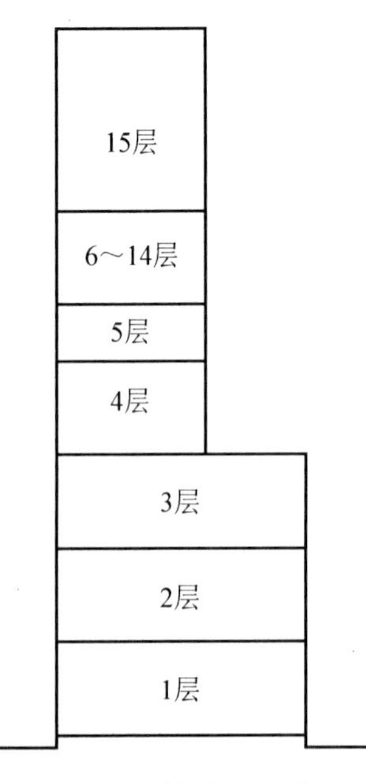

图5.1　某建筑物立面简图

分析：首先分析该建筑项目要编制的脚手架项目，应为综合脚手架、满堂脚手架。而且裙房和主楼檐高不同，应分别列项。

综合脚手架的清单工程量如下。

主楼檐高60m以内为$S=600\times15=9000(m^2)$;

裙房檐高20m以内为$S=400\times3=1200(m^2)$。

主楼除第5层外，层高均超过3.6m，因此要计满堂脚手架。

主楼满堂脚手架清单工程量为$S=500\times14=7000(m^2)$。

裙房层高均在3.6～5m之间，因此也要计满堂脚手架。

裙房1～3层满堂脚手架清单工程量为$S=320\times3=960(m^2)$。

相应工程量清单见表5-1。

表 5-1 某措施项目工程量清单

序号	项目编码	项目名称	项目特征描述	计量单位	工程量	金额/元		
						综合单价	合价	其中：暂估价
1	011701001001	综合脚手架	檐口高度 60m 以内，第 1～14 层层高均在 3.6～5m 之间，第 15 层层高 7m，含技术层一层，层高 2.2m	m^2	9000			
2	011701001002	综合脚手架	檐口高度 20m 以内，第 1～3 层高均在 3.6～5m 之间	m^2	1200			
3	011701006001	满堂脚手架	1. 檐口高度 60m 以内 2. 主楼第 15 层层高 7m，除第 5 层技术层层高为 2.2m 外，第 1～14 层高均在 3.6～5m 之间	m^2	7000			
4	011701006002	满堂脚手架	1.檐口高度 20m 以内 2.层高均在 3.6～5m 之间	m^2	960			

拓展提高

脚手架材质可以不描述，但应注明由投标人根据工程实际情况按照《建筑施工扣件式钢管脚手架安全技术规范》(JGJ 130—2011)、《建筑施工附着升降脚手架管理暂行规定》(建[2000]230 号)等规范自行确定。

5.1.3 工程量清单计价

1. 一般规定

脚手架计价除考虑安装拆卸及运输费用之外，还应考虑脚手架的周转周期长短的影响，同时参考《浙江省建筑工程预算定额(2010 版)》。本章定额分为综合脚手架，单项脚手架，烟囱、水塔脚手架三个部分，共 66 个定额子目，适用于房屋工程、构筑物及附属工程的脚手架。脚手架部分搭设材料及搭设方法，均执行同一定额。

2. 综合脚手架

1) 计价定额说明

综合脚手架定额，适用于房屋工程及地下室脚手架，不适用于房屋加层脚手架、构筑物及附属工程脚手架。综合脚手架定额是按不同檐高划分的，同一建筑物檐高不同时，应根据不同高度的垂直分界面分别计算。

拓展提高

这与清单规范规定一致。

(1) 综合脚手架综合了以下内容：

① 内、外墙砌筑脚手架；

② 外墙饰面脚手架；

③ 斜道和上料平台；

④ 高度在 3.6m 以内的内墙及天棚装饰脚手架；

⑤ 地下室综合脚手架中已经综合了基础超深脚手架。

(2) 综合脚手架未综合以下内容：

① 层高超过 3.6m 的天棚及内墙装修，需计算满堂脚手架；

② 层高超过 3.6m 的内墙装修，如不能利用满堂脚手架，按内墙面脚手架定额，人工、材料乘以相应系数；

③ 外墙装修不能利用外墙砌筑脚手架时，按外墙脚手架定额，定额中人工、材料要调整；

④ 电梯安装井道脚手架；

⑤ 人行过道脚手架；

⑥ 砖柱、构筑物、围墙、网架安装、屋面构架、钢结构安装等项目脚手架均按单独脚手架执行；

⑦ 基础工程的混凝土采用现场搅拌施工，当基础深超过 2m 时所搭设的脚手架。

2) 工程量计算

工程量按房屋建筑面积计算，有地下室时，地下室与上部建筑面积分别计算，套用相应定额。半地下室并入上部建筑物计算。

工程量计算规则，同清单工程量计算规则。

3. 单项脚手架

1) 满堂脚手架

(1) 计价定额说明。

①满堂脚手架适用于高度超过 3.6m 至 5.2m 以内的天棚抹灰或吊顶安装，按满堂脚手架基本层计算。高度超过 5.2m 时，另按增加层定额计算。

拓展提高

工作面高度为房屋层高；斜天棚(屋面)按房屋平均层高计算。

实例分析 5-2

某房屋天棚抹灰，层高为 5.8m，求天棚抹灰脚手架单价。

分析：根据计价规定，本项目应按基本层加上增加层计算。因 5.8m−5.2m=0.6m，因此按一个增加层计算。套定额 16−40+41，计算得

$$单价=6.03+1.24=7.27(元/m^2)$$

② 如仅勾缝、刷浆或油漆时，按满堂脚手架定额，人工乘以系数 0.40，材料乘以系数 0.1。满堂脚手架在同一操作地点进行多种操作(不另行搭设)时，只可计算一次脚手架费用。

③ 基础深度(自设计室外地坪起)超过 2m 时，应计算混凝土运输脚手架(使用泵送混凝土除外)，按满堂脚手架基本层定额乘以系数 0.6。深度超过 3.6m 时，另按增加层定额乘以

系数 0.6。

(2) 工程量计算。

① 满堂脚手架工程量按天棚水平投影面积计算，局部高度超过 3.6m 的天棚，按层高超过 3.6m 部分面积计算。

② 无天棚的屋面构架等建筑构造的脚手架，按施工组织设计规定的脚手架搭设的外围水平投影面积计算。

③ 基础深度超过 2m 的混凝土运输满堂脚手架工程量，按底层外围面积计算；局部加深时，按加深部分基础宽度每边各增加 50cm 计算。

2) 其他脚手架

(1) 内、外墙脚手架。

① 外墙外侧饰面如不能利用外墙砌筑脚手架须另行搭设(即外墙装修需要重新搭设脚手架)时，按外墙脚手架定额，人工乘以系数 0.6，材料乘以系数 0.30；如仅勾缝、刷浆、油漆时，人工乘以系数 0.4，材料乘以系数 0.10。

高度在 3.6m 以上的内墙饰面脚手架，如不能利用满堂脚手架，须另行搭设时，按内墙脚手架定额，人工乘以系数 0.6，材料乘以系数 0.30；如仅勾缝、刷浆、油漆时，人工乘以系数 0.4，材料乘以系数 0.10。

拓展提高

采用吊篮施工时，应按施工组织设计规定计算并套用相应定额。吊篮安装、拆除以“套”为单位计算，使用以“套 · 天”计算；如采用吊篮在另一垂直面上工作的方案，所发生的整体挪移费按吊篮安拆定额扣除载重汽车台班后乘以系数 0.7 计算。砖墙厚度在一砖半以上，石墙厚度在 40cm 以上，应计算双面脚手架，外墙套外墙脚手架，内面套内墙脚手架定额。

② 工程量计算：

外墙脚手架=外墙面积×1.15

内墙脚手架=内墙面积×1.15

式中，内、外墙面积不扣除门窗洞口、空洞等面积。

(2) 围墙脚手架。

① 围墙高度在 2m 以上者，套内墙脚手架定额。

② 工程量：按围墙高度乘以围墙中心线长度以面积计算。

③ 围墙高度自设计室外地坪算至围墙顶，长度按围墙中心线计算，洞口面积不扣，砖垛(柱)也不折加长度。

(3) 电梯井道脚手架。

① 电梯井道脚手架定额按高度分别列项，20m 起分别列有 20m 以内、40m 以内、60m 以内、……、200m 以内，步距 20m。

电梯井高度按井坑底面至井道顶板底的净空高度再减去 1.5m 计算。

② 工程量：按单孔(一座电梯)数量以“座”计算。

(4) 防护脚手架。

① 防护脚手架定额按双层考虑，基本使用期为 6 个月，不足或超过 6 个月按相应定额

每增减一个月计算，不足一个月按一个月计。

② 工程量：按水平投影面积计算。

(5) 砖柱脚手架：

① 砖柱脚手架适用于高度大于2m的独立砖柱；房上烟囱高度超出屋面2m者，套砖柱脚手架定额。

② 工程量：按柱高以“m”计算。

4. 清单计价实例

实例分析 5-3

请根据实例分析 5-1 提供的工程条件和清单，按照《浙江省建筑工程预算定额(2010 版)》计算清单项目的综合单价(企业管理费为人工费及机械费之和的 15%、利润为人工费及机械费之和的 10%，不考虑风险费用)。

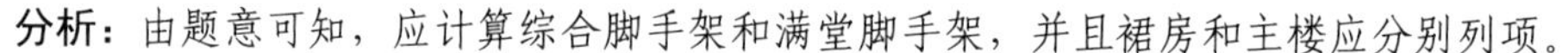

分析：由题意可知，应计算综合脚手架和满堂脚手架，并且裙房和主楼应分别列项。

【参考图文】

(1) 011701001001 综合脚手架：根据清单描述，檐口高度 60m 以内，第 1～14 层层高均在 3.6～5m 之间，第 15 层层高 7m，含技术层一层，层高 2.2m。则工程量分层高 6m 以内和 7m 两部分计算。

① 第 1～14 层综合脚手架工程量为 600 × 14=8400(m^2)，套定额 60m 以内，定额编号 16-11，计算得

人工费=909.02 元

材料费=2123.02 元

机械费=128.57 元

管理费=(909.02+128.57) × 15%=155.64(元)

利润=(909.02+128.57) × 10%=103.76(元)

② 第 15 层综合脚手架工程量为 600m^2，套定额 60m 以内，并按檐高 30m 以内每增加 1m 定额执行，定额编号为 16-11+16-8，计算得

人工费=909.02+52.03=961.05(元)

材料费=2123.02+114.21=2237.23(元)

机械费=128.57+8.47=137.04(元)

管理费=(961.05+137.04) × 15%=164.71(元)

利润=(961.05+137.04) × 10%=109.81(元)

③ 则此清单的综合单价为

人工费=(909.02 × 8400+961.05 × 600)/9000=912.489(元)

材料费=(2123.02 × 8400+2237.23 × 600)/9000=2130.634(元)

机械费=(128.57 × 8400+137.04 × 600)/9000=129.135(元)

管理费=(912.489+129.135) × 15%=156.244(元)

利润=(912.489+129.135) × 10%=104.162(元)

综合单价=912.489+2130.634+129.135+156.244+104.162=3432.664(元/m^2)

(2) 同理可以对 011701001002 综合脚手架进行综合单价的计算。

(3) 011701006001 满堂脚手架：根据清单描述，檐口高度 60m 以内，主楼第 15 层层高 7m，除第 5 层技术层层高为 2.2m 外，第 1～14 层层高均在 3.6～5m 之间。

① 第 1～4 层和第 6～14 层计算基本层满堂脚手架，工程量为 500 × 13=6500(m^2)，套用定额 16-40，计算得

人工费=417.53 元

材料费=160.50 元

机械费=25.42 元

管理费=(417.53+25.42) × 15%=66.44(元)

利润=(417.53+25.42) × 10%=44.30(元)

② 第 15 层需要计算基本层脚手架和增加层脚手架，工程量为 500m^2，套用定额 16-40+16-41 × 2，计算得

人工费=(417.53+82.56 × 2)=582.65(元)

材料费=(160.50+36.25 × 2)=233(元)

机械费=(25.42+5.65 × 2)=36.72(元)

管理费=(582.65+36.72) × 15%=92.906(元)

利润=(582.65+36.72) × 10%=61.94(元)

③ 则此清单的综合单价为

人工费=(417.53 × 6500+582.65 × 500)/7000=429.324(元)

材料费=(160.50 × 6500+233 × 500)/7000=165.679(元)

机械费=(25.42 × 6500+36.72 × 500)/7000=26.227(元)

管理费=(429.324+26.227) × 15%=68.33(元)

利润=(429.324+26.227) × 10%=45.56(元)

综合单价=429.324+165.679+26.227+68.33+45.56=735.12(元/m^2)

(4) 同理可以对 011701006002 满堂脚手架进行计价。

(5) 脚手架措施项目清单综合单价计算结果见表 5-2。

表 5-2 某措施项目清单组价表

序号	编号	工程内容	计量单位	数量	综合单价/元							合计/元
					人工费	材料费	机械费	管理费	利润	风险	小计	
1	011701001001	综合脚手架	m^2	9000	912.489	2130.634	129.135	156.244	104.164	0	3432.664	30893988
	16-11	综合脚手架檐高 60m 以内	m^2	8400	909.02	2123.02	128.57	155.64	103.76	0	3420.01	28728084
	16-11+16-8	综合脚手架檐高 60m 以内，层高 7m	m^2	600	961.05	2237.23	137.04	164.71	109.81	0	3609.84	2165904
2	011701001002	综合脚手架	m^2	1200	467.41	1011.29	67.79	80.28	53.52	0	1680.29	2016348
	16-5	综合脚手架檐高 20m 以内	m^2	1200	467.41	1011.29	67.79	80.28	53.52	0	1680.29	2016348
3	011701006001	满堂脚手架	m^2	7000	429.324	165.679	26.227	68.33	45.56	0	735.12	5145840
	16-40	满堂脚手架(层高 3.6～5.2m)	m^2	6500	417.53	160.50	25.42	66.44	44.30	0	714.19	4642235
	16-40+16-41×2	满堂脚手架(层高 7m)	m^2	500	582.65	233	36.72	92.90	61.94	0	1007.21	503605
4	011701006002	满堂脚手架	m^2	960	417.53	160.50	25.42	66.44	44.30	0	714.19	685622.4
	16-40	满堂脚手架	m^2	960	417.53	160.50	25.42	66.44	44.30	0	714.19	685622.4

任务5.2 混凝土模板及支架工程

5.2.1 基础知识

模板是指使浇筑混凝土能按设计要求形成混凝土构件的一种临时性结构，由模板、支撑、固定件组成。

工程模板常用材料，有复合胶模板、木模板、钢模板；支撑系统，常见有扣件式钢管脚手架、门式钢架、碗扣式脚手架等。

模板按构造分为组合式模板、大模板、滑升模板、爬升模板、台模、早拆模板、永久性模板等。

模板作为周转材料可重复使用，计价时应根据周转次数、每次周转损耗及回收余值等情况，确定模板的摊销量。

5.2.2 模板工程清单编制

【参考视频】

1. 清单编制说明

混凝土模板及支架(撑)工程清单，按《房屋建筑与装饰工程工程量计算规范》附录S.2进行编制，适用于建筑物和构筑物工程混凝土模板及支架(撑)项目列项。

本任务项目按上述规范附录 S.2，分为基础模板、柱模板、梁模板、墙模板、板模板、雨篷模板、楼梯模板、台阶模板、扶手模板、其他构件模板等34个项目。

2. 模板工程清单编制

1) 基础模板(011702001)

(1) 适用于各类基础模板列项。

(2) 工程内容：模板制作，模板安装、拆除、整理堆放及场内外运输，清理模板黏结物及模内杂物、刷隔离剂等。

(3) 清单项目描述：描述基础类型、设备基础单个块体体积、弧形基础长度。

(4) 工程量计算：按模板与现浇混凝土构件的接触面积以“m^2”计算。

2) 柱、梁、墙、板模板(011702002～011702021)

(1) 柱模板按矩形柱模板、构造柱模板、异形柱模板分别列项(011702002～011702004)；梁模板按基础梁、矩形梁、异形梁、圈梁、过梁、弧形和拱形梁6项列项(011702005～011702010)；墙模板按直形墙模板、弧形墙模板、短肢剪力墙和电梯井壁3项列项(011702011～011702013)；板模板按有梁板、无梁板、平板、拱板、薄壳板、空心板、其他板、栏板8项列项(011702014～011702021)。

(2) 工程内容：同基础模板。

(3) 清单项目描述：柱模板描述柱类型、柱截面，异形柱需描述柱类型和尺寸；梁模板描述梁截面形状、支撑高度；墙模板描述墙厚；板模板描述支撑高度、板厚、板斜度、弧形板长度。

(4) 工程量计算：按模板与现浇混凝土构件的接触面积以“m^2”计算。

① 现浇钢筋混凝土墙、板单孔面积不超出 $0.3m^2$ 的孔洞不予扣除，洞侧壁模板亦不增加；单孔面积超出 $0.3m^2$ 时应予扣除，洞侧壁模板面积并入墙、板工程量内计算。

② 现浇框架分别按梁、板、柱有关规定计算；附墙柱、暗梁、暗柱并入墙内工程量计算。

③ 柱梁、墙板相互连接的重叠部分，均不计算模板面积。

④ 构造柱按图示外露部分以模板面积“m^2”计算。

实例分析 5-4

根据设计柱表 5-3，试计算 KZ1 模板清单工程量并编制柱模板工程量清单。

表 5-3 柱表

柱号	标高/m	断面/(mm×mm)	备 注
KZ1	-1.5～4.5	450×450	一层层高 4.5m，二、三层层高 3.6m，共 21 根。混凝土强度等级 C30，板厚均为 0.12
	4.5～11.7	450×400	

分析：(1) 根据工程量清单计算规范，清单编码为 011702002。

(2) 计算清单工程量。

① ±0.000m 以下工程量为

$$V = 0.45 \times 4 \times 1.5 \times 21 = 56.7(\text{m}^2)$$

断面周长 1.8m，层高 3.6m 以内。

② 一层矩形柱模板为

$$V = 0.45 \times 4 \times (4.5 - 0.12) \times 21 = 165.56(\text{m}^2)$$

断面周长 1.8m，层高 4.5m。

③ 二、三层矩形柱模板为

$$V = (0.45 + 0.4) \times 2 \times (7.2 - 0.24) \times 21 = 248.47(\text{m}^2)$$

断面周长 1.7m，层高 3.6m 以内。

(3) 编制工程量清单：见表 5-4。

表 5-4 某柱模板工程量清单

序号	项目编码	项目名称	项目特征描述	计量单位	工程量	金额/元		
						综合单价	合价	其中：暂估价
1	011702002001	矩形柱	矩形柱木模板，C30 钢筋混凝土矩形柱，层高 3.6m 以内	m^2	305.17			
2	011702002002	矩形柱	矩形柱木模板，C30 钢筋混凝土矩形柱，层高 4.5m 以内	m^2	165.56			

3) 天沟、檐沟模板(011702022)

(1) 适用于各类天沟、檐沟模板列项。

(2) 工程内容包括：模板制作，模板安装、拆除、整理堆放及场内外运输，清理模板

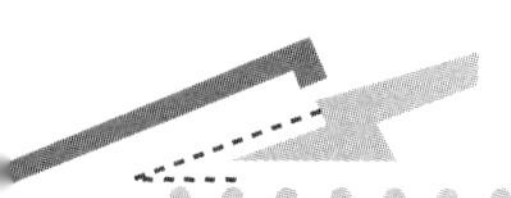

黏结物及模内杂物、刷隔离剂等。

(3) 清单项目描述：构件类型。

(4) 工程量计算：按模板与现浇混凝土构件的接触面积以“m^2”计算。

4) 雨篷、悬挑板、阳台板模板(011702023)

(1) 适用于各类雨篷、悬挑板、阳台板模板列项。

(2) 工程内容：模板制作，模板安装、拆除、整理堆放及场内外运输，清理模板黏结物及模内杂物、刷隔离剂等。

(3) 清单项目描述：构件类型、板厚度。

(4) 工程量计算：按图示外挑部分尺寸的水平投影面积以“m^2”计算，挑出墙外的悬臂梁及板边不另计算。

5) 楼梯模板(011702024)

(1) 适用于各类楼梯模板列项。

(2) 工程内容：模板制作，模板安装、拆除、整理堆放及场内外运输，清理模板黏结物及模内杂物、刷隔离剂等。

(3) 清单项目描述：楼梯类型。

(4) 工程量计算：按楼梯(包括休息平台、平台梁、斜梁和楼层板的连接梁)的水平投影面积以“m^2”计算，不扣除宽度不大于 500mm 的楼梯井所占面积，楼梯踏步、踏步板、平台梁等侧面模板不另计算，伸入墙内部分也不增加。

6) 其他现浇构件、电缆沟和地沟模板(011702025～011702026)

(1) 适用于各类其他现浇构件、电缆沟和地沟模板列项。

(2) 工程内容：模板制作，模板安装、拆除、整理堆放及场内外运输，清理模板黏结物及模内杂物、刷隔离剂等。

(3) 清单项目描述：构件类型，电缆沟和地沟模板需要描述沟类型和沟截面。

(4) 工程量计算。

① 其他现浇构件：按模板与现浇混凝土构件的接触面积以“m^2”计算。

② 地沟和电缆沟：按模板与电缆沟、地沟的接触面积以“m^2”计算。

7) 台阶模板(011702027)

(1) 适用于各类混凝土台阶模板列项。

(2) 工程内容：模板制作，模板安装、拆除、整理堆放及场内外运输，清理模板黏结物及模内杂物、刷隔离剂等。

(3) 清单项目描述：台阶踏步宽。

(4) 工程量计算：按图示台阶水平投影面积以“m^2”计算，台阶端头两侧不另计算模板面积。架空式混凝土台阶，按现浇楼梯计算。

8) 扶手模板(011702028)

(1) 适用于各类混凝土扶手模板列项。

(2) 工程内容：模板制作，模板安装、拆除、整理堆放及场内外运输，清理模板黏结物及模内杂物、刷隔离剂等。

(3) 清单项目描述：扶手断面尺寸。

(4) 工程量计算：按模板与扶手的接触面积以“m^2”计算。

9) 散水模板、后浇带模板、化粪池模板、检查井模板(011702029～011702032)

(1) 适用于各类混凝土散水模板、后浇带模板、化粪池模板、检查井模板列项。

(2) 工程内容：模板制作，模板安装、拆除、整理堆放及场内外运输，清理模板黏结物及模内杂物、刷隔离剂等。

(3) 清单项目描述：散水截面、后浇带部位、化粪池部位和规格、检查井部位和规格。

(4) 工程量计算：分别按模板与构件的接触面积以“m^2”计算。

10) 线条模板、后浇带模板增加费(Z011702033～011702034)

(1) 工程内容：模板制作，模板安装、拆除、整理堆放及场内外运输，清理模板黏结物及模内杂物、刷隔离剂等，金属网制作和安装。

(2) 清单项目描述：线条形状、展开宽度。

(3) 工程量计算：分别按图示长度以“m”计算。

5.2.3 工程量清单计价

1. 清单计价说明

本节计价内容参照《浙江省建筑工程预算定额(2010版)》第三章，按相关规定进行计价。

(1) 现浇混凝土构件的模板依据不同构件，分别以组合钢模、复合木模单独列项，模板的具体组成规格、比例、支撑方式及复合模板的材质等，均综合考虑；定额未注明模板类型的，均按木模考虑。

(2) 后浇带模板按相应构件模板计算，另行计算增加费。

现浇钢筋混凝土柱(不含构造柱)、梁(不含圈、过梁)、板、墙的支模高度按层高3.6m以内编制，超过3.6m时，工程量包括3.6m以下部分，另按相应超高定额计算；斜板或拱形结构按平均高度确定支模高度，电梯井壁按建筑物自然层层高确定支模高度。

(3) 异形柱指柱与模板接触超过四个面的柱，一字形、L和T形柱，当a与b的比值大于4时，均套用墙相应定额。

(4) 现浇钢筋混凝土板坡度在10°以内时按定额执行；坡度大于10°，在30°以内时，模板定额中钢支撑含量乘以系数1.3，人工含量乘以系数1.1；坡度大于30°，在60°以内时，相应定额中钢支撑含量乘以系数1.5，人工含量乘以系数1.2；坡度在60°以上时，按墙相应定额执行。

(5) 斜板支模高度超过3.6m时，每增加1m定额及混凝土浇捣也适用于上述系数。

实例分析5-5

某斜屋面坡道26.5°，平均层高4.25m，试换算该屋面板商品泵送混凝土复合木模定额基价。

【参考图文】

分析：该项目屋面板小于30°，按规定在模板定额中钢支撑含量乘以系数1.3，人工含量乘以系数1.1。

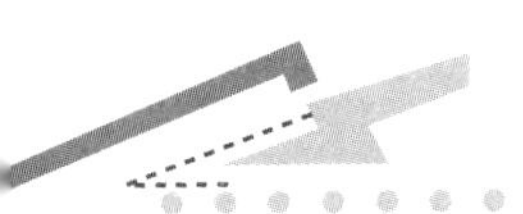

该项目层高超过 3.6m，支模高度按层高 3.6m 以内编制，超过 3.6m 时，工程量包括 3.6m 以下部分另按相应超高定额计算。套定额 4-174H+4-180H，计算得

$$单价=25.1+2.47+(0.4932+0.0714)\times(1.3-1.0)+(9.46+1.075)\times(1.1-1.0)=29.33(元/m^2)$$

(6) 凸出混凝土柱、梁、墙面的线条，工程量并入相应构件内计算，另按凸出的棱线道数划分，套用相应定额计算模板增加费；但单独窗台板、栏板扶手、墙上压顶的单阶挑檐，不另计算模板增加费；单阶线条凸出宽度大于 200mm 的，按雨篷定额执行。

(7) 阳台、雨篷定额不分弧形、直形，按普通阳台、雨篷定额执行，弧形阳台、雨篷另行计算弧形模板增加费。

2. 计价工程量

(1) 现浇构件模板：按混凝土与模板接触面积计算，扣除平行交接或大于 0.3m^2 以上构件垂直交叉面。

(2) 构造柱与墙咬接的马牙槎，按柱高每侧模板加 6cm，模板套用矩形柱定额。

(3) 后浇带：混凝土工程量扣除后浇带，模板不扣除，另计后浇带模板增加费，按延长米计算。

(4) 按凸出棱线的道数不同分别以延长米计算，两条或多条线条相互之间净距小于 100mm 以内的，每两条线按一条计算工程量。

(5) 弧形板混凝土并入板内，另按弧形计算弧形板模板增加费，梁板结构的弧形板弧长按梁板交接部位的弧线长度。

(6) 悬挑阳台、雨篷：按阳台、雨篷挑梁及台口梁外侧面范围的水平投影面积计算，阳台、雨篷外梁上有线条时，另行计算线条模板增加费。

拓展提高

一个外凸面可以棱线计算。

实例分析 5-6

根据实例分析 5-4 的工程量清单，试求该柱模板清单的综合单价。假设工料机价格按《浙江省建筑工程预算定额(2010 版)》取定，企业承包管理费、利润分别按人工费和机械费之和的 15%、8.5%计算，风险金暂不考虑。

分析：(1) 清单项目设置：011702002002，矩形柱。

(2) 清单工程量计算：165.56 m^2。

(3) 确定可组合的主要内容：由于层高超过 3.6m，需计算模板超高费。

(4) 计价工程量：165.56m^2。

(5) 计算综合单价，结果见表 5-5。

表 5-5 某分部分项工程量清单综合单价计算表

工程名称：****工程

序号	编号	名称	计量单位	数量	综合单价/元							合计/元
					人工费	材料费	机械费	管理费	利润	风险费用	小计	
1	011702002002	矩形柱(复合木模)	m^2	165.56	12.88	13.98	1.23	2.12	1.20	0	30.21	5001.57
	4-156+160	矩形柱(复合木模)	m^2	165.56	12.88	13.98	1.23	2.12	1.20	0	30.21	5001.57

任务 5.3 其他施工技术措施项目

5.3.1 基础知识

1. 垂直运输

垂直运输主要是指使用井架、龙门架、塔式起重机、施工电梯、自行杆式起重机等进行运输。

(1) 井架：是施工中最简单的垂直运输设施(高度不宜超过 30m)，分钢管井架、角钢管井架和定型井架，工作时需配备卷扬机。

(2) 龙门架：是由立柱、天轮梁组成的门式架，配备天轮、导轨、吊盘、安全装置及缆绳等。

(3) 塔式起重机：建筑施工中主要以附着式、内爬式为主。

(4) 施工电梯：是高层建筑施工中常用的人货两用的垂直运输机械，也称施工升降机。

(5) 自行杆式起重机：广泛应用于预制构件或钢构件的吊装施工。

2. 超高施工增加

建筑物超过一定高度后，随着建筑物高度的增加，人工、机械效率要降低，即人工、机械消耗量要增加，此外还需要增加加压水泵，才能使施工工作面连续供水。因此，工程计价时应考虑建筑物超高而增加的费用。

3. 大型机械进出场及安拆

大型机械设备，包括挖土机、压路机、打桩机、搅拌机、施工电梯、塔式起重机等，其进出场及安拆需有相应的费用。

4. 施工排水、降水

主要是指在基坑开挖过程中的地下水处理项目。

5.3.2 其他施工技术措施项目工程量清单编制

1. 垂直运输

垂直运输清单，包括垂直运输、塔式起重机基础费用、施工电梯固定基础费用三个项目，分别按 011703001×××、Z011703002×××、Z011703003×××编码。

(1) 工程内容：垂直运输机械的固定装置、基础制作安装，行走式垂直运输机械轨道的铺设拆除、摊销。

(2) 项目特征描述：建筑物建筑类型及结构形式、地下室建筑面积、建筑物檐口高度和层数。

(3) 工程量计算：①按建筑面积以"m^2"计算；②按施工工期日历天数以"天"计算。

2. 超高施工增加

本部分仅包括超高施工增加一个项目，按 011704001×××编码。

(1) 工程内容：建筑物超高引起的人工工效降低以及由于人工工效降低引起的机械降效，高层施工用水加压水泵的安装、拆除及工作台班，通信联络设备的使用及摊销。

(2) 项目特征描述：建筑物建筑类型及结构形式，单层建筑物檐口高度超过 20m、多层建筑物超过 6 层部分的建筑面积、建筑物檐口高度和层数。

(3) 工程量计算：按地上部分建筑面积以"m^2"计算。

拓展提高

单层建筑物檐口高度超过 20m、多层建筑物超过 6 层时，可按超高部分的建筑面积计算超高施工增加。计算层数时，地下室不计入层数。

同一建筑物有不同檐高时，可按不同高度的建筑面积分别计算建筑面积，以不同檐高分别编码列项。

3. 大型机械设备进出场及安拆

本部分仅包括大型机械设备进出场及安拆一个项目，按 011705001×××编码。

(1) 工程内容：安拆费包括施工机械、设备在现场进行安装拆卸所需人工、材料、机械和试运转费用，以及机械辅助设施的折旧、搭设、拆除等费用；进出场费包括施工机械、设备整体或分体自停放地点运至施工现场，或由一施工地点运至另一施工地点所发生的运输装卸、辅助材料等费用。

(2) 项目特征描述：机械设备名称、机械设备规格型号。

(3) 工程量计算：按使用机械设备的数量以"台次"计算。

4. 施工排水、降水

施工排水、降水包括成井、排水和降水两个项目，分别按 011706001×××、011706002×××编码。

【参考动画】

(1) 工程内容。

① 成井：准备钻孔机械、埋设护筒、钻机就位，泥浆制作、固壁，成孔、出渣、清孔等，对接上、下井管(滤管)，焊接，安放，下滤管，洗井，连接试抽等。

② 排水、降水：管道安装、拆除，场内搬运等，抽水、值班、降水设备维修等。

(2) 项目特征描述。

① 成井：成井方式、底层情况、成井直径、井(滤)管类型、直径。

② 排水、降水：机械规格型号、降排水管规格。

(3) 工程量计算。

① 成井：按设计图示尺寸以钻孔深度“m”计算，或按设计图示数量以“根”计算。

② 排水、降水：按排、降水日历天数以“昼夜”计算。

5.3.3　其他施工技术措施项目清单计价

1. 清单计价说明

1) 垂直运输

(1) 垂直运输计价参照《浙江省建筑工程预算定额(2010 版)》第十七章，适用于房屋工程、构筑物工程的垂直运输。

(2) 本定额包括单位工程在合理工期内完成全部工作所需的垂直运输机械台班。但不包括大型机械的场外运输、安装拆卸及轨道铺拆和基础等费用，发生时另按相应定额计算。

(3) 建筑物的垂直运输，定额按常规方案以不同机械综合考虑，除另有规定或特殊要求者外，均按定额执行。

(4) 垂直运输机械采用卷扬机带塔时，定额中塔式起重机台班单价换算成卷扬机带塔台班单价，数量按塔式起重机台班数量乘以系数 1.5。

(5) 檐高 3.6m 以内的单层建筑，不计算垂直运输费用。

(6) 建筑物层高超过 3.6m 时，按每增加 1m 相应定额计算，超高不足 1m 的，每增加 1m 相应定额按比例调整。地下室层高已综合考虑。

(7) 同一建筑物檐高不同时，应根据不同高度的垂直分界面分别计算建筑面积，套用相应定额。

(8) 如采用泵送混凝土施工时，定额子目中的塔式起重机台班应乘以系数 0.98。

(9) 加层工程按加层建筑面积及房屋总高套用相应定额。

(10) 钢筋混凝土水(油)池套用贮仓定额乘以系数 0.35 计算。贮仓或水(油)池池壁高度小于 4.5m 时，不计算垂直运输项目。

2) 超高施工增加

(1) 超高施工增加参照《浙江省建筑工程预算定额(2010 版)》第十八章，适用于建筑物檐高 20m 以上的工程。

(2) 同一建筑物檐高不同时，应分别计算套用相应定额。

(3) 建筑物层高超过 3.6m 时，按每增加 1m 相应定额计算，超高不足 1m 的，每增加 1m 相应定额按比例调整。

3) 大型机械进出场及安拆费

(1) 塔式起重机、施工电梯基础费用。

① 塔式起重机铺设按直线形考虑，如为弧形时，乘以系数 1.15。

② 固定式基础未考虑打桩，发生时，可另行计算。

③ 轨道和枕木之间增加其他型钢或钢板的轨道、自升式塔式起重机行走轨道、不带配重的自升式塔式起重机固定式基础、混凝土搅拌站的基础未包括。

④ 20kN · m 塔式起重机轨道基础，按塔式起重机固定基础乘以系数 0.7。

⑤ 高速卷扬机组合井架固定基础，按塔式起重机固定基础计算。

(2) 特、大型机械安装、拆卸费用。

① 安装、拆卸费中已包括机械安装后的试运转费用。

② 自升式塔式起重机安装、拆卸费定额是按塔高 60m 确定的，如塔高超过 60m，每增高 15m，安装、拆卸费用(扣除试车台班后)增加 10%。

③ 柴油打桩机安装、拆卸费中的试车台班是按 1.8t 轨道式柴油打桩机考虑的，实际打桩机规格不同时，试车台班费按实进行调整。

④ 步履式柴油打桩机按相应规格柴油打桩机计算；多功能压桩机按相应规格静力压桩机计算；双头搅拌机按 1.8t 轨道式柴油打桩机乘以系数 0.7，单头搅拌机按 1.8t 轨道式柴油打桩机乘以系数 0.4，振动沉拔桩机、静压振拔桩机、转盘式钻孔桩机、旋喷桩机按 1.8t 轨道式柴油打桩机计算；20kN · m 塔式起重机按 60kN · m 塔式起重机乘以系数 0.4 计算。

(3) 特、大型机械场外运输费用。

① 场外运输费用中已经包括机械的回程费用。

② 场外运输费用为运距 25km 以内的机械进出场费用。

③ 凡利用自身行走装置转移的特、大型机械场外运输费用，按实际发生台班计算，不足 0.5 台班的按 0.5 台班计算，超过 0.5 台班不足 1 台班的按 1 台班计算。

④ 特、大型机械在同一施工点内、不同单位工程之间的转移，定额按 100m 以内综合考虑，如转移距离超过 100m，在 300m 以内的按相应场外运输费用乘以系数 0.3，在 500m 以内的按相应场外运输费用乘以系数 0.6。如机械为自行移运者，按“利用自身行走装置转移的特、大型机械场外运输费用”的有关规定进行计算。需解体或铺设轨道转移的，其费用另行计算。

⑤ 步履式柴油打桩机按相应规格柴油打桩机计算；多功能压桩机按相应规格静力压桩机计算；双头搅拌机按 5t 以内轨道式柴油打桩机乘以系数 0.7，单头搅拌机按 5t 以内轨道式柴油打桩机乘以系数 0.4，振动沉拔桩机、静压振拔桩机、旋喷桩机按 5t 以内轨道式柴油打桩机计算；20kN · m 塔式起重机按 60kN · m 塔式起重机乘以系数 0.4 计算。

4) 施工排水、降水

(1) 轻型井点、喷射井点排水的井管安装、拆除以“根”为单位计算，使用以“套 • 天”为单位计算；真空深井排水的安装拆除以每口井计算，使用以“每口井 • 天”为单位计算。

(2) 井管间距应根据地质条件和施工降水要求，以施工组织设计确定，施工组织设计无规定时，可按轻型井点管距 1.2m、喷射井点管距 2.5m 确定。

2. 清单计价

1) 垂直运输

(1) 地下室垂直运输以首层室内地坪以下的建筑面积计算，半地下室并入上部建筑物计算。

(2) 上部建筑物的垂直运输以首层室内地坪以上建筑面积计算，另应增加按房屋综合脚手架计算规则规定需增加的面积。

(3) 非滑模施工的烟囱、水塔，根据高度按“座”计算；钢筋混凝土水(油)池及贮仓，按基础底板以上实体积以“m^3”计算。

(4) 滑模施工的烟囱、筒仓，按筒座或基础底板上表面以上的筒身实体积以“m^3”计算；水塔根据高度按“座”计算，定额已包括水箱及所有依附构件。

2) 超高施工增加

(1) 各项降效系数中包括的内容，指建筑物首层室内地坪以上的全部工程项目，不包括垂直运输、各类构件单独水平运输、各项脚手架、预制混凝土及金属构件制作项目。

(2) 人工降效的计算基数为规定内容中的全部定额人工费。

(3) 机械降效的计算基数为规定内容中的全部机械台班费。

(4) 建筑物有高低层时，应按首层室内地坪以上不同檐高建筑面积的比例，分别计算超高人工降效费和超高机械降效费。

(5) 建筑物超高施工用水加压增加的水泵台班及其他费用，按首层室内地坪以上垂直运输工程量的面积计算。

3) 大型机械进出场及安拆费

除轨道式基础按轨道长度计算外，其余按数量计算。

4) 施工排水、降水

(1) 湿土排水工程量同湿土工程量。

(2) 轻型井点以 50 根为一套，喷射井点以 30 根为一套，使用时累计根数轻型井点少于 25 根、喷射井点少于 15 根时，使用费用按相应定额乘以系数 0.7。

(3) 以每昼夜 24 小时为一天，使用天数按施工组织设计规定的天数计算。

任务 5.4 施工组织措施项目

5.4.1 基础知识

施工组织措施项目，包括安全文明施工费，夜间施工，非夜间施工照明，二次搬运，冬雨季施工，地上、地下设施和建筑物的临时保护设施，已完工程及设备保护七项内容。

5.4.2 施工组织措施项目工程量清单编制

1. 清单编制说明

安全文明施工费为必须计算的措施项目，其他施工组织措施项目可根据拟建项目工程的实际情况进行列项编制。所有施工组织措施项目按“项”编制即可。

2. 清单编制

1) 安全文明施工(011707001)

安全文明施工费是指按照国家现行的建筑施工安全、施工现场环境与卫生标准的有关规定，购置和更新施工安全防护用具及设施、改善安全生产条件和资源环境所需要的费用。安全文明施工包括安全文明施工费的基本费(环境保护、文明施工、安全施工、临时设施)、施工扬尘污染防治增加费和创标化工地增加费三项内容。

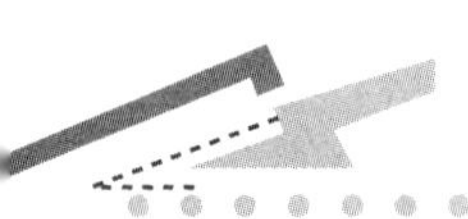

2) 夜间施工(011707002)

夜间施工项目，包括固定照明灯具和临时可移动照明灯具的设置、拆除，夜间施工时施工现场交通标志、安全标牌、警示灯等的设置、移动、拆除，也包括夜间照明设备及照明用电、施工人员夜班补助、夜间施工劳动效率降低等相关费用。

3) 非夜间施工照明(011707003)

非夜间施工照明指为保证工程施工正常进行，在地下室等特殊施工部位施工时所采用的照明设备的安拆、维护及照明用电等。

4) 二次搬运(011707004)

二次搬运指由于施工场地条件限制而发生的材料、成品、半成品等一次运输不能到达堆放地点，必须进行的二次或多次搬运。

5) 冬雨季施工(011707005)

(1) 冬雨(风)季施工时增加的临时设施(防寒保温、防雨、防风设施)的搭设、拆除。

(2) 冬雨(风)季施工时，对砌体、混凝土等采用的特殊加温、保温和养护措施。

(3) 冬雨(风)季施工时，施工现场的防滑处理、对影响施工的雨雪的清除。

(4) 包括冬雨(风)季施工时增加的临时设施、施工人员的劳动保护用品、冬雨(风)季施工劳动效率降低等相关费用。

6) 地上、地下设施和建筑物的临时保护设施(011707006)

地上、地下设施和建筑物的临时保护设施包括在工程施工过程中，对已建成的地上、地下设施和建筑物进行的遮盖、封闭、隔离等必要保护措施。

7) 已完工程及设备保护(011707007)

已完工程及设备保护指对已完工程及设备采取的覆盖、包裹、封闭、隔离等必要保护措施。

8) 提前竣工措施(Z011109008)

提前竣工措施指因缩短工期要求增加的施工措施，包括夜间施工、周转材料加大投入量等。

9) 工程定位复测(Z011109009)

工程定位复测指工程施工过程中进行的全部测量放线和复测。

10) 特殊地区施工增加措施(Z11109010)

特殊地区施工增加措施指工程在沙漠或其边缘地区、高海拔、高寒、原始森林等特殊地区施工增加的措施。

11) 优质工程增加措施(Z011109011)

优质工程增加措施指施工企业在生产合格建筑产品的基础上，为生产优质工程而增加的措施。

5.4.3 施工组织措施项目工程量清单计价

1. 清单计价说明

参照 1.4.6 节。

2. 计价工程量计算

按《浙江省建筑工程预算定额(2010 版)》附录二规定执行。

单元小结

本单元主要介绍了措施工程相关内容的计量与计价，主要包括脚手架工程、混凝土模板及支架工程、其他施工技术措施工程、施工组织措施项目工程的工程量清单编制、清单计价文件编制的相关规范、计价规范和编制要求。

同步测试

一、单项选择题

1．安全文明施工费不包括(　　)。

A．安全文明施工费的基本费

B．施工扬尘污染防治增加费

C．创标化工地增加费

D．建筑物的临时保护设施费

2．属于综合脚手架包含的内容是(　　)。

A．高度在 3.6m 以上的天棚抹灰

B．电梯安装井道脚手架

C．基础深度在 2m 以内的混凝土运输脚手架

D．人行道防护脚手架

3．关于措施项目计价工程量计算，正确的是(　　)。

A．满堂脚手架按天棚水平投影面积计算

B．地下室垂直运输以首层室内地坪以下的建筑面积计算，半地下室并入地下建筑内计算

C．综合脚手架按房屋建筑面积计算

D．电梯井道脚手架按单孔(一座电梯)以“座”计算

4．构件层高超过 3.6m，依据定额需计算支模超高费的是(　　)。

A．过梁　　　　B．雨篷挑梁

C．构造柱　　　D．圈梁

5．根据《房屋建筑与装饰工程工程量计算规范》附录 S，在措施项目中，关于混凝土模板清单工程量的计算规则，错误的是(　　)。

A．按模板与现浇混凝土构件的接触面积以“m^2”计算

B．原槽浇筑的混凝土基础，垫层应计算模板工程量

C．柱、梁、墙、板相互连接的重叠部分，不计模板面积

D．现浇钢筋混凝土墙、板单孔面积不超出 $0.3m^2$ 的孔洞不予扣除，洞侧壁模板也不增加

6．根据《房屋建筑与装饰工程工程量计算规范》附录 S，在措施项目中，关于垂直运输清单工程量的计算规则，错误的是(　　)。

A．垂直运输是指施工工程在合同工期内所需的垂直运输机械

B．可按建筑面积以“m^2”计算

C．可按施工工期日历天数以“天”计算

D．计算时，当同一建筑物有不同檐高时，按不同檐高做纵向分割，分别计算面积并分别编码列项

二、简答题

《浙江省建筑工程预算定额(2010 版)》关于脚手架和垂直运输工程量计算有哪些规则？

三、定额换算

试完成表 5-6 中的内容。

表 5-6　施工技术措施清单与定额工程量计算规则差异示例表

序号	定额编号	工程名称	计量单位	基价	基价计算公式
		施工脚手架：屋面钢筋混凝土构架高 5.7m			
		某房屋基础为带形基础，埋深为 4.2m，基础混凝土脚手架基价			
		正铲挖掘机在垫板上挖三类土基坑(含装车)，含水率为 25%，挖土深度为 3m			

四、综合训练题

某工程檐高 21m 以内部分的建筑面积 1000m^2，檐高 32m 以内部分的建筑面积 4000m^2，已知工程定额人工费(不含超高降效)合计为 144 万元，其中首层地坪以下工程及垂直运输、水平运输、脚手架及构件制作人工费为 24 万元。试求该工程超高施工人工降效。

参 考 文 献

[1] 中华人民共和国国家标准. 建设工程工程量清单计价规范(GB 50500—2013)[S]. 北京：中国计划出版社，2013.

[2] 中华人民共和国国家标准. 房屋建筑与装饰工程工程量计算规范(GB 50854—2013)[S]. 北京：中国计划出版社，2013.

[3] 浙江省建筑工程造价管理总站. 浙江省建筑工程预算定额[S]. 北京：中国计划出版社，2010.

[4] 浙江省建筑工程造价管理总站. 浙江省建设工程计价规则[S]. 北京：中国计划出版社，2010.

[5] 浙江省建筑工程造价管理总站. 浙江省建设工程施工费用定额[S]. 北京：中国计划出版社，2010.

[6] 张强，易红霞. 建筑工程计量与计价——通过案例学造价[M]. 北京：北京大学出版社，2014.

[7] 钱燕，陈丽. 建筑工程计量与计价[M]. 武汉：武汉理工大学出版社，2011.

[8] 刘富勤，程瑶. 建筑工程概预算[M]. 武汉：武汉理工大学出版社，2013.

[9] 何辉，吴瑛. 建筑工程计价新教材[M]. 杭州：浙江人民出版社，2015.

[10] 赵江连，毕明. 建筑工程计量与计价[M]. 北京：机械工业出版社，2014.

[11] 王起兵，邬宏. 建筑装饰工程计量与计价[M]. 北京：机械工业出版社，2015.

北京大学出版社高职高专土建系列教材书目

序号	书名	书号	编著者	定价	出版时间	配套情况
	"互联网+"创新规划教材					
1	建筑构造(第二版)	978-7-301-26480-5	肖　芳	42.00	2016.1	ppt/APP/二维码
2	建筑装饰构造(第二版)	978-7-301-26572-7	赵志文等	39.50	2016.1	ppt/二维码
3	建筑工程概论	978-7-301-25934-4	申淑荣等	40.00	2015.8	ppt/二维码
4	市政管道工程施工	978-7-301-26629-8	雷彩虹	46.00	2016.5	ppt/二维码
5	市政道路工程施工	978-7-301-26632-8	张雪丽	49.00	2016.5	ppt/二维码
6	建筑三维平法结构图集	978-7-301-27168-1	傅华夏	65.00	2016.8	APP
7	建筑三维平法结构识图教程	978-7-301-27177-3	傅华夏	65.00	2016.8	APP
8	建筑工程制图与识图(第2版)	978-7-301-24408-1	白丽红	34.00	2016.8	APP/二维码
9	建筑设备基础知识与识图(第2版)	978-7-301-24586-6	靳慧征等	47.00	2016.8	二维码
10	建筑结构基础与识图	978-7-301-27215-2	周　晖	58.00	2016.9	APP/二维码
11	建筑构造与识图	978-7-301-27838-3	孙　伟	40.00	2017.1	APP/二维码
12	建筑工程施工技术(第三版)	978-7-301-27675-4	钟汉华等	66.00	2016.11	APP/二维码
13	工程建设监理案例分析教程(第二版)	978-7-301-27864-2	刘志麟等	50.00	2017.1	ppt
14	建筑工程质量与安全管理(第二版)	978-7-301-27219-0	郑　伟	55.00	2016.8	ppt/二维码
15	建筑工程计量与计价——透过案例学造价(第2版)	978-7-301-23852-3	张　强	59.00	2014.4	ppt
16	城乡规划原理与设计(原城市规划原理与设计)	978-7-301-27771-3	谭婧婧等	43.00	2017.1	ppt/素材
17	建筑工程计量与计价	978-7-301-27866-6	吴育萍等	49.00	2017.1	ppt/二维码
	"十二五"职业教育国家规划教材					
1	★建筑工程应用文写作(第2版)	978-7-301-24480-7	赵立等	50.00	2014.8	ppt
2	★土木工程实用力学(第2版)	978-7-301-24681-8	马景善	47.00	2015.7	ppt
3	★建设工程监理(第2版)	978-7-301-24490-6	斯　庆	35.00	2015.1	ppt/答案
4	★建筑节能工程与施工	978-7-301-24274-2	吴明军等	35.00	2015.5	ppt
5	★建筑工程经济(第2版)	978-7-301-24492-0	胡六星等	41.00	2014.9	ppt/答案
6	★建设工程招投标与合同管理(第3版)	978-7-301-24483-8	宋春岩	40.00	2014.9	ppt/答案/试题/教案
7	★工程造价概论	978-7-301-24696-2	周艳冬	31.00	2015.1	ppt/答案
8	★建筑工程计量与计价(第3版)	978-7-301-25344-1	肖明和等	65.00	2015.7	ppt
9	★建筑工程计量与计价实训(第3版)	978-7-301-25345-8	肖明和等	29.00	2015.7	ppt
10	★建筑装饰施工技术(第2版)	978-7-301-24482-1	王　军	37.00	2014.7	ppt
11	★工程地质与土力学(第2版)	978-7-301-24479-1	杨仲元	41.00	2014.7	ppt
	基础课程					
1	建设法规及相关知识	978-7-301-22748-0	唐茂华等	34.00	2013.9	ppt
2	建设工程法规(第2版)	978-7-301-24493-7	皇甫婧琪	40.00	2014.8	ppt/答案/素材
3	建筑工程法规实务	978-7-301-19321-1	杨陈慧等	43.00	2011.8	ppt
4	建筑法规	978-7-301-19371-6	董伟等	39.00	2011.9	ppt
5	建设工程法规	978-7-301-20912-7	王先恕	32.00	2012.7	ppt
6	AutoCAD 建筑制图教程(第2版)	978-7-301-21095-6	郭　慧	38.00	2013.3	ppt/素材
7	AutoCAD 建筑绘图教程(第2版)	978-7-301-24540-8	唐英敏等	44.00	2014.7	ppt
8	建筑 CAD 项目教程(2010 版)	978-7-301-20979-0	郭　慧	38.00	2012.9	素材
9	建筑工程专业英语(第二版)	978-7-301-26597-0	吴承霞	24.00	2016.2	ppt
10	建筑工程专业英语	978-7-301-20003-2	韩薇等	24.00	2012.2	ppt
11	建筑识图与构造(第2版)	978-7-301-23774-8	郑贵超	40.00	2014.2	ppt/答案
12	房屋建筑构造	978-7-301-19883-4	李少红	26.00	2012.1	ppt
13	建筑识图	978-7-301-21893-8	邓志勇等	35.00	2013.1	ppt
14	建筑识图与房屋构造	978-7-301-22860-9	贠禄等	54.00	2013.9	ppt/答案
15	建筑构造与设计	978-7-301-23506-5	陈玉萍	38.00	2014.1	ppt/答案
16	房屋建筑构造	978-7-301-23588-1	李元玲等	45.00	2014.1	ppt
17	房屋建筑构造习题集	978-7-301-26005-0	李元玲	26.00	2015.8	ppt/答案
18	建筑构造与施工图识读	978-7-301-24470-8	南学平	52.00	2014.8	ppt
19	建筑工程识图实训教程	978-7-301-26057-9	孙伟	32.00	2015.12	ppt
20	建筑工程制图与识图(第2版)	978-7-301-24408-1	白丽红	34.00	2016.8	APP/二维码
21	建筑制图习题集(第2版)	978-7-301-24571-2	白丽红	25.00	2014.8	
22	建筑制图(第2版)	978-7-301-21146-5	高丽荣	32.00	2013.3	ppt
23	建筑制图习题集(第2版)	978-7-301-21288-2	高丽荣	28.00	2013.2	
24	◎建筑工程制图(第2版)(附习题册)	978-7-301-21120-5	肖明和	48.00	2012.8	ppt

序号	书名	书号	编著者	定价	出版时间	配套情况
25	建筑制图与识图(第 2 版)	978-7-301-24386-2	曹雪梅	38.00	2015.8	ppt
26	建筑制图与识图习题册	978-7-301-18652-7	曹雪梅等	30.00	2011.4	
27	建筑制图与识图(第二版)	978-7-301-25834-7	李元玲	32.00	2016.9	ppt
28	建筑制图与识图习题集	978-7-301-20425-2	李元玲	24.00	2012.3	ppt
29	新编建筑工程制图	978-7-301-21140-3	方筱松	30.00	2012.8	ppt
30	新编建筑工程制图习题集	978-7-301-16834-9	方筱松	22.00	2012.8	
建筑施工类						
1	建筑工程测量	978-7-301-16727-4	赵景利	30.00	2010.2	ppt/答案
2	建筑工程测量(第 2 版)	978-7-301-22002-3	张敬伟	37.00	2013.2	ppt/答案
3	建筑工程测量实验与实训指导(第 2 版)	978-7-301-23166-1	张敬伟	27.00	2013.9	答案
4	建筑工程测量	978-7-301-19992-3	潘益民	38.00	2012.2	ppt
5	建筑工程测量	978-7-301-13578-5	王金玲等	26.00	2008.5	
6	建筑工程测量实训(第 2 版)	978-7-301-24833-1	杨凤华	34.00	2015.3	答案
7	建筑工程测量(附实验指导手册)	978-7-301-19364-8	石　东等	43.00	2011.10	ppt/答案
8	建筑工程测量	978-7-301-22485-4	景　铎等	34.00	2013.6	ppt
9	建筑施工技术(第 2 版)	978-7-301-25788-7	陈雄辉	48.00	2015.7	ppt
10	建筑施工技术	978-7-301-12336-2	朱永祥等	38.00	2008.8	ppt
11	建筑施工技术	978-7-301-16726-7	叶　雯等	44.00	2010.8	ppt/素材
12	建筑施工技术	978-7-301-19499-7	董　伟等	42.00	2011.9	ppt
13	建筑施工技术	978-7-301-19997-8	苏小梅	38.00	2012.1	ppt
14	建筑施工机械	978-7-301-19365-5	吴志强	30.00	2011.10	ppt
15	基础工程施工	978-7-301-20917-2	董　伟等	35.00	2012.7	ppt
16	建筑施工技术实训(第 2 版)	978-7-301-24368-8	周晓龙	30.00	2014.7	
17	◎建筑力学(第 2 版)	978-7-301-21695-8	石立安	46.00	2013.1	ppt
18	土木工程力学	978-7-301-16864-6	吴明军	38.00	2010.4	ppt
19	PKPM 软件的应用(第 2 版)	978-7-301-22625-4	王　娜等	34.00	2013.6	
20	◎建筑结构(第 2 版)(上册)	978-7-301-21106-9	徐锡权	41.00	2013.4	ppt/答案
21	◎建筑结构(第 2 版)(下册)	978-7-301-22584-4	徐锡权	42.00	2013.6	ppt/答案
22	建筑结构学习指导与技能训练(上册)	978-7-301-25929-0	徐锡权	28.00	2015.8	ppt
23	建筑结构学习指导与技能训练(下册)	978-7-301-25933-7	徐锡权	28.00	2015.8	ppt
24	建筑结构	978-7-301-19171-2	唐春平等	41.00	2011.8	ppt
25	建筑结构基础	978-7-301-21125-0	王中发	36.00	2012.8	ppt
26	建筑结构原理及应用	978-7-301-18732-6	史美东	45.00	2012.8	ppt
27	建筑结构与识图	978-7-301-26935-0	相秉志	37.00	2016.2	
28	建筑力学与结构(第 2 版)	978-7-301-22148-8	吴承霞等	49.00	2013.4	ppt/答案
29	建筑力学与结构(少学时版)	978-7-301-21730-6	吴承霞	34.00	2013.2	ppt/答案
30	建筑力学与结构	978-7-301-20988-2	陈水广	32.00	2012.8	ppt
31	建筑力学与结构	978-7-301-23348-1	杨丽君等	44.00	2014.1	ppt
32	建筑结构与施工图	978-7-301-22188-4	朱希文等	35.00	2013.3	ppt
33	生态建筑材料	978-7-301-19588-2	陈剑峰等	38.00	2011.10	ppt
34	建筑材料(第 2 版)	978-7-301-24633-7	林祖宏	35.00	2014.8	ppt
35	建筑材料与检测(第 2 版)	978-7-301-25347-2	梅　杨等	33.00	2015.2	ppt/答案
36	建筑材料检测试验指导	978-7-301-16729-8	王美芬等	18.00	2010.10	
37	建筑材料与检测(第二版)	978-7-301-26550-5	王　辉	40.00	2016.1	ppt
38	建筑材料与检测试验指导	978-7-301-20045-2	王　辉	20.00	2012.2	ppt
39	建筑材料选择与应用	978-7-301-21948-5	申淑荣等	39.00	2013.3	ppt
40	建筑材料检测实训	978-7-301-22317-8	申淑荣等	24.00	2013.4	
41	建筑材料	978-7-301-24208-7	任晓菲	40.00	2014.7	ppt/答案
42	建筑材料检测试验指导	978-7-301-24782-2	陈东佐等	20.00	2014.9	ppt
43	◎建设工程监理概论(第 2 版)	978-7-301-20854-0	徐锡权等	43.00	2012.8	ppt/答案
44	建设工程监理概论	978-7-301-15518-9	曾庆军等	24.00	2009.9	ppt
45	◎地基与基础(第 2 版)	978-7-301-23304-7	肖明和等	42.00	2013.11	ppt/答案
46	地基与基础	978-7-301-16130-2	孙平平等	26.00	2010.10	ppt
47	地基与基础实训	978-7-301-23174-6	肖明和等	25.00	2013.10	ppt
48	土力学与地基基础	978-7-301-23675-8	叶火炎等	35.00	2014.1	ppt
49	土力学与基础工程	978-7-301-23590-4	宁培淋等	32.00	2014.1	ppt
50	土力学与地基基础	978-7-301-25525-4	陈东佐	45.00	2015.2	ppt/答案
51	建筑工程质量事故分析(第 2 版)	978-7-301-22467-0	郑文新	32.00	2013.9	ppt
52	建筑工程施工组织设计	978-7-301-18512-4	李源清	26.00	2011.2	ppt
53	建筑工程施工组织实训	978-7-301-18961-0	李源清	40.00	2011.6	ppt
54	建筑施工组织与进度控制	978-7-301-21223-3	张廷瑞	36.00	2012.9	ppt
55	建筑施工组织项目式教程	978-7-301-19901-5	杨红玉	44.00	2012.1	ppt/答案

序号	书名	书号	编著者	定价	出版时间	配套情况
56	钢筋混凝土工程施工与组织	978-7-301-19587-1	高　雁	32.00	2012.5	ppt
57	钢筋混凝土工程施工与组织实训指导(学生工作页)	978-7-301-21208-0	高　雁	20.00	2012.9	ppt
58	建筑施工工艺	978-7-301-24687-0	李源清等	49.50	2015.1	ppt/答案
工程管理类						
1	建筑工程经济(第2版)	978-7-301-22736-7	张宁宁等	30.00	2013.7	ppt/答案
2	建筑工程经济	978-7-301-24346-6	刘晓丽等	38.00	2014.7	ppt/答案
3	施工企业会计(第2版)	978-7-301-24434-0	辛艳红等	36.00	2014.7	ppt/答案
4	建筑工程项目管理(第2版)	978-7-301-26944-2	范红岩等	42.00	2016. 3	ppt
5	建设工程项目管理(第2版)	978-7-301-24683-2	王　辉	36.00	2014.9	ppt/答案
6	建设工程项目管理	978-7-301-19335-8	冯松山等	38.00	2011.9	ppt
7	建筑施工组织与管理(第2版)	978-7-301-22149-5	翟丽旻等	43.00	2013.4	ppt/答案
8	建设工程合同管理	978-7-301-22612-4	刘庭江	46.00	2013.6	ppt/答案
9	建筑工程资料管理	978-7-301-17456-2	孙　刚等	36.00	2012.9	ppt
10	建筑工程招投标与合同管理	978-7-301-16802-8	程超胜	30.00	2012.9	ppt
11	工程招投标与合同管理实务	978-7-301-19035-7	杨甲奇等	48.00	2011.8	ppt
12	工程招投标与合同管理实务	978-7-301-19290-0	郑文新等	43.00	2011.8	ppt
13	建设工程招投标与合同管理实务	978-7-301-20404-7	杨云会等	42.00	2012.4	ppt/答案/习题
14	工程招投标与合同管理	978-7-301-17455-5	文新平	37.00	2012.9	ppt
15	工程项目招投标与合同管理(第2版)	978-7-301-24554-5	李洪军等	42.00	2014.8	ppt/答案
16	工程项目招投标与合同管理(第2版)	978-7-301-22462-5	周艳冬	35.00	2013.7	ppt
17	建筑工程商务标编制实训	978-7-301-20804-5	钟振宇	35.00	2012.7	ppt
18	建筑工程安全管理(第2版)	978-7-301-25480-6	宋　健等	42.00	2015.8	ppt/答案
19	施工项目质量与安全管理	978-7-301-21275-2	钟汉华	45.00	2012.10	ppt/答案
20	工程造价控制(第2版)	978-7-301-24594-1	斯　庆	32.00	2014.8	ppt/答案
21	工程造价管理(第二版)	978-7-301-27050-9	徐锡权等	44.00	2016.5	ppt
22	工程造价控制与管理	978-7-301-19366-2	胡新萍等	30.00	2011.11	ppt
23	建筑工程造价管理	978-7-301-20360-6	柴　琦等	27.00	2012.3	ppt
24	建筑工程造价管理	978-7-301-15517-2	李茂英等	24.00	2009.9	
25	工程造价案例分析	978-7-301-22985-9	甄　凤	30.00	2013.8	ppt
26	建设工程造价控制与管理	978-7-301-24273-5	胡芳珍等	38.00	2014.6	ppt/答案
27	◎建筑工程造价	978-7-301-21892-1	孙咏梅	40.00	2013.2	ppt
28	建筑工程计量与计价	978-7-301-26570-3	杨建林	46.00	2016.1	ppt
29	建筑工程计量与计价综合实训	978-7-301-23568-3	龚小兰	28.00	2014.1	
30	建筑工程估价	978-7-301-22802-9	张　英	43.00	2013.8	ppt
31	安装工程计量与计价(第3版)	978-7-301-24539-2	冯　钢等	54.00	2014.8	ppt
32	安装工程计量与计价综合实训	978-7-301-23294-1	成春燕	49.00	2013.10	素材
33	建筑安装工程计量与计价	978-7-301-26004-3	景巧玲等	56.00	2016.1	ppt
34	建筑安装工程计量与计价实训(第2版)	978-7-301-25683-1	景巧玲等	36.00	2015.7	
35	建筑水电安装工程计量与计价(第二版)	978-7-301-26329-7	陈连姝	51.00	2016.1	ppt
36	建筑与装饰装修工程工程量清单(第2版)	978-7-301-25753-1	翟丽旻等	36.00	2015.5	ppt
37	建筑工程清单编制	978-7-301-19387-7	叶晓容	24.00	2011.8	ppt
38	建设项目评估	978-7-301-20068-1	高志云等	32.00	2012.2	ppt
39	钢筋工程清单编制	978-7-301-20114-5	贾莲英	36.00	2012.2	ppt
40	混凝土工程清单编制	978-7-301-20384-2	顾　娟	28.00	2012.5	ppt
41	建筑装饰工程预算(第2版)	978-7-301-25801-9	范菊雨	44.00	2015.7	ppt
42	建筑装饰工程计量与计价	978-7-301-20055-1	李茂英	42.00	2012.2	ppt
43	建设工程安全监理	978-7-301-20802-1	沈万岳	28.00	2012.7	ppt
44	建筑工程安全技术与管理实务	978-7-301-21187-8	沈万岳	48.00	2012.9	ppt
建筑设计类						
1	中外建筑史(第2版)	978-7-301-23779-3	袁新华等	38.00	2014.2	ppt
2	◎建筑室内空间历程	978-7-301-19338-9	张伟孝	53.00	2011.8	
3	建筑装饰 CAD 项目教程	978-7-301-20950-9	郭　慧	35.00	2013.1	ppt/素材
4	建筑设计基础	978-7-301-25961-0	周圆圆	42.00	2015.7	
5	室内设计基础	978-7-301-15613-1	李书青	32.00	2009.8	ppt
6	建筑装饰材料(第2版)	978-7-301-22356-7	焦　涛等	34.00	2013.5	ppt
7	设计构成	978-7-301-15504-2	戴碧锋	30.00	2009.8	ppt
8	基础色彩	978-7-301-16072-5	张　军	42.00	2010.4	
9	设计色彩	978-7-301-21211-0	龙黎黎	46.00	2012.9	ppt
10	设计素描	978-7-301-22391-8	司马金桃	29.00	2013.4	ppt
11	建筑素描表现与创意	978-7-301-15541-7	于修国	25.00	2009.8	
12	3ds Max 效果图制作	978-7-301-22870-8	刘　晗等	45.00	2013.7	ppt

序号	书名	书号	编著者	定价	出版时间	配套情况
13	3ds max 室内设计表现方法	978-7-301-17762-4	徐海军	32.00	2010.9	
14	Photoshop 效果图后期制作	978-7-301-16073-2	脱忠伟等	52.00	2011.1	素材
15	3ds Max & V-Ray 建筑设计表现案例教程	978-7-301-25093-8	郑恩峰	40.00	2014.12	ppt
16	建筑表现技法	978-7-301-19216-0	张　峰	32.00	2011.8	ppt
17	建筑速写	978-7-301-20441-2	张　峰	30.00	2012.4	
18	建筑装饰设计	978-7-301-20022-3	杨丽君	36.00	2012.2	ppt/素材
19	装饰施工读图与识图	978-7-301-19991-6	杨丽君	33.00	2012.5	ppt
	规划园林类					
1	居住区景观设计	978-7-301-20587-7	张群成	47.00	2012.5	ppt
2	居住区规划设计	978-7-301-21031-4	张　燕	48.00	2012.8	ppt
3	园林植物识别与应用	978-7-301-17485-2	潘利等	34.00	2012.9	ppt
4	园林工程施工组织管理	978-7-301-22364-2	潘利等	35.00	2013.4	ppt
5	园林景观计算机辅助设计	978-7-301-24500-2	于化强等	48.00	2014.8	ppt
6	建筑・园林・装饰设计初步	978-7-301-24575-0	王金贵	38.00	2014.10	ppt
	房地产类					
1	房地产开发与经营(第 2 版)	978-7-301-23084-8	张建中等	33.00	2013.9	ppt/答案
2	房地产估价(第 2 版)	978-7-301-22945-3	张　勇等	35.00	2013.9	ppt/答案
3	房地产估价理论与实务	978-7-301-19327-3	褚菁晶	35.00	2011.8	ppt/答案
4	物业管理理论与实务	978-7-301-19354-9	裴艳慧	52.00	2011.9	ppt
5	房地产测绘	978-7-301-22747-3	唐春平	29.00	2013.7	ppt
6	房地产营销与策划	978-7-301-18731-9	应佐萍	42.00	2012.8	ppt
7	房地产投资分析与实务	978-7-301-24832-4	高志云	35.00	2014.9	ppt
8	物业管理实务	978-7-301-27163-6	胡大见	44.00	2016.6	
9	房地产投资分析	978-7-301-27529-0	刘永胜	47.00	2016.9	ppt
	市政与路桥					
1	市政工程施工图案例图集	978-7-301-24824-9	陈亿琳	43.00	2015.3	pdf
2	市政工程计量与计价(第 2 版)	978-7-301-20564-8	郭良娟等	42.00	2012.8	ppt
3	市政工程计价	978-7-301-22117-4	彭以舟等	39.00	2013.3	ppt
4	市政桥梁工程	978-7-301-16688-8	刘　江等	42.00	2010.8	ppt/素材
5	市政工程材料	978-7-301-22452-6	郑晓国	37.00	2013.5	ppt
6	道桥工程材料	978-7-301-21170-0	刘水林等	43.00	2012.9	ppt
7	路基路面工程	978-7-301-19299-3	偶昌宝等	34.00	2011.8	ppt/素材
8	道路工程技术	978-7-301-19363-1	刘　雨等	33.00	2011.12	ppt
9	城市道路设计与施工	978-7-301-21947-8	吴颖峰	39.00	2013.1	ppt
10	建筑给排水工程技术	978-7-301-25224-6	刘　芳等	46.00	2014.12	ppt
11	建筑给水排水工程	978-7-301-20047-6	叶巧云	38.00	2012.2	ppt
12	市政工程测量(含技能训练手册)	978-7-301-20474-0	刘宗波等	41.00	2012.5	ppt
13	公路工程任务承揽与合同管理	978-7-301-21133-5	邱　兰等	30.00	2012.9	ppt/答案
14	数字测图技术应用教程	978-7-301-20334-7	刘宗波	36.00	2012.8	ppt
15	数字测图技术	978-7-301-22656-8	赵　红	36.00	2013.6	ppt
16	数字测图技术实训指导	978-7-301-22679-7	赵　红	27.00	2013.6	ppt
17	水泵与水泵站技术	978-7-301-22510-3	刘振华	40.00	2013.5	ppt
18	道路工程测量(含技能训练手册)	978-7-301-21967-6	田树涛等	45.00	2013.2	ppt
19	道路工程识图与 AutoCAD	978-7-301-26210-8	王容玲等	35.00	2016.1	ppt
	交通运输类					
1	桥梁施工与维护	978-7-301-23834-9	梁　斌	50.00	2014.2	ppt
2	铁路轨道施工与维护	978-7-301-23524-9	梁　斌	36.00	2014.1	ppt
3	铁路轨道构造	978-7-301-23153-1	梁　斌	32.00	2013.10	ppt
	建筑设备类					
1	建筑设备识图与施工工艺(第 2 版)(新规范)	978-7-301-25254-3	周业梅	44.00	2015.12	ppt
2	建筑施工机械	978-7-301-19365-5	吴志强	30.00	2011.10	ppt
3	智能建筑环境设备自动化	978-7-301-21090-1	余志强	40.00	2012.8	ppt
4	流体力学及泵与风机	978-7-301-25279-6	王　宁等	35.00	2015.1	ppt/答案

注：★为“十二五”职业教育国家规划教材；◎为国家级、省级精品课程配套教材，省重点教材；为“互联网+”创新规划教材。

相关教学资源如电子课件、电子教材、习题答案等可以登录 www.pup6.com 下载或在线阅读。如您需要样书用于教学，欢迎登录第六事业部门户网(www.pup6.cn)申请，并可在线登记选题来出版您的大作，也可下载相关表格填写后发到我们的邮箱，我们将及时与您取得联系并做好全方位的服务。

联系方式：010-62756290，010-62750667，85107933@qq.com，pup_6@163.com，欢迎来电来信咨询。网址：http://www.pup.cn，http://www.pup6.cn